Müller/Krauß

Handbuch für die Schiffsführung

Fortgeführt von

Martin Berger † · Walter Helmers
Karl Terheyden · Gerhard Zickwolff
Frerich van Dieken

Neunte, neubearbeitete und erweiterte Auflage

Springer-Verlag Berlin · Heidelberg · New York
London · Paris · Tokyo 1988

Band 2

Schiffahrtsrecht und Manövrieren

Teil B
Schiffahrtsrecht II

Herausgegeben von

Walter Helmers · Frerich van Dieken

Unter Mitarbeit von

Hans-Dieter Lübbers

Springer-Verlag Berlin · Heidelberg · New York
London · Paris · Tokyo 1988

Walter Helmers
Kapitän
Am Wiesengrund 5, 2805 Stuhr 1/Heiligenrode

Frerich van Dieken
Kapitän, Professor
Fritz-Thienst-Weg 23, 2850 Bremerhaven 31

ISBN-13:978-3-642-64807-6   e-ISBN-13:978-3-642-61357-9
DOI: 10.1007/978-3-642-61357-9

CIP-Titelaufnahme der Deutschen Bibliothek,
Müller, Johannes:
Handbuch für die Schiffsführung : in 3 Bd. / Müller ; Krauss. Fortgef. von Martin Berger ... -
Berlin ; Heidelberg ; New York ; London ; Paris ; Tokyo : Springer. Teilw. mit d. Erscheinungsorten
Berlin, Heidelberg, New York. - Teilw. mit d. Erscheinungsorten Berlin, Heidelberg, New York, Tokyo
NE: Krauss, Joseph:; Berger, Martin [Bearb.]
Bd. 2. Schiffahrtsrecht und Manövrieren. Teil B. Schiffahrtsrecht. 2. - 9., neubearb. u. erw. Aufl. - 1988
Schiffahrtsrecht und Manövrieren / hrsg. von Walter Helmers u. Frerich van Dieken. - Berlin ;
Heidelberg ; New York ; London ; Paris ; Tokyo : Springer. (Handbuch für die Schiffsführung / Müller ;
Krauss ; Bd. 2)
NE: Helmers, Walter [Hrsg.]
Teil B. Schiffahrtsrecht / unter Mitarb. von Hans-Dieter Lübbers. 2. - 9., neubearb. u. erw. Aufl. - 1988

NE: Lübbers, Hans-Dieter [Mitverf.]

Satz: Konrad Triltsch GmbH, Würzburg

2068/3020-543210

Vorwort zu Band 2 — Achte Auflage

Das unter dem Namen MÜLLER/KRAUSS bekannte Handbuch für die Schiffsführung wurde im Jahre 1911 von Johannes Müller begründet. Bei der zweiten
Auflage, 1925, trat Joseph Krauß als Mitarbeiter hinzu. Ihnen zu Ehren trägt das Werk
weiterhin ihren Namen.

Seit der dritten Auflage (1938) ist Martin Berger als Mitarbeiter und Herausgeber
mit dem Werk verbunden gewesen. Er ist am 19. Januar 1978 verstorben. Es ist ihm
nicht vergönnt gewesen, das Erscheinen der Achten Auflage zu erleben, an deren
Vorbereitung er großen Anteil genommen hat.

Angesichts der Weiterentwicklung auf allen Gebieten der Seeschiffahrt ist es nicht
mehr möglich, das Schiffahrtsrecht, die Seemannschaft mit allen Teilgebieten, die
Schiffstechnik usw. wie bisher in einem Band sachgerecht zu behandeln. Die Teilung
des früheren Bandes II in zwei Bände wurde unumgänglich. So umfaßt der vorliegende
Band 2 das öffentliche und das private Schiffahrtsrecht und aus dem Gebiet der
Seemannschaft das Manövrieren, weil dieses mit der praktischen Anwendung des
Seestraßenrechts eng zusammenhängt. In Band 3 werden die übrigen Teilgebiete der
Seemannschaft und der Schiffstechnik behandelt (Schiffssicherheit, Ladungswesen,
Stabilität, Trimm, Festigkeit, Schiffbaukunde, Schiffmaschinenkunde u. a.).

Mit besonderer Befriedigung und Dankbarkeit ist anzumerken, daß mehrere
Dozenten an den nautischen Ausbildungsstätten in Bremen, Bremerhaven und
Hamburg sich bereitgefunden haben, an dem Werk mitzuarbeiten.

Der vorliegende Band 2 mußte größtenteils neu geschrieben werden, weil seit dem
Erscheinen der siebenten Auflage das Schiffahrtsrecht auf fast allen Teilgebieten
erneuert worden ist und weil die Wissenschaft auf dem Gebiet des Manövrierens neue
Erkenntnisse gewonnen hat.

Im Teil I sind neu geschrieben die Kapitel über die Seestraßenordnung 1972, die
Seeschiffahrtstraßenordnung 1977 und den Umweltschutz (Verhütung der Meeresver-
schmutzung und Ölverschmutzung unter Einschluß der Haftungsverträge). Die
übrigen Kapitel mußten wegen der Rechtserneuerung u. a. auf den Gebieten des
Seefrachtgeschäftes, der Havarie, der Haftungsbeschränkung, der Seeversicherung
weitgehend umgearbeitet werden. Frerich van Dieken hat die Kapitel 4 und 5 sowie 7
bis 14 übernommen und insbesondere das Betriebsverfassungsgesetz und das Mitbestimmungsrecht behandelt sowie bei der Überarbeitung des Seefrachtgeschäftes die
Haager-Visby Regeln und die noch nicht in Kraft gesetzten Hamburg Rules eingearbeitet.

Im Teil II haben Rainald Amersdorffer, Jens Froese und Werner Huth gemeinsam
die Kapitel über das Manövrieren unter Einschluß der Gefahren und des Verhaltens in
schwerem Wetter neu geschrieben. Dabei wurden die Geschwindigkeitsgrafiken und
die Drehkreiszeichnungen aus der Siebenten Auflage eingearbeitet, die vom Herausgeber den neuen Erkenntnissen angepaßt und mit Angaben über Großschiffe ergänzt
worden sind.

Allen Mitarbeiter gebührt Dank für die aufopferungsvolle Freizeitarbeit.

Dank gebührt auch Dipl.-Ing. Kapitän Jochim Brix, der als Vorsitzender des Fachausschusses „Manövrieren" in der Schiffbautechnischen Gesellschaft e. V. zur Gewinnung der neuen Erkenntnisse beigetragen hat. Er hat zum Teil II entscheidende Anregungen gegeben und die Arbeit wesentlich unterstützt.

Der vorliegende Band 2 soll nicht nur dem Nautiker in allen Fahrtbereichen dienen. Er kann sicher auch mit Nutzen in den Büros der Reeder, der Makler und Agenten, der Schiffahrtsbehörden usw. zur Hand genommen werden, ferner auch von der Seeversicherungswirtschaft und von Seejuristen, nicht zuletzt aber kann er den Dozenten und Studenten an den Nautischen Ausbildungsstätten von Nutzen sein.

Bremen, im November 1978   Walter Helmers

Vorwort zu Band 2 — Neunte Auflage

Die besonders in den letzten Jahren angestiegene Fülle des Materials hat beim MÜLLER/KRAUSS weitere Unterteilungen des Gesamtwerkes erforderlich gemacht (Bände 1 A, B und C; 2 A und B; 3 A und B). Um die Kontinuität des Werkes zu erhalten, ist Frerich van Dieken, der schon an der Achten Auflage mitgearbeitet hat, als Mitherausgeber aufgenommen worden.

Dankenswerterweise haben sich — nach Rainald Amersdorffer, Jens Froese und Werner Huth bei der Achten Auflage — Hans-Dieter Lübbers, Heinz-Jürgen Röper und Hanno Weber als weitere Mitarbeiter zu Verfügung gestellt.

Seit dem Erscheinen der Achten Auflage hat es umfangreiche Erweiterungen und Änderungen auf dem Gebiet des internationalen Schiffahrtsrechts gegeben, welche die Einarbeitung in die nationalen Rechtsvorschriften mit sich brachten, u. a. durch das Zweite Seerechtsänderungsgesetz von 1986 über die Reeder- und Verfrachterhaftung, die Haftung des Beförderers von Reisenden und die Haftungsbeschränkung gegenüber Seeforderungen. Besondere Bedeutung hat auch das Umweltschutzrecht erlangt, wobei die Verhütung der Verschmutzung der See eine lebenswichtige Aufgabe der Schiffsführung geworden ist und weiterhin bleiben wird. Insbesondere dieses mußte zu einer verständlichen Beschreibung und zu einer erheblichen Erweiterung des bisherigen Umfangs führen.

Innerhalb der nationalen Gesetzgebung trat ferner 1986 das neue Seeunfalluntersuchungsgesetz in Kraft, das den Kreis der Beteiligten erweitert und in die Seeunfälle auch die Gewässerverschmutzungen durch Schiffe einreiht. Da das Verfahren eine öffentlich-rechtliche Verwaltungstätigkeit ist, mußte auch auf das Verwaltungsverfahrensgesetz und im Zusammenhang mit Anfechtungen auf die Verwaltungsgerichtsordnung eingegangen werden. Allgemein ist nicht zu verkennen, daß durch den Umfang neuer Gesetze und Verordnungen oder durch Änderungen die Behandlung der Materie und deren Beachtung in der Praxis zusätzlich erschwert worden ist.

Der Hauptteil der Seestraßenordnung ist neu geschrieben und nach den in den letzten Jahren gewonnenen Erkenntnissen ausführlicher als früher kommentiert. Die Beschreibung der Seeschiffahrtsstraßenordnung ist der Neufassung vom 15.4.1987 angepaßt.

Völlig neue Bearbeitungen erforderten z. B. auch die Seetagebuchverordnung von 1985 und die Schiffsbesetzungsverordnung von 1984.

Aus dem Gebiet der Seemannschaft ist das Manövrieren im Band 2 verblieben, weil es nach Auffassung der Herausgeber bei der praktischen Anwendung des Seeverkehrsrechts besondere Bedeutung dadurch hat, daß der Praktiker ausreichendes Material über die Manövriereigenschaften auch fremder Schiffe benötigt. Unterstützt von Anregungen aus der Praxis und der Lehre wurde der Umfang durch Aufnahme weiterer Teilgebiete sowie durch Ergänzung vorhandener erweitert (propulsionsverbessernde Mittel wie asymmetrische Heckform, Leitrad usw., weitere Meßergebnisse von Drehkreisen und Stoppstrecken, Druck- und Strömungsverhältnisse am fahrenden Schiff, darunter Squat, „Mann über Bord", radiuskonstantes Kurvenfahren).

Die einzelnen Sachgebiete der Bände 2 A und 2 B haben bearbeitet bzw. überarbeitet:

Band 2 A

Kap. 1	H. Weber (Seestraßenordnung) davon
Regel 17	W. Helmers (Manöver des vorletzten Augenblicks und 1.3.3)
Kap. 2	W. Helmers (Seeschiffahrtsstraßenordnung)
Kap. 3	H.-J. Röper (Umweltschutzrecht)
Kap. 4 bis 6	F. van Dieken (Sicherung der Seefahrt, völkerrechtliche Einteilung der Gewässer, Untersuchung von Seeunfällen)
Kap. 7 bis 10	R. Amersdorffer, J. Froese, W. Huth, W. Helmers (Manövrieren) und verwandte Gebiete

Band 2 B

Kap. 1	W. Helmers, F. van Dieken, H.-D. Lübbers (Besatzungsangelegenheiten)
Kap. 2 und 3	F. van Dieken (Beförderung von Reisenden und Seetagebücher)
Kap. 4 bis 8	W. Helmers, F. van Dieken (Papiere, Zollvorschriften, Behörden u. a., Seefrachtgeschäft)
Kap. 9 bis 18	W. Helmers (Havarie und verwandte Gebiete)

Der schon zur Achten Auflage ausgesprochene Dank an alle Mitarbeiter und Ratgeber gilt weiterhin und soll erweitert werden auf alle Ratgeber — insbesondere aus der Schiffbauindustrie und vom Deutschen Verein für Internationales Seerecht —, die für diese Auflage Anregungen, Material und Hinweise gegeben haben.

Die Herausgeber werden wie bisher für jede Art von Anregungen im Hinblick auf die zukünftige Gestaltung des Werkes dankbar sein.

Stuhr/Heiligenrode und Bremerhaven,
im November 1987   Walter Helmers   Frerich van Dieken

Inhaltsverzeichnis

Schiffahrtsrecht II

Inhalt der Bände 1, 2 A und 3

Band 1   Navigation
Band 2   Schiffahrtsrecht und Manövrieren
           Teil A Schiffahrtsrecht I, Manövrieren
Band 3   Seemannschaft und Schiffstechnik

Schiffahrtsrecht II

Vorbemerkungen zu Band 2[1]

Das **öffentliche Seerecht** befaßt sich mit dem Recht der Einzelperson im Verhältnis zur Allgemeinheit und dient der Sicherheit des Verkehrs in der Seefahrt sowie der Sicherheit und dem Wohl der mit ihr in Berührung kommenden Personen (vgl. Seestraßenordnung. Seeschiffahrtsstraßen-Ordnung, Sicherung der Seefahrt, Seemannsgesetz und vieles andere mehr). Einiges ist international vereinheitlicht (z. B. Seestraßenordnung). Beim öffentlichen Seerecht handelt es sich um zwingende Vorschriften.

Das private Seerecht enthält Bestimmungen über die rechtlichen Beziehungen zwischen den Personen, die am Schiff und/oder der Schiffsreise interessiert sind. Zu ihm gehören vor allem Regeln über das eigentliche Seehandelsrecht (z. B. über Frachtverträge) und über bestimmte sonstige Tatbestände, die weitreichende rechtliche Folgen haben können (z. B. Kollisionen). Im Inland sind diese Bestimmungen im Fünften Buch des Handelsgesetzbuches (HGB) enthalten und darin u.a. in folgenden Abschnitten behandelt: Reeder und dessen beschränkte und unbeschränkte Haftung, Kapitän, Seefrachtgeschäft, Havarie und Zusammenstoß, Bergung und Hilfeleistung, Schiffsgläubiger, Seeversicherung und Verjährung. Auch das Bürgerliche Gesetzbuch (BGB) muß mit herangezogen werden, ferner grundsätzliche Entscheidungen der Rechtsprechung und die in der Praxis entwickelten Handelsbräuche. Im Ausland gibt es ähnliche Gesetze und Rechtsgrundlagen, von denen die wichtigsten, z. B. über das Seefrachtgeschäft, den Zusammenstoß, die Bergung und Hilfeleistung, international ziemlich vereinheitlicht sind. Einzelne Bestimmungen weichen aber erheblich von den deutschen ab. Manche gesetzlichen Vorschriften können durch vertragliche Abmachungen im Rahmen der Vertragsfreiheit außer Kraft gesetzt oder durch anderes ersetzt werden, wogegen andere Vorschriften im Gesetz ausdrücklich als zwingend festgelegt sind (vgl. Haager Regeln).

Bei Rechtsstreit mit Ausländern wird das deutsche Recht angewandt, wenn dies vertraglich vereinbart ist. Während aber im Inland unter Umständen gelegentlich ausländisches Recht angewandt wird, sollte im Ausland, besonders in Großbritannien mit seinem Rechtskreis sowie in den USA nicht mit Richtern gerechnet werden, die ihren Entscheidungen das Recht einer fremden Flagge zugrunde legen. Trotz der oben erwähnten Vereinheitlichung wichtiger Gesetze ist der Gerichtsort oft entscheidend, weil gleiche oder ähnliche Gesetzesvorschriften in den einzelnen Staaten sehr verschieden ausgelegt werden können. Auch wegen des Rechts auf Haftungsbeschränkung spielt der Gerichtsort unter Umständen eine bedeutende Rolle.

---

1 Zusammenstellung der einschlägigen Bestimmungen des öffentlichen und des privaten Seerechts in Bruhns: Schiffahrtsrecht.
Maritime Air Publishers Verlagsges. m.b.H, 2 Hamburg 76 (2 Bände im Loseblattsystem).

1 Besatzungsangelegenheiten

1.1 Allgemeines

Der Kapitän ist an Bord der Stellvertreter des Reeders. Er ist für die Sicherheit und das Wohl der Besatzung (und der anderen Personen an Bord) verantwortlich. Oberste Voraussetzung dafür ist die Ordnung an Bord, welche auf vertrauensvoller Zusammenarbeit beruht, für die er die notwendigen Maßnahmen treffen muß.

Jeder verantwortungsbewußte Kapitän und Vorgesetzte sollte sich immer wieder Gedanken über die Probleme der Menschenführung machen. Sie sollten sich persönlich um die Besatzung kümmern, Anregungen für die Freizeit geben und die ihnen unterstellten Personen gerecht und verständnisvoll behandeln. Nur so kann eine Bordgemeinschaft entstehen und erhalten werden.

Die wichtigsten Teile des Seearbeitsrechtes sind:
- Seemannsgesetz vom 26.7.1957, letzte Änderung durch 1. Gesetz zur Änderung des Jugendarbeitsschutzgesetzes vom 10.10.1984;
- Tarifvertrag für die deutsche Seeschiffahrt;
- Betriebsverfassungsgesetz vom 15.1.1972, letzte Änderung vom 26.4.85;
- Gesetz über die Mitbestimmung der Arbeitnehmer vom 4.5.1976;
- Sozialgesetzbuch; Allgemeiner Teil vom 11.12.1975, zuletzt geändert am 16.12.1985[1];
- Verordnung über die Krankenfürsorge auf Kauffahrteischiffen vom 25.4.1972;
- Verordnung über die Seediensttauglichkeit vom 19.8.1970, zuletzt geändert durch VO vom 9.9.1975;
- Verordnung über die Unterbringung der Besatzungsmitglieder auf Kauffahrteischiffen vom 8.2.1973, geändert durch VO vom 23.8.1976;
- Gesetz über die Fortzahlung des Arbeitsentgelts im Krankheitsfalle vom 27.7.1969, zuletzt geändert am 26.4.1985;
- Kündigungsschutzgesetz in der Fassung vom 25.8.1969, letzte Änderung vom 26.4.1985;
- Gesetz betreffend die Verpflichtung der Kauffahrteischiffe zur Mitnahme heimzuschaffender Seeleute vom 2.6.1902;

---

1 Das heutige Sozialrecht ist in zahlreichen Einzelgesetzen und -verordnungen niedergelegt. Es ist daher beabsichtigt, dieses Recht zu vereinheitlichen und in einem Gesetzbuch zusammenzufassen. Das Sozialgesetzbuch — Allgemeiner Teil — ist inzwischen in Kraft getreten. Am besonderen Teil wird noch gearbeitet. Vorgesehen sind folgende Bücher:

Ausbildungsförderung,	Kindergeld,
Arbeitsförderung,	Jugendhilfe,
Sozialversicherung,	Sozialhilfe,
Soziales Entschädigungsrecht,	Verwaltungsverfahrensrecht.
Wohngeld,	

- Verordnung über die Form, Ausgestaltung und Aufbewahrung der Arbeitszeitnachweise in der Seeschiffahrt vom 1.8.1968;
- Verordnung über die Ausbildung und Befähigung von Kapitänen und Schiffsoffizieren des nautischen und technischen Schiffsdienstes vom 11.2.1985;
- Verordnung über die Berufsausbildung zum Schiffsmechaniker/Schiffsmechanikerin und über den Erwerb des Schiffsmechanikerbriefes vom 24.3.1983;
- Schiffsbesetzungsverordnung vom 4.4.1984, letzte Änderung vom 11.2.1985.

Die wichtigsten Regelungen werden nachstehend kurz beschrieben und erläutert.

1.2   Betriebsverfassungsgesetz (BetrVG)

vgl. BetrVG

1.2.1   Allgemeines

Mit dem BetrVG vom 15.1.1972 wurde das Betriebsverfassungsrecht auch auf den Bereich der Seefahrt ausgedehnt. Die Betriebsverfassung beinhaltet die Ordnung der betrieblichen Gemeinschaft. Das Gesetz regelt die Stellung des Arbeitnehmers im Betrieb und die Rechte und Pflichten der Arbeitnehmer gegenüber dem Arbeitgeber. Arbeitgeber und Betriebsrat arbeiten unter Beachtung der geltenden Tarifverträge vertrauensvoll und im Zusammenwirken mit den im Betrieb vertretenen Gewerkschaften und Arbeitgebervereinigungen zum Wohl der Arbeitnehmer und des Betriebes zusammen. Sie haben darüber zu wachen, daß alle im Betrieb tätigen Personen nach den Grundsätzen von Recht und Billigkeit behandelt werden. §2 §75

Anmerkung: Wegen der Sonderstellung, welche der Arbeitsplatz an Bord im Arbeitsrecht einnimmt, wurde weder 1920 mit dem Betriebsrätegesetz noch mit dem Betriebsverfassungsgesetz von 1952 eine Regelung für die Seefahrt getroffen. Besondere Vorschriften sind jedoch aus folgenden Gründen notwendig: Das Schiff ist arbeitsrechtlich eine selbständige Einheit innerhalb eines Seeschiffahrtsunternehmens. Die ständige Anwesenheit der Besatzungsmitglieder an Bord und die Abwesenheit staatlicher Organe macht es notwendig, daß der Kapitän auch öffentlich-rechtliche Aufgaben übernehmen muß (siehe Ordnung an Bord, Seefahrtbücher und Musterung).

Seeschiffahrtsunternehmen ist ein Unternehmen, das Handelsschiffahrt betreibt und seinen Sitz in der Bundesrepublik hat. Innerhalb eines solchen Seeschiffahrtsunternehmens unterscheidet man den Landbetrieb vom Seebetrieb. §114(2)

Anmerkung: Nach einer Entscheidung des Bundesarbeitsgerichtes vom 26.9.1978 findet das BetrVG auf Seeschiffahrtsunternehmen, die keinen Sitz im Inland haben, keine Anwendung, auch wenn sie ein Schiff bereedern, das nach dem Flaggenrechtsgesetz die deutsche Bundesflagge führt. (HANSA 79, S. 445).

Landbetrieb ist die kaufmännische Verwaltung des Seeschiffahrtsunternehmens; er kann auch aus mehreren Betriebsanteilen wie Werft, Spedition und Stauerei bestehen. **Seebetrieb** ist die Gesamtheit der Schiffe eines Seeschiffahrtsunternehmens. §114(3)

Anmerkung: Wird ein Korrespondentreeder oder ein Vertragsreeder für mehrere Schiffe bestellt, so gilt er als ein Unternehmer.

Schiffe sind Kauffahrteischiffe, die die Bundesflagge führen. Ausgenommen sind im Hinblick auf das BetrVG Schiffe, die in der Regel binnen 24 Stunden an den Sitz des Landbetriebes zurückkehren. Sie gelten als Teil des Landbetriebes. §114(4)

Anmerkung: Besonders bei Schleppschiffahrtsunternehmen handelt es sich um Schiffe, die binnen 24 Stunden zurückkehren. Hier existiert nur ein (Land-) Betriebsrat. Werden von diesem Unternehmen Schlepper im Offshore-Dienst oder als Hochseeschlepper eingesetzt, so wird durch Sondervereinbarung sichergestellt, daß alle Besatzungsmitglieder gleich behandelt werden.

vgl. BetrVG   Entsprechend der Unterteilung gibt es in einem Seeschiffahrtsunternehmen unterschiedliche Systeme von Arbeitnehmervertretungen:

§ 115   **1. Die Bordvertretung,** gewählt von den Besatzungsmitgliedern des betreffenden
§ 14 (6)   Schiffes, mit dem Kapitän als Verhandlungspartner. Der Kapitän als Vertreter des
Reeders ist leitender Angestellter.

2. Der Seebetriebsrat, gewählt von allen Besatzungsmitgliedern des Seeschiffahrts-
§ 116   unternehmens (§ 3 SeemG), mit der Seebetriebsleitung der Reederei als Verhandlungspartner (z. B. Personalabteilung).

§ 1   **3. Der (Land-) Betriebsrat**[2], gewählt von den im Landbetrieb tätigen Arbeitnehmern
mit der Landbetriebsleitung der Reederei als Verhandlungspartner.

§ 47   **4. Der Gesamtbetriebsrat,** gewählt vom (Land-) und Seebetriebsrat, welche je 2 Mitglieder entsenden, soweit nicht die Mitgliederzahl durch Betriebsvereinbarung anders geregelt wird. Er ist Verhandlungspartner der Unternehmensleitung in Angelegenheiten, die das Seeschiffahrtsunternehmen insgesamt betreffen.

1.2.2 Die Wahl der Vertretungen

§ 14   Die Wahl ist geheim und unmittelbar. Die Durchführung der Wahl zur Bordvertretung und zum Seebetriebsrat ist in der Wahlordnung Seeschiffahrt vom 24.10.1972 geregelt. Für den (Land-) Betriebsrat gilt die Wahlordnung 1972 vom 16.1.1972[3].
Bordvertetung:
1. Voraussetzung: Mindestens 5 Besatzungsmitglieder, davon 3 wählbar, d. h. mindestens 18 Jahre alt und 1 Jahr Besatzungsmitglied auf einem deutschen Schiff. Andernfalls keine Bordvertretung[4].
§ 115 (2)   2. Anzahl der Mitglieder der Bordvertretung:
bei   5 bis 20 Besatzungsmitgliedern   1 Person (Bordobmann),
bei 21 bis 75 Besatzungsmitgliedern   3 Mitglieder[5],
bei über   75 Besatzungsmitgliedern   5 Mitglieder.
§ 115 (3)   3. Amtszeit: 1 Jahr, sonst Ablauf mit Beendigung des Dienstes an Bord.
Seebetriebsrat:
1. Voraussetzung: Mindestens 5 Besatzungsmitglieder im Seebetrieb.
2. Gewählt werden können:
Bei mehr als acht Schiffen oder mehr als 250 Besatzungsmitgliedern wählbare Besatzungsmitglieder. Sonst wählbare Arbeitnehmer im Landbetrieb.
§ 116 (2)   3. Anzahl der Mitglieder des Seebetriebsrates:
bei   5 bis 500 Besatzungsmitgliedern   1 Person,
bei 501 bis 1000 Besatzungsmitgliedern   3 Mitglieder[6],
bei über   1000 Besatzungsmitgliedern   5 Mitglieder.
§ 21   4. Amtszeit: 3 Jahre.

---

2 Der Landbetrieb einer Reederei hatte in der Regel bereits nach dem BetrVG vom 1952 einen Betriebsrat. Dies ist auch heute noch der offizielle Ausdruck. Für ihn gelten die allgemeinen Regeln des BetrVG 1972. Zur besseren Unterscheidung wird er hier (Land-) Betriebsrat genannt.

3 Texte der Wahlordnungen mit entsprechenden Erläuterungen werden von den Gewerkschaften DAG und ÖTV herausgegeben.

4 Liegen die Voraussetzungen für die Wahl einer Bordvertretung nicht vor, sind aber im Seebetrieb noch andere Schiffe vorhanden, können die Besatzungsmitglieder einen Seebetriebsrat wählen. Dieser vertritt ihre Interessen. Der Kapitän ist kein Besatzungsmitglied (siehe 1.4.1).

5 Besteht die Bordvertretung aus mindestens 3 Mitgliedern, müssen Schiffsleute und Angestellte entsprechend ihrem zahlenmäßigen Verhältnis vertreten sein (§ 10). Jede Gruppe kann auch Angehörige der anderen Gruppen wählen (§ 12(2)). Wählen die Schiffsleute den 3. Offizier, dann gilt dieser als Angehöriger der Gruppe der Schiffsleute.

6 Fußnote 5 gilt entsprechend für den Seebetriebsrat.

(Land-) Betriebsrat: vgl. BetrVG
1. Voraussetzung: Mindestens 5 Arbeitnehmer, die das 18. Lebensjahr vollendet haben.   § 1
2. Wählbarkeit: Alle Wahlberechtigten, die 6 Monate dem Betrieb angehören.
3. Anzahl der Mitglieder: siehe § 9 [7.]
4. Amtszeit: 3 Jahre.   § 21

1.2.3 Die Beteiligungsrechte

Die Beteiligungsrechte erstrecken sich auf personelle, soziale und wirtschaftliche An-   §§ 74
gelegenheiten. Entsprechend der Aufteilung im Seebetrieb auf zwei Mitbestimmungs-   bis 105
organe sind diese Rechte den einzelnen Vertretungen in folgender Weise zugeordnet:

Bordvertretung: Angelegenheiten, die den Bordbetrieb oder die Besatzungsmitglie-   § 115 (7)
der betreffen und deren Regelung dem Kapitän aufgrund gesetzlicher Vorschriften
oder der ihm vom Reeder übertragenen Befugnisse obliegt.

Seebetriebsrat: Angelegenheiten,   § 116 (6)
1. die alle oder mehrere Schiffe des Seebetriebs oder die Besatzungsmitglieder dieser
   Schiffe betreffen,
2. die bei Uneinigkeiten zwischen Kapitän und Bordvertretung an den Seebetriebsrat
   abgegeben werden,
3. deren Regelung nicht dem Kapitän übertragen worden ist,
4. der gesamten Mitbestimmung, wenn keine Bordvertretung auf dem entsprechenden Schiff vorhanden ist.

Beispiel: Wird einem Schiffsmann vom Kapitän gekündigt, so ist dies eine Angelegenheit
der Bordvertretung. Wird einem Schiffsoffizier oder sonstigen Angestellten vom Reeder or-
dentlich gekündigt, ist das die Angelegenheit des Seebetriebsrates.

Die wichtigsten Rechte sind:
1. **Informationsrecht** mit dem Recht auf Unterrichtung und Anhörung, z. B. über   § 80
   Schiffssicherheit sowie Reiserouten mit voraussichtlichen Ankunfts- und Abfahrt-   § 115 (7)
   zeiten einschließlich Ladung.
   Die Bordvertretung kann Einsicht ins Schiffstagebuch verlangen.
2. **Mitwirkungs- und Initiativrechte:**   § 85
   Entgegennahme von Beschwerden und Anregungen und, falls diese berechtigt sind,
   Verhandlungen zwecks Erledigung;
   Kontrolle und Überwachung von Gesetzen, Verordnungen und Vorschriften, z. B.   § 80 (1)
   im Hinblick auf den Grundsatz der Gleichbehandlung der Besatzungsmitglieder,
   Beachtung von Sicherheitsvorschriften (UVV, SSV usw.).
3. **Mitbestimmungsrechte** als stärkste Rechte, bei denen grundsätzlich eine Einigung
   erzielt werden muß. Kommt es zwischen Kapitän und Bordvertretung nicht zu einer
   Einigung, so müssen die Angelegenheiten an den Seebetriebsrat weitergegeben
   werden. Die Bordvertretung kann eine Eintragung ins Schiffstagebuch verlangen.
   Kommt es auch zwischen Seebetriebsrat und Reederei nicht zu einer Einigung, entscheidet die Einigungsstelle [8] oder das Arbeitsgericht.
   Zur Aufrechterhaltung eines ordnungsgemäßen Schiffsbetriebs kann der Kapitän   § 115 (7) Z 4
   auch ohne Einigung mit der Bordvertretung **vorläufige Regelungen** treffen.

---

7 Die genaue Anzahl wird hier nicht näher erläutert wegen der umfangreichen Sonderbestim-
   mungen. Sie entspricht etwa der Summe der Anzahl der Mitglieder der Bordvertretungen
   plus der Anzahl der Mitglieder des Seebetriebsrates.
8 Zur Beilegung von Meinungsverschiedenheiten wird in der Reederei bei Bedarf eine Einigungsstelle gebildet (§ 76). Sie besteht aus einer gleichen Anzahl von Beisitzern, die vom
   Reeder und vom Seebetriebsrat bestellt werden, und einem unparteiischen Vorsitzenden,
   auf dessen Person sich beide Seiten einigen müssen.

vgl. BetrVG Anmerkung: Dieses Notrecht des Kapitäns ist notwendig, da eine neutrale Instanz während der Reise nicht immer rechtzeitig erreichbar ist. Ein Mißbrauch wird schon dadurch verhindert, daß das Besatzungsmitglied einen Anspruch auf Ausgleich der Nachteile hat, falls die Maßnahme des Kapitäns zu Unrecht getroffen wurde.

§ 87   Die wichtigsten Mitbestimmungsrechte sind:
- Fragen der Ordnung des Betriebs;
- Beginn und Ende der Arbeitszeit, z. B. Einteilung der Wachen;
- Aufstellung allgemeiner Urlaubsgrundsätze, z. B. Gewährung von Landgang;
- Festsetzung der Akkord- und Prämiensätze, z. B. Verteilung eines Berge- oder Hilfslohnanteils an die einzelnen Besatzungsmitglieder (§ 749 HGB).
- Abschluß von Bord- und Seebetriebsvereinbarungen, z. B. über Weihnachtsgratifikationen,
§ 77   Betriebsausflüge, Sport.

1.2.4 Mitbestimmung bei Kündigungen

§ 102   Von besonderer Bedeutung ist das Mitbestimmungsrecht der Vertretungen bei der Kündigung. Es soll an einer Kündigung durch den Kapitän erläutert werden[9].

Der Kapitän will dem Schiffsmann wegen wiederholter Dienstverletzungen fristgemäß kündigen.
1. Vor der Aushändigung der schriftlichen Kündigung an den Schiffsmann ist der Bordvertretung die beabsichtigte Kündigung unter Angabe der Gründe mitzuteilen.
2. Der Kapitän hat die Bordvertretung zu hören, d. h. diese hat zur beabsichtigten Kündigung Stellung zu nehmen. **Eine ohne Anhörung ausgesprochene Kündigung ist unwirksam.**
3. (a) Stimmt die Bordvertretung zu, kann der Kapitän die Kündigung aussprechen.
   (b) Hat die Bordvertretung Bedenken, so muß sie diese unter Angabe der Gründe dem Kapitän innerhalb einer Woche schriftlich mitteilen. Nach Ablauf einer Woche ohne Äußerung gilt die Zustimmung als erteilt. Der Kapitän kann nach entsprechender Prüfung auch gegen die Bedenken kündigen.
   (c) Legt die Bordvertretung innerhalb Wochenfrist begründeten Widerspruch[10] ein, so wird der Kapitän die Kündigung in der Regel nicht aussprechen.
   Wird die Kündigung trotzdem ausgesprochen, kann das Besatzungsmitglied Klage auf Feststellung beim Arbeitsgericht erheben, daß das Arbeitsverhältnis nicht aufgelöst ist, und Antrag auf Weiterbeschäftigung bei der Reederei stellen.

Allgemein bleiben dem Besatzungsmitglied die Rechte aus dem Kündigungsschutzgesetz (siehe 1.4.6).

Will der Kapitän dem Schiffsmann nach § 64 SeemG außerordentlich (d.h. fristlos) kündigen, so gilt folgendes:
1. Die Bordvertretung ist nach Mitteilung der Gründe anzuhören.
2. Stimmt die Bordvertretung zu, so kann der Kapitän die außerordentliche Kündigung aussprechen.
3. Hat die Bordvertretung Bedenken, so muß sie diese unverzüglich, spätestens innerhalb von 3 Tagen, schriftlich mitteilen.
   Der Kapitän kann trotzdem die Kündigung aussprechen. In diesem Fall kann er sich u.U. auch auf das Notrecht nach § 115(7)4 berufen.
4. Soll die außerordentliche in eine ordentliche Kündigung umgewandelt werden, so muß die Bordvertretung dazu erneut gehört werden.

---

9 Bei einer Kündigung durch den Reeder wäre jeweils statt der Bordvertretung der Seebetriebsrat das maßgebliche Organ.
10 Widerspruchsgründe sind nach § 102(3): Nicht ausreichende Beachtung sozialer Gesichtspunkte (z. B. Kündigung eines älteren Besatzungsmitgliedes, eines Familienvaters), Möglichkeit der Weiterbeschäftigung auf einem anderen Schiff, Möglichkeit der Weiterbeschäftigung nach Umschulung oder unter geänderten Vertragsbedingungen (z. B. Einstellung eines Schiffszimmermanns nach Umschulung als Decksschlosser).

1.2.5   Bordversammlungen

vgl. BetrVG
§ 115 (5)
§ 42

Die Bordversammlung ist die Versammlung aller Besatzungsmitglieder eines Schiffes, sie wird von dem Bordobmann oder dem Vorsitzenden der Bordvertretung geleitet. Mindestens einmal in jedem Kalendervierteljahr muß eine Bordversammlung von der Bordvertretung einberufen werden. Auf See können wegen der Wacheinteilung nur Teilversammlungen durchgeführt werden. Die Bordversammlungen sollen vor allen Dingen der Information der einzelnen Besatzungsmitglieder dienen. Themen sind neben dem Tätigkeitsbericht der Bordvertretung alle Angelegenheiten, die das Schiff, die Reederei oder die Besatzungsmitglieder betreffen. Auf Verlangen der Bordvertretung hat der Kapitän der Bordversammlung einen Bericht über die Schiffsreise und die damit zusammenhängenden Angelegenheiten zu erstatten. Er hat Fragen zu beantworten, die den Schiffsbetrieb, die Schiffsreise und die Schiffssicherheit betreffen. Kapitän und im Heimathafen auch der Reeder sind unter Bekanntgabe der Tagesordnung einzuladen.

An der Bordversammlung können Vertreter der an Bord vertretenen Gewerkschaften teilnehmen. § 46 (1)

1.3   Gesetz über die Mitbestimmung der Arbeitnehmer (MitbestG)

Nach dem Mitbestimmungsgesetz vom 4.5.1976 sollen die Vertreter der Arbeitnehmer an den Planungs- und Entscheidungsprozessen in den Großunternehmen aller Wirtschaftszweige als gleichberechtigte und mitverantwortliche Parteien teilnehmen. Das Gesetz findet auch in der Seeschiffahrt Anwendung. Es gilt aber nur in Unternehmen, die in der Regel mehr als 2000 Arbeitnehmer beschäftigen (§ 1)[11].

Nach § 34 gilt die Gesamtheit der Schiffe eines Unternehmens als Betrieb (siehe Seebetrieb). Gewählt werden von den Schiffsleuten (Arbeiter), Schiffsoffizieren und sonstigen Angestellten (Angestellte) und den Kapitänen (leitende Angestellte) Vertreter in den Aufsichtsrat (§§ 6 ff.), welcher paritätisch mit Arbeitnehmern und Arbeitgebern besetzt ist.

Eine Beteiligung der Arbeitnehmer in den Unternehmensorganen gab es bereits nach dem BetrVG 1952. Nach § 76 muß der Aufsichtsrat zu einem Drittel mit Vertretern der Arbeitnehmer besetzt sein. Diese Regelung ist mit dem BetrVG 72 nicht ausser Kraft gesetzt worden und gilt noch für Unternehmen und Konzerne unterhalb des Größenmerkmals von 2000 Arbeitnehmern. Die Beteiligung gilt für alle Aktiengesellschaften und Kommanditgesellschaften auf Aktien. Ausgenommen sind Familiengesellschaften mit weniger als 500 Arbeitnehmern.

1.4   Seemannsgesetz (SeemG)

vgl. SeemG

Die besondere Situation in der Seeschiffahrt, bedingt durch Abwesenheit von Behörden und anderen staatlichen Organen auf hoher See, durch den besonderen Arbeitsablauf während der Lade- und Löscharbeiten sowie beim Fahren und in Notsituationen, macht eine Sonderregelung bestimmter Vorschriften des Arbeitsrechts notwendig. Das SeemG trägt dem Rechnung. Der Kapitän ist als Vertreter des Reeders kein Besatzungsmitglied, auf ihn finden jedoch einige grundlegende Vorschriften aus dem Abschnitt Heuerverhältnis sinngemäß Anwendung, diese sind durch „Kapt" gekennzeichnet. Auf Ordnungswidrigkeiten wird im nachfolgenden Text mit „Ow" hingewiesen. § 78

---

11 Lindemann stellt (in HANSA 114 (1977) 283 ff.) fest, daß nur 3 Reedereien unmittelbar und 12 mittelbar über konzernverbundene Unternehmen vom Gesetz erfaßt werden.

vgl. SeemG Nachstehend folgen eine Inhaltsangabe über die wichtigsten Vorschriften und einige kurze Anmerkungen dazu.

1.4.1　Allgemeine Vorschriften

§ 1　Das SeemG gilt für alle Kauffahrteischiffe, die die deutsche Bundesflagge führen.

Anmerkung: Daher keine Gültigkeit auf Staatsschiffen oder auf Jachten, nicht auf ausgeflaggten Schiffen, wohl dagegen auf Bare-Boat-Charterschiffen unter der deutschen Bundesflagge (Flaggenschein § 1 Zweite Durchf.-VO zum Flaggenrechtsgesetz).

§ 2　**Der Kapitän** ist der Führer des Schiffes. Ist ein Kapitän nicht vorhanden oder ist er verhindert, so nimmt der Erste Offizier des Decksdienstes oder der Alleinsteuermann die Befugnisse wahr.

Anmerkung: Der Zweite Offizier als Wachoffizier ist z. B. im Hafen in Abwesenheit des Kapitäns und des Ersten Offiziers insoweit nicht Vertreter des Kapitäns. Er kann daher keine Ordnungs- oder Zwangsmaßnahmen nach § 106 treffen, sondern nur nach § 29 und § 107 handeln. Privatrechtliche Verhältnisse, z. B. zu Ladungsbeteiligten, werden durch das SeemG selbstverständlich nicht berührt.

§ 3　**Besatzungsmitglieder** im Sinne des SeemG sind die Schiffsoffiziere, die sonstigen Angestellten und die Schiffsleute.

Anmerkung: Der Kapitän ist daher nicht Besatzungsmitglied „im Sinne dieses Gesetzes", wohl aber z. B. nach § 485 HGB.

§ 4　**Schiffsoffiziere** sind die Angestellten und Patentinhaber des nautischen und technischen Dienstes, die Schiffsärzte, die Seefunker 1. und 2. Klasse und die Zahlmeister.

§ 5　**Sonstige Angestellte** sind Angestellte mit besonderen Kenntnissen in überwiegend leitender, beaufsichtigender oder büromäßiger Tätigkeit.

Anmerkung: Hierzu zählen Elektriker, Schiffsbetriebsmeister, auf Fahrgastschiffen Oberkoch und Obersteward sowie deren Assistenten, Zahlmeisterassistenten, Heilgehilfen und Krankenschwestern. Angestellte haben Anspruch auf Einhaltung längerer Kündigungsfristen (§ 63). Sie können aber ohne Einverständnis versetzt werden (§ 27).

§ 6　**Schiffsmann** ist jedes andere Besatzungsmitglied in einem Heuerverhätnis.

§ 7　Das SeemG gilt sinngemäß auch für sonstige Arbeitnehmer, die nicht in einem Heuerverhältnis stehen, aber während der Reise an Bord tätig sind.
Für sonstige, während der Reise tätige Personen, die nicht Arbeitnehmer sind, sowie für Lotsen gelten nur die Vorschriften über die Ordnung an Bord (5. Abschnitt).

Anmerkung:　Für einen selbständigen Friseur, der einen Pachtvertrag hat und selbst an Bord mitfährt, gelten nur die Vorschriften über die Ordnung an Bord; für seinen angestellten Friseur dagegen „sinngemäß" auch die übrigen. Daher wird dieser z. B. angemustert, aber im Krankheitsfalle hat er keinen Anspruch gegen den Reeder auf freie Rückbeförderung, wohl aber auf Fürsorge durch den Kapitän für die Rückbeförderung. Bei den sonstigen Arbeitnehmern muß der Kapitän beachten, daß durch Verordnung vom 7.7.1975 die Arbeitszeitordnung auf diese Personen Anwendung findet. Er ist dafür verantwortlich, daß die Vorschriften beachtet werden. Grundsätzlich darf danach für sonstige Arbeitnehmer die regelmäßige werktägliche Höchstarbeitszeit ohne Pausen acht Stunden nicht überschreiten. Generell müssen diese Personen i.S. des Arbeitsschutzes wie die übrigen Besatzungsmitglieder behandelt werden (§ 103).

§ 8　**Kind** ist, wer noch nicht vierzehn Jahre alt ist.
Jugendlicher ist, wer vierzehn Jahre aber noch nicht achtzehn Jahre alt ist. Jugendliche, die der Vollzeitschulpflicht unterliegen, gelten als Kinder im Sinne des Gesetzes.

Anmerkung: § 8 wurde mit JArSchG vom 15.4.1976 geändert. Danach gibt es keine Sonder- vgl. SeemG
vorschriften mehr für Jugendliche mit einer abgeschlossenen Berufsausbildung. Besonders gegenüber den Jugendlichen obliegen dem Kapitän erhebliche Verpflichtungen im Rahmen des
Arbeitsschutzes (§§ 94 ff.).

Seemannsämter sind im Inland die von den Landesregierungen als Seemannsämter einge- § 9
richteten Landesbehörden, im Ausland die dazu ermächtigten Konsulate.

Anmerkung: Als Musterungsbehörde zuständig für das Ausstellen der Seefahrtbücher und
der Musterrolle sowie für An-, Um- und Abmusterungen. Weitere Aufgaben: Fürsorge für den
Schiffsmann aufgrund des SeemG, der Speiserolle, der Reichsversicherungsordnung u. a., insbesondere bei Krankheit und Unfall und damit zusammenhängender Rückbeförderung sowie
bei Kündigung; Überwachung der Einhaltung der Schiffsbesetzungsverordnung (Patent bei
Musterung vorzulegen); Mitwirkung bei der Untersuchung von Seeunfällen (bei erheblichen
Personenunfällen); Untersuchung von Besatzungsunfällen aufgrund der Reichsversicherungsordnung (Seemannsamt erhält Abschrift von Unfallmeldung); unter Umständen vorläufige
Entscheidung bei Streit über Krankenfürsorge (§ 51), bei fristloser Kündigung (§ 69) und bei
der Zustimmung zur Zurücklassung (§ 71); Untersuchung und Ahndung von Ordnungswidrigkeiten. Diese Aufzählung ist nicht vollständig.

Die Vorschriften des SeemG sind zwingend, soweit nicht ausdrücklich etwas anderes be- § 10
stimmt ist. Von den Vorschriften des 3. und 4. Abschnittes (Heuerverhältnis und Arbeitsschutz) kann zugunsten des Besatzungsmitgliedes abgewichen werden, soweit es nicht ausgeschlossen ist.

Anmerkung: In den Tarifverträgen wird regelmäßig zugunsten des Besatzungsmitgliedes abgewichen. „Etwas anderes" ist aber in § 104 bestimmt: Die Arbeitsschutzvorschriften gelten
nicht für den Ersten Offizier und Leitenden Ingenieur (für den Kapitän ohnehin nicht, da nicht
Besatzungsmitglied). Für die übrigen Schiffsoffiziere können Abweichungen zuungunsten tariflich vereinbart werden. Allerdings sind solche vom Bundesminister für Arbeit im Einvernehmen mit dem Bundesminister für Verkehr zu genehmigen. Solche Vereinbarungen sind aber
kaum zu erwarten.

1.4.2   Seefahrtbücher und Musterung

Jedes Besatzungsmitglied und jede sonst während der Reise tätige Person muß ein See- § 11
fahrtbuch haben.

Anmerkung: Das Seefahrtbuch ist der Ausweis des Seemannes. Nach der VO zur Durchführung des Gesetzes über das Paßwesen vom 12.6.1967 ist das Seefahrtbuch Paßersatz. Diese
Zulassung beschränkt sich aber auf die besondere Bestimmung als Ausweis für das Besatzungsmitglied. Ist der Inhaber nicht angemustert, wird das Seefahrtbuch nur anerkannt, wenn
nachgewiesen wird, daß er sich auf der An- oder Abreise zum oder vom Schiff befindet.
Der Kapitän benötigt kein Seefahrtbuch. Er muß sich daher einen Reisepaß beschaffen. Da
aber das Seefahrtbuch zugleich ersatzweise auch ein Nachweis über Versicherungszeiten für einen Rentenanspruch ist, sollte auch der Kapitän seine Dienstzeiten im Seefahrtbuch durch das
Seemannsamt bescheinigen lassen.
Jede An-, Um- und Abmusterung ist vom Seemannsamt im Seefahrtbuch zu vermerken
(§ 16). Jeden Beginn, jede Beendigung und jeden Wechsel eines Beschäftigungsverhältnisses
muß der Reeder auf besonderen Meldevordrucken der Seekasse über die zuständigen Bezirksverwaltungen der SeeBG melden, auch dann, wenn keine Musterung vorgenommen wird (z. B.
bei Gastrollengebern). Tariflichen Urlaub und die dafür abgeführten Sozialversicherungsbeiträge muß der Reeder im Seefahrtbuch bescheinigen und darüber die Seekasse unterrichten.
Die Seekasse trägt die Meldungen des Reeders in ihre Seemannskartei ein. Diese ist die
Grundlage für die Rentenberechnung. Trotzdem sollte jeder Seemann alle Heuerabrechnun-
gen aufbewahren, um auch selbst Nachweise für die spätere Rentenberechnung führen zu können.
Dem Seefahrtbuch ist die versiegelte Gesundheitskarte des Seemannes beigegeben. Auch
die Zeugnisse über die Prüfung als Rettungsbootsmann und Feuerschutzmann sollten dem
Seefahrtbuch beigegeben werden.

vgl. SeemG Voraussetzungen für die Ausstellung des Seefahrtbuchs sind: Nachweis der deutschen Staatsangehörigkeit (Geburtsurkunde), zwei Lichtbilder, von Ausländern ein gültiger Nationalpaß des Heimatstaates oder ein gültiges Paßersatzpapier oder ein gültiger Fremdenpaß; ein Heuerschein oder ein sonst geeigneter Nachweis für die Absicht, eine Tätigkeit auf einem Kauffahrteischiff unter der Bundesflagge auszuüben. Minderjährige haben dem Seemannsamt ferner die Einwilligung des gesetzlichen Vertreters zu der Ausstellung des Seefahrtbuches nachzuweisen (§ 4 Seemannsamt VO vom 21.10.81). Die Beschäftigung von Jugendlichen unter 15 Jahren ist verboten (§ 94). Bei Bewerbern aus Landberufen ist die letzte Versicherungskarte vorzulegen, die daraufhin der örtlichen Ausgabestelle zur Aufrechnung einzuschicken ist. Die Versicherungsnummer ist ins Seefahrtbuch einzutragen.

§ 13   Die **Musterrolle ist** die mitzuführende Urkunde (Ow) über die Zusammensetzung der Schiffsbesatzung.

Die **Musterung** ist die Verhandlung vor dem Seemannsamt über die einzutragenden Angaben.

Anmerkung: Die Musterung kann eine An-, Um- oder Abmusterung sein. Sie ist nicht mehr eine „Verlautbarung des Heuerverhältnisses", d. h. nicht mehr eine öffentliche Feststellung des Heuerverhältnisses. Das Heuerverhältnis kann nur durch den Heuervertrag begründet werden. In Ausnahmefällen kann das Seemannsamt einem nachreisenden Besatzungsmitglied eine Beilage zur Musterrolle als Nachweis der Musterung mitgeben. Der Kapitän muß die Beilage der Musterrolle anheften (§ 11(3) SeemannsamtsVO).

§ 15   Der Kapitän hat die An-, Um- und Abmusterung zu veranlassen (Ow). Unterbleibt die sofortige Musterung, muß der Kapitän die Gründe in das Tagebuch eintragen (Ow) und die Musterung unverzüglich nachholen lassen (Ow).

§ 16   Bei jeder Musterung muß außer dem zu Musternden der Kapitän oder ein von ihm bevollmächtigter Vertreter oder ein Vertreter des Reeders anwesend sein (Ow). In Ausnahmefällen kann das Seemannsamt (Konsulat) auf die Anwesenheit der zu musternden Personen verzichten.

§ 18   Das Seefahrtbuch ist während der Reise vom Kapitän zu verwahren. In begründeten Fällen ist es auszuhändigen.

§ 19   Vor der Abmusterung muß der Kapitän oder ein von ihm bevollmächtigter Schiffsoffizier Art und Dauer des geleisteten Schiffsdienstes im Seefahrtbuch bescheinigen (Ow).

§ 20   Eine zwei Jahre alte Musterrolle wird auf Antrag des Kapitäns durch eine neue Musterrolle ersetzt (Generalmusterung).

Auch das Seemannsamt kann die Generalmusterung verlangen, wenn die alte Musterrolle unübersichtlich geworden ist.

1.4.3 Heuerverhältnis

Anmerkung: Das SeemG spricht im 1. Unterabschnitt zum 3. Abschnitt zwar von Begründung des Heuerverhältnisses, sagt aber über die Begründung selbst nichts. Selbstverständlich kann das Heuerverhältnis nur durch einen Vertrag zwischen dem Arbeitgeber und dem Arbeitnehmer begründet werden. Der Heuervertrag wird in der Regel mündlich geschlossen, und zwar entweder beim Reeder oder bei der Seemännischen Heuerstelle (insoweit Vertreter des Reeders). Schiffsoffiziere und sonstige Angestellte werden vom Reeder selbst angestellt, oft durch schriftliche Übereinkunft. Allgemein wird jeder Heuervertrag durch Stellennachfrage und Stellenzusage ohne besondere Formen geschlossen, weil jeder Vertragspartner weiß, daß die (öffentlich-rechtlichen) Vorschriften des SeemG, der Reichsversicherungsordnung, der Speiserolle usw. sowie insbesondere der Tarifvertrag Grundlage des Heuerverhältnisses sind.

§ 23   (Kapt) Das **Heuerverhältnis** wird auf unbestimmte Zeit oder auf bestimmte Zeit geschlossen, z. B. auch für eine Reise.

Anmerkung: Ein auf bestimmte Zeit geschlossenes Heuerverhältnis endet mit Ablauf der bestimmten Zeit, ohne daß es einer Kündigung bedarf. Wenn es trotzdem fortgesetzt wird, verwandelt es sich in ein Heuerverhältnis auf unbestimmte Zeit. Ein Heuerverhältnis auf unbestimmte Zeit, das beendet werden soll, muß ordnungsgemäß gekündigt werden (siehe § 63).

Der Reeder oder sein Vertreter (z. B. Kapitän oder Seemännische Heuerstelle) muß über vgl. SeemG das Heuerverhältnis einen Heuerschein aushändigen (Anm.: wegen Inhalt siehe § 24). Die Ver- § 24 pflichtung entfällt bei einem schriftlichen Vertragsabschluß, wenn dieser Vertrag die für den Heuerschein vorgeschriebenen Einzelheiten enthält.

Anmerkung: Der Heuerschein ist die vom Reeder oder seinem Vertreter (Heuerstelle) einseitig erteilte Urkunde über die Bestätigung des Heuervertrages. Die Unterschrift des Besatzungsmitgliedes dient nur der Vereinbarung, daß bei privatem Rechtsstreit das Arbeitsgericht Hamburg, Max-Brauer-Allee 89, 2000 Hamburg 50, zuständig sein soll. Für Mitglieder der Tarifvertragsparteien untereinander gilt dies ohnehin (§ 81 MTV). In der Hochseefischerei wird das Arbeitsgericht Bremerhaven, Friedrich-Ebert-Str. 6, 2850 Bremerhaven, in allen bürgerlichen Rechtsstreitigkeiten aus dem Heuerverhältnis zuständig.

(Kapt) Dem Besatzungsmitglied sind Ort und Zeitpunkt des Dienstantritts mitzuteilen. Eine § 25 Verhinderung muß es dem Reeder oder dem Kapitän mitteilen und begründen.

Anmerkung: Bei Verstoß gegen diese Vorschrift kann der Seemann (der ja tatsächlich noch gar nicht Besatzungsmitglied ist) zum Schadenersatz herangezogen werden.

(Kapt) Dem Besatzungsmitglied stehen Reisegeld und Gepäckbeförderung sowie Tage- und § 26 Übernachtungsgeld zu, wenn das Schiff nicht an dem Orte liegt, an dem das Heuerverhältnis begründet worden ist (Annahmehafen).

Anmerkung: Nach § 33 ist außerdem die Grundheuer zu zahlen. Das Verpflegungsgeld wird durch den Tarifvertrag bestimmt (bei Drucklegung: 6 Std DM 14,10; bis 12 Std DM 28,20; bis 24 Std DM 42,30. Das Übernachtungsgeld muß sich nach den tatsächlichen Ausgaben richten. Schiffsoffiziere haben Anspruch auf Beförderung in der 1. Klasse bei Flugreisen in der Touristenklasse, falls nicht vorhanden, in der Economy-Klasse (§ 50 MTV).)

Das SeemG enthält keine entsprechenden Bestimmungen für die Rückbeförderung nach Dienstende, ausgenommen bei Krankheit usw. Die fehlende Bestimmung ist im § 77 MTV enthalten.

Schiffsoffiziere und sonstige Angestellte können auf ein anderes Schiff versetzt werden, § 27 wenn wichtige betriebliche Gründe vorliegen und die Versetzung „nicht nur den Zweck haben soll, dem Betroffenen Schaden zuzufügen". Andere Besatzungsmitglieder sind nur zum Dienst auf dem im Heuervertrag vereinbarten Schiff verpflichtet, soweit nicht etwas anderes vereinbart ist.

Anmerkung: Nach § 13 (2) MTV ist — anders als nach dem SeemG — jedes Besatzungsmitglied auf jedem Schiff des Reeders zur Dienstleistung verpflichtet, soweit nicht etwas anderes vereinbart ist.

Die **Bordanwesenheitspflicht** besteht auch während der dienstfreien Zeit, soweit keine § 28 Landgangserlaubnis erteilt ist (vgl. § 61) (Ow).
Bei Seegefahr darf das Besatzungsmitglied das Schiff nicht ohne Einwilligung des Kapitäns verlassen, solange dieser selbst an Bord bleibt (Ow).
Die **Dienstleistungspflicht** wird durch das Heuerverhältnis und durch die Anordnungsbe- § 29 fugnisse der zuständigen Vorgesetzten geregelt.
Darüber hinaus muß das Besatzungsmitglied jede Anordnung des Kapitäns oder in dringenden Fällen eines an Ort und Stelle befindlichen Vorgesetzten befolgen, die dazu dienen soll, drohende Gefahr von Menschen, Schiff oder Ladung abzuwenden, einen großen Schaden zu vermeiden, schwere Störungen des Schiffbetriebes zu verhindern oder öffentlich-rechtliche Vorschriften über die Schiffssicherheit zu erfüllen.
Dies gilt auch bei drohender Gefahr für andere Schiffe und Menschen.
Bei Schiffbruch muß das Besatzungsmitglied bei der Rettung von Menschen, Ausrüstung und Ladung sowie bei der Bergung Hilfe leisten.

Anmerkung: Selbstverständlich ist der Kapitän auch im gewöhnlichen Dienst immer „zuständig". Im übrigen ist der jeweilige Leiter des Dienstzweiges der „zuständige" Vorgesetzte al-

vgl. SeemG ler Besatzungsmitglieder in dem Dienstzweig, also auch der übrigen Schiffsoffiziere (§ 107), nach ihm gegenüber den Schiffsleuten jeder Schiffsoffizier des Dienstzweiges oder ein als Vorgesetzter vom Kapitän bestimmtes und bekanntgegebenes Besatzungsmitglied (§ 107).

Aus dem Bordbetrieb ergeben sich aber auch andere Vorgesetztenverhältnisse: Der Zweite Offizier als Ladungsoffizier muß z. B. im Ladungsdienst als Vorgesetzter des Dritten Offiziers angesehen werden, der 1. Steward (nicht mit Obersteward zu verwechseln) als der Vorgesetzte der übrigen Stewards und der Koch als Vorgesetzter des übrigen Kombüsenpersonals auch dann, wenn der Kapitän dies nicht besonders bekanntgegeben hat.

Bei einem Einsatz von Schiffsleuten im Gesamtschiffsbetrieb (Anzahl der Besatzungsmitglieder entsprechen den Spalten b, c und d der Anlage 4 zur SchBesV) ergeben sich Zuständigkeiten, die jeweils für das Schiff festzulegen sind.

Aus § 29 folgt aber, daß der Dritte Offizier einem Lagerhalter, der im Maschinendienst eingesetzt ist, nur in Fällen drohender Gefahr oder z. B. als Bootführer bei einem Bootsmanöver eine Anweisung erteilen kann.

Das Verhältnis zwischen dem wachhabenden nautischen Offizier und den anderen Offizieren und Angestellten wird durch § 107 geregelt und betrifft nur den Wachdienst.

§ 30 (Kapt) Zur **Heuer** gehören alle Vergütungen einschließlich Gewinnanteil usw..
Grundheuer ist das feste Entgelt (ohne Überstunden und andere Pauschalvergütung).

Anmerkung: Anspruch auf Unterkunft und Verpflegung wird in §§ 39 und 41 besonders geregelt, so daß keines von beiden als Vergütung im Zusammenhang mit der Heuer angesehen werden kann. Für den geldwerten Vorteil, der sich durch die freie Verpflegung an Bord ergibt, wird jedoch 1986 ein Betrag von 9,20 DM täglich bzw. 276,- DM monatlich von den Finanzämtern der Versteuerung zugrundegelegt.

§ 33 (Kapt) Für die erforderliche Anreisezeit ist neben den Anreisekosten Grundheuer zu zahlen.

Anmerkung: Vgl. Anmerkung zu § 26, auch wegen Rückbeförderung zum Hafen der Annahme nach Dienstende. Nach § 77 MTV ist statt Grundheuer die Heuer zu zahlen.

§ 34—37 (Kapt) betreffen Heueranspruch, Fälligkeit und Zahlung.
§ 38 Wenn sich die Schiffsbesatzung während der Reise vermindert und dadurch Mehrarbeit zu erwarten ist, muß der Kapitän möglichst für Ersatz sorgen (Ow).

Andernfalls ist die ersparte **Heuer** nach dem Verhältnis der Mehrarbeit und der Heuern zu verteilen, soweit die Mehrarbeit nicht durch Überstundenvergütung abgegolten wird. Dies gilt auch, wenn das Schiff bei Reiseantritt unter Berücksichtigung des Arbeitsschutzes nicht ausreichend bemannt ist.

Anmerkung: Nach § 33 MTV (1986) erhalten Festheuerbezieher ohne Anspruch auf Einzelüberstundenvergütung bei einem auf Unterbesetzung zurückzuführenden vermehrten Arbeitsanfall eine Vergütung gemäß HTV (1986: DM 700,-). Bei Anspruch auf Einzelüberstundenvergütung wird entsprechend anfallende Mehrarbeit als Überstunden vergütet.

1.4.4 Verpflegung, Unterbringung, Krankenfürsorge

§ 39 (Kapt) Verpflegung ist mindestens nach der Speiserolle zu gewähren.
§ 40 (Kapt) Aus unabwendbaren Gründen darf der Kapitän die Verpflegung kürzen oder ändern. Die Gründe muß er ins Tagebuch eintragen (Ow).
§ 41 (Kapt) Das Besatzungsmitglied hat Anspruch auf angemessene Unterbringung. Es muß die Wohnräume und Einrichtung pfleglich behandeln.
§ 42 (Kapt) An Bord oder außerhalb der Bundesrepublik hat das Besatzungsmitglied Anspruch auf eine ausreichende und zweckmäßige Krankenfürsorge auf Kosten des Reeders.

Anmerkung: Räumliche Voraussetzungen, erforderliche Ausrüstung mit Arzneien und Hilfsmitteln, gegebenenfalls vorzuhaltenes Pflegepersonal sind in der „Verordnung für Krankenfürsorge auf Kauffahrteischiffen" vorgeschrieben. Der Kapitän ist für die ordnungsgemäße Ausrüstung mit Arznei- und anderen Hilfsmitteln verantwortlich. Für die Aufbewahrung und die bei Abgabe von Arzneimitteln und die Beschriftung der Behältnisse zu beachtenden Be-

stimmungen ist der mit der Krankenfürsorge beauftragte Schiffsoffizier zuständig. (Ausführli- vgl. SeemG
che Angaben siehe Band 3 B, Kap. 8; ferner Krankenversicherung siehe 1.6)

(Kapt) Innerhalb der Bundesrepublik kann der Reeder ein krankes Besatzungsmitglied an §44
die Seekrankenkasse verweisen, wenn kein Schiffsarzt zur Verfügung steht oder sonst wichtige
Gründe vorliegen.

(Kapt) Wenn das kranke Besatzungsmitglied im Ausland das Schiff verlassen muß, hat es §45
Anspruch auf das tarifliche Tagegeld, soweit der Reeder nicht die Heuer weiterzahlen muß.

(Kapt) Verweigert das Besatzungsmitglied die Annahme der Krankenbehandlung oder der §46
Krankenhauspflege, so ruht der Anspruch.

(Kapt) Die Krankenfürsorge des Reeders endet mit dem Verlassen des Schiffes innerhalb §47
der Bundesrepublik bzw. mit der Rückkehr des im Ausland zurückgelassenen Besatzungsmitgliedes in die Bundesrepublik, spätestens mit Ablauf der 26. Woche nach Verlassen des Schiffes.

Anmerkung: Näheres siehe unter Krankenversicherung (siehe 1.6). Nach § 54 MTV erhält
das Besatzungsmitglied im Ausland unbegrenzt Krankenfürsorge bis zum Zeitpunkt der Rückkehr in die Bundesrepublik Deutschland.

Das erkrankte oder verletzte Besatzungsmitglied hat Anspruch auf Weiterzahlung der Heu- §48
er mindestens bis zu dem Tage, an welchem es das Schiff verläßt. Darüber hinaus behält ein er-
krankter oder verletzter Schiffsoffizier oder sonstiger Angestellter den Anspruch auf Heuer-
zahlung bis zu einer Gesamtdauer von sechs Wochen, vom Tage des Beginns der Arbeitsunfähigkeit ab gerechnet. Für einen Schiffsmann gilt die entsprechende Regelung nach dem Lohn-
fortzahlungsgesetz vom 27.7.1969, jedoch mit der Maßgabe, daß er verpflichtet ist, die Arbeitsunfähigkeit unverzüglich anzuzeigen (§ 3 Fortzahlungsgesetz) und daß bei wiederholter Arbeitsunfähigkeit wegen derselben Krankheit während eines Jahres nur einmal für sechs Wochen die Heuer zu zahlen ist, wenn nicht mindestens sechs Monate dazwischen liegen. (§ 1).
Den Anspruch auf Fortzahlung der Heuer behält das Besatzungsmitglied auch dann, wenn
ihm gegenüber aus Anlaß der Erkrankung oder Verletzung gekündigt wird oder wenn es seinerseits zu Recht fristlos kündigt.
Bei Zurücklassung im Ausland hat der Reeder die gleichen Beträge zu zahlen wie die Seekrankenkasse im Inland (siehe 1.6).

Anmerkung: Näheres siehe unter Krankenversicherung. Abweichend erhält der kranke oder
verletzte Kapitän gemäß § 78 die volle Heuer bis zum Ablauf der 26. Woche.
Nach § 54 MTV wird auch eine verordnete Kur als Zeit von Arbeitsunfähigkeit gerechnet.

Das wegen Krankheit oder Verletzung zurückgelassene Besatzungsmitglied hat Anspruch §49
auf freie Rückbeförderung und auf Tagegeld während der Rückbeförderung (Kapt).

(Kapt) Die Sachen und das Heuerguthaben des Zurückgelassenen müssen entweder diesem §52
selbst oder dem Seemannsamt (Konsulat) übergeben werden, mit dessen Genehmigung z. B.
auch der Krankenanstalt (Ow). Das vorgeschriebene Verzeichnis, das auch die Aufbewah-
rungsstelle enthalten muß, ist vom Kapitän und einem Besatzungsmitglied zu unterschreiben
(Ow).
Anmerkung: Maßnahmen bei Krankheit oder Unfall mit Zurücklassung im Ausland:
Bei Krankheit: Eintragung ins Krankenbuch; Reeder und Angehörige benachrichtigen; Abmusterung; abgeschlossenes Seefahrtbuch an Seemannsamt (Konsul); Effekten durch Offizier
und einen Schiffsmann aufnehmen lassen; vom Kapitän und dem Aufnehmenden unterschrie-
bene Liste dreifach aufstellen; ein Exemplar und das Heuerguthaben gemäß Abrechnung dem
Kranken übergeben, gegebenenfalls dem Konsul oder mit dessen Genehmigung der Krankenanstalt; eine Liste zum Gepäck (Liste muß Aufbewahrungsort enthalten); nach Möglichkeit Ersatzmann anmustern.
Bei Unfall: Wie bei Krankheit; ferner: Todesfolge oder schweren Unfall telegraphisch der
SeeBG melden (wegen weiterer Formalitäten nach Todesfall siehe Anm. zu § 75); Tagebucheintragung mit Hinweis auf Unfalltagebuch; dieses ausfüllen und mit drei Durchschlägen, davon 1 an Arbeitsschutzbehörde und 2 an zuständige Bezirksverwaltung der SeeBG (am besten
zusammen mit einer weiteren über den Reeder leiten). Schwere Unfälle untersucht das Seeamt;
im Inland außerdem Protokoll durch Polizei. Die Bordvertretung muß nach § 89 BetrVG bei
Untersuchungen hinzugezogen werden und die Unfallanzeige gegenzeichnen. Sie enthält eine
weitere Durchschrift (siehe 1.2.3).

vgl. SeemG **1.4.5   Urlaub und Landgang**

§ 53   (Kapt) Das Besatzungsmitglied hat für jedes Beschäftigungsjahr Anspruch auf bezahlten Urlaub.

Anmerkung: die Urlaubsdauer wird im § 57 MTV geregelt. Sie ist abhängig von den Beschäftigungsjahren in der Seeschiffahrt und beträgt (1986) auf Schiffen bis 1000/1600 BRT im 1. bis 5. Jahr 10,3, im 6. bis 10. Jahr 11,1 und ab 11. Jahr 12 Urlaubstage je Monat; auf Schiffen über 1000/1600 BRT im 1. bis 5. Jahr 11,5, im 6. bis 10. Jahr 12,5 und ab 11. Jahr 13,5 Urlaubstage je Monat. Als Urlaubstage gelten die Tage von Montag bis Freitag mit Ausnahme der gesetzlichen Feiertage. Jugendliche (Ausnahme OB) erwerben nach MTV Urlaub entsprechend dem 6. bis 10. Beschäftigungsjahr (1000 BRT Frei-, 1600 BRT Volldecker).

§ 54   Jugendlichen ist nach dem SeemG in jedem Beschäftigungsjahr ein Mindesturlaub zu gewähren: Bis 16 Jahre 30 Werktage, bis 17 Jahre 27 Werktage, bis 18 Jahre 25 Werktage (Ow).

§ 55   (Kapt) In Ausnahmefällen kann der Urlaub für zwei Jahre zusammen gewährt werden. Nach zweijähriger Abwesenheit von der Bundesrepublik muß er gewährt werden, bei Jugendlichen schon nach einem Jahr. Diese Fristen können bis zu drei Monaten überschritten werden, wenn das Schiff innerhalb dieser Zeit einen europäischen Hafen anläuft.

Anmerkung: Die Möglichkeit, den Urlaub erst nach zwei Jahren zu gewähren, wird durch die Regelung in § 59 MTV stark eingeschränkt. Danach muß der Reeder für jeden auf den 13. Beschäftigungsmonat folgenden angefangenen Monat einen zusätzlichen Kalendertag Urlaub gewähren, der mit dem aufgeschobenen Urlaub zu verbinden ist. Zusätzlich erhält das Besatzungsmitglied einen Zuschlag zur Grund- bzw. Festheuer, der sich vom 14. bis zum 17. Monat von 10 % auf max. 25 % steigert. Ab 14. Monat erwirbt das Besatzungsmitglied das Recht zur fristlosen Kündigung mit Rückbeförderungsanspruch, soweit nicht innerhalb von 3 Monaten ein europäischer Hafen angelaufen wird.

§ 56   (Kapt) Urlaub vom Ausland aus beginnt mit Ablauf des Ankunftstages in der Bundesrepublik. Entsprechendes gilt für die Rückkehr an Bord im Ausland.

Anmerkung: Die Reisekosten trägt der Reeder (§ 60 MTV).

§ 61   Anspruch auf Landgang besteht außerhalb der Hafenarbeitszeit, soweit Sicherheit und Abfahrt es zulassen. Dienstfreie Besatzungsmitglieder haben diesen Anspruch auch innerhalb der Hafenarbeitszeit (Ow).
Der Kapitän muß für eine ausreichende Landverbindung sorgen und den Wachdienst außerhalb der Hafenarbeitszeit gleichmäßig verteilen lassen (Ow).

Anmerkung: Landgang dient wie Urlaub der Erholung. Nur das erlaubte Verlassen des Schiffes befreit das Besatzungsmitglied von der Bordanwesenheitspflicht (§ 28).
Nach § 17 MTV liegt die regelmäßige Hafenarbeitszeit zwischen 6.00 und 18.00 Uhr. Es ist für den Kapitän zumutbar, eine Landverbindung herzustellen, wenn eine sichere Verbindung mit dem Boot des Schiffes oder mit gemieteten Booten hergestellt werden kann.
Eine Eigenbeteiligung des Besatzungsmitgliedes an den entstehenden Kosten kann in angemessenem Rahmen in Betracht kommen.
Besteht Landgangsmöglichkeit und kann das Besatzungsmitglied davon aus dienstlichen Gründen keinen Gebrauch machen, so steht ihm nach § 56 MTV ein Ausgleich für nicht gewährten Landgang zu. Ein Ausgleichsanspruch entsteht jedoch nicht für die erste Nacht, wenn das Schiff nach 22.00 Uhr festmacht, bzw. für den Abend, wenn das Schiff vor 00.00 Uhr ausläuft.
Statt des Ausgleichs kann auch während der folgenden Hafentage eine entsprechende Befreiung während der Hafenarbeitszeit gewährt werden.

1.4.6   Beendigung des Heuerverhältnisses

Ordentliche Kündigung

§ 62   Ein Heuerverhältnis auf unbestimmte Zeit kann nur schriftlich gekündigt werden, gegenüber Angestellten nur durch den Reeder selbst.

Anmerkung: Nach § 66 MTV wird das Heuerverhältnis beendet durch: vgl. SeemG
(a) Zeitablauf,
(b) Tod des Besatzungsmitgliedes,
(c) ordentliche Kündigung,
(d) außerordentliche Kündigung oder
(e) beiderseitiges Einvernehmen (Aufhebungsvertrag).

Die **Kündigung** ist eine empfangsbedürftige Willenserklärung, Kündigungsberechtigter ist auf der Arbeitgeberseite bei Schiffsleuten der Reeder, an Bord auch der Kapitän (§ 526 HGB) und bei Schiffsoffizieren und sonstigen Angestellten nur der Reeder. Der Reeder muß die Kündigung eigenhändig unterschreiben.

Nach einer Entscheidung des BAG vom 28.9.83 genügt ein Telegramm nicht der Schriftform. Allerdings kann der Reeder seinen Kapitän telegraphisch im Einzelfall — formlos — bevollmächtigen, eine Kündigung schriftlich zu erklären. Generell kann der Reeder den Kapitän in einer Urkunde bevollmächtigen, ihn bei der Erklärung der schriftlichen Kündigung zu vertreten, die er telegraphisch angeordnet hat.

Kündigt das Besatzungsmitglied seinerseits, so muß ebenfalls die Schriftform beachtet werden. Ein Telegramm an den Reeder genügt nicht.

In jedem Fall muß bei einer Kündigung durch den Kapitän oder den Reeder die Bordvertretung bzw. der Seebetriebsrat vorher gehört werden. Andernfalls ist die Kündigung rechtsunwirksam (siehe 1.2.4).

Bei Schiffsleuten beträgt die Kündigungsfrist während der ersten 3 Monate 1 Woche. Danach verlängert sich die Kündigungsfrist auf 2 Wochen. Nach Ablauf von 3 Jahren erhöht sie sich auf 6 Wochen zum Schluß eines Kalendervierteljahres. Die Kündigungsfrist bei Angestellten beträgt während der ersten 3 Monate ebenfalls 1 Woche, danach 6 Wochen zum Schluß eines Kalendervierteljahres.   § 63

Die Frist beginnt um 0.00 Uhr des folgenden Tages (§ 68 MTV, § 187 BGB).

(Kapt) Wenn nicht anders vereinbart, verlängert sich das gekündigte Heuerverhältnis bis zur Ankunft des Schiffes im Inland, höchstens jedoch um 3 Monate. Danach freie Rückbeförderung mit den Effekten (§§ 70, 72 und 78 MTV).

Anmerkung: Gegenüber dem Kapitän beträgt die Kündigungsfrist während der ersten beiden Dienstjahre bei demselben Reeder 6 Wochen zum Quartalsende, danach 3 Monate zum Quartalsende (§ 78).

Kündigt der Reeder einem Angestellten mit 6-Wochenfrist zum Quartalsende, so gewährt er nach § 75/76 MTV außerhalb des Urlaubs 1 Monat Umschaufrist im Inland. Umschautag ist auch jeder Werktag, an dem das Besatzungsmitglied Gelegenheit zum Landgang hat. Für jeden gewährten Umschautag ist Grundheuer mit Verpflegungsgeld zu zahlen.

Nach dem Kündigungsschutzgesetz für Angestellte vom 9.7.1926 beträgt die Kündigungsfrist ab vollendetem 25. Lebensjahr bei einer Dienstzeit bei demselben Reeder

von 5 Jahren	3 Monate,
von 8 Jahren	4 Monate,
von 10 Jahren	5 Monate,
von 12 Jahren	6 Monate zum Quartalsende.

Außerdem gilt für alle Arbeitnehmer das Kündigungsschutzgesetz vom 25.8.1969.

Nach § 1 KSchG ist die Kündigung des Arbeitsverhältnisses gegenüber einem Arbeitnehmer, dessen Arbeitsverhältnis in demselben Betrieb oder Unternehmen ohne Unterbrechung länger als 6 Monate bestanden hat, rechtsunwirksam, wenn sie sozial ungerechtfertigt ist, d. h., wenn sie nicht durch Gründe, die in der Person oder in dem Verhalten des Arbeitnehmers liegen, oder durch dringende betriebliche Erfordernisse, die einer Weiterbeschäftigung des Arbeitnehmers in diesem Betrieb entgegenstehen, bedingt ist. Unwirksam ist die Kündigung auch, wenn der Arbeitnehmer an einem anderen Arbeitsplatz in demselben Betrieb oder in einem anderen Betrieb des Unternehmens weiterbeschäftigt werden kann und der Seebetriebsrat aus diesem Grunde der Kündigung innerhalb der Frist schriftlich widersprochen hat.

Gründe in der Person sind z. B. mangelnde Eignung oder mangelnde Fähigkeit, sich die erforderlichen Kenntnisse zu verschaffen. Krankheit ist generell kein Kündigungsgrund, anders ist dies nur, wenn in absehbarer Zeit nicht mit der Wiederherstellung der Gesundheit gerech-

vgl. SeemG net werden kann, oder wenn das Besatzungsmitglied die besonderen Aufgaben aus dem Heuerverhältnis nicht mehr wahrnehmen kann, wenn z. B. der Seuchenschein oder die Gesundheitskarte nicht erneuert werden können.

Betriebliche Gründe liegen vor, wenn das Schiff wegen fehlender Aufträge längere Zeit aufgelegt oder verkauft werden muß.

Will ein Besatzungsmitglied geltend machen, daß die Kündigung sozial ungerechtfertigt ist, so muß es innerhalb von drei Wochen nach Zugang Klage beim Arbeitsgericht Hamburg erheben. Befindet sich das Besatzungsmitglied auf See oder im Ausland, so ist die Klage spätestens zwei Wochen nach Ankunft im Inland einzureichen, spätestens jedoch innerhalb von 6 Monaten nach dem Ende der versäumten Frist (§§ 4 und 5 KSchG).

Eine **Änderungskündigung** liegt dann vor, wenn ein Besatzungsmitglied in der nach dem Heuervertrag vereinbarten Postition nicht mehr eingesetzt werden kann, ihm aber die Fortsetzung zu geänderten Bedingungen angeboten wird (wenn z. B. ein Bootsmann als Matrose eingesetzt werden soll).

Auch in diesem Fall muß die Bordvertretung gehört werden. Das Besatzungsmitglied kann unter dem Vorbehalt annehmen, daß die Änderung der Arbeitsbedingungen nicht sozial ungerechtfertigt ist (§ 2 KSchG).

Außerordentliche (d. h. fristlose) Kündigung gegenüber dem Besatzungsmitglied

§ 64 **(1)** Das Heuerverhältnis eines Besatzungsmitglieds kann diesem gegenüber ohne Einhaltung einer Frist gekündigt werden, wenn es

1. für den übernommenen Schiffsdienst aus Gründen, die schon vor der Begründung des Heuerverhältnisses bestanden, untauglich ist, es sein denn, daß dem Reeder diese Gründe zu diesem Zeitpunkt bekannt waren oder den Umständen nach bekannt sein mußten,
2. eine ansteckende Krankheit verschweigt, durch die es andere gefährdet, oder nicht angibt, daß es Dauerausscheider von Erregern des Typhus oder Paratyphus ist,
3. seine Pflichten aus dem Heuerverhältnis beharrlich oder in besonders grober Weise verletzt,
4. eine Straftat begeht, die sein weiteres Verbleiben an Bord unzumutbar macht,
5. durch eine von ihm begangene Straftat arbeitsunfähig wird.

(2) Der Kapitän ist verpflichtet, die außerordentliche Kündigung und deren Grund unverzüglich in das Schiffstagebuch einzutragen und eine von ihm unterzeichnete Abschrift der Eintragung dem Besatzungsmitglied auszuhändigen.

(3) Wird die fristlose Kündigung auf See ausgesprochen oder bleibt das Besatzungsmitglied nach einer fristlosen Kündigung an Bord, so hat es den bei der Heimschaffung hilfsbedürftiger Seeleute üblichen Verpflegungssatz zu entrichten.

Anmerkung: Es gibt Gründe, die eine Fortsetzung des Heuerverhältnisses unmöglich oder unerträglich machen. Eine fristlose Kündigung ist eine außerordentlich schwerwiegende Entscheidung. Sie kann nur aus den aufgezählten Gründen ausgesprochen werden.

Nach § 626 (2) BGB kann die Kündigung nur innerhalb von zwei Wochen nach Kenntnis der für die Kündigung maßgebenden Tatsachen erfolgen. Die Bordvertretung muß gehört werden, sie kann innerhalb von drei Tagen schriftlich ihre Bedenken mitteilen (siehe 1.2.4).

Nach § 72 MTV bedarf auch die außerordentliche Kündigung neben der Tagebucheintragung der Schriftform.

Die in § 64 (2) vorgeschriebene Tagebucheintragung ist nicht Voraussetzung für die Wirksamkeit der Kündigung.

Das Seemannsamt kann eine vorläufige Entscheidung über die Berechtigung der Kündigung treffen (§ 69).

Anmerkung: Nach einer fristlosen Kündigung besteht nur Anspruch auf verdiente Heuer und Urlaub. Der Entlassene verliert den Anspruch auf Rückbeförderung, Krankenfürsorge und Unfallversicherung. Das Arbeitslosengeld kann gesperrt werden; u. U. muß der Entlassene Schadenersatz leisten, z. B. die Anreisekosten für einen Ersatzmann.

Eine unwirksame außerordentliche Kündigung kann nicht in jedem Fall in eine ordentliche Kündigung umgewandelt werden, weil die Bordvertretung vor jeder Kündigung zu hören ist

(siehe 1.2.4). Der Kapitän muß die Vertretung davon unterrichten, daß er vorsorglich auch or-   vgl. SeemG
dentlich kündigen will. Hilfsweise sollte also zugleich mit der außerordentlichen auch eine ordentliche Kündigung ausgesprochen werden.

Formalitäten: Anhörung der Bordvertretung und Mitteilung der Gründe. Tagebucheintragung mit ausführlicher Begründung; Aushändigung der schriftlichen außerordentlichen und
hilfsweise ordentlichen Kündigung mit Abschrift der Tagebucheintragung; Abmusterung, Heuerabrechnung mit Abgeltung des Urlaubsanspruchs. Benachrichtigung des Reeders, damit der
Ziehschein gestoppt und ein Ersatzmann geschickt werden kann.

Das Heuerverhältnis kann auch aus anderen wichtigen Gründen ohne Frist gekündigt wer-   § 65
den, wenn der Reeder mindestens eine Monatsgrundheuer zahlt. (Dies gilt nicht gegenüber fest
Angestellten). Außerdem besteht Anspruch auf freie Rückbeförderung (§ 72) sowie auf Heuer
während der Rückbeförderung (§ 73).

(Kapt) Außerordentliche Kündigung bei Verlust des Schiffes.   § 66

Anmerkung: Wegen Seltenheit des Vorkommens hier nicht behandelt.

Außerordentliche Kündigung durch Besatzungsmitglied

Das Besatzungsmitglied kann seinerseits das Heuerverhältnis fristlos kündigen,   § 67
1. wenn sich der Reeder oder der Kapitän einer schweren Pflichtverletzung schuldig macht;
2. wenn der Kapitän es erheblich in der Ehre verletzt, es mißhandelt oder eine Mißhandlung
   duldet;
3. wenn das Schiff die Flagge wechselt;
4. wenn der Urlaub nach den gesetzlichen Vorschriften nicht gewährt wird;
5. wenn das Schiff einen verseuchten Hafen anlaufen soll oder einen solchen nicht unverzüglich verläßt;
6. wenn das Schiff ein Gebiet mit Gefahren durch bewaffnete Auseinandersetzungen befahren soll;
7. wenn das Schiff nicht seetüchtig ist, Wohnräume gesundheitsschädlich, Verpflegungsvorräte
   ungenügend oder verdorben sind oder wenn das Schiff unzureichend bemannt ist; in diesen
   Fällen jedoch nur zulässig, wenn die Mängel auf Beschwerde nicht abgestellt worden sind.

Das Recht nach Nr. 5 und 6 entfällt, wenn dem Besatzungsmitglied diese Gründe vor Antritt
der Reise bekannt waren oder bekannt sein mußten.

Anmerkung: Die Ansprüche des Besatzungsmitgliedes sind: Verdiente Heuer einschließlich
Urlaub, freie Rückbeförderung (§ 72), Heuer (nicht nur Grundheuer) während der Rückbeförderung (§ 73) und Heuer für 1 Monat (§ 70). Diese ist auf die Heuer während der Rückbeförderung anzurechnen (§ 73). Praktisch gilt demnach: Heuer während der Rückbeförderung,
jedoch mindestens für 1 Monat.

Gegen die fristlose Kündigung kann der Kapitän das Seemannsamt (Konsulat) anrufen und
vorläufig entscheiden lassen (§ 69). Endgültig kann nur das Arbeitsgericht entscheiden (vgl.
Anmerkung zu § 24).

Analog zu Nr. 2 fehlt eine Bestimmung gegen das Besatzungsmitglied in § 64. Es ist zumindest ebenso wahrscheinlich, daß das Besatzungsmitglied seinerseits diese Handlungen begeht.
Es handelt sich dann aber um eine besonders grobe Pflichtverletzung aus dem Heuerverhältnis
(§ 64, 1, Ziffer 3). Außerdem sind erhebliche Beleidigungen oder Mißhandlungen (Körperver-
letzungen) strafbare Handlungen, die ohnehin zu fristloser Entlassung berechtigen und im übrigen durch Anzeige des Kapitäns strafrechtlich verfolgt werden sollten.

Formalitäten bei fristloser Kündigung durch das Besatzungsmitglied: Abmusterung, Heuerabrechnung einschließlich Urlaubsabgeltung usw., Benachrichtigung des Reeders (Ziehschein und nötigenfalls Ersatzmann). Tagebucheintragung nicht vorgeschrieben, aber zu empfehlen (vgl. aber Flaggenwechsel unter Abschnitt „Tagebuch"), nötigenfalls Anrufung des Seemannsamtes (Konsulat) wegen vorläufiger Entscheidung.

Aus anderen wichtigen Gründen kann das Besatzungsmitglied nur fristlos kündigen, wenn   § 68
es einen Ersatzmann stellt. Vorbereitung auf eine Fachprüfung oder eine höhere Stellung im
Schiffsdienst sind wichtige Gründe.

vgl. SeemG
§ 71 Der Kapitän darf ein Besatzungsmitglied im Ausland nicht ohne Genehmigung des Seemannsamtes (Konsulat) zurücklassen. Wenn Hilfsbedürftigkeit zu befürchten ist, kann das Seemannsamt die Einwilligung von der Leistung eines Unterhaltes für 3 Monate abhängig machen.

Anmerkung: Der Ausdruck „zurücklassen" trifft nicht zu, wenn das Besatzungsmitglied seinerseits z. B. eine fristlose Entlassung nach § 67 verlangt hat oder wenn das Besatzungsmitglied im beiderseitigen Einverständnis „zurückbleibt".

§ 74   Ein Anspruch auf freie Rückbeförderung und Heuer während der Rückbeförderung entfällt
insoweit, als dem Besatzungsmitglied eine seiner Tätigkeit entsprechende Stellung auf einem
heimkehrenden deutschen Schiff nachgewiesen wird.

Anmerkung: Die Vorschrift hat praktisch heute kaum noch Bedeutung, da eine schnelle
Rückbeförderung mit dem Flugzeug in der Regel auch kostengünstiger für den Reeder ist.

Aufhebungsvertrag

Nach § 73 MTV kann die Auflösung eines Heuerverhältnisses auch durch einen Aufhebungsvertrag vereinbart werden. Die vorzeitige Aufhebung des Heuerverhältnisses in beiderseitigem
Einvernehmen soll schriftlich geschehen. Andernfalls wird vermutet, daß die vorzeitige Aufhebung nicht vereinbart worden ist. Der Gegenbeweis ist zulässig.

Anmerkung: Der Vorteil eines Aufhebungsvertrages liegt darin, daß in ihm auch Sonderver-
einbarungen, z. B. über den Zeitpunkt, die Rückbeförderung und eventuelle Sonderleistungen,
getroffen werden können. Die Bordvertretung hat bei einem Aufhebungsvertrag kein Mitbestimmungsrecht, kann aber beraten. Kein Aufhebungsvertrag, sondern ein Ruhen des Heuerverhältnisses liegt vor, wenn ein Besatzungsmitglied mit der ausdrücklichen Zusage auf Weiterbeschäftigung nach dem Examen für den Besuch einer Hoch- oder Fachschule freigestellt wird.
Der Aufhebungsvertrag bewirkt, daß etwaiges Arbeitslosengeld erst nach einer Wartefrist bezahlt wird.

Zeugniserteilung

Nach § 74 MTV ist bei Schiffswechsel dem Besatzungsmitglied auf Wunsch ein Zeugnis auszustellen. Bei Beendigung des Heuerverhältnisses besteht Anspruch auf ein qualifiziertes Dienst-
zeugnis über die gesamte Dienstzeit bei der Reederei.

Anmerkung: Der Anspruch auf Ausstellung eines Zeugnisses ergibt sich aus § 630 BGB;
dies gilt auch für den Kapitän (§ 31 KMTV). Bei einem einfachen Zeugnis werden Dienstgrad
und Dauer des Heuerverhältnisses bescheinigt, bei einem qualifizierten Zeugnis kommen Angaben über Führung und Leistung dazu. Nachteiliges soll schonend ausgedrückt werden, um
dem Arbeitnehmer nicht unnötig die erneute Stellungssuche zu erschweren. Sogenanntes Weg-
loben soll ebenfalls unterbleiben, da dadurch der neue Arbeitgeber wissentlich getäuscht wird.

Tod des Besatzungsmitgliedes

§ 75   (Kapt) Stirbt ein Besatzungsmitglied an Bord oder im Ausland, so muß der Kapitän für die
Bestattung sorgen. Wenn die Leiche nicht mit heimgenommen werden kann, aber das Schiff innerhalb von 24 Stunden zumutbarerweise einen Hafen anlaufen kann und keine gesundheitlichen Bedenken bestehen, ist die Bestattung an Land vorzunehmen, sonst an Bord in würdiger
Form. Die Bestattung im Ausland bezahlt der Reeder.

Anmerkung: Auf einem Fahrgastschiff oder auf einem Schiff mit leicht verderblicher Ladung ist das Anlaufen eines nicht im Fahrplan stehenden Hafens nicht zumutbar, ebenfalls
nicht, wenn z. B. ein großes Schiff 24 Stunden lang in einen Hafen zurücklaufen müßte und dadurch mehrere Tage verlieren würde. Wichtiger ist aber für den Kapitän, daß in manchen Häfen das Landen der Leiche eines auf See Verstorbenen überhaupt nicht möglich ist und daß in
tropischen Gebieten die Leiche eines vor 17 Uhr Verstorbenen noch am selben Tage bestattet

werden muß. Daher sollte man beim Konsul oder bei der Gesundheitsbehörde telegraphisch vgl. SeemG fragen, ob die Landung der Leiche erlaubt wird.

Formalitäten (soweit zutreffend, auch bei Tod eines Fahrgastes): Reeder telegraphisch benachrichtigen und fragen, ob Leiche in Zinksarg mitgebracht werden soll; um Benachrichtigung der Angehörigen bitten; Tagebucheintragung durch Kapitän mit Hinweis auf Anzeige des Sterbefalles; wenn der Tod während der Reise an Bord eingetreten ist, Niederschrift über die Anzeige eines Sterbefalles ausfüllen und vom Anzeigenden und Kapitän unterschreiben. Die Anzeige hat nach § 45 der Verordnung zur Ausführung des Personenstandsgesetzes (PStV) an das Standesamt I in Berlin (West) zu erfolgen, das den Tod zu beurkunden hat.

Formulare für die Niederschrift können bestellt werden (Best.-Nr.: 15/599), sie sollen sich im Tagebuch befinden. Die Anzeige ist in dreifacher Ausfertigung auszufüllen und über das nächste Seemannsamt weiterzuleiten. Das Original geht an das obige Standesamt, ein Durchschlag verbleibt beim Seemannsamt und einer an Bord. Ist der Tod durch Unfall oder Berufskrankheit eingetreten, Meldung nach Anmerkung zu § 52. Der Nachlaß ist durch Offizier und einen Schiffsmann in dreifacher Liste aufzunehmen und unterschreiben zu lassen (auch vom Kapitän zu unterschreiben) und dem Seemannsamt (Konsulat) zu übergeben, mit dessen Genehmigung dem Seemannsamt eines deutschen Hafens (Ow). Der Reeder muß das Heuerguthaben dem Seemannsamt überweisen (§ 76).

Tritt der Tod an Land ein, z. B. im Ausland, so ist die Anzeige nicht auszufüllen, da der Konsul von der Behörde einen Totenschein erhält und von sich aus das Standesamt des Wohnortes benachrichtigt.

Eine Seebestattung soll in würdiger Form vorgenommen werden, z. B.: Einnähen in Segeltuch und beschweren; Flagge halbstocks; Aufbahrung unter Flagge; Maschine stoppen; Ansprache des Kapitäns und Gebet; Leiche langsam versenken; Bericht mit Lichtbild an Angehörige.

Das Heuerverhältnis des Kapitäns auf unbestimmte Zeit kann während der ersten beiden § 78 Dienstjahre mit einer Frist von 6 Wochen, danach mit einer Frist von 3 Monaten zum Schluß eines Kalendervierteljahres schriftlich gekündigt werden. Das Kündigungsschutzgesetz für Angestellte bleibt unberührt.

Beim „Vorliegen eines wichtigen Grundes" kann von beiden Seiten auch fristlos gekündigt werden. Wenn der wichtige Grund nicht vom Reeder zu vertreten ist, darf der Kapitän aus einem anderen wichtigen Grunde nur fristlos kündigen, wenn der Reeder einen geeigneten Ersatzmann ohne besondere Kosten und ohne Aufenthalt für das Schiff erhalten kann.

Im Krankheitsfalle oder bei einem von dem Reeder zu vertretenden Grund hat der Kapitän Anspruch auf freie Rückbeförderung nach § 49 und im letztgenannten Falle Anspruch auf Heuer während der Rückbeförderung.

Anmerkung: Vgl. Anmerkung zu § 63. Die besondere Stellung des Kapitäns, die mit keiner Stellung an Land vergleichbar ist, erfordert schon allein wegen der außerordentlich schweren privatrechtlichen Verpflichtungen des Kapitäns weitere Möglichkeiten für eine fristlose Kündigung, und zwar sowohl für ihn als auch gegen ihn.

Die Möglichkeiten sind so vielfältig, daß hier nur wenige Beispiele gegeben werden können. Gründe für den Kapitän:

Ernste Behinderung durch den Reeder bei der Fürsorge für die Besatzung oder bei der Sorge für die See- und Landungstüchtigkeit des Schiffes; Bruch von bestimmten Versprechungen.

Gründe gegen den Kapitän:

Ernstes Versagen auf irgendeinem Gebiet der Schiffsführung, z. B. mangelnde Fürsorge für die Besatzung, schweres Verschulden eines Zusammenstoßes oder einer Strandung, Auslieferung der Ladung ohne Konnossement, nach einer Havariegrosse Ausliefern der Ladung ohne Sicherheiten (siehe 9).

Es wird sich immer um Ausnahmefälle handeln, doch wird beim Kapitän stets strenger abgewogen als bei jedem anderen Besatzungsmitglied. Der verantwortungsbewußte Kapitän weiß dieses, fühlt sich dadurch aber nicht beschwert, weil die Stellung des Kapitäns eine ganz besondere Vertrauensstellung ist.

Die Bedingungen aus dem Arbeitsvertrag der Kapitäne sind tarifvertraglich näher geregelt in der Vereinbarung über Anstellungsbedingungen für Kapitäne in der deutschen Seeschiffahrt (Kapitäns-MTV).

vgl. SeemG **1.4.7 Arbeitsschutz**

Schutz gegen Betriebsgefahren. Gesundheitliche Betreuung

§ 80   Reeder und Kapitän sind verpflichtet, den gesamten Schiffsbetrieb und alle Geräte so einzu-
richten und zu unterhalten sowie die Beschäftigung und den Ablauf der Arbeit so zu regeln,
daß die Besatzungsmitglieder gegen Seebetriebsgefahren geschützt sind.

Anmerkung: Der Arbeitsschutz dient der Erhaltung der menschlichen Arbeitskraft im Betrieb und der Bewahrung vor See- und Feuersgefahren. Arbeitsschutz ist eine öffentlich-rechtliche Aufgabe und unterliegt der besonderen staatlichen Kontrolle durch die Arbeitsschutzbe-
§§ 102,   hörde, die Seeberufsgenossenschaft und die Seemannsämter. (Näheres dazu unter Behörden
102a, 102b und Einrichtungen, siehe 6).

Die drei wichtigsten Hauptgebiete sind: Betrieblicher, medizinischer und sozialer Arbeitsschutz mit den Untergebieten Arbeitszeit-, Frauen- und Jugendschutz.

§ 80 regelt den betrieblichen Arbeitsschutz. Im einzelnen sind dazu die entsprechenden
Vorschriften wie UVV, SSV, Solas-Üb., FreibordVO und GefahrgutVSee zu beachten.

Verantwortlich für den Arbeitsschutz ist immer der Arbeitgeber, d. h. der Reeder mit seinen
leitenden Angestellten, insbesondere aber der Kaptiän. Die Besatzungsmitglieder sind verpflichtet, die Vorschriften und Anordnungen zum Arbeitsschutz zu befolgen. Daneben unterstützen den Kapitän an Bord der Sicherheitsbeauftragte (§ 12 UVV) und die Fachkräfte für Arbeitssicherheit nach dem ASiG vom 12.12.1973 (siehe 1.15).

§ 81   Als Kapitän oder Besatzungsmitglied darf nur beschäftigt werden, wer von einem von der
See-BG ermächtigten Arzt auf Seediensttauglichkeit untersucht worden ist. Eine Nachuntersuchung ist alle zwei Jahre, bei Jugendlichen jährlich durchzuführen (Ow).

§§ 81 bis 83 enthalten Vorschriften über den medizinischen Arbeitsschutz. Beim Küchen-
und Bedienungspersonal ist zusätzlich § 18 (1) des Bundesseuchengesetzes zu beachten, wonach ein Gesundheitszeugnis gefordert wird, welches nicht älter als ein Jahr ist.

Arbeitszeit

§§ 84—91 Die Besatzungsmitglieder sollen davor geschützt werden, daß ihre Gesundheit durch zu hohe
körperliche Belastung ohne ausreichende Ruhepausen gefährdet wird. Ausnahmen sind nur in
Not- bzw. dringenden Fällen möglich.

Nach § 88 kann der Kapitän die tägliche Arbeitszeit unter folgenden Bedingungen verlängern:
1. für die Arbeiten zur Erhaltung des Schiffes in Fällen drohender Gefahr sowie zur Rettung
   von Schiff und Menschen,
2. für Rollenmanöver auf See,
3. für Hilfeleistung zur Rettung anderer Schiffe oder von Menschen,
4. für Segelmanöver.

Für nach § 88 erbrachte Arbeitsleistungen entfällt eine Überstundenvergütung.

Mehrarbeit kann nach § 89 (1) nur in dringenden Fällen angeordnet werden. Diese Mehrarbeit ist auf 90 Stunden im Monat begrenzt. Wenn das Schiff in kurzer Aufeinanderfolge mehrere Häfen anläuft, so können weitere 30 Stunden für Arbeiten im Zusammenhang mit dem
Ein- und Auslaufen bis maximal 120 Stunden im Monat geleistet werden.

Über diese Grenzen hinaus ist Mehrarbeit nur zulässig, wenn sie zur Abwendung von Gefahren für die Ladung, zur Verhinderung schwerer Störungen des Schiffsbetriebes oder zur Erfüllung öffentlich-rechtlicher Vorschriften erforderlich ist.

§ 101, 102   Überwacht wird die Durchführung durch die Arbeitsschutzbehörde. Dazu müssen auf jedem
Schiff Arbeitszeitnachweise nach dem Muster der ArbZnachweisV-See vom 1.8.1968 geführt
werden. Der Kapitän ist dafür verantwortlich, er kann aber damit einen Schiffsoffizier oder einen Vorgesetzten beauftragen. Die Nachweise müssen drei Jahre an Bord des Schiffes aufbewahrt werden (Ow).

Bei der Führung der Arbeitszeitnachweise ist zu beachten, daß für den Arbeitsschutz und
damit auch für die Kontrolle durch die Arbeitsschutzbehörde oder durch das Gewerbeauf-
sichtsamt die Regelung des SeemG zugrunde zu legen ist. § 85 sieht z. Z. für Wachgänger auf

See und § 87 für Verpflegungs-, Bedienungs- und Krankenpflegepersonal auf See und im Ha- vgl. SeemG
fen an Samstagen und Sonntagen eine Arbeitszeit von acht Stunden vor. Nach dem MTV 1986
sind in dieser Zeit erbrachte Arbeitsleistungen als Überstunden zu vergüten.

Verstöße des Kapitäns gegen Arbeitsschutzvorschriften sind nach § 121 Straftaten, wenn
hierdurch Besatzungsmitglieder in ihrer Arbeitskraft oder Gesundheit gefährdet werden. Ohne
diese Gefährdung werden die Verstöße als Ordnungswidrigkeiten nach § 126 geahndet.

Anmerkung: Da die Arbeitsschutzvorschriften häufig zugunsten der Besatzungsmitglieder
geändert werden, ist es notwendig, jeweils eine Textausgabe zum SeemG und zum MTV mit
den neuesten Bestimmungen zu benutzen. Aus diesen Gründen soll an dieser Stelle von einer
Wiedergabe der einzelnen Paragraphen abgesehen werden.

Schutz für Frauen

Neben den allgemein geltenden Arbeitsschutzvorschriften bestehen zugunsten der Frauen §§ 92, 93
Sondervorschriften, die auf die besondere körperliche Konstitution der Frau Rücksicht nehmen. Weiblichen Besatzungsmitgliedern des Verpflegungs-, Bedienungs- und Krankenpflege-
personals muß eine ununterbrochene Freizeit von mindestens zehn Stunden gewährt werden.
Die Vorschriften für See- und Hafenarbeitszeit des Decks- und Maschinenpersonals sehen keine Sonderfreizeitregelung vor. Die zulässige Mehrarbeit weiblicher Besatzungsmitglieder ist
auf 60 Stunden im Monat begrenzt.

Zu beachten ist daneben auch das Mutterschutzgesetz. Nach § 4 Abs. 2 Nr. 7 besteht mit
Ablauf des dritten Schwangerschaftsmonats ein Beschäftigungsverbot an Bord.

1.4.8   Jugendschutz

Der Jugendarbeitsschutz ist durch das Jugendschutzgesetz vom 15.4.1976 noch erweitert wor- §§ 94–100
den. Der Jugendliche soll in erhöhtem Maße vor gesundheitlichen Gefahren sowie vor Beein-
trächtigungen der seelisch-geistigen Entwicklung geschützt werden.

Der Kapitän hat dabei die Aufgabe, die Jugendlichen vor Beginn der Beschäftigung über die
Unfall- und Gesundheitsgefahren, denen sie bei der Beschäftigung ausgesetzt sind, sowie über
die Einrichtungen und Maßnahmen zur Abwendung dieser Gefahren zu unterweisen.

Kinder und Jugendliche unter 15 Jahren dürfen nicht beschäftigt werden. § 94
Jugendliche dürfen ferner nicht beschäftigt werden:

1. mit Arbeiten, die ihre Leistungsfähigkeit überschreiten,
2. mit Arbeiten, bei denen sie sittlichen Gefahren ausgesetzt sind,
3. mit Arbeiten, die für Jugendliche mit erhöhten Unfallgefahren verbunden sind,
4. mit Arbeiten, die die Gesundheit durch außergewöhnliche Hitze, Kälte oder Nässe gefährden,
5. mit Arbeiten, bei denen sie schädlichen Einwirkungen von Lärm, Erschütterungen, Strah-
   len
   oder von giftigen, ätzenden oder reizenden Stoffen ausgesetzt sind,
6. als Kohlezieher oder Heizer,
7. im Maschinendienst ohne entsprechende Abschlußprüfung in einem anerkannten Ausbildungsberuf.

Die Nr. 3 bis 5 und 7 gelten nicht für die Beschäftigung von Jugendlichen über 16 Jahre, soweit
dies zur Erreichung ihres Ausbildungszieles erforderlich ist und der Schutz der Jugendlichen
durch die Aufsicht eines Fachkundigen sichergestellt ist.

Jugendliche dürfen nicht mehr als 8 Stunden täglich und nicht mehr als 40 Stunden wö- §§ 96, 97
chentlich beschäftigt werden. Mit Mehrarbeit dürfen Jugendliche nur in Fällen der §§ 88 und
89 (2) beschäftigt werden, wenn keine erwachsenen Besatzungsmitglieder herangezogen werden können.

Folgende, im voraus feststehende Ruhepausen müssen Jugendlichen gewährt werden: § 98
30 Minuten bei einer Arbeitszeit von mehr als viereinhalb bis sechs Stunden.
60 Minuten bei einer Arbeitszeit von mehr als sechs Stunden.

Jugendliche dürfen nur in der Zeit von 6 bis 20 Uhr beschäftigt werden. Jugendliche über §§ 99, 100
16 Jahre können im Wachdienst auf See ab 4 Uhr eingesetzt werden.

vgl. SeemG
§ 100
Jugendliche dürfen im Hafen nur an 5 Tagen und auf See an 6 Tagen beschäftigt werden. Die freien Tage sollen möglichst der Sonnabend und der Sonntag sein. Für die Beschäftigung am sechsten Tag, für Jugendliche über 16 Jahren im Wachdienst auf See evtl. auch am siebten Tag, sind freie Tage zu gewähren.

Anmerkung: Der MTV 1986 sieht in § 57 eine abweichende Regelung vor. Jugendliche erwerben Urlaubsanspruch entsprechend dem 6. bis 10. Beschäftigungsjahr. Damit sind Ansprüche auf Urlaub und für auf See verbrachte Sonnabende, Sonn- und Feiertage abgegolten.

Insbesondere bei den Jugendlichen wird seitens der Arbeitsschutzbehörde auf strenge Befolgung der Vorschriften geachtet. Dies sollte beim Führen der Arbeitszeitnachweise entsprechend beachtet werden.

§ 103   Für sonstige an Bord tätige Personen (SeemG § 7 Abs. 1) gilt die Arbeitszeitordnung bzw. für Jugendliche das Jugendarbeitsschutzgesetz.

Anmerkung: Der Kapitän hat auch bei diesen Besatzungsmitgliedern die Einhaltung der o.g. Vorschriften zu gewährleisten (SeemG § 121 Abs. 2 Nr. 4 und § 126 Nr. 8).

1.4.9 Ordnung an Bord

§ 105   Die Schiffsbesatzung hat vertrauensvoll und unter gegenseitiger Achtung und Rücksichtnahme zusammenzuarbeiten, um den Schiffbetrieb zu fördern und Ordnung und Sicherheit an Bord zu erhalten.

Anmerkung: Die Aufrechterhaltung von Ordnung und Sicherheit ist eine öffentlich-rechtliche Aufgabe. Allgemein haben die Polizeibehörden im Rahmen der geltenden Gesetze die nach pflichtmäßigem Ermessen notwendigen Maßnahmen zu treffen, um vor den Allgemeinheit oder den einzelnen Personen Gefahren abzuwehren, durch die die öffentliche Ordnung und Sicherheit bedroht wird. An Bord, insbesondere auf hoher See, fehlen staatliche Organe. Hier muß der Kapitän diese Aufgabe übernehmen.

§ 106   Der Kapitän ist der Vorgesetzte aller Besatzungsmitglieder und der sonstigen an Bord tätigen Personen.

Der Kapitän hat für die Erhaltung der Ordnung und Sicherheit zu sorgen und ist „im Rahmen der nachfolgenden Vorschriften" berechtigt, die dazu notwendigen Maßnahmen zu treffen. Droht Menschen oder dem Schiff eine unmittelbare Gefahr, so kann der Kapitän die zur Abwendung der Gefahr gegebenen Anordnungen notfalls mit den erforderlichen Zwangsmaßnahmen durchsetzen; die vorübergehende Festnahme ist zulässig. Es ist tunlichst das Mittel zu wählen, das den Betroffenen am wenigsten beeinträchtigt. Die Anwendung körperlicher Gewalt oder die vorübergehende Festnahme sind nur zulässig, wenn andere Mittel von vornherein unzulänglich erscheinen. Bei Verhinderung kann der Kapitän die Ausübung seiner Befugnisse auf den Ersten Offizier des Decks- und den Ersten Offizier des Maschinendienstes übertragen.
Jede Zwangsmaßnahme muß der Kapitän ins Schiffstagebuch eintragen.

Anmerkung: **Ordnung** umfaßt die Gesamtheit der geschriebenen und ungeschriebenen Vorschriften in sittlicher, ethischer und gesellschaftlicher Hinsicht, die das enge Zusammenleben an Bord erst ermöglichen.
Die **Sicherheit** der Besatzungsmitglieder und der sonst an Bord tätigen Personen und der Passagiere hängt immer mit der Sicherheit des Schiffes, mit dem ordnungsgemäßen Funktionieren der Sicherheitseinrichtungen und der Sicherheit und Leichtigkeit des Verkehrs zusammen.
Unter **Gefahr** versteht man die nahe Möglichkeit eines Schadens.
Zwangsmittel darf der Kapitän nur anwenden, wenn eine Gefahr unmittelbar droht, d. h. wenn nach seemännischer Erfahrung bei natürlicher Weiterentwicklung des gegebenen Falles der Eintritt einer Schädigung sicher oder doch höchstwahrscheinlich ist. Dies gilt z. B. für eine im Gang befindliche Schlägerei.
Die Maßnahmen des Kapitäns sind nur in beschränktem Umfang möglich. Strafrichterliche Maßnahmen oder eine Disziplinargewalt steht ihm nicht zu. Es bleiben dem Kapitän nur polizeiähnliche Befugnisse.

Wie im Polizeirecht gilt der Grundsatz der Verhältnismäßigkeit der Mittel. Es ist stets das vgl. SeemG mildeste Mittel anzuordnen:

1. Ermahnungen und Belehrungen,
2. Entscheidungen und Anordnungen,
3. Zwangsmittel.

Bei den Zwangsmitteln muß berücksichtigt werden, daß sie nur bei einer unmittelbaren Gefahr angewendet werden dürfen: (a) gegen Sachen, z. B. in Verwahrung nehmen, notfalls vernichten, (b) gegen Personen, Freiheitsentzug oder körperliche Gewalt. Die Grundrechte des Art. 2 (2) S. 1 u. 2 und des Art. 13 (1) u. (2) des GG werden insoweit eingeschränkt. Beim Freiheitsentzug handelt es sich nicht um eine Verhaftung oder Festnahme i. S. der §§ 112 ff. der Strafprozeßordnung; eine richterliche Vorführung ist auch in der Regel gar nicht möglich (§ 115 StPO). Der Kapitän darf den Freiheitsentzug nur so lange durchführen, wie es notwendig ist, um eine unmittelbare Gefahr abzuwenden.

Bei der Durchsetzung seiner Maßnahmen kann sich der Kapitän der Mithilfe der Besatzungsmitglieder bedienen (§ 109 Abs. 1).

Übertragung der Befugnisse des Kapitäns ist nur in beschränktem Maße und nur in den gesetzlich geregelten Fällen möglich. Nach § 106 (5) kann der Erste Offizier des Deckdienstes bzw. des Maschinendienstes bei Verhinderung des Kapitäns beauftragt werden, die Befugnisse wahrzunehmen.

Allgemeine Rechte wie Notwehr, Nothilfe, Selbsthilfe oder die Befugnis zur vorläufigen Festnahme nach § 127 StPO sind auch an Bord an kein Amt gebunden.

Stellung der Schiffsoffiziere und der anderen Vorgesetzten

Die Schiffsoffiziere sind die Vorgesetzten aller Schiffsleute und der sonstigen Angestellten, so- § 107 weit diese nicht Leiter von Dienstzweigen sind. Diese sind Vorgesetzte in ihrem Dienstzweig.

Der wachhabende Ingenieur, der Funkoffizier und die sonstigen Angestellten als Leiter von Dienstzweigen müssen die Anordnungen des wachhabenden nautischen Schiffsoffiziers in ihrem Dienstbereich durchführen.

Anmerkung: Obwohl schon in § 29 von Vorgesetzten gesprochen wird, werden diese erst in § 107 definiert. Im übrigen besteht zwischen § 29 und § 107 eine gewisse Zweigleisigkeit, die bei dem einfachen Schiffsmann zu Mißverständnissen führen kann. Der zweite Teil des § 29 gehört eigentlich in den 5. Abschnitt. Da dieser nur die Ordnung an Bord behandelt, kann § 107 nicht dazu führen, daß z. B. der Zweite Offizier im Wachdienst, im sonstigen Dienst oder außerhalb des Dienstes einem Reiniger eine Anordnung erteilen darf, die nur den gewöhnlichen täglichen Dienst betrifft. Eine Anordnung kann er ihm nur an Ort und Stelle erteilen und nur bei drohender Gefahr (nicht nur unmittelbar drohender Gefahr) für Menschen, Schiff oder Ladung, bei schweren Störungen usw. (vgl. § 29).

Der Erste Offizier ist als Dienstzweigleiter auch Vorgesetzter der übrigen nautischen Schiffsoffiziere, soweit diese nicht selbständig als verantwortliche Wachoffiziere tätig sind. Im übrigen ergibt sich das Verhältnis der Schiffsoffiziere untereinander aus der Schiffsordnung oder aus der Gewohnheit an Bord sowie aus den Anordnungen des Reeders.

Pflichten der Vorgesetzten, insbesondere gegen Jugendliche

Der Kapitän und die anderen Vorgesetzten müssen die Untergebenen gerecht und verständnis- § 108 voll behandeln und Verstößen gegen die Gesetze oder gegen die guten Sitten entgegentreten. Insbesondere die Jugendlichen müssen möglichst von gesundheitlichen und sittlichen Gefahren ferngehalten werden.

Der Kapitän muß für die berufliche Fortbildung der Jugendlichen sorgen.

Anmerkung: In § 95 wird der Kapitän ausdrücklich zu Vorkehrungen und Anordnungen zum Schutz von Leben und Gesundheit sowie zur Vermeidung einer Beeinträchtigung der körperlichen oder seelisch-geistigen Entwicklung der Jugendlichen verpflichtet. In § 108 wird diese Verpflichtung auch den übrigen Vorgesetzten auferlegt.

vgl. SeemG ## Pflichten der Besatzungsmitglieder

§ 109   Die Besatzungsmitglieder sind verpflichtet, die Anordnungen der Vorgesetzten zu befolgen; in den Fällen des § 106 Abs. 2 und 3 sind sie zur Beistandsleistung verpflichtet.

Ein Besatzungsmitglied ist nicht verpflichtet, Anordnungen auszuführen, wenn dadurch eine Straftat oder eine Ordnungswidrigkeit begangen würde.

Anmerkung: Der Anordnungsbefugnis der Vorgesetzten steht die Verpflichtung der Besatzungsmitglieder gegenüber, die Anordnungen zu befolgen. Aus der besonderen Anordnung des § 109 im Abschnitt Ordnung an Bord ergibt sich, daß hiermit die öffentlich-rechtlichen Anordnungen gemeint sind. Die allgemeine Verpflichtung, Weisungen von Vorgesetzten im arbeitsrechtlichen Sinne nachzukommen, steht in § 29. Nichtbefolgen dienstlicher Anordnungen ist bei Tatbeständen des § 115 strafbar bzw. nach § 124 eine Ow. Diejenigen Besatzungsmitglieder, die Beistand leisten, stehen beim Beistand gegen Widerstand anderer unter dem gleichen strafrechtlichen Schutz wie die Vorgesetzten (§ 116 Abs. 4).

Da es sich bei der Befolgung um eine öffentlich-rechtliche Verpflichtung handelt, muß das Besatzungsmitglied auch bei einem organisierten Streik Anordnungen nachkommen, deren Nichtbefolgen nach § 115 (4) unter Strafe gestellt ist.

Vermißtenanzeige

§ 110   Wird ein Besatzungsmitglied bei der Abfahrt vermißt, so muß der Kapitän dies dem nächsten Seemannsamt unverzüglich anzeigen und das Seefahrtbuch übermitteln.

Anmerkung: Wenn die Sachen des Vermißten fehlen, liegt vermutlich vorsätzliches Entweichen vor. Sonst kann es sich um Fahrlässigkeit handeln, aber auch um ein Unglück oder um ein Verbrechen an dem Vermißten.

Wenn kein Seemannsamt (Konsulat) am Orte ist, Meldung an die Polizeibehörde (Agenten einschalten). Reeder benachrichtigen, damit Ziehschein gestoppt werden kann. Mitteilung an Angehörige. Übergabe des Seefahrtbuches an das Seemannsamt und Abmusterung, Effektenfürsorge nach § 52. Bei Verdacht des vorsätzlichen oder fahrlässigen Zurückbleibens Effekten oder Heuerguthaben wegen Schadensersatz zurückhalten oder beim Seemannsamt sicherstellen lassen und diesem gleichzeitig Abschrift der Tagebucheintragung über fristlose Entlassung übergeben (siehe Anmerkung zu § 64).

Anbordbringen von Personen und Gegenständen

§ 111   Das Besatzungsmitglied darf bordfremde Personen nicht ohne Erlaubnis an Bord bringen (Ow). Bei Familienangehörigen darf die Erlaubnis nicht verweigert werden, soweit der Schiffsbetrieb nicht gestört wird.

Das Besatzungsmitglied darf persönliche Bedarfsgegenstände und Verbrauchsgüter in angemessenem Umfange an Bord bringen, sofern dadurch nicht gesetzliche Vorschriften verletzt, die Ordnung an Bord beeinträchtigt oder Menschen, Schiff oder Ladung gefährdet werden. Andere Gegenstände, insbesondere Waffen, dürfen nur mit Erlaubnis des Kapitäns an Bord gebracht werden (Ow).

Entgegen den Vorschriften an Bord gebrachte Gegenstände kann der Kapitän sicherstellen. Gefährden sie Menschen, Schiff oder Ladung oder können sie das Eingreifen einer Behörde veranlassen, kann der Kapitän ihre Beseitigung verlangen oder sie vernichten. Tatsache und Grund der Vernichtung sind ins Tagebuch einzutragen (Ow).

Anmerkung: Ein Rundfunkgerät ist ein „persönlicher Bedarfsgegenstand"; ein Vorrat an Zigaretten für beispielsweise 20 bis 30 Stück täglichen Verbrauch muß als „persönliches Verbrauchsgut" angesehen werden; Spirituosen in angemessenem Umfange ebenfalls, doch sind diese gemäß § 26 UVV dem Kapitän zu melden.

Zigaretten und Spirituosen können aber als Schmuggelware das Schiff gefährden. Daher sollte man schon bei Reisebeginn die Zollisten ausfüllen lassen, um das Vorhandensein zu erfahren, und gegebenenfalls einen Teil der Güter in Verwahrung nehmen und portionsweise ausgeben. Eine falsche Deklaration durch das Besatzungsmitglied läßt auf Schmuggelabsicht vgl. SeemG schließen. In diesem Falle fristlose Entlassung nach § 64 androhen; ebenso, wenn die Herausgabe zur Aufbewahrung verweigert wird.

Wenn Personen oder Gegenstände unbefugt an Bord gebracht werden, liegt eine Ordnungswidrigkeit nach § 124 vor. Der Kapitän wird von Fall zu Fall prüfen, ob er eine Ordnungswidrigkeit verfolgen lassen soll. Die vorgeschriebene Tagebucheintragung ist aber in jedem Falle nützlich. Auch die Sicherstellung von Verbrauchsgütern und Gegenständen sollte ins Tagebuch eingetragen werden, obwohl der Kapitän nach § 111 nur die durch ihn selbst veranlaßte Vernichtung im Tagebuch vermerken und begründen muß.

Beschwerden

Bei Beschwerden über Vorgesetzte oder andere Besatzungsmitglieder muß der Kapitän einen § 112 gütlichen Ausgleich versuchen oder, wenn dies nicht gelingt, entscheiden. Hilft der Kapitän einer gegen ihn selbst gerichteten Beschwerde nicht ab, muß er sie an den Reeder weiterleiten.

Auf Verlangen muß der Kapitän Beschwerde und Entscheidung ins Tagebuch eintragen und eine Abschrift aushändigen (Ow).

Anmerkung: Vgl. Anmerkung zu § 106.

Eine **Beschwerde über Seeuntüchtigkeit** oder über mangelnde Vorräte kann das Besatzungsmitglied beim Seemannsamt (Konsulat) schriftlich oder mündlich zur Niederschrift vorbringen, muß aber vorher den Kapitän unterrichten. Wenn der Kapitän nicht abhilft, muß das Seemannsamt eine Untersuchung veranlassen, das Ergebnis ins Tagebuch eintragen und nötigenfalls für Abhilfe sorgen.

Anmerkung: Das Besatzungsmitglied kann die fristlose Entlassung fordern, wenn die Mängel nicht beseitigt werden (vgl. Anmerkung zu § 67).

Zu beachten ist in diesem Zusammenhang das Beschwerderecht nach § 84 BetrVG und die Behandlung von Beschwerden durch die Bordvertretung nach § 85 BetrVG mit deren Zuständigkeit für die Schiffssicherheit § 115 (7) 7 BetrVG.

1.4.10   Straftaten und Ordnungswidrigkeiten

Das SeemG enthält Verhaltensvorschriften, die im Interesse von Ordnung und Sicherheit eingehalten werden müssen. Um gegen diejenigen vorgehen zu können, die gegen diese Vorschriften verstoßen, werden Maßregeln wie Strafen und Geldbußen festgelegt, mit denen ein solches unsoziales Handeln geahndet werden kann.

Das Straf- und Ordnungswidrigkeitenrecht gehört zum öffentlichen Recht. Es ist Aufgabe des Staates, entsprechende Maßregeln festzusetzen. Der Kapitän hat dazu nach dem SeemG keine Befugnis.

Das Gesetz unterscheidet zwischen Straftaten und Ordnungswidrigkeiten; so wird ermöglicht, Zuwiderhandlungen nur dann zu bestrafen, wenn sie einen hohen Unwertgehalt haben.

Eine **Straftat** ist eine rechtswidrige schuldhafte Handlung. Es ist eine kriminelle Unrechtshandlung. Das Strafgesetzbuch spricht von **Verbrechen** bei rechtswidrigen Taten, die im Mindestmaß mit Freiheitsstrafe von einem Jahr oder mehr bedroht sind, von **Vergehen** bei rechtswidrigen Taten, die im Mindestmaß mit einer geringeren Freiheitsstrafe oder die mit Geldstrafe bedroht sind (§ 12 StGB).

Eine Bestrafung erfolgt durch Gerichtsurteil oder Strafbefehl. Nach dem Bundeszentralregistergesetz (BZRG, Neufassung vom 21.9.1984) sind die rechtskräftigen Entscheidungen, durch die ein deutsches Gericht im Geltungsbereich des Gesetzes wegen einer rechtswidrigen Tat auf Strafe erkannt, in das **Bundeszentralregister** in Berlin einzutragen (früher Strafregister).

Auf Antrag kann jede Person für sich oder eine Behörde Auskunft aus dem Zentralregister erhalten **(Führungszeugnis)**. Straftaten werden in das Führungszeugnis aufgenommen mit Ausnahme derjenigen Verurteilungen, durch die auf Geldstrafe von nicht mehr als neunzig Tagessätzen, Freiheitstrafe oder Strafarrest von nicht mehr als drei Monaten erkannt worden ist (Ausnahmen gibt es auch bei Jugendstrafen), soweit im Register keine weitere Strafe eingetra-

vgl. SeemG gen worden ist. Nach Ablauf einer bestimmten Frist (3 bis 5 Jahre, § 34 BZRG) werden Verurteilungen nicht mehr aufgenommen.

Bei einer Straftat liegt regelmäßig ein Verstoß gegen ein geschütztes Rechtsgut vor wie Leben, Gesundheit, Eigentum, Sicherheit und Ordnung an Bord.

Der Versuch ist nur strafbar bei einem Verbrechen und wenn das Gesetz es ausdrücklich bestimmt (§ 23 StGB).

Eine **Ordnungswidrigkeit** ist eine rechtswidrige und vorwerfbare Handlung, die den Tatbestand eines Gesetzes verwirklicht, das die Ahndung mit einer Geldbuße zuläßt (§ 1 Gesetz über Ordnungswidrigkeiten, Neufassung vom 25.2.1987), Ordnungswidrigkeiten werden demnach nicht „bestraft". Es handelt sich im wesentlichen um Verstöße gegen Verwaltungs- und Ordnungsvorschriften. Die Geldbuße ist darauf gerichtet, eine bestimmte Ordnung durchzusetzen. Die Buße kann höher als eine Geldstrafe sein. Sie beträgt mindestens DM 5.- und,

§ 128 wenn das Gesetz nichts anderes bestimmt, höchstens DM 1000.- (§ 17 OWiG).

Der Handelnde gilt bei einer Ow nicht als vorbestraft. Eine Ordnungswidrigkeit verjährt in sechs Monaten (bei einem Höchstmaß von DM 1000.-, in den anderen Fällen gelten längere Verjährungsfristen, § 31 OWiG).

§ 129 Die Verjährungsfrist beginnt mit der Ankunft des Schiffes im ersten Hafen, in dem ein Seemannsamt seinen Sitz hat. Zuständig für die Ahndung von Ordnungswidrigkeiten sind die

§ 132 durch Gesetz bestimmten Verwaltungsbehörden (§ 36 OWiG). Nach dem SeemG ist das Seemannsamt und bei den Angelegenheiten des Arbeitsschutzes die Arbeitsschutzbehörde zu-

§ 133 ständig. Gegen den Bußgeldbescheid kann der Betroffene innerhalb einer Woche nach Zustellung schriftlich oder zur Niederschrift bei der Behörde oder an Bord beim Kapitän Einspruch einlegen. Der Kapitän hat den Zeitpunkt der Einlegung unverzüglich in das Schiffstagebuch einzutragen und auf Verlangen (am besten immer) eine Bescheinigung auszustellen. Die Niederschrift oder der schriftliche Einspruch ist unverzüglich der Behörde, die den Bußgeldbescheid erlassen hat, zu übersenden.

Wenn der Kapitän selbst betroffen ist, obliegt diese Aufgabe dem Ersten Offizier.

Bei einem Einspruch gegen den Bußgeldbescheid entscheidet das Amtsgericht, in dessen Bezirk die Verwaltungsbehörde ihren Sitz hat (§ 68 OWiG).

Die Verfolgung von Ordnungswidrigkeiten liegt im pflichtgemäßen Ermessen der Verfolgungsbehörde (§ 47 OWiG). Im Gegensatz zum Strafverfahren, wo das Legalitätsprinzip gilt, wo also die Staatsanwaltschaft verpflichtet ist, wegen aller verfolgbarer Straftaten einzuschreiten, gilt im Ordnungswidrigkeitenrecht das Opportunitätsprinzip, d. h. die Behörde entscheidet nach pflichtgemäßen Ermessen. Der Kapitän muß jedoch bestimmte Verletzungen der Dienstpflicht eines Besatzungsmitgliedes unverzüglich in das Tagebuch eintragen, soweit eine Ordnungswidrigkeit vorliegt (Ow).

Nach § 10 OWiG kann als Ordnungswidrigkeit nur vorsätzliches Handeln geahndet werden, außer wenn das Gesetz fahrlässiges Handeln ausdrücklich mit Geldbuße bedroht. Entsprechendes gilt nach § 15 StGB für eine strafbare Handlung. Vorsatz liegt dann vor, wenn der Handelnde weiß und will, was er tut.

Straftaten (siehe auch 1.5)

Nichtbefolgen dienstlicher Anordnungen

§ 115 Ein Besatzungsmitglied, das einer Anordnung eines Vorgesetzten nicht nachkommt und dadurch Menschen, Schiff oder Ladung gefährdet, wird mit Freiheitsstrafe bis zu fünf Jahren oder mit Geldstrafe bestraft.

Für den Fall, daß der Täter zwar vorsätzlich der Anordnung nicht nachkommt, die Gefahr aber nur fahrlässig verursacht, wird eine geringere Strafe angedroht.

Wird die Tat von mehreren Besatzungsmitgliedern auf Verabredung gemeinschaftlich begangen, so tritt Strafverschärfung ein.

Die Tat ist nur strafbar, wenn die Anordnung rechtmäßig ist und dazu dienen soll,

- drohende Gefahr für Menschen, für ein Schiff oder dessen Ladung abzuwenden,
- einen unverhältnismäßig großen Schaden zu vermeiden,
- schwere Störungen des Schiffsbetriebs zu verhindern,
- öffentlich-rechtliche Vorschriften über die Schiffssicherheit zu erfüllen oder
- Sicherheit oder Ordnung an Bord aufrechtzuerhalten.

Bei Irrtum über die Rechtmäßigkeit der Anordnung kann das Gericht die Strafe mildern vgl. SeemG
oder von einer Bestrafung absehen.

Anmerkung: Ein Straftatbestand liegt nur dann vor, wenn es tatsächlich zu einer Gefährdung
gekommen ist. Gefahr bedeutet dabei die nahe Möglichkeit eines schädigenden Ereignisses.
Liegt keine Gefährdung vor, handelt es sich bei Vorsatz um eine Ordnungswidrigkeit.   § 124 (1) 2

Beispiel: Die Schiffsleute A, B und C sitzen in der Messe. Es wird Bootsalarm gegeben. Ein
Mann ist über Bord gefallen.
A weigert sich, zu den Booten zu gehen (Abs. 1).
A, B und C weigern sich gemeinsam (Abs. 3). Ist nur ein routinemäßiges Bootsmanöver an-
geordnet worden, so liegt keine Gefährdung vor (Ordnungswidrigkeit nach § 124).

Widerstand

Ein Besatzungsmitglied, das einem Vorgesetzten bei der Durchführung von Maßnahmen zur   § 116
Aufrechterhaltung von Sicherheit und Ordnung an Bord mit Gewalt oder durch Drohung mit
Gewalt Widerstand leistet oder ihn dabei tätlich angreift, wird mit Freiheitsstrafe bis zu zwei
Jahren oder mit Geldstrafe bestraft.

Anmerkung: Die Vorschrift entspricht dem § 114 i.V. mit § 113 StGB „Widerstand gegen
Personen, die Vollstreckungsbeamten gleichstehen". Ein Widerstand liegt nur vor, wenn es sich
um Handlungen gegen Maßnahmen nach § 106 zur Aufrechterhaltung von Ordnung und Sicherheit an Bord handelt.

Strafverschärfend wirkt, wenn die Tat auf Verabredung gemeinschaftlich begangen wird.

Zu den durch das Gesetz geschützten Personen gehören neben den Vorgesetzten auch die
Personen, die zur Unterstützung zugezogen sind.

Mißbrauch der Anordnungsbefugnis

Um zu verhindern, daß die besonderen Befugnisse der Vorgesetzten, die diese aufgrund des   § 117
SeemG erhalten haben, mißbraucht werden, bedroht das Gesetz den gröblichen Mißbrauch
mit Freiheitsstrafe bis zu fünf Jahren oder mit Geldstrafe..

Weitere Straftaten

Im Rahmen der Krankenfürsorge, der Sorge für Verpflegung und Unterbringung, der Verantwortung gegenüber dem Besatzungsmitglied im Ausland, des Arbeitsschutzes und der Schiffsbesetzung haben Kapitän und Reeder besondere Pflichten. Verletzen sie diese Pflichten, so
liegt bei einer Gefährdung in den folgenden Fällen ein Vergehen vor:

- **Unterlassen der Mitnahme** oder Ergänzung ausreichender Verpflegung und Heilmittel;   § 118
- **Vorenthalten** von Verpflegung und Abgabe verdorbener Nahrungsmittel;   § 119
- **Zurücklassung** eines Besatzungsmitgliedes an einem Ort außerhalb des Geltungsbereichs § 120
  des GG ohne Einwilligung des Seemannsamtes;
- **Verletzung von Arbeitsschutzvorschriften** durch den Kapitän.   § 121

Anmerkung: Ein Vergehen liegt nur dann vor, wenn es in einem der aufgeführten Fälle zu
einer Gefährdung der Arbeitskraft oder der Gesundheit der Besatzungsmitglieder kommt;
sonst liegt eine Ordnungswidrigkeit vor. Auch Fahrlässigkeit wird bestraft.

- Verletzung von **Ausrüstungspflichten** durch den Reeder;   § 122
- Verletzung von **Arbeitsschutzvorschriften** durch den Reeder.   § 123

Anmerkung: In beiden Fällen wird auch die Fahrlässigkeit mit Strafe bedroht.
Die Strafdrohung richtet sich nicht nur gegen den Reeder persönlich (Eigentümer eines ihm
zum Erwerb durch die Seeschiffahrt dienenden Schiffes), sondern nach § 14 StGB (Handeln für einen anderen) auch gegen den Vertreter (z. B. Reedereiinspektor).

vgl. SeemG — Verletzung von Vorschriften über die **Schiffsbesetzung.**
§ 123 a

Anmerkung: Nach § 16 SchBesV werden Verstöße des Kapitäns oder Reeders gegen diese Verordnung als Ordnungswidrigkeit verfolgt (siehe 1.12).

Ordnungswidrigkeiten

§ 124   Ordnungswidrigkeit eines Besatzungsmitgliedes liegt vor, wenn es

1. vorsätzlich oder fahrlässig im Wachdienst Pflichten verletzt, die der Aufrechterhaltung von Sicherheit oder Ordnung an Bord dienen;
2. eine dienstliche Anordnung nach § 115 (vorsätzlich) nicht befolgt aber keine Gefährdung vorliegt;
3. vorsätzlich oder fahrlässig die Bordanwesenheitspflicht nach § 28 gröblich verletzt;
4. entgegen § 111 Abs. 1 oder 2 Personen, die nicht zur Schiffsbesatzung gehören oder nicht im Rahmen des Schiffsbetriebs an Bord tätig sind (§ 7), eigenmächtig an Bord zuläßt oder Gegenstände an Bord bringt;
5. einer Anordnung zuwiderhandelt, die das Seemannsamt nach den Vorschriften der §§ 51, 69 oder 72 Abs. 4 als vorläufige Regelung getroffen hat.

§ 124 (2)   Der Kapitän hat Verletzungen der Dienstpflicht nach Abs. 1 unverzüglich unter Darstellung des Sachverhalts in das Schiffstagebuch einzutragen, dem Besatzungsmitglied von der Eintragung Kenntnis und auf Verlangen eine Abschrift zu geben (Ow Kpt).

Anmerkung: Der Kapitän muß eine Eintragung in das Tagebuch vornehmen, eine Verpflichtung zur Anzeige besteht dagegen nicht. Zu berücksichtigen ist aber, daß auch jede andere Person eine Ordnungswidrigkeit anzeigen kann.

Durch die Androhung einer Ow soll gewährleistet werden, daß die vorläufigen Regelungen des Seemannsamtes (Konsulat) über die Krankenfürsorge, über die außerordentliche Kündigung und die Rückbeförderung durchgesetzt werden können. Zu bedenken ist, daß nur in den Fällen des § 124 eine Ow des Besatzungsmitgliedes gegeben ist. Gegen eine Arbeitsverweigerung im Rahmen des gewöhnlichen Schiffsdienstes kann nur mit arbeitsrechtlichen Maßnahmen vorgegangen werden.

§§ 125,   Die Ordnungswidrigkeiten des Kapitäns und des Reeders wurden bereits bei den jeweiligen
126, 127 Vorschriften durch Ow angedeutet. Bei Fehlverhalten im Zusammenhang mit Vorschriften des Arbeitsschutzes wird auch Fahrlässigkeit geahndet. Delegiert der Kapitän zulässig gewisse Aufgaben auf einen Schiffsoffizier, so kann nach der neuen Regelung des § 9 OWiG (Handeln für einen anderen) auch der Schiffsoffizier als Betroffener wegen einer Ow verfolgt werden. Voraussetzung ist, daß der Kapitän ihn ausdrücklich beauftragt hat, in eigener Verantwortung diese Pflichten zu erfüllen.

Beispiel: Der Kapitän beauftragt nach § 101 (2) den Ersten Offizier, die Arbeitsnachweise vollverantwortlich zu führen. Die Unterlassung einer wesentlichen Eintragung ist eine Ow.

vgl. StGB **1.5   Straftaten**

1.5.1   Wichtige Bestimmungen aus dem Strafgesetzbuch (StGB)
(siehe auch 1.4.10)

§ 1   Eine Tat kann nur bestraft werden, wenn die Strafbarkeit gesetzlich bestimmt war, bevor die Tat begangen wurde.

Das deutsche Strafrecht gilt für jeden Bürger, falls er Straftaten begeht,

§ 3   - im Inland
§ 4   - auf einem Schiff, welches berechtigt ist, die Bundesflagge zu führen;
§ 5   - im Ausland bei Taten gegen inländische Rechtsgüter, wenn diese nach dem Schutzprinzip besonders zu schützen sind, z. B. Hochverrat;
§ 5 Nr. 11 - im Bereich des deutschen Festlandsockels bei Taten gegen die Umwelt (siehe unten und Band 2A, Kap. 3);

- im Ausland bei Taten gegen international geschützte Rechtsgüter, wenn sie nach dem Welt- vgl. StGB rechtsprinzip oder zwischenstaatlichen Abkommen zu verfolgen sind, (z. B. unbefugter Ver- § 6 trieb von Betäubungsmitteln);
- im Ausland bei Taten, die gegen einen Deutschen begangen werden, wenn die Tat am Tatort § 7 (1) mit Strafe bedroht ist oder der Tatort keiner Strafgewalt unterliegt.

Das deutsche Strafrecht gilt für Deutsche im Sinne des Art. 116 I GG, im Ausland darüber § 7 (2) hinaus auch, wenn die Tat am Tatort mit Strafe bedroht ist oder der Tatort keiner Strafgewalt unterliegt.

Anmerkung: Die Verfolgung von Straftaten ist u.a. in der Strafprozeßordnung (StPO) gere- § 152 gelt. Zur Erhebung der öffentlichen Klage ist die Staatsanwaltschaft berufen. Die Behörden und Beamten des Polizeidienstes (siehe 6) haben Straftaten zu erforschen. Bei einer Auslands- § 163 straftat ist die Staatsanwaltschaft nicht an das Legalitätsprinzip gebunden, sie kann von der § 153 c Verfolgung der Straftat absehen. Dies gilt auch, wenn ein Ausländer im Inland auf einem aus- ländischen Schiff eine Straftat begangen hat.

Notwehr schließt Strafbarkeit aus. Notwehr ist die Verteidigung, die erforderlich ist, um ei- vgl. StPO nen gegenwärtigen rechtswidrigen Angriff von sich oder einem anderen abzuwenden. § 32
Überschreitet der Täter die Grenzen der Notwehr aus Verwirrung, Furcht oder Schrecken, § 33 so wird er nicht bestraft.

Rechtfertigender Notstand. Wer in einer gegenwärtigen, nicht anders abwendbaren Gefahr vgl. StGB für Leben, Leib, Freiheit, Ehre, Eigentum oder ein anderes Rechtsgut eine Tat begeht, um die § 34 Gefahr von sich oder einem anderen abzuwenden, handelt nicht rechtswidrig, wenn bei Abwä- gung der widerstreitenden Interessen, namentlich der betroffenen Rechtsgüter und des Grades der ihnen drohenden Gefahren, das geschützte Interesse das beeinträchtigte wesentlich über- wiegt. Dies gilt jedoch nur, soweit die Tat ein angemessenes Mittel ist, die Gefahr abzuwenden.

Anmerkung: Beim rechtfertigenden Notstand handelt es sich um einen Rechtfertigungs- grund, der die Rechtswidrigkeit der Tat ausschließt. Grundsätzlich schließt jeder Rechtferti- gungsgrund auch in anderen Übereinkommen, Gesetzen und Verordnungen eine Straftat aus. So ist z. B. das Einleiten von Öl ins Meer aus Gründen der Schiffssicherheit oder zur Rettung von Menschenleben nach Regel 11 der Anlage I MARPOL erlaubt (siehe Band 2 A, Kap. 3).

Entschuldigender Notstand. Wer in einer gegenwärtigen, nicht anders abwendbaren Gefahr § 35 für Leben, Leib oder Freiheit eine rechtswidrige Tat begeht, um die Gefahr von sich, einem Angehörigen oder einer anderen ihm nahestehenden Person abzuwenden, handelt ohne Schuld.

Anmerkung: Der Notstandsschutz entfällt, soweit die betreffende Person aufgrund einer be- sonderen Dienstleistungspflicht auch bei Gefahr handeln mußte, wie dies z. B. nach § 29 (2) SeemG beim Besatzungsmitglied der Fall ist. Anders ist dies nur, wenn ihm nicht zugemutet werden kann, die Gefahr auf sich zu nehmen.

Hausfriedensbruch liegt auch vor, wenn eine Person widerrechtlich in ein Schiff eindringt § 123 oder dieses nach Aufforderung nicht verläßt. Die Tat wird nur auf Antrag verfolgt.
Mißbrauch von Notrufen und Beeinträchtigung von Unfallverhütungs- und Nothilfemit- § 145 **teln** begeht, wer absichtlich oder wissentlich Notrufe oder Notzeichen mißbraucht oder vor- täuscht, daß wegen eines Unglückfalles oder wegen gemeiner Gefahr oder Not die Hilfe ande- rer erforderlich sei; wer die zur Verhütung von Unglücksfällen oder gemeiner Gefahr dienen- den Warn- oder Verbotszeichen beseitigt, unkenntlich macht oder in ihrem Sinn entstellt oder wer die zur Verhütung von Unglücksfällen dienenden Schutzvorrichtungen oder die zur Hilfe- leistung bei Unglücksfällen oder gemeiner Gefahr bestimmten Rettungsgeräte oder anderen Sachen beseitigt, verändert oder unbrauchbar macht.
Beleidigung wird mit Freiheitsstrafe bis zu einem Jahr oder mit Geldstrafe bestraft. § 185
Üble Nachrede liegt vor, wenn jemand in Beziehung auf einen anderen eine Tatsache be- § 186 hauptet oder verbreitet, welche denselben verächtlich zu machen oder in der öffentlichen Mei- nung herabzuwürdigen geeignet ist, und diese Tatsache nicht nachweislich wahr ist. Die Be- leidigung wird nur auf Antrag verfolgt. § 194

vgl. StGB
§ 201
Verletzung der Vertraulichkeit des Wortes begeht, wer das nichtöffentlich gesprochene Wort eines anderen unbefugt auf einen Tonträger aufnimmt oder diese Aufnahme gebraucht oder wer das nichtöffentlich gesprochene Wort unbefugt mit einem Abhörgerät abhört. Der Versuch ist strafbar.

§ 222
Fahrlässige Tötung begeht, wer durch Fahrlässigkeit den Tod eines Menschen verursacht.

§ 223, 230
Körperverletzung liegt vor bei körperlicher Mißhandlung oder Schädigung der Gesundheit. Auch fahrlässige Körperverletzung ist strafbar. Verfolgt wird die Handlung in beiden Fällen nur auf Antrag.

Anmerkung: Bei der Äquatortaufe kann leicht der Tatbestand einer Körperverletzung erfüllt werden. Eine Straftat liegt jedoch dann nicht vor, wenn die Körperverletzung mit Einwilligung des Verletzten vorgenommen wird (§ 226 a). Man sollte sich daher vorher schriftlich die Einwilligung des „Täuflings" geben lassen. Eine Einwilligung liegt auch vor bei einem Boxkampf nach offiziellen Spielregen.

§ 223a
Gefährliche Körperverletzung liegt vor, wenn die Körperverletzung mit einer Waffe oder einem anderen gefährlichen Werkzeug oder durch einen hinterlistigen Überfall oder von mehreren gemeinschaftlich oder mittels einer das Leben gefährdenden Behandlung begangen worden ist.

§ 227
Beteiligung an einer Schlägerei ist strafbar, wenn dabei der Tod eines Menschen oder eine schwere Körperverletzung verursacht worden ist.

§ 239
Freiheitsberaubung liegt vor, wenn ein Mensch widerrechtlich eingesperrt oder auf andere Weise des Gebrauchs der persönlichen Freiheit beraubt wird.

§ 265a
Überschmuggeln wird als **Erschleichen einer Beförderung** bestraft. Der Versuch ist strafbar.

§ 267
Urkundenfälschung begeht, wer zur Täuschung im Rechtsverkehr eine unechte Urkunde herstellt, eine echte verfälscht oder eine unechte oder verfälschte Urkunde gebraucht. Der Versuch ist strafbar.

§ 268
Fälschung technischer Aufzeichnungen liegt vor, wenn eine unechte technische Aufzeichnung hergestellt, verfälscht oder gebraucht wird. Der Versuch ist strafbar.

Anmerkung: Urkunde ist nach gerichtlicher Auslegung „die verkörperte, allgemein oder für Eingeweihte verständliche Gedankenerklärung, die geeignet und bestimmt ist, im Rechtsverkehr Beweis zu erbringen, und die ihren Aussteller erkennen läßt". Der Begriff der Urkunde geht damit erheblich weiter als nach dem allgemeinen Sprachgebrauch. Das Schiffstagebuch ist immer Urkunde. Auch das Brückenbuch, die Seekarte oder eine Radarzeichnung, welche beim Seeamt oder dem Gericht als Beweismittel eingebracht werden, sind Urkunden im Sinne des § 267.

Technische Aufzeichnungen sind z. B. Aufzeichnungen des Kursschreibers, des Deccaschreibers oder Manöverdaten und Temperaturkurven.

§ 297
Schiffsgefährdung durch Bannware liegt dann vor, wenn ein Reisender oder ein Schiffsmann ohne Vorwissen des Kapitäns, desgleichen ein Kapitän ohne Vorwissen des Reeders Gegenstände an Bord nimmt, welche die Beschlagnahme oder Einziehung des Schiffes oder der Ladung veranlassen können.

§ 315
Gefährliche Eingriffe in den Schiffsverkehr liegen dann vor, wenn Anlagen oder Beförderungsmittel zerstört, beschädigt, beseitigt, Hindernisse bereitet, falsche Signale gegeben und dadurch Leib oder Leben oder fremde Sachen von bedeutendem Wert gefährdet werden. Die Tat ist auch bei Versuch und Fahrlässigkeit strafbar.

§ 315a
Gefährdung des Schiffsverkehrs. Bestraft wird, wer
1. ein Schiff führt, obwohl er infolge des Genusses alkoholischer Getränke oder anderer berauschender Mittel oder infolge geistiger oder körperlicher Mängel nicht in der Lage ist, das Fahrzeug sicher zu führen, oder
2. als Führer eines Schiffes oder als sonst für die Sicherheit Verantwortlicher durch grob pflichtwidriges Verhalten gegen Rechtsvorschriften zur Sicherheit des Schiffverkehrs verstößt

und dadurch Leib oder Leben eines anderen oder fremde Sachen von bedeutendem Wert gefährdet. Die Tat wird auch bei Versuch und Fahrlässigkeit bestraft[12].

§ 316
Trunkenheit im Verkehr. Bestraft wird, wer im Verkehr (§§ 315 bis 315d) ein Fahrzeug führt, obwohl er infolge des Genusses alkoholischer Getränke oder anderer berauschender Mittel nicht in der Lage ist, das Fahrzeug sicher zu führen.

Anmerkung: Bei Verdacht, daß der Führer eines Schiffes betrunken ist, kann die Wasser-   vgl. StGB
schutzpolizei eine Blutprobe veranlassen. Bei 1,6 pro mille liegt Trunkenheit vor. Anders als
bei § 315 a braucht eine Gefährdung nicht vorzuliegen.

Verunreinigung eines Gewässers begeht, wer unbefugt Schadstoffe wie Öl, Chemikalien usw.   § 324
in ein Gewässer einleitet. Die Tat ist auch bei Versuch und bei Fahrlässigkeit strafbar.

Anmerkung: Geschützt ist nicht nur das oberirdische Gewässer und das Grundwasser, sondern auch das Meer. Fahrlässig handelt schon derjenige, der schuldhaft eine Schiffskollision
verursacht, die zu einer Gewässerverunreinigung führt.

Umweltgefährdende Abfallbeseitigung begeht, wer unbefugt Abfälle, die Gifte oder Erreger   § 326
gemeingefährlicher Krankheiten enthalten, explosionsgefährlich, selbstentzündlich oder radio-
aktiv sind oder nach Art, Beschaffenheit oder Menge geeignet sind, nachhaltig alle Gewässer,
die Luft oder den Boden zu verunreinigen. Die Tat ist auch bei Versuch und Fahrlässigkeit
strafbar.
Bei Gefährdung von Leib und Leben eines anderen oder von fremden Sachen von bedeuten-   § 330
dem Wert liegt eine **schwere Umweltgefährdung** vor.
Schwere Gefährdung durch Freisetzen von Giften begeht, wer Gifte in einem Gewässer ver-   § 330 a
breitet oder freisetzt und dadurch einen anderen in die Gefahr des Todes oder einer schweren
Körperverletzung bringt. Die Tat ist auch bei Fahrlässigkeit strafbar.
Unterlassene Hilfeleistung liegt vor, wenn bei Unglücksfällen oder gemeiner Gefahr oder   § 323 c
Not nicht Hilfe geleistet wird, obwohl dies erforderlich und den Umständen nach zuzumuten
ist.

1.5.2   Maßnahmen bei Straftaten

Grundsätzlich muß der Kapitän schon bei einer geplanten Straftat eingreifen. Diese Verpflichtung ergibt sich aus § 106 (2) und (3) SeemG, wonach der Kapitän für die Erhaltung der Ordnung und Sicherheit an Bord zu sorgen hat. Allgemein müssen geplante Straftaten von jedem
Bürger angezeigt werden, wenn es sich um folgende Verbrechen handelt:

1. Vorbereitung eines Angriffkrieges,   § 138 (1)
2. Hochverrat,
3. Landesverrat,
4. Geld- und Wertpapierfälschung,
5. Menschenhandel,
6. Mord, Totschlag und Völkermord,
7. Straftat gegen die persönliche Freiheit,
8. Raub oder räuberische Erpressung,
9. gemeingefährliche Verbrechen wie z. B. schwere Brandstiftung, Herbeiführen von Spreng-
   stoffexplosionen,
10. Bildung terroristischer Vereinigungen.   § 138 (2)

Der Kapitän hat Maßnahmen zur Verhinderung von Straftaten nach § 106(6)
SeemG in das Schiffstagebuch einzutragen. Ferner sind nach § 5 i.V. mit Anlage S
Nr. 1.6.4.3 SeeTgbV die Tatsachen, die den Verdacht einer Straftat begründen oder für
die Aufklärung einer Straftat von Bedeutung sein können, in das Schiffstagebuch einzutragen (siehe 3).

---

12   Nach dem Internationalen Übereinkommen zur Vereinheitlichung von Regeln über die
strafrechtliche Zuständigkeit bei Schiffszusammenstößen und anderen mit der Führung eines Seeschiffes zusammenhängende Ereignisse vom 10.5.1952 (in Kraft getreten am
6.4.1973) darf eine Strafverfolgung nur eingeleitet werden.
(a)   in dem Staat, dessen Flagge das Schiff des Täters führt;
(b)   in dem Staat, dessen Bürger der Täter ist, sofern die Tat auf einem ausländischen
Schiff begangen ist.
(c)   in dem Staat, in dessen Hafen, Binnengewässer oder Reede der Zusammenstoß stattgefunden hat.

Bei einer vollendeten Straftat ist es selbstverständlich, daß der Kapitän bei einem Verbrechen, welches an Bord begangen wurde, alles tun wird, um eine Strafverfolgung zu sichern. Die vorübergehende Festnahme ist in diesen Fällen in der Regel nach § 106 (3) SeemG zulässig. Nach § 127 StPO ist daneben jedermann zur vorläufigen Festnahme befugt, wenn der Täter der Flucht verdächtigt ist. Die Durchsuchung der Sachen des Täters ist aus Gründen der Ordnung und Sicherheit häufig notwendig. Der Kapitän ist jedoch kein Hilfsorgan der Staatsanwaltschaft; er kann seine Rechte nur aus § 106 SeemG ableiten. Es ist daher unerläßlich, daß sofort nach der Festnahme alle Möglichkeiten genutzt werden, um mit den zuständigen Organen (Konsul im Ausland, Kriminalpolizei und Staatsanwaltschaft im Inland) Verbindung aufzunehmen.

Anmerkung: Im Ausland wird der Konsul nur in schweren Fällen in Zusammenarbeit mit der ausländischen Polizei einen Täter in Gewahrsam nehmen. Am besten ist dann ein Telegramm an den Reeder mit der Bitte, den Täter bei der Ankunft von der Polizei abholen zu lassen. In diesen Fällen kann auch die Staatanwaltschaft des Inlandes besondere Anweisungen an den Kapitän geben.

Bei einem Vergehen, z. B. bei einem Diebstahl an Bord, ist eine gewisse Zurückhaltung zu empfehlen. Vorschnelles Handeln bei unsicheren Verdachtsgründen führt zu allgemeinem Mißtrauen. Eine Durchsuchung der Sachen des Verdächtigen wäre nicht gerechtfertigt. Nur bei konkreten Verdachtsgründen oder falls der Täter auf frischer Tat betroffen wird, ist zur Sicherung der Eigentumsrechte des Bestohlenen in schwerwiegenden Fällen eine Durchsuchung möglich. In jedem Fall hat aber der Inhaber der durchsuchten Räume oder Gegenstände ein Recht, der Durchsuchung beizuwohnen (§ 106 StPO). Zur Beweissicherung und um sicherzustellen, daß auch der Täter zu den Beschuldigungen gehört wird, sollte der Kapitän Schiffsoffiziere und Bordvertretung hinzuziehen und Täter und Zeugen anhören und darüber ein Protokoll aufstellen. Um dem Verdacht einer Amtsanmaßung zu entgehen, sollte man nur solche Personen vernehmen, die sich nach ausdrücklicher Belehrung freiwillig zur Verfügung stellen.

Anmerkung: Zur Belehrung gehört auch die Information über das Zeugnisverweigerungsrecht der Angehörigen des Beschuldigten. Der Zeuge kann ferner die Aussage verweigern, wenn diese für ihn selbst oder für einen Angehörigen zu einer Verfolgung wegen einer Straftat oder Ordnungswidrigkeit führen könnte. (§§ 52, 55 StPO). Angehörige sind der Ehegatte, der Verlobte und in gerader Linie Verwandte.

Ein Protokoll sollte etwa folgende Form haben:

Es erscheint der .... (Beschuldigter), geb. .... Nachdem er mit dem Gegenstand der Vernehmung vertraut gemacht, auf sein Zeugnisverweigerungsrecht hingewiesen und zur Wahrheit ermahnt worden ist, sagt er freiwillig aus: „ .... " (Text der Aussage).

v.g.u. (vorgelesen, genehmigt, unterschrieben)

(Unterschrift des Beschuldigten)

Als Zeuge erscheint der .... (Zeuge), geb. .... Nachdem er mit dem Gegenstand der Vernehmung vertraut gemacht, auf sein Zeugnisverweigerungsrecht hingewiesen und zur Wahrheit ermahnt worden ist, sagt er freiwillig aus: „ .... " (Text der Aussage).

v.g.u.

(Unterschrift des Zeugen)

g.w.o. (geschehen wie oben)

(Unterschrift des Kapitäns)

(Unterschrift des Protokollführers)

Das Protokoll ist auf den Leerseiten des Schiffstagebuchs einzutragen oder ist mit der fortlaufenden Leerseite fest zu verbinden. Auf der Tagesseite und der Leerseite sind wechselseitige Hinweise aufzunehmen. Den Vernommenen sollte eine Abschrift ausgehändigt werden.

1.6 Übersicht über die Sozialversicherung der Seeleute, Stand 1.1.1987

	Krankenversicherung	Unfallversicherung
Versicherung und Versicherte	Besatzungen deutscher Seefahrzeuge, Gastrollengeber, arbeitslose Seeleute, Auszubildende, Rentner, freiw. Mitglieder, Studenten, Rehabilitanden	Besatzungsmitglieder, Gastrollengeber, mitfahrende Ehefrauen, Beschäftigte des Reeders oder Maklers
Träger	**See-Krankenkasse (See-KK)** Abteilung der Seekasse seit 1.1.1928	**See-Berufsgenossenschaft** (SeeBG) seit 1.1.1888
Beiträge	Ab 1.4.1987 12.2% der Durchschnittsheuer[a] bis zur Beitragsbemessungsgrenze (ab 1.1.1987 DM 4275,—; falls kein Lohnfortzahlungsanspruch: Ab 1.1.1987 15,1%. Je zur Hälfte werden diese Beiträge vom Reeder und Versicherten getragen, bei Arbeitslosen von der Bundesanstalt für Arbeit, bei Rentnern vom Rentenversicherungsträger mit einem Eigenanteil des Rentenbeziehers Ab 1.1.1987 5,9% der Rente. Für das Kalenderjahr 1987 haben die bei der See-Krankenkasse versicherten Rentner 5,85% ihrer Nebeneinkünfte als Beitrag zu bezahlen.	Umlage: allein durch Reeder, z.Zt. 4,9% der Durchschnittsheuern bis zu DM 8000.— monatlich
Leistungen	*Krankenhilfe:* ärztl. und zahnärztl. Behandlung, Arznei- und Heilmittel, Körperersatzstücke, orthopädische und andere Hilfsmittel, Krankenhauspflege in der allgemeinen Pflegeklasse, Behandlung, Unterkunft, Verpflegung in Kur- oder Spezialeinrichtungen, Fürsorge für Genesende, Zuschuß zum Zahnersatz für zahntechnische Leistungen, Belastungserprobung, Arbeitstherapie, Förderung des Behindertensports. Keine zeitliche Begrenzung, solange Mitgliedschaft besteht. Maßnahmen zur Früherkennung von Krankheiten und Krankheitsverhütung *Krankengeld* bei Arbeitsunfähigkeit (auch bei Krankenhauspflege) 80% des Regellohns bzw. des Grundlohns gemäß D-Heuertabelle der SeeBG für Seeleute an Bord, höchstens Nettolohn; längstens für 78 Wochen innerhalb von drei Jahren. *Mutterschaftshilfe:* ärztl. Betreung, Arznei-, Verbands- und Heilmittel, Entbindungsanstaltspflege, Pauschalbetrag, Mutterschaftsgeld in Höhe des Nettoverdienstes; höchstens 25 DM täglich. *Sterbegeld:* als Mehrleistung das 30fache des tägl. Grundlohns. Beim Tode eines Angehörigen die Hälfte des Mitgliedersterbegeldes. *Familienhilfe:* Sachleistungen wie für Versicherte *Krankenfürsorge* des Reeders: Bei Krankheit an Bord unbegrenzt, im Ausland bis zum Eintreffen des Kranken im deutschen Hafen, höchstens 26 Wochen (§ 42 ff. SeemG)	*Heilbehandlung nach Unfall od. Berufskrankheit:* ähnlich Krankenhilfe in Krankenversicherung, unfallbedingter Zahnersatz voll. Keine zeitliche Begrenzung. *Berufshilfe:* u.U. Ausbildung für einen neuen Beruf. *Geldleistungen:* Verletztengeld während der Arbeitsunfähigkeit; wird wie Krankengeld errechnet. Höchstgrenze $1/360$ des Jahresarbeitsverdienstes. z.Z. maximal DM 266,67 täglich. *Unfallrente:* nach Wegfall des Verletztengeldes. Vorläufige Rente bis höchstens zwei Jahre nach dem Unfall, dann Dauerrente. Vollrente (100%) bei völliger Erwerbsunfähigkeit $2/3$ des Jahresarbeitsverdienstes (JAV). Teilrente entsprechend der Erwerbsunfähigkeit, mindestens 20%. *Hinterbliebenenrente:* Witwe/Witwer $3/10$/$2/5$ des JAV; Erwerbs- oder Erwerbsersatzeinkommen werden unter Berücksichtigung bestimmter Freibeträge angerechnet. Bei Wiederheirat Abfindung. *Abfindung:* Kapitalisierung von Dauerrenten bis zu einer Minderung der Erwerbsunfähigkeit um 25% möglich, höhere Renten nur unter bestimmten Voraussetzungen. *Waisen* je $1/5$, Vollwaisen $3/10$ des JAV. *Verwandte* der aufsteigenden Linie (Eltern, Großeltern usw.) eventuell ... oder ... des JAV. Alle Hinterbliebenen zusammen nicht über $4/5$ des JAV. Außerdem: Sterbegeld ($1/12$ des JAV, mindestens DM 400,—), Ersatz der Überführungskosten. *Reederfürsorge:* wie bei Krankheit *Maßnahmen* an Bord siehe 1.4.4
Leistungsgewährung	Leistungen in Hamburg von der See-KK, im übrigen Bundesgebiet im Auftrag und für Rechnung der See-KK von AOK des Beschäftigungs-, Wohnoder Aufenthaltsortes oder von der Betriebskrankenkasse des Reeders. Beim Antrag auf Leistungen ist die Mitgliedschaft durch Mitgliedsausweis nachzuweisen (z.B. Zugehörigkeitsbescheinigung).	Reeder, Unfallfacharzt (Durchgangsarzt) oder Krankenkasse melden den Unfall oder die Berufskrankheit pflichtgemäß der SeeBG, die dann ohne Antrag des Verletzten oder Erkrankten tätig wird.

[a] Die Durchschnittsheuern werden von einem Ausschuß der Vertreterversammlung festgesetzt. Sie enthalten die einzelnen Heuersätze, einen Anteil für Verpflegung und bestimmte Sonderleistungen.

Versicherung und Versicherte	**Rentenversicherung** a) Arbeiterrentenversicherung b) Angestelltenversicherung
Träger	**Seekasse** Sonderanstalt der SeeBG seit 1.1.1907 für b) Generalbevollmächtigte der Bundesversicherungsanstalt für Angestellte
Beiträge	Ab 1,1.87 18,7% der jeweiligen Durchschnittsheuern gemäß D-Heuer-tabelle der SeeBG, höchstens bis zur Beitragsbemessungsgrenze, ab 1.1.1987 DM 5 700,—, davon Reeder und Seeleute je die Hälfte. Zuschüsse des Bundes an die Arbeiterrenten- und die Angestelltenver-sicherung (1987: 26,7 Mrd. DM)
Leistungen	*Rente wegen Berufsunfähigkeit* (BU-Rente), wenn Erwerbsfähigkeit im Beruf oder in zumutbaren Landtätigkeiten geringer als 50%. *Rente wegen Erwerbsunfähigkeit* (EU-Rente), wenn Erwerbsfähigkeit auf dem allgemeinen Arbeitsmarkt nicht mehr vorhanden, Wartezeit für beide Renten 60 Monate sowie 36 Monate versicherungspflichtige Be-schäftigung in den letzten 60 Monaten vor dem Versicherungsfall. *Altersruhegeld:* ab 65 Jahre, Wartezeit 60 Monate, ab 63 Jahre bei 35 Versicherungsjahren, in denen mindestens 180 Kalendermonate Bei-trags- und Ersatzzeiten enthalten sind, ab 60 Jahre wie ab 63 bei Schwerbehinderung, Berufs- oder Erwerbsunfähigkeit, ab 60 Jahre für Arbeitslose und Frauen unter bestimmten weiteren Voraussetzungen. Weiterarbeit bei allen Altersruhegeldern unter 65 Jahren nur be-schränkt zulässig. *Leistungen zur Rehabilitation:* Stationäre Heilbehandlung und Berufs-förderung (z.B. Umschulung) bei erheblich geminderter oder gefährde-ter Erwerbsfähigkeit, wenn wesentliche Besserung dadurch erreichbar. Rentenberechnung für Versicherte: $$\text{Jahresrente} \quad \frac{pB \times VJ \times StS}{100}$$ $$pB \quad \frac{aB \times dpVHs}{100}$$ pB persönliche Bemessungsgrundlage aB allgemeine Bemessungsgrundlage (z.Z. DM 27 885,—) dpVHS durchschnittlicher persönlicher Vomhundertsatz. Verhältnis des versicherungpflichtigen Entgelts (Durchschnittsheuer) des Versi-cherten zum Durchschnittsverdienst aller Versicherten im Laufe des ge-samten Versicherungslebens. 110% bedeutet z.B., daß der Verdienst des Versicherten im Gesamtdurchschnitt 10% über den jeweilige Durch-schnittsverdiensten lag. VJ Versicherungsjahre, setzen sich aus Beitrags-, Ersatz-, Ausfall- und ggf. Zurechnungszeiten zusammen. Für die Wartezeit rechnen nur Bei-trags- und Ersatzzeiten. Seit 1986 zählen auch Kindererziehungszeiten ab Jahrgang 1922 der Mütter zu den Versicherungszeiten. Für ein Kind wird bis zu ein Jahr gewährt. StS Steigerungssatz beträgt bei Berufsunfähigkeitsrente 1%, sonst 1,5%. *Witwenrente und Witwerrente:* Große Rente: 60% der EU-Rente mit Zurechnungszeit. Witwe/Witwer muß mind. 45 Jahre alt oder berufsunfähig/erwerbsunfähig sein oder ei-ne Waise mit Rentenberechtigung erziehen oder für eine behinderte ren-tenberechtigte Waise sorgen. Kleine Rente: 60% der BU-Rente ohne Zurechnungszeit. In gleicher Höhe werden bei Ehescheidung vor dem 1.7.1977 unter be-stimmten weiteren Voraussetzungen auch Renten an geschiedene Ehe-gatten gewährt. Erwerbseinkommen und Erwerbsersatzeinkommen werden unter Be-rücksichtigung bestimmter Freibeträge angerechnet. *Halbwaisenrente:* 10% der EU-Rente *Vollwaisenrente:* 20% der EU-Rente Witwen-/Witwer- und Waisenrenten dürfen zusammen nicht höher sein als die EU-Rente des Versicherten. Bei Ehescheidungen nach dem 30.6.1977 kann nach dem Tode eines geschiedenen Ehegatten dem anderen aus eigener Versicherung bei Er-ziehung waisenrentenberechtigter Kinder unter besonderen weiteren Voraussetzungen eine Rente in Höhe der BU- oder EU-Rente gewährt werden.

Versicherung und Versicherte	**Überbrückungsgelder** beim Ausscheiden aus der Seefahrt	**Arbeitslosenversicherung** Grundsätzlich alle Arbeitnehmer ohne Rücksicht auf die Höhe ihres Entgelts.
Träger	**Seemannskasse** Einrichtung der SeeBG seit 1.1.1974	**Bundesanstalt für Arbeit** seit 10.3.1952 (Reichsanstalt seit 1.10.1927).
Beiträge	Umlage durch die Reeder: Ab 1.1.1987 1,6% der Durchschnittsheuern.	Der **Arbeitslosenversicherung** unterliegen grundsätzlich alle Arbeitnehmer ohne Rücksicht auf die Höhe ihres Entgeltes, sobald die regelmäßige wöchentliche Arbeitszeit mindestens 19 Stunden (bis 31.12.1985 20 Stunden) beträgt. Die *Beiträge* der Arbeitnehmer (Seeleute) und Arbeitgeber (Reeder) betragen ab 1.1.1987 je 2,15% der Durchschnittsheuer[b], höchstens jedoch von der Beitragsbemessungsgrenze der Rentenversicherung. *Bundesmittel* bei Arbeitslosenhilfe, *Umlagen* bei den Berufsgenossenschaften für Konkursausfallgeld.
Leistungen	*Überbrückungsgeld* für längstens drei Jahre beim Ausscheiden aus der Seefahrt nach Vollendung des 40., wenn 52. Lebensjahr noch nicht vollendet. Überbrückungsgeld nach Vollendung des 55. Lebensjahres und Ausscheiden aus der Seefahrt bis zum Beginn der Rentenversicherungsleistungen. Überbrückungsgeld in Höhe der erworbenen Anwartschaft auf Altersruhegeld. Das Überbrückungsgeld nach Vollendung des 55. Lebensjahres erhöht sich unter bestimmten Voraussetzungen um Zuschläge für die freiwillige Kranken- und Rentenversicherung. Beim Überbrückungsgeld auf Zeit bleibt eine Zurechnungszeit unberücksichtigt. Beschäftigung an Land unbeschränkt möglich, Sozialversicherungsleistungen werden angerechnet. Soweit Leistungen der Krankenversicherung, der Unfallversicherung sowie Übergangsgelder der Rentenversicherungen aufgrund einer späteren Landbeschäftigung gewährt werden, werden sie nicht angerechnet. Voraussetzung: Erfüllung einer Wartezeit von 240 Kalendermonaten Seefahrzeit; für Überbrückungsgeld auf Zeit müssen 60 Kalendermonate Seefahrzeit nach Vollendung des 35. Lebensjahres zurückgelegt sein; für Überbrückungsgeld nach Vollendung des 55. Lebensjahres muß der Versicherte in den letzten 216 Kalendermonaten überwiegend zur See gefahren sein. Als Seefahrtzeiten gelten nur Zeiten mit Pflichtversicherung bei der Seekasse in der gesetzlichen Rentenversicherung.	*Arbeitslosengeld*[c] Anspruch auf Arbeitslosengeld entsteht erst, wenn innerhalb der letzten drei Jahre vor der Antragstellung mindestens 360 Tage beitragspflichtige Beschäftigung nachgewiesen werden können. Die Anspruchsdauer ist abhängig von der nachgewiesenen beitragspflichtigen Beschäftigungszeit und dem Alter des Arbeitslosen bei der Antragstellung. Sie ist gestaffelt von 104 bis 624 Tage. Höhe: a) 68% der letzten Durchschnittsheuer (vermindert um die gesetzlichen Abzüge) bei Arbeitslosen, die mindestens ein Kind auf der Lohnsteuerkarte eingetragen haben, b) 63% bei den Arbeitslosen ohne Kind. *Arbeitslosenhilfe* Anspruch hat, wer 1. keinen Anspruch auf Arbeitslosengeld hat und 2. bedürftig ist (Einkommen der Angehörigen ist zu prüfen) und 3. innerhalb eines Jahres vor der Antragstellung a) Arbeitslosengeld bezogen hat oder b) 150 beitragspflichtige Kalendertage nachweist. Die beitragspflichtige Beschäftigung kann auch durch Ersatztatbestände erfüllt werden. Höhe: a) 58% bei Arbeitslosen mit Kind, b) 56% ohne Kind. *Unterhaltsgeld* für förderungsfähige Teilnehmer an Maßnahmen zur beruflichen Fortbildung oder Umschulung. Höhe: a) 73% bei Teilnehmern mit Kind, b) 64% bei Teilnehmern ohne Kind. *Übergangsgeld* bei Maßnahmen zur beruflichen Rehabilitation. Höhe: a) höchstens 80% bei Teilnehmern mit Kind, b) höchstens 70% ohne Kind. *Konkursausfallgeld* erhält der Arbeitnehmer, der bei in Konkurs gegangenen Betrieben noch Arbeitsentgeltansprüche für die letzten drei Monate vor der Konkurseröffnung hat. Das Konkursausfallgeld wird in Höhe des Nettoarbeitsentgeltes gezahlt. Näheres über Anspruchsvoraussetzungen, Höhe, Dauer, usw. ist den verschiedenen Merkblättern für Arbeitslose zu entnehmen. Diese sind bei allen Arbeitsämtern erhältlich.
Leistungsgewährung	**Allgemeines** In der Sozialversicherung ist die Eigenart der Lebens- und Arbeitsbedingungen der Seeleute weitgehend berücksichtigt. Besonders bewährt hat sich die organisatorische Zusammenfassung von Unfall-, Renten- und Krankenversicherung „unter einem Dach". Neben den Trägern der See-Sozialversicherung erteilen auch die Versicherungsämter Auskünfte in sozialen Angelegenheiten. Streitigkeiten entscheiden die Sozialgerichte. Sofern die Durchschnittsheuer über der Beitragsbemessungsgrenze der Krankenversicherung liegt, kann die See-Krankenkasse eine Versicherung für ein zusätzliches Krankengeld vermitteln. Die deutsche Besatzung eines Seefahrzeuges unter ausländischer Flagge kann unter bestimmten Voraussetzungen auf Antrag des Reeders bei der SeeBG versichert werden.	

[b] Siehe Fußnote unter Rentenversicherung.

[c] Bedingungen und insbesondere Leistungen werden nicht selten geändert. Näheres erfährt man aus verschiedenen Merkblatt-Broschüren von jedem Arbeitsamt.

vgl. TVG **1.7   Tarifvertrag**

§§ 1 u. 2 Der Tarifvertrag[13] ist der schriftliche Vertrag zwischen Arbeitgebern (vertreten durch ihre Verbände) und Arbeitnehmern (vertreten durch ihre Gewerkschaften) zur Regelung von arbeitsrechtlichen Rechten und Pflichten der Tarifvertragsparteien und von Rechtsnormen, die den Inhalt, den Abschluß und die Beendigung von Arbeitsverhältnissen regelt.

§ 3 Tarifgebunden sind die Mitglieder der Tarifvertragsparteien.

Anmerkung: Der Tarifvertrag besteht aus dem Manteltarifvertrag (MTV), der das Arbeitsverhältnis regelt, und dem Heuertarifvertrag, der die Bezüge der einzelnen Besatzungsmitglieder bestimmt. Für die Kapitäne gilt die Vereinbarung über Anstellungsbedingungen für Kapitäne in der deutschen Seeschiffahrt (Kapitäns-MTV), welche auf die besondere rechtliche Lage der Kapitäne Rücksicht nimmt. Sie ist im übrigen in wesentlichen Bestimmungen deckungsgleich mit dem MTV. Eine solche allgemeinverbindliche Vereinbarung für leitende Angestellte ist eine fortschrittliche Besonderheit im Arbeitsrecht. Da Tarifverträge häufig geändert werden, kann hier nicht auf Einzelheiten eingegangen werden. Wichtige Tarifvereinbarungen sind beim SeemG als Fußnoten erwähnt. Tarifvertragsparteien sind der Verband Deutscher Reeder e. V., Hamburg (allerdings nur, soweit die Mitglieder der Tarifgemeinschaft angehören) und der Verband Deutscher Küstenschiffseigner e. V., Hamburg-Altona, einerseits und die Gewerkschaft Öffentliche Dienste, Transport und Verkehr, Hauptvorstand Stuttgart und die Deutsche Angestellten-Gewerkschaft, Bundesvorstand, Hamburg, andererseits.

§ 4 Die Rechtsnormen des Tarifvertrages gelten unmittelbar und zwingend zwischen den beiderseits Tarifgebundenen. Abweichende Vereinbarungen sind nur zulässig, soweit sie durch den Tarifvertrag gestattet sind oder eine Änderung der Regelungen zugunsten des Arbeitnehmers enthalten. Ist das Besatzungsmitglied nicht Mitglied einer Gewerkschaft oder der Reeder nicht Mitglied der Tarifgemeinschaft, können auch Regelungen zuungunsten des Besatzungsmitgliedes vereinbart werden.

1.8   Heuerabrechnung

Die Heuern der Besatzung werden in der Regel in den Heuerbüros der Reedereien abgerechnet, in einigen Fällen jedoch durch die Schiffsführung.

Für die Abrechnung werden folgende Unterlagen benötigt:

1. Abrechnungsvordrucke;
2. Manteltarif, Heuertarif, ggf. Haustarif bzw. einzelvertragliche Vereinbarungen;
3. Liste der Besatzungsmitglieder mit Angaben über Dienststellung und Dienstalter;
4. Überstundenbücher, besser Überstundenlisten (bescheinigt);
5. Aufstellung der zu berücksichtigenden Sparverträge gemäß DM 624.--Gesetz (Sparzulage);
6. Lohnsteuerkarten;
7. Lohn- und Kirchensteuer-Abzugstabellen;
8. Beitragsübersicht für die Sozialversicherung der Seeleute (von der SeeBG);
9. Auflistung vorliegender Lohnpfändungen;
10. Vorschußliste;
11. Auflistung der Ziehscheine;
12. Auflistung der Kantinen-Forderungen;
13. Auflistung der Porto- und Telegrammkosten.

---

13 Tarifvertragsgesetz (TVG) i.d.F. v. 25.8.1969.

Berechnung

(1) Auf dem Abrechnungsvordruck werden unter Verwendung der Unterlagen 2 bis 5 und Einrechnungen der Sachbezüge ermittelt: das steuerpflichtige Einkommen und das Bruttogesamteinkommen aus dem Arbeitsverhältnis. Dem Manteltarif ist daher zu entnehmen, ob Ansprüche (z. B. auf Auslandszulage) bestehen, dem Heuertarif ist zu entnehmen, wie hoch diese sind.

Der Abrechnungsvordruck weist den sorgfältigen Benutzer auf die vorzunehmende Trennung in steuerpflichtiges und steuerfreies Einkommen hin.

(2) Zur Ermittlung des Nettoeinkommens wird das Bruttogesamteinkommen um die Lohn- und Kirchensteuer (Steuerklasse und Kirchensteuerzugehörigkeit siehe Unterlage Ziffer 6) für das steuerpflichtige Einkommen (evtl. zu kürzen, siehe Ziffer 7) und um die Sozialversicherungsbeiträge (entsprechend Ziffer 8) vermindert.

(3) Ermittlung des Betrages, der an das Besatzungsmitglied bar ausgezahlt werden darf.

Vom Nettoeinkommen sind abzuziehen:

— Lohnpfändungen unter Berücksichtigung des pfändungsfreien Betrages (siehe Ziffer 9)[14];
— Der zwecks Überweisung an die Sparkasse (Bank) einzubehaltende Betrag zur Vermögensbildung nach dem DM 624.--Gesetz (siehe Ziffer 5);
— Vorschüsse (siehe Ziffer 10);
— Zahlungen lt. Ziehschein (siehe Ziffer 11);
— Kantinen-Verpflichtungen (siehe Ziffer 12);
— Porto- und Telegrammkosten (siehe Ziffer 13).

Anmerkung: Der Weg zur Ermittlung des Bruttoeinkommens sowie des Nettoeinkommens hat einige Fehlerquellen, besonders dann, wenn nicht per Monat, sondern per Reise abgerechnet werden muß. Man muß dann bei Anwendung der verschiedenen Unterlagen stets die tageweise Berechnung (jeder Monat = 30 Tage) berücksichtigen. Die Einarbeitung und das Vermeiden von Fehlern fällt leichter, wenn man einige vom Vorgänger erstellte Abrechnungen nachvollzieht. Es ist darauf zu achten, daß gleiche Unterlagen verwendet werden, z. B. bei Ziffer 7 und Ziffer 8. Jede Berechnung muß ohne viel Umstände voll nachprüfbar sein. Alle verwendeten Unterlagen sollten deshalb — soweit möglich im Original — sorgfältig gesammelt werden.

1.9 Untersuchung von Kapitänen und Besatzungsmitgliedern auf Seediensttauglichkeit

VO
Seedienst-
tauglichke

Seediensttauglich[15] ist, wer nach seinem Gesundheitszustand geeignet und hinreichend widerstandsfähig ist, um an Bord von Kauffahrteischiffen als Kapitän oder Besatzungsmitglied beschäftigt zu werden und den zur Erhaltung der Schiffssicherheit gestellten besonderen Anforderungen seines Dienstzweiges zu genügen.   § 1

Gründe, die die Seediensttauglichkeit ausschließen, sind neben geringer Körpergröße (kleiner als 150 cm) und Gewicht (weniger als 45 kg) Erkrankungen, welche in ei-   § 2

---

14 Die Pfändungsfreigrenzen ergeben sich aus § 850 c der Zivilprozeßordnung vom 30.1.1877, zuletzt geändert durch Gesetz vom 8.3.1984 mit einer Tabelle als Anlage, aus welcher sich jeweils abhängig vom Monats-, Wochen- oder Tageslohn und der Anzahl der Personen, für welche der Schuldner Unterhalt zu zahlen hat, der pfändbare Betrag ergibt. Ohne eine derartige Tabelle kann an Bord der Pfändungsfreibetrag nicht festgesetzt werden.

15 Verordnung über die Seediensttauglichkeit vom 19.8.1970.

ner besonderen Anlage 1 genauer definiert sind, die dazu führen, daß der Betreffende
den Anforderungen seines Dienstzweiges nicht gewachsen ist oder andere Personen an

Bord gefährdet. Besondere Anforderungen werden an das Hör- und Sehvermögen gestellt. Für Kapitäne und Besatzungsmitglieder des Decksdienstes müssen die erforderliche Sehschärfe und Farbtüchtigkeit besonders nachgewiesen werden. Es darf keine
Nachtblindheit vorliegen.

Die Untersuchung wird von Ärzten, die von der SeeBG dazu ermächtigt sind, einzeln durchgeführt.

Ist der Bewerber seediensttauglich, so stellt der ermächtigte Arzt das Seediensttauglichkeitszeugnis aus. Es gilt für die Dauer von zwei Jahren. Bei Jugendlichen, bei Personen, die das 65. Lebensjahr vollendet haben und bei Personen, die mit der Zubereі-
tung von Speisen und Getränken beschäftigt werden, gilt es für die Dauer eines Jahres.
Läuft die Frist während einer Reise des Schiffs ab, so verlängert sich die Geltungsdauer des Zeugnisses bis zum Ablauf des sechsten Tages nach Rückkehr in das Bundesge-
biet. Verlängert sich hierdurch die Geltungsdauer um mehr als sechs Monate, so muß
der Kapitän im Ausland eine Untersuchung einschließlich einer Röntgenuntersuchung
der Lunge durch einen Arzt vornehmen lassen und der SeeBG innerhalb eines Monats
eine Bescheinigung darüber vorlegen, daß gegen die Beschäftigung im Schiffsdienst
keine Bedenken bestehen. Die Nachuntersuchung durch einen ermächtigten Arzt ist
bei nächster Gelegenheit vozunehmen (Ow).

Das Seediensttauglichkeitszeugnis ist während der Dauer der Beschäftigung auf dem
Schiff vom Kapitän zu verwahren.

Das Seediensttauglichkeitszeugnis ist dem Seemannsamt vorzulegen (1) vom Kapitän vor seiner Eintragung in die Musterrolle, (2) von anderen Bewerbern vor der Ausstellung des Seefahrtbuchs und bei jeder Anmusterung.

Ein Seemannsamt außerhalb des Geltungsbereichs des Grundgesetzes kann in besonderen Fällen von der Vorlage absehen, wenn eine Untersuchung einschließlich einer Röntgenuntersuchung der Lunge durchgeführt worden ist und eine ärztliche Bescheinigung darüber vorliegt, daß gegen eine Beschäftigung im Schiffsdienst keine Bedenken bestehen.

Bewerber um Befähigungszeugnisse nach der SchOffzAusbV haben die Tauglich-
keit vor Beginn des Lehrgangs durch eine Untersuchung nachzuweisen. Sie erhalten
über das Ergebnis der Untersuchung eine Bescheinigung zur Vorlage zum Erwerb von
Befähigungszeugnissen.

1.10   Berufsausbildung in der Seeschiffahrt

1.10.1   Allgemeines

Die berufliche Bildung ist eine wichtige öffentliche Aufgabe. Um einheitliche Richtlinien und Ordnungen zur Berufsbildung zu schaffen, wurde das Berufsbildungsgesetz
vom 14.8.1969 erlassen. Berufsbildung sind danach die Berufsausbildung, die berufliche Fortbildung und die berufliche Umschulung. Wegen der Besonderheiten in der
seemännischen Ausbildung findet das Berufsbildungsgesetz auf Kauffahrteischiffen,
die die Bundesflagge führen, keine Anwendung, mit Ausnahme der kleinen Hochseefischerei und Küstenfischerei. Grundlagen der Ausbildung in der Seeschiffahrt sind
§ 142 (1) SeemG, ferner § 2 (1) und § 7 des Gesetzes über die Aufgaben des Bundes
auf dem Gebiet der Seeschiffahrt vom 21.1.1987. Besondere Bedeutung hat bei der
Ausarbeitung und Festlegung von Berufsbildern die Anpassung der Berufsbilder an
die veränderten Erfordernisse, die sich gerade in der heutigen Zeit durch wesentliche
Strukturveränderungen in der Seeschiffahrt ergeben. Das Forschungsprojekt „Schiff

der Zukunft" hatte Auswirkungen auf das Berufsbild der an Bord tätigen Besatzungs- vgl. SMAusbV
mitglieder und wird voraussichtlich auch in Zukunft die Tätigkeitsbereiche weiterhin
verändern.

1.10.2   Berufsausbildung zum Schiffsmechaniker/zur Schiffsmechanikerin

Die gesetzliche Grundlage für die Berufsausbildung zum Schiffsmechaniker/zur
Schiffsmechanikerin auf nicht der Fischerei dienenden Kauffahrteischiffen, die die
Bundesflagge führen, ist die Verordnung über die Berufsausbildung zum Schiffsmecha-
niker/zur Schiffsmechanikerin und über den Erwerb des Schiffmechanikerbriefes
(Schiffsmechaniker-Ausbildungsverordnung − SMAusbV −) vom 24.3.1983.

Der Ausbildungsberuf Schiffsmechaniker/Schiffsmechanikerin wird staatlich anerkannt.   § 2

Ausbildungsstätten sind Schiffe, die vom Bundesminister für Verkehr als geeignet anerkannt   § 3
sind,

auf denen das Verhältnis der Zahl der Auszubildenden zur Zahl der Fachkräfte angemessen
ist, die Berufsausbildung in keinem Falle gefährdet wird.

die Berufsausbildung von einem persönlich und fachlich geeignetem Ausbilder durchgeführt
wird.

Erforderliche Fertigkeiten und Kenntnisse können auch außerhalb der Ausbildungsstätte ver-   § 4
mittelt werden.

Überwachung der Durchführung der Berufsausbildung und Beratung übernimmt die Berufs-   § 5
bildungsstelle Seeschiffahrt e. V. (siehe 6);

Anschrift: Breitenweg 59, 2800 Bremen 1, Tel.: (04 21) 1 83 45 und 1 83 46.

Die Berufsausbildung dauert drei Jahre. Sie kann auf Antrag verkürzt bzw. auch verlängert   § 6
werden.

Der erfolgreiche Besuch eines schulischen Berufsbildungsgrundjahres im Berufsfeld Metall-   § 7
technik wird unter bestimmten Voraussetzungen als erstes Jahr der Berufsausbildung anerkannt.

§ 8 nennt unter der Überschrift „Ausbildungsberufsbild" die Themen, die Gegenstand   § 8
der Ausbildung sind:

1	Arbeits- und Fertigungstechniken:		2.1	Brückendienst:
1.1	Metallbearbeitung und -verarbeitung:		2.1.1	Ablesen und Handhaben von Meß-, Prüf- und Anzeigegeräten,
1.1.1	Messen und Prüfen,		2.1.2	Steuern des Schiffes,
1.1.2	Anreißen, Körnen, Kennzeichnen,		2.1.3	Übermitteln von Kommandos und Meldungen,
1.1.3	Trennen: Zerteilen von Hand, Spanen von Hand und mit Maschinen,		2.1.4	Handhaben von Festmacherleinen,
1.1.4	Umformen: Umformen ohne und mit Wärme,		2.1.5	Bedienen des Ankergeschirrs,
1.1.5	Fügen: Zusammenlegen, An- und Einpressen, Löten und Schweißen,		2.1.6	Durchführen des Signaldienstes,
			2.1.7	Kennen der Seezeichen, Signal- und Lichterführung,
1.2	Tauwerkbearbeitung und -verarbeitung,		2.1.8	Bestimmen von Peilungen und Abstand,
1.3	Instandhaltungstechniken:		2.2	Maschinendienst:
1.3.1	Ausführen von Wartungs- und Reparaturarbeiten,		2.2.1	Ablesen und Handhaben von Meß- Prüf- und Anzeigegeräten,
1.3.2	Ausführen von Konservierungs- und Anstricharbeiten,		2.2.2	Bedienen von Kraftmaschinen,
1.4	Holz- und Kunststoffbearbeitung und -verarbeitung,		2.2.3	Bedienen von Arbeitsmaschinen, Apparaten und Behältern,
2	Fahrbetrieb:		2.2.4	Bedienen von Lenz-, Ballast- und Versorgungssystemen,

vgl. SMAusbV

3   Ladungs- und Umschlagstechnik:
3.1   Handhaben von Ladungsgütern,
3.2   Ausführen von Ladungsarbeiten,
3.3   Ausführen von Arbeiten zur Ladungs-
       sicherung,
3.4   Ausführen von Arbeiten zur Ladungs-
       fürsorge,
3.5   Bedienen von Hebezeugen, Förder-
       mitteln und Anschlaggeschirren,
4   Schiffssicherung:
4.1   Feuerschutz und Sicherheitsmanöver:
4.1.1 Durchführen von vorbeugenden Maß-
       nahmen zum Brandschutz,
4.1.2 Handhaben von Feuerlöschgeräten
       und -anlagen,

4.1.3 Handhaben von Brandschutzausrü-
       stung,
4.2   Rettungsdienst und Sicherheitsma-
       növer:
4.2.1 Durchführen von vorbeugenden Maß-
       nahmen zum Rettungsdienst,
4.2.2 Handhaben von Rettungsmitteln,
4.2.3 Handhaben der sonstigen Ausrüstung
       zum Rettungsdienst,
4.3   Unfallverhütung, Arbeitsschutz,
       Umweltschutz und rationale Energie-
       verwendung,
5   Kenntnisse von wichtigen arbeits- und
       sozialrechtlichen Vorschriften in der
       Seeschiffahrt.

§ 9   Der Ausbildungsrahmenplan gibt die Anleitung zur sachlichen und zeitlichen Gliede-
      rung der Berufsausbildung. Eine Abweichung ist zulässig, soweit eine berufsfeldbezo-
      gene Grundausbildung vorausgegangen ist oder betriebspraktische Besonderheiten
      diese Abweichung erfordern.

§ 10 Der Reeder hat unter Zugrundelegung des Ausbildungsrahmenplans einen Ausbil-
      dungsplan zu erstellen.

§ 11 Der Auszubildende hat ein Berichtsheft in Form eines Ausbildungsnachweises nach
      vorgeschriebenem Muster zu führen. Das Berichtsheft ist vom Reeder oder Ausbilder
      monatlich oder bei einer Abmusterung des Auszubildenden gegenzuzeichnen.

§ 12 Der Reeder hat dem Auszubildenden bei jeder Abmusterung und bei Beendigung
      des Berufsausbildungsverhältnisses ein Zeugnis auszustellen, das Angaben über den
      jeweiligen Ausbildungsstand enthalten muß.

§ 13 Zur Ermittlung des Ausbildungsstandes ist eine Zwischenprüfung durchzuführen.
      Sie soll in der Zeit von drei Monaten vor bis drei Monate nach Ablauf der Hälfte der
      Ausbildungsdauer stattfinden.

§ 14 Die Abschlußprüfung kann zweimal wiederholt werden. Wer die Abschlußprüfung
      bestanden hat, erhält als Zeugnis den Schiffsmechanikerbrief.

§ 18 Zur Abschlußprüfung wird zugelassen, wer die Ausbildungszeit zurückgelegt hat, an
      der Zwischenprüfung teilgenommen hat, das Berichtsheft geführt hat, die in § 12 vor-
      geschriebenen Zeugnisse besitzt und die Prüfung zum Rettungsboots- und Feuer-
      schutzmann bestanden hat.

§ 19 Abweichend von § 18 ist die Zulassung zur Abschlußprüfung in Sonderfällen mög-
      lich, z. B. nach mindestens sechsjähriger praktischer Tätigkeit im Gesamtschiffsbereich
      auf Kauffahrteischiffen. Angerechnet werden hierbei auch bis zu drei Jahren gleicharti-
      ger Tätigkeit auf Behördenfahrzeugen, die auf See eingesetzt werden, auf Fahrzeugen
      der Hochseefischerei, auf Kauffahrteischiffen, die nicht die Bundesflagge führen, auf
      Fahrzeugen der Binnen- und der Hafenschiffahrt und auf überwiegend auf See einge-
      setzten Fahrzeugen der Marine.

1.10.3 Fortbildung zum Schiffsbetriebsmeister

Mit der Einführung der neuen Organisationsform einer integrierten Besatzung im
Mannschaftsbereich ergibt sich auch die Notwendigkeit eines gemeinsamen Vorgesetz-
ten. Die Tätigkeiten des Schiffsbetriebsmeisters umfassen die Aufgaben des geprüften
Bootsmannes und des Meisters in der Maschine.

1. Im Schiffsfahrdienst
Bedienen und Überwachen von Vortriebs- und Hilfsbetriebsanlagen. Ruder- und Quer-
schubanlagen. Anker-, Festmach-, Verhol- und Schleppeinrichtungen von Seeschiffen.

Berufsausbildung zum Schiffsmechaniker

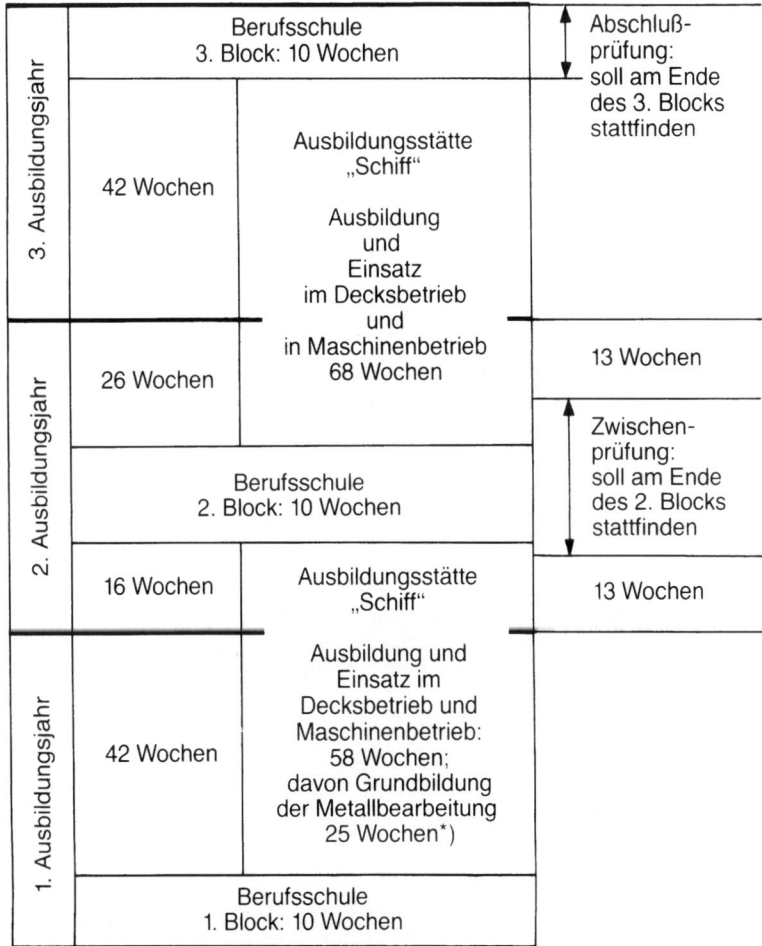

*) Grundbildung der Metallbearbeitung in einer
   überbetrieblichen Ausbildungsstätte: 7 Wochen

2. **Im Schiffsbetriebsdienst**
   Planen, Durchführen und Überwachen von Arbeitsvorgängen zur Wiederherstellung und
   Erhaltung der See- und Ladetüchtigkeit von Seeschiffen als Gruppenleiter.
3. **im schiffstechnischen Dienst**
   Planen, Durchführen und Überwachen von Arbeitsvorgängen zur Pflege, Instandhaltung
   und Instandsetzung von Seeschiffen, ihrer Einrichtungen und technischen Anlagen als
   Gruppenleiter.
   Planen und Durchführen der Werkzeug-, Material- und Reserveteilverwaltung.
   Pflegen, Instandhalten und Verbessern der Arbeitsmittel, Führen von Arbeitsbüchern.
   Erstellen von Arbeitsberichten.

Berufsausbildung zum Schiffsmechaniker für Absolventen des
Berufsbildungsjahres im Berufsfeld „Metalltechnik"

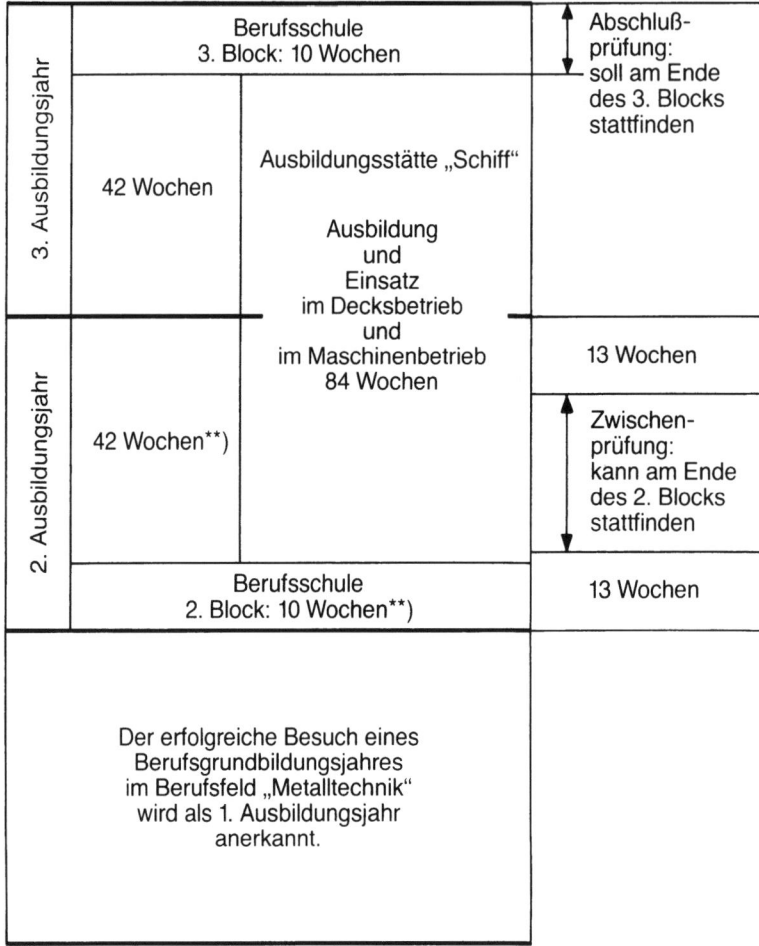

**) Spezielle Ausbildung im 2. Ausbildungsjahr

4. **Im Schiffssicherungsdienst**
   Planen, Durchführen und Überwachen von Arbeitsvorgängen, auch vorbereitender und
   vorbeugender Art, zur Erhaltung und Wiederherstellung der Sicherheit des Schiffes, seiner
   Fahrgäste, Besatzung und Ladung und zur Hilfeleistung für andere Schiffe in Notfällen als
   Gruppenleiter.
5. **In der Personalführung**
   Planen, Durchführen und Überwachen von Maßnahmen zur Unfallverhütung;
   Erziehen von Mitarbeitern zu unfallsicherem Arbeiten, Einweisen auf Anleiten von Mitar-
   beitern;

Verteilen der Arbeiten auf die Mitarbeiter unter Berücksichtigung ihrer Eignung und Leistungsfähigkeit;
Begutachten der Arbeiten, Beurteilen von Mitarbeitern;
Führen von gesetzlich vorgeschriebenen Aufzeichnungen und Nachweisen;
Planen, Durchführen und Überwachen der handwerklichen Ausbildung der Mitarbeiter, insbesondere der Auszubildenden;
(Quelle: Berufsbildungsstelle Seeschiffahrt e. V.)

Für die Fortbildungsmaßnahme gilt die „VO über die berufliche Fortbildung zum Schiffsbetriebsmeister und über den Erwerb des Schiffsbetriebsmeisterbriefes" vom 18.4.1978. Durchgeführt werden danach Fortbildungslehrgänge:

A   für Inhaber des Matrosen-, Facharbeiter- oder Gesellenbriefes (Berufsfeld Metall) mit einer Dauer von 1160 Unterrichtsstunden,

B1   für anerkannte Bootsleute oder Inhaber eines Facharbeiter-/Gesellenbriefes (Berufsfeld Holz oder Metall) mit anerkanntem Lehrgang zum Deckschlosser mit einer Dauer von 670 Unterrichtsstunden,

B2   für Inhaber des Facharbeiter/Gesellenbriefes (Berufsfeld Metall) mit erfolgreicher Teilnahme an einem anerkannten Lehrgang zum Maschinenvormann.

Voraussetzung ist eine mindestens vierjährige praktische Tätigkeit im Schiffsbetrieb (18 Monate praktische Tätigkeit in Landbetrieben kann angerechnet werden); hiervon müssen mindestens 150 Tage für B1 im Maschinendienst und für B2 im Decksdienst nachgewiesen werden.

Nach bestandener Prüfung stellt die Berufsbildungsstelle Seeschiffahrt e. V. als zuständige Stelle das Befähigungszeugnis, den Schiffsbetriebsmeisterbrief aus.

1.11 Ausbildung und Befähigung der Patentinhaber

1.11.1 Schiffsoffizier — Ausbildungsverordnung (SchOffzAusbV)

vgl. SchOffz
AusbV

Die Verordnung über die Befähigung von Kapitänen und Schiffsoffizieren des nautischen und des technischen Schiffsdienstes vom 11.2.85 legt fest, welche Anforderungen an den Inhaber eines bestimmten Befähigungszeugnisses an praktischer Ausbildung, persönlicher und fachlicher Eignung gestellt werden. Die folgenden graphischen Darstellungen informieren über die einzelnen Ausbildungsabschnitte. Die Befugnisse der Befähigungszeugnisse sind in Form einer Aufzählung genannt.

Wenn der erstmalige Erwerb eines Befähigungszeugnisses mehr als fünf Jahre zurückliegt, ist bei Antritt des Dienstes an Bord der Fortbestand der Befähigung nachzuweisen   § 25
durch eine Fahrtzeit mit Patent von mindestens einem Jahr oder eine Fahrtzeit als überzähliger Schiffsoffizier von mindestens drei Monaten unmittelbar vor Dienstantritt oder
durch eine vom BMV als geeignet anerkannte Tätigkeit oder durch eine erfolgreiche Teilnahme an einem vom BMV anerkannten Wiederholungslehrgang innerhalb von 12 Monaten vor Dienstantritt.
Diese Forderungen gelten nicht für den Dienst auf Fischereifahrzeugen.

Anmerkung: Ausbildung und Befähigung von Schiffsoffizieren wird im Zusammenhang mit Überlegungen zur Integration des nautischen und des technischen Patentbereichs in Zukunft weiterhin diskutiert werden.

Ausbildung zum nautischen Schiffsoffizier

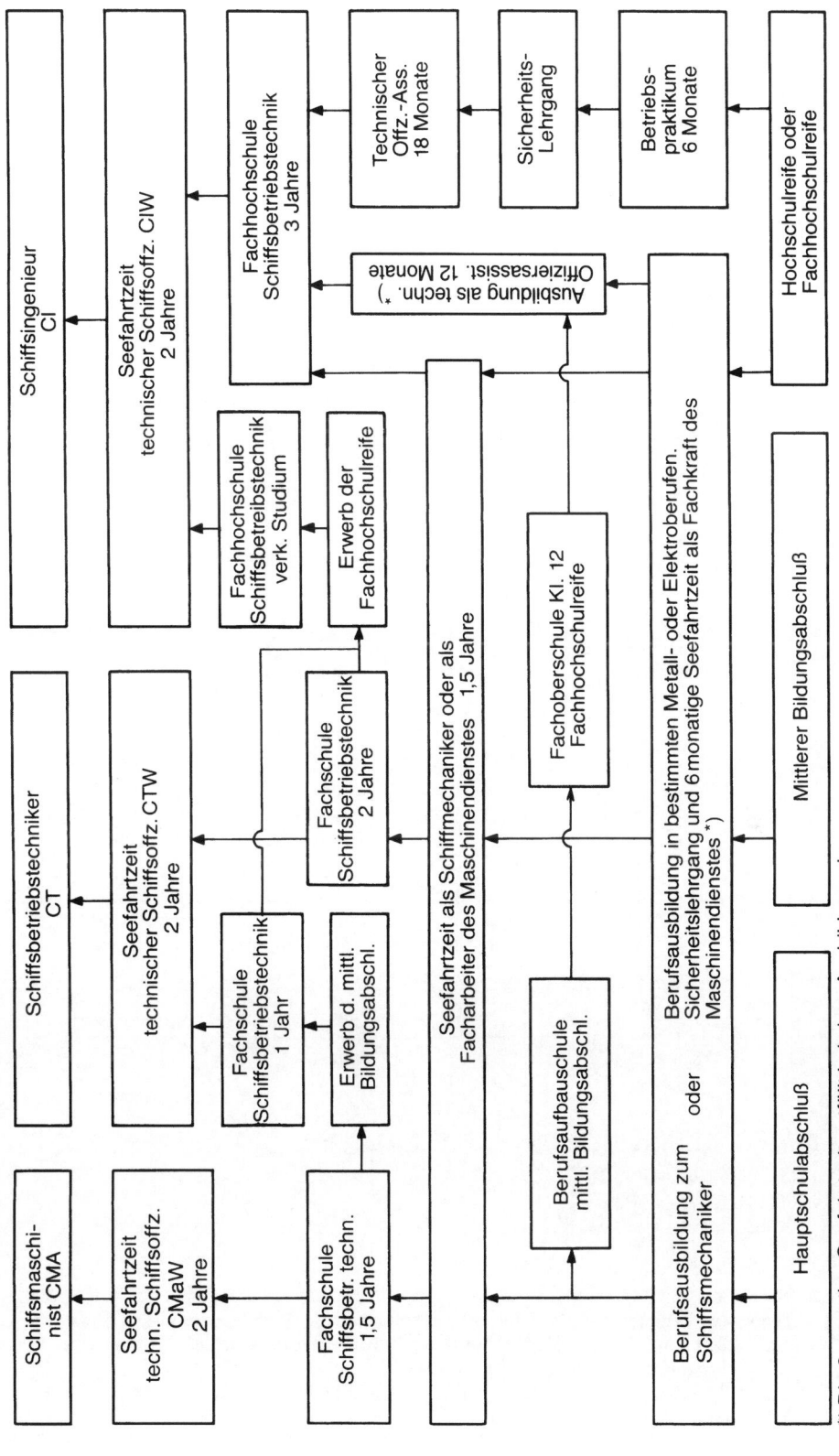

Ausbildung zum technischen Schiffsoffizier

*) Die 6 monatige Seefahrtzeit entfällt bei einer Ausbildung als
technischer Offiziersassistent.

1.11.2 Befugnisse der Befähigungszeugnisse

Die Befugnisse eines Befähigungszeugnisses höherer Ordnung schließen die Befugnisse eines Befähigungszeugnisses niedrigerer Ordnung ein. Ein mit dem Zusatz W gekennzeichnetes Befähigungszeugnis schließt nur die mit dem Zusatz W gekennzeichneten Befähigungszeugnisse niedrigerer Ordnung ein, AKW schließt AN ein, BKW schließt BKÜ ein, wenn der Inhaber das 20. Lebensjahr vollendet hat (§ 6).

Nachstehend folgt eine zusammenfassende Darstellung der Befähigungszeugnisse.

Befugnisse der Befähigungszeugnisse

Deck (ohne Fischerei)

			Größen[a]	Fahrtgebiete
AN	Kapitän AN			
	– Kapt.	Frachtsch.	200 BRT[a]	Nationale Fahrt
AKW	Nautischer Schiffsoffizier AKW			
	– 1. Offz.	Frachtsch.	500 BRT	Kleine Fahrt
	– 2. Offz.	Frachtsch.	1000 BRT	Mittlere Fahrt
AK	Kapitän AK			
	– Kapt.	Frachtsch.	500 BRT	Kleine Fahrt
	– Kapt.	Fahrgastsch.	500 BRT	Küstenfahrt
AMW	Nautischer Schiffsoffizier AMW			
	– 2. Offz.	Frachtsch.	1600 BRT	Große Fahrt
	– 3. Offz.	Frachtsch.	alle	Große Fahrt
AM	Kapitän AM			
	– Kapt.	Frachtsch.	1600 BRT	Große Fahrt
	– Kapt.	Fahrgastsch.	500 BRT	Küstenfahrt
	– 1. Offz.	Frachtsch.	1600 BRT	Große Fahrt
	– 1. Offz.	Fahrgastsch.	800 BRT	Kleine Fahrt
	– 2. Offz.	Frachtsch.	alle	Große Fahrt
	– 2. Offz.	Fahrgastsch.	2000 BRT	Kleine Fahrt
AGW	Nautischer Schiffsoffizier AGW			
	– 2. Offz.	Frachtsch. Fahrgastsch.	alle	Große Fahrt
AG	Kapitän AG			
	– Kapt.	Frachtsch. Fahrgastsch.	alle	Große Fahrt

Bei Volldeckervermessung Erhöhung der Tonnagegrenzen[b]:

1600 BRT auf 4000 BRT
1000 BRT auf 1600 BRT
 500 BRT auf 1000 BRT

a Nach dem „Gesetz zu dem Internationalen Schiffsvermesungs-Übereinkomen vom 23. Juni 1969" vom 22. Januar 1975 entspricht für diesen Fall die Anzahl der BRT der BRZ. Tatsächlich sind BRT und BRZ keineswegs gleich. Zur Vermessung in BRT bzw. BRZ siehe 4.1 (Schiffsmeßbrief) und 14.1, Fußnote 1.

b Bei BRZ-Vermessung gibt es keine Freidecker, siehe aber z. B. zu kleinen Schiffen unter 3.4, Ziffer 3.

Maschine

		Maschinenleistung
CMaW	Schiffsmaschinist CMaW	
	− Leiter	1 500 kW
	− 2. Schiffsoffz.	3 000 kW
	− 3. Schiffsoffz.	unbegrenzt
CMa	Schiffsmaschinist CMa	
	− Leiter	3 000 kW
	− 2. Schiffsoffz.	8 000 kW
	− 3. Schiffsoffz.	unbegrenzt
CTW	Schiffsbetriebstechniker CTW	
	− 2. Schiffsoffz.	8 000 kW
	− 3. Schiffsoffz.	unbegrenzt
CT	Schiffsbetriebstechniker CT	
	− Leiter	8 000 kW
	− 2. Schiffsoffz.	unbegrenzt
CIW	Schiffsingenieur CIW	
	- 2. Schiffsoffz.	unbegrenzt
CI	Schiffsingenieur CI	
	− Leiter	unbegrenzt

Für Inhaber von nautischen Befähigungszeugnissen, die andere Aufgaben im technischen Dienst wahrnehmen

CNaut	Schiffsmotorführer CNaut	
	− Schiffsoffizier	600 kW
		Fracht- und Fahrgastschiffe in der Mittleren Fahrt, Fischereifahrzeuge in der Großen Hochseefischerei

Fischerei

BKü	Kapitän BKü	bis 75 BRT
	− Kapitän	Küstenfischerei
BKW	Nautischer Schiffsoffizier BKW	Kleine Hochseefischerei
	− Schiffsoffizier	
BK	Kapitän BK	Kleine Hochseefischerei
	− Kapitän	
BGW	Nautischer Schiffsoffzizier BGW	Fischereifahrzeuge aller Größen
	− 2. Offizier	Große Hochseefischerei
BG	Kapitän BG	Fischereifahrzeuge aller Größen
	− Kapitän	Große Hochseefischerei
	− 1. Offizier	Fischereifahrzeuge aller Größen
		Große Hochseefischerei

vgl. SchBesV ## 1.12   Schiffsbesetzung

Schiffssicherheit und Besatzungsstärke sind nicht zu trennen. Die noch ausreichende Besatzung ist unter Nutzung des technischen Fortschritts und der organisatorischen Möglichkeiten an Zahl immer geringer geworden. Die internationale Verpflichtung, zum Schutze des menschlichen Lebens auf See für eine ausreichende und qualifizierte Besatzung zu sorgen, ist für Mitgliedstaaten in SOLAS 74 Kapitel V Regel 13 vorgeschrieben. Das Gesetz über die Aufgaben des Bundes auf dem Gebiet der Seeschiffahrt schreibt in § 1 Nr. 6 vor, daß die Festsetzung und Überwachung der für die Verkehrssicherheit der Schiffe erforderliche Mindestbesatzung sowie Eignung und Befähigung des Kapitäns und der Besatzungsmitglieder Aufgaben des Bundes sind. § 6 des o. g. Gesetzes überträgt diese Aufgabe auf die SeeBG. Die SeeBG untersteht bei der Durchführung der Aufgabe der Fachaufsicht des Bundesministers für Verkehr, der hierbei im Einvernehmen mit dem Bundesminister für Arbeit und Sozialordnung handeln muß. Nach §§ 142 und 143 des Seemanngesetzes können die o. g. Minister die erforderlichen Rechtsverordnungen erlassen.

1.12.1   Die Schiffsbesetzungsverordnung (SchBesV) vom 4. 4. 84

zuletzt geändert am 11. 2. 85, regelt die Besetzung der Schiffe mit Patentinhabern und die erforderliche Zahl der anderen Besatzungsmitglieder.

§ 2   Der Kapitän ist verantwortlich für die ordnungsgemäße Besetzung des von ihm geführten Schiffes und für die Befolgung entsprechender Anordnungen der SeeBG, ferner dafür, daß das Schiffsbesatzungszeugnis an Bord mitgeführt wird und auf Verlangen den entsprechenden Behörden (§ 2 (1) Nr. 3a) vorgelegt wird und daß ein Abdruck des Schiffsbesatzungszeugnisses an geeigneter Stelle an Bord ausgehängt wird.

Der Reeder ist ebenfalls für die ordnungsgemäße Besetzung und für die Befolgung der entsprechenden Anordnungen der SeeBG verantwortlich.

§ 4   Das **Schiffsbesatzungszeugnis** gibt Auskunft über die vorgeschriebene Zahl an Besatzungsmitgliedern in den einzelnen Dienstbereichen. Es wird auf Antrag des Reeders von der SeeBG erteilt und ist vom Tage der Ausstellung an zwei Jahre lang gültig. Es wird ungültig, wenn eine von der Regelbesatzung abweichende Besatzung festgesetzt wird.

§ 5 (1)   Die SeeBG überwacht die Einhaltung der Vorschriften. Sie bedient sich der Vollzugshilfe der Wasserschutzpolizei, des Bundesgrenzschutzes und der Zollverwaltung. Die Seemannsämter sind über die Kontrolle der Musterrolle berechtigt, die ordnungsgemäße Besetzung zu prüfen (SeemG § 13(2)).

§ 6 (2)   Die Regelbesatzung wird im Einzelfall oder für Schiffsgruppen festgesetzt. Die für einzelne Schiffsgruppen erforderliche Besatzung ist Tabellen zu entnehmen, die in der Anlage 4 zusammengefaßt sind (hier nicht abgedruckt). Diese Tabellen sind nach Schiffsgrößen unterteilt und trennen bei der Angabe der Regelbesatzung
nach unterschiedlichen Fahrtgebieten,
nach konventionellen Schiffen (Spalte K — Schiffe ohne Selbststeuer- und Rufanlage, ohne Festmacherwinden und ohne automatisierte Maschinenanlage) und automatisierten Schiffen (Spalte A — Schiffe mit Selbststeuer- und Rufanlagen und einer von der Größe abhängigen Anzahl von Festmacherwinden) und
nach dem Einsatzbereich der Schiffsleute (Spalte a — entweder im Decks- oder Maschinendienst; Spalte b, c und d — im Gesamtschiffsbetrieb).

§ 6a   Zusätzliche Anforderungen werden an Besatzungmitglieder von Öl-, Chemikalien- oder Flüssigkeitstanker gestellt. Schiffsoffiziere und Pumpleute müssen an einem Brandbekämpfungslehrgang sowie an einem Tanker-Einführungslehrgang teilgenommen haben oder eine Fahrtzeit von mindestens drei Monaten auf Tankern abgeleistet haben. Kapitäne, Leiter der Maschinenanlage, Erste nautische Offiziere und Zweite technische Offiziere müssen ferner an einem Tanker-Fortbildungslehrgang teilgenom-

men und eine Fahrzeit von mindestens drei Monaten als Schiffsoffizier auf Tankschif- ^vgl. SchBesV
fen abgeleistet haben. Die Teilnahme an einem Tanker-Fortbildungslehrgang ist nicht
erforderlich, wenn in den letzten fünf Jahren vor dem 28.4.86 eine mindestens zwölf-
monatige Dienststellung auf Tankschiffen nachgewiesen wird. Lehrgang und Fahrtzeit
müssen dem jeweiligen Tankschiffstyp entsprechen.

Gestattete Abweichungen von den tabellarischen Vorgaben: §7
So kann z. B. bei automatisierten Maschinenanlagen mit einer Leistung von weniger als
600 kW und bei einem Raumgehalt von 212 bis 500 BRT als Freidecker oder von 300
bis 1 000 BRT als Volldecker mit Ausnahme in der Großen Fahrt der Schiffsoffizier
des technischen Schiffsdienstes durch den Inhaber eines nautischen Befähigungszeugnisses ersetzt werden, der das CNaut-Patent besitzt.

Schiffsleute des Decks- und Maschinendienstes können im Gesamtschiffbetrieb, soweit in den Spalten b, c oder d nicht etwas anderes bestimmt ist, wie folgt ersetzt werden:

a) zwei Fach- oder Hilfskräfte oder eine Fach- und eine Hilfskraft des Decks- oder
   Maschinendienstes durch einen Schiffsmechaniker (siehe 1.10.2);
b) drei Facharbeiter des Decks- oder Maschinendienstes durch zwei Schiffsmechaniker und
c) ein Bootsmann und zwei Facharbeiter des Decks- oder Maschinendienstes durch
   einen Schiffsbetriebsmeister und einen Schiffsmechaniker.

§ 8 gibt die unter unterschiedlichen Bedingungen erforderliche Anzahl wachbefähig- §8
ter Schiffsleute für den Decks- und gegebenenfalls für den Maschinendienst vor.

Die Besetzung mit Schiffselektronikern oder Schiffselektrikern hängt von der instal- §9
lierten Generatorleistung ab. Unter bestimmten Voraussetzungen können die Aufgaben des Schiffselektrikers von einem technischen Schiffsoffizier übernommen werden.

Auf Antrag kann die SeeBG eine von der Regelbesatzung abweichende Besatzung §12
festsetzen. Antragsberechtigt sind der Reeder, der zuständige Seebetriebsrat oder die
zuständige Bordvertretung oder, falls keine Arbeitnehmervertretung vorhanden ist,
zwei Besatzungsmitglieder und die Arbeitsschutzbehörde.

Der Bundesminister für Verkehr oder die von ihm bestimmte Wasser- und Schiff- §14
fahrtsdirektion kann Inhaber ausländischer Befähigungszeugnisse zum Dienst als nautischer oder technischer Schiffsoffizier zulassen, sofern ihre Ausbildung und Befugnisse gleichwertig denen der Inhaber deutscher Befähigungszeugnisse sind und sie über
ausreichende deutsche Sprachkenntnisse verfügen.

Entsteht während der Reise aus unabwendbaren Gründen eine Unterbesetzung, hat §15
der Kapitän die Besatzung zu ergänzen (siehe 1.4.3, § 38 SeemG). Ist hier eine Ergänzung nicht möglich, so kann die SeeBG das Weiterfahren mit kleinerer Besatzungszahl
oder mit Besatzungsmitgliedern einer geringeren Qualifikation zulassen. Entsteht vor
Antritt der Reise die Unterbesetzung aus unabwendbaren Gründen, darf der Kapitän
die Reise nur antreten, wenn Brücke, Ruder, Ausguck und Maschine ordnungsgemäß
besetzt werden können.

Der Kapitän muß in den o. g. Fällen

1. den Tatbestand mit Begründung und Angabe der zur Ergänzung getroffenen Maßnahmen in das Schiffstagebuch eintragen,
2. eine Abschrift der Tagebucheintragung mit Begründung, weshalb er das Schiff trotz
   Unterbesetzung für seetüchtig hält, spätestens vom nächsten Bestimmungshafen
   der SeeBG und der zuständigen Arbeitsschutzbehörde übersenden,
3. vor dem nächsten Auslaufen ist die SeeBG über die vorgenommene Ergänzung der
   Besatzung zu unterrichten.

Verstöße gegen die Schiffsbesetzungsverordnung gelten als Ordnungswidrigkeiten. §16
Sie können gegen den Kapitän nach § 128 des SeemG mit einer Geldbuße bis zu zwan-

zigtausend und gegen den Reeder mit einer Geldbuße bis zu fünfzigtausend Deutsche Mark geahndet werden.

Diese Ausführungen können nur einen allgemeinen Überblick über den Inhalt der SchBesV geben. Die erforderliche Besatzung für das Schiff ist dem Schiffsbesatzungs-zeugnis zu entnehmen. Den Kapitänen kann im Hinblick auf die angedrohten verhält-nismäßig hohen Geldbußen nur empfohlen werden, sich strikt an diese Vorgaben zu halten. In unklaren Fällen ist der Text der SchBesV heranzuziehen. Diese Fälle sollten unverzüglich mit der SeeBG geklärt werden.

1.12.2   Besetzung mit Funkoffizieren

Das Schiffsbesatzungszeugnis führt den Funkoffizier bzw. den Sprechfunker auf, ob-wohl die Besetzung der Schiffe mit Funkoffizieren nicht in der SchBesV geregelt ist. Die „Verordnung über die Besetzung der Kauffahrteischiffe mit Seefunkern für die Zwecke des öffentlichen Seefunkdienstes" vom 14.7.1981 (BGBl. I S. 652) regelt die-ses Problem für den nationalen Bereich.

§ 3 sieht die Einteilung der Telegraphie- und Sprech-Seefunkstellen in vier Gruppen vor.

Gruppe 1:
Fahrgastschiffe mit mehr als 500 Fahrgästen und ununterbrochenem Dienst.
Gruppe 2:
Fahrgastschiffe mit 251 bis 500 Fahrgästen und einer Reisedauer von 16 Stunden oder mehr zwischen zwei Häfen. Die Dienstdauer beträgt mindestens 16 Stunden täglich.
Gruppe 3:
Fahrgastschiffe mit 250 oder weniger Fahrgästen, aber mit 251 bis 500 Fahrgästen, wenn die Reisedauer weniger als 16 Stunden beträgt. Die Dienstdauer beträgt mindestens 8 Stunden täglich.
Gruppe 4:
Seefunkstellen auf Fracht- und Fischereifahrzeugen mit unbestimmter Dienstdauer.

Die jeweils festgesetzten Dienststunden der Seefunkstellen werden im „Handbuch für den Dienst der Seefunkstellen" veröffentlicht.

Nach § 4 ist die Besetzung abhängig von der Zahl der Dienststunden:
Telegraphiefunkstellen
Gruppe 1   3 Funkoffiziere
Gruppe 2   2 Funkoffiziere
Gruppe 3
und 4   je 1 Funkoffizier

Bei Sprechfunkstellen ist die jeweils gleiche Anzahl von Sprechfunkern vorgeschrieben.

Es ist zu erwarten, daß die technische Entwicklung Veränderungen in den gesetzlichen Bestimmungen bewirken wird. Von den nach § 5 möglichen Ausnahmen wird bereits Gebrauch gemacht.

1.12.3   Standards of Training, Certification and Watchkeeping

Internationales Übereinkommen von 1978 über Normen für die Ausbildung, die Er-teilung von Befähigungszeugnissen und den Wachdienst von Seeleuten.

Am 25.3.1982 ist das o.g. Abkommen durch ein entsprechendes Gesetz zu diesem Abkommen (BGBl. II Nr. 14 S. 297) in Kraft gesetzt worden. Ziel dieses Abkommens ist es, menschliches Leben und Sachwerte sowie die Meeresumwelt zu schützen.

Da, wie Untersuchungen ergeben haben, die Ursachen von Seeunfällen überwiegend im menschlichen Versagen liegen, sind internationale Normen für die Ausbildung, die Erteilung von Befähigungszeugnissen und den Wachdienst von Seeleuten in dem o.g. Abkommen vorgeschrieben.

Das Abkommen ist nach Artikel III nicht anzuwenden auf Kriegsfahrzeuge, auf Fischereifahrzeuge, auf Vergnügungsyachten, die nicht dem Handelsverkehr dienen, und auf Holzschiffen einfacher Bauart.

Eine Kontrolle, ob die nach dem Übereinkommen erforderlichen Patente an Bord vorhanden sind, ist durch ordnungsgemäß ermächtigte Bedienstete eines Vertragsstaates nach Artikel X möglich. Wenn im Hafen eines Vertragsstaates oder bei der Zufahrt zu einem solchen Hafen Schiffe zusammengestoßen sind oder ein Schiff auf Grund gelaufen ist, unerlaubterweise Stoffe eingeleitet hat, oder wenn in unregelmäßiger oder unsicherer Weise gefahren wurde oder Fahrwasserbezeichnungen oder Verkehrstrennungssysteme nicht beachtet wurden, hat sich die Kontrolle darauf zu beschränken, festzustellen, ob die zu dem Schiff gehörenden Seeleute fähig sind, die im Übereinkommen vorgeschriebenen Normen für den Wachdienst zu erfüllen (Regel I/4). Bestimmte Anlage Kap. I festgestellte Mängel sind dem Flaggenstaat schriftlich mitzuteilen.

Auf die ausführlich niedergelegten Grundsätze für den Brückenwachdienst kann hier nicht näher eingegangen werden. Die im öffentlichen aber auch im privaten Recht genannte gute seemännische Praxis fordert die Einhaltung dieser Grundsätze.

Anmerkung: Ergänzend hierzu wurde die Verordnung über den Wachdienst auf Seeschiffen (Wachdienstverordnung) vom 15. Okt. 1984 erlassen (siehe Band 2 A, Kap. 1.2).

1.13   Überschmuggler[15a]

Dem Schiff entstehen durch einen Überschmuggler folgende Nachteile: Er muß untergebracht und verpflegt werden. Er gefährdet unter Umständen die Sicherheit des Schiffes. Er kann im Ankunftshafen nicht gelandet und muß daher auf Kosten des Schiffes zum Abgangshafen oder -land zurückbefördert werden. Wenn er keine Papiere hat, kann dort die Landung verweigert werden. Er muß dann unter Umständen noch lange Zeit an Bord bleiben. Wenn er in einem Hafen entflieht, kann das Schiff wegen Begünstigung illegaler Einwanderung in Strafe genommen werden. Das gilt auch, wenn der Überschmuggler später ergriffen wird und den Namen des Schiffes angibt. Dem Schiff kann die Ausklarierung verweigert werden, solange für einen entflohenen Überschmuggler keine Kaution gestellt ist. Diese Kaution kann auch verlangt werden, wenn der Überschmuggler sich an Bord in Gewahrsam befindet.

Daher vor jeder Abfahrt das ganze Schiff sorgfältig absuchen und das Ergebnis ins Tagebuch eintragen. Im Hafen das Schiff stets gut bewachen und beleuchten. Die Besatzung sollte auf die obengenannten Nachteile hingewiesen werden, damit sie an der Bekämpfung des Überschmuggelns aus Überzeugung mitwirkt.

Der Überschmuggler macht sich strafbar wegen: Erschleichens einer Beförderung, Hausfriedensbruchs, Paßvergehens, illegaler Auswanderung, illegaler Einwanderung. Mit Ausnahme des Hausfriedensbruchs (Antragsdelikt) handelt es sich um sogenannte Offizialdelikte, die auch ohne Antrag von Amts wegen verfolgt werden. Auch der Versuch ist strafbar.

15a Die Bundesrepublik Deutschland hat ein Brüsseler Internationales Übereinkommen über Maßnahmen gegen das Einschleicherunwesen vom 10.10.1957 unterzeichnet, aber noch nicht ratifiziert (abhängig von insgesamt 10 Ratifizierungen). Bislang haben erst 5 Staaten ratifiziert. Nach dem Abkommen soll ein Überschmuggler in jedem Vertragsstaat gelandet werden können. Dieser kann ihn in den Heimatstaat oder in den Staat zurückbefördern, wo er an Bord eingeschlichen ist, schließlich auch in den Staat, dessen Flagge das Schiff führt. Die Kosten hat der Reeder zu tragen, ebenso für 3 Monate Aufenthalt, wenn die Rückführung in den Heimatstaat nicht in Betracht kommt.

Zum Schutz des Schiffes ergeben sich gegen einen Überschmuggler folgende Maßnahmen:

1. Papiere, Geld, Streichhölzer, Werkzeuge usw. abnehmen. Leibesvisitation im Interesse der Schiffssicherheit nicht scheuen.
2. Körperliche Untersuchung auf Ungeziefer und Krankheiten.
3. Tagebucheintragungen über: Personalien, Zeit und Ort des Einschleichens, Abnahme von Papieren usw., Untersuchungsergebnis, Hinweis auf Tatsache der strafbaren Handlung, Belehrung, daß Überschmuggler der Anordnungsbefugnis des Kapitäns untersteht (§ 106 SeemG) und daß ihm die Eintragung bekannt gegeben worden ist.
4. Protokoll aufnehmen und formlosen Strafantrag vorbereiten.
5. Durch FT mit deutschem Konsul bzw. Agenten des Abgangshafens gegebenenfalls Personalien klären und Rückbeförderung anmelden. Auch Reeder benachrichtigen.
6. Anmeldung des Überschmugglers bei der Behörde eines jeden Anlaufhafens. Auch deutschen Konsul unterrichten. Bei Ausländern um Mitteilung an ausländischen Konsul bitten.
7. Bei der Landung den Überschmuggler den Behörden zusammen mit dem Kapitänsbericht und dem Protokoll übergeben, dazu die abgenommenen Gegenstände gegen Empfangsbestätigung aushändigen.

Neben den Maßnahmen zum Schutz des Schiffes und seiner Besatzung sind auch die schutzwürdigen Interessen des Einschleichers zu berücksichtigen. Handelt es sich z. B. um einen politischen Flüchtling, so wird man ihn dem betreffenden Staat nicht ausliefern. Die Frage, ob dem Einschleicher in dem Land seiner Wahl das Asylrecht gewährt wird, kann an Bord nicht entschieden werden (siehe 4.4).

Zwangsmaßnahmen im Rahmen des § 106 SeemG können gegenüber einem Einschleicher nur dann eingeleitet werden, wenn eine unmittelbare Gefahr droht. Dies ist z. B. im Hafen oder auf der Reede der Fall, wenn die Hafenbehörden der Schiffsleitung die Landung des Einschleichers verbieten und dieser zu fliehen versucht. Eine menschenwürdige, sichere Verwahrung ist notwendig.

1.14 Mitnahme heimzuschaffender Seeleute [16, 17]

Jedes deutsche Schiff ist verpflichtet, hilfsbedürftige deutsche Seeleute auf Verlangen des Konsuls nach einem Bestimmungshafen mitzunehmen. Das gleiche gilt wegen straffälliger Seeleute, die von einem deutschen Schiffe abgemustert worden sind. Die Mitnahme darf verweigert werden, wenn die schriftliche Anweisung des Konsuls nicht zwei Tage vor Abfahrt erteilt wird oder wenn an Bord kein Platz ist oder wenn der Seemann bettlägerig krank oder mit einer gefährdenden geschlechtlichen Krankheit behaftet ist. Die schriftliche Anweisung des Konsuls ist gleichzeitig Ausweis gegenüber den Behörden. Wenn fremde Behörden in einem Hafen, wo kein deutscher Konsul ansässig

---

16 Gesetz betreffend die Verpflichtung der Kauffahrteischiffe zur Mitnahme heimzuschaffender Seeleute vom 2. Juni 1902.
    Das Gesetz gilt sinngemäß auch für Ausländer, die unmittelbar nach dem Dienst auf einem deutschen Schiff hilfsbedürftig geworden sind.
17 Von den heimzuschaffenden Seeleuten sind die Überarbeiter zu unterscheiden. Diese verpflichten sich, die Kosten der Überfahrt abzuarbeiten. Heute ist die Mitnahme eines Überarbeiters aus rechtlichen Gründen schwierig und nicht zu empfehlen. Soweit er Tätigkeiten ausübt, hat er den Status eines Besatzungsmitgliedes. Dafür ist Seediensttauglichkeit Voraussetzung.

ist, die Mitnahme verlangen, muß man einen schriftlichen Nachweis verlangen, weil oh- vgl. ASiG
ne diesen das Seemannsamt im Inlande den Heimschaffungssatz nicht auszahlt. Jeder
mitgenommene Seemann untersteht der Anordnungsbefugnis des Kapitäns gemäß
§ 106 SeemG. Straffällige Seeleute muß der Kapitän bewachen lassen und bei Flucht-
verdacht festsetzen. Für das Mitnehmen solcher Personen wird der gewöhnliche Über-
fahrtpreis zuzüglich einer Bewachungsgebühr gezahlt.

Diese Mitnahme ist nicht mit dem Anspruch auf freie Rückbeförderung gemäß Seemannsgesetz zu verwechseln. Nach § 74 SeemG wird dem Anspruch auf freie Rückbeförderung genügt, wenn dem Seemann auf einem heimkehrenden deutschen Schiff
Dienst und Heuer gemäß seiner Stellung angeboten wird. Wenn dies nicht möglich ist,
fährt er als Fahrgast, ein Offizier in der Kajüte. Viele Reedereien haben ein gegenseiti-
ges Abkommen über die Zurückbeförderung ihrer Seeleute zum Verpflegungssatz getroffen.

Die Vorschriften über die Heimschaffung von Seeleuten haben in der Praxis wesentlich an Bedeutung verloren. Generell wird die Rückbeförderung mit dem Flugzeug kostengünstiger und bei straffälligen Seeleuten auch sicherer sein.

1.15   Fachkräfte für Arbeitssicherheit

Das Gesetz über Betriebsärzte, Sicherheitsingenieure und andere Fachkräfte für Ar- § 1
beitssicherheit vom 12.12.1973 (ASiG) schreibt vor, daß vom Arbeitgeber Betriebsärzte und Fachkräfte für Arbeitssicherheit bestellt werden. Diese sollen ihn beim Arbeitsschutz und bei der Unfallverhütung unterstützen. Damit soll erreicht werden, daß

1. die dem Arbeitsschutz und der Unfallverhütung dienenden Vorschriften den besonderen Betriebsverhältnissen entsprechend angewandt werden.
2. gesicherte arbeitsmedizinische und sicherheitstechnische Erkenntnisse zur Verbesserung des Arbeitsschutzes und der Unfallverhütung verwirklicht werden können,
3. die dem Arbeitsschutz und der Unfallverhütung dienenden Maßnahmen einen
möglichst hohen Wirkungsgrad erreichen.

Die Anwendung des Gesetzes in der Seeschiffahrt wird geregelt durch die Unfallver-
hütungsvorschrift „Betriebsärzte und Fachkräfte für Arbeitssicherheit" vom 6.12.1974.
Nach § 3 hat der Unternehmer für jedes Schiff Fachkräfte für Arbeitssicherheit zu bestellen, siehe §§ 57 ff. UVVSee.

Zu unterscheiden von den Fachkräften für Arbeitssicherheit ist der **Sicherheitsbeauftragte,**
welcher nach § 12 UVVSee und § 719 (1) i. V. m. § 865 RVO aus dem Kreise der Besatzungsmitglieder für jedes Schiff zu bestellen ist. Der Sicherheitsbeauftragte hat den Kapitän und die
verantwortlichen Schiffsoffiziere bei der Durchführung des Unfallschutzes zu unterstützen.
Stellt er Mängel fest oder beobachtet er, daß die vorgeschriebenen Schutzvorrichtungen nicht
ordnungsgemäß benutzt werden, so hat er den Kaptitän zu benachrichtigen. Er hat keine ar-
beitsrechtliche Aufsichtsfunktion oder Weisungsbefugnis, sondern nur beratende, beobachten-
de und unterstützende Funktion. In der Regel wird man daher an Bord einen erfahrenen
Schiffsmann oder einen Schiffsbetriebsmeister als Sicherheitsbeauftragten bestellen.

Die Fachkräfte für Arbeitssicherheit überwachen die Durchführung des Arbeits- § ¯
schutzes. Sie müssen daher bestimmten Anforderungen hinsichtlich ihrer Ausbildung
und Erfahrung im Beruf genügen. In der Seefahrt gelten nach §§ 57 ff. „für Betriebsärzte und Fachkräfte für Arbeitssicherheit" folgende Anforderungen:

Sicherheitsingenieure: Patentinhaber mit Fachhochschulbildung (AG, CI);
Sicherheitstechniker: Die übrigen A-, B- und C-Patentinhaber, ausgenommen Küs-
                           tenfahrt;
Sicherheitsmeister: Die Kü-Patentinhaber und die Schiffsbetriebsmeister, die
                           Bootsleute oder Meister anderer Berufe mit abgelegter Prüfung.

vgl. ASiG   Zusätzlich wird von allen Fachkräften die Teilnahme an einem staatlichen oder berufsgenossenschaftlichen Ausbildungslehrgang[18] gefordert und eine praktische Tätigkeit von mindestens 2 Jahren als Ingenieure oder Techniker oder mindestens 3 Jahren als Meister an Bord oder in einer gleichwertigen Landstellung.

§ 6   Die wesentlichen Aufgaben sind:

1. Beratung des Reeders und des Kapitäns bei der Planung und Unterhaltung von Betriebsanlagen, Beschaffung von Arbeitsmitteln, Erprobung von Körperschutzmitteln und Gestaltung der Arbeitsplätze.

Beispiel: Die Fachkraft könnte sich bei schlecht beleuchteten Werkstätten für eine ausreichende Ausleuchtung der Arbeitsplätze einsetzen oder bei Lärmbelästigung auf der Brücke entsprechende Verbesserungsvorschläge machen.

2. Überprüfung von Betriebsanlagen.
3. Beachtung, daß die Arbeitsschutzvorschriften durchgeführt werden. Die Arbeitsstätten sind in regelmäßigen Abständen zu begehen. Die Fachkraft muß auf die Benutzung der Körperschutzmittel achten und die Ursachen von Arbeitsunfällen untersuchen und Maßnahmen zur Verhütung vorschlagen.
4. Belehrung der Besatzungsmitglieder über Unfall- und Gesundheitsgefahren, Schulung des Sicherheitsbeauftragten.

Anmerkung: Die Aufgaben einer Fachkraft für Arbeitssicherheit wird in der Regel ein Patentinhaber wahrnehmen. Die Schiffsoffiziere wurden auch schon bisher zu einem sicherheitsbewußten Verhalten ausgebildet. Der Kapitän selbst kann jedoch nicht Fachkraft für Arbeitssicherheit sein. Verantwortlich für die Arbeitssicherheit ist der Unternehmer, an Bord der Kapitän. Bei einer Bestellung des Kapitäns als Fachkraft für Arbeitssicherheit käme es zu einer Interessenkollision, die dem Sinn des Gesetzes widerspräche.

§ 3   Die Aufgaben der Betriebsärzte werden in der Seeschiffahrt von dem überbetrieblichen **Arbeitsmedizinischen Dienst**[19], welcher von der See-Berufsgenossenschaft eingerichtet wurde, wahrgenommen. Näheres regelt § 42 der Satzung der See-Berufgenossenschaft. Für die Reeder besteht Anschlußzwang nach § 719 a S. 3 RVO.

Die Aufgaben der Betriebsärzte sind insbesondere

1. Beratung des Reeders und des Kapitäns
bei der Planung, Ausführung und Unterhaltung von Bordeinrichtungen,
bei der Auswahl und Erprobung von Körperschutzmitteln, bei arbeitsphysiologischen, arbeitspsychologischen und sonstigen ergonomischen sowie arbeitshygienischen Fragen,
bei der Organisation der „Ersten Hilfe" und Krankenfürsorge im Betrieb,
bei Fragen des Arbeitsplatzwechsels (z. B. bei fehlender Tropentauglichkeit);
2. die Besatzungsmitglieder zu untersuchen, arbeitsmedizinisch zu beurteilen und zu beraten sowie die Untersuchungsergebnisse zu erfassen und auszuwerten;
3. die Duchführung des Arbeitsschutzes zu beobachten und die Schiffe zu begehen sowie die Ursachen von arbeitsbedingten Erkrankungen zu untersuchen.

§ 10   Betriebsärzte und die Fachkräfte für Arbeitssicherheit haben gemeinsame Schiffsbegehungen vorzunehmen.

Anmerkung: Teilweise wird diese Arbeit auch im Auftrage der SeeBG von den Hafenärzten übernommen, wenn sie aus ihrem Aufgabengebiet heraus die Schiffe zu untersuchen haben.

---

18 Die Seeberufsgenossenschaft führt an den Fachhochschulen und Fachschulen im Bereich Seefahrt anerkannte Ausbildungslehrgänge A und B durch.
19 Wesentliche Aufgaben, die das Gesetz den Betriebsärzten gibt, sind in der Seefahrt bereits durch das SeemG, die VO über Krankenfürsorge und Kauffahrteischiffen und die VO über Seediensttauglichkeit geregelt. Notwendig war nur eine besondere Organisationsform. Der Arbeitsmedizinische Dienst besteht aus den Vertrauensärzten der SeeBG sowie dem erforderlichen medizinisch-technischen und Verwaltungspersonal.

1.16 Haftung der Besatzungsmitglieder und des Kapitäns für schuldhaft verursachte Schäden

vgl. BGB

Gesetzliche Grundlage für Schadensersatzansprüche ist neben nationalen und internationalen Rechtsvorschriften und dem HGB auch das Bürgerliche Gesetzbuch (BGB).

„Wer vorsätzlich oder fahrlässig das Leben, den Körper, die Gesundheit, die Freiheit, das Eigentum oder ein sonstiges Recht eines anderen widerrechtlich verletzt, ist dem anderen zum Ersatz des daraus entstehenden Schadens verpflichtet." §823

Anmerkung: Grundsätzlich ist danach jeder, der einem anderen schuldhaft und widerrechtlich einen Schaden zufügt, schadensersatzpflichtig.

Eine **schuldhafte Handlung** liegt bei Vorsatz und Fahrlässigkeit vor. Bei Vorsatz will und §276 weiß der Täter, was er tut. Bei Fahrlässigkeit läßt er bei seiner Handlung die im Verkehr erforderliche Sorgfalt außer acht. Zu unterscheiden ist dabei zwischen grober und leichter Fahrlässigkeit. Grobe Fahrlässigkeit liegt z. B. bei einer besonders schweren Verletzung der erforderlichen Sorgfalt vor, wenn nicht beachtet wurde, was jedem einleuchten mußte. („Es wird schon gut gehen".)

Die Abgrenzung zwischen grober und leichter Fahrlässigkeit ist für die Möglichkeit der Haftungsbeschränkung von besonderer Bedeutung. Im gesamten Transportrecht gilt der Grundsatz, daß derjenige, der einen Schaden in besonders vorwerfbarer Weise schuldhaft verursacht hat, sich nicht auf eine Beschränkung seiner Haftung berufen kann. Art 4 IÜH 76 (siehe 14) spricht von einer Handlung, die leichtfertig und in dem Bewußtsein begangen wurde, daß ein solcher Schaden mit Wahrscheinlichkeit eintreten werde. Die französische Fassung spricht von „témérairement" statt leichtfertig, was besser mit „verwegen" oder „tollkühn" übersetzt werden kann und deutlich macht, daß in besonders krasser Weise gegen die Sicherungsinteressen des Geschädigten verstoßen wurde.

Widerrechtlich ist jede Handlung, die nicht erlaubt ist. Erlaubt ist z. B. die Vernichtung gesundheitsgefährdender Sachen durch den Kapitän nach § 111 (3) SeemG oder das Werfen von Ladung bei gemeinschaftlicher Havarie.

Schaden ist der Nachteil, den der Geschädigte erleidet. Ziel des Schadensersatzes ist es, daß §249 der Schädiger den Geschädigten nach Möglichkeit so stellt, als ob der Schaden nicht eingetreten wäre. Der Gläubiger kann statt der Wiederherstellung den dazu erforderlichen Geldbetrag verlangen.

Werden im Rahmen des Schiffsbetriebes Personen und/oder Sachen durch Besat- vgl. HGB zungsmitglieder oder den Kapitän schuldhaft geschädigt, so gelten diese Grundsätze mit folgender Einschränkung:

1. Bei Schäden, die Personen der Schiffsbesatzung beim Verrichten ihrer Dienste §485 schuldhaft verursachen, haften grundätzlich auch, je nach Art des Schadens, der §606 Reeder, der Ausrüster und der Charterer im Rahmen der Reederhaftung; der Ver- §664 frachter im Rahmen der Verfrachterhaftung; der Beförderer im Rahmen der Haftung des Beförderers von Reisenden und der Eigentümer des Schiffes im Rahmen der zivilrechtlichen Haftung für Ölverschmutzungsschäden.

2. Reeder, Ausrüster, Charterer und Verfrachter haften jeweils nur summenmäßig be- §§486/660/ schränkt für das Verschulden der Mitglieder der Schiffsbesatzung. Wird ein An- Anlage zu spruch gegen eine Person der Schiffsbesatzung geltend gemacht, kann diese sich auf §664 die gleiche Haftungsbeschränkung berufen, soweit kein Vorsatz oder grobe Fahrlässigkeit vorliegt.

3. Durch Vereinbarung der Himalaya-Klausel (siehe 8.7.2 (23)) in Frachtverträgen oder Passagevereinbarungen werden direkte Ansprüche gegen „master, officers and crew" ausgeschlossen oder weitgehend beschränkt.

4. Bei Ersatzansprüchen eines bei der SeeBG versicherten Besatzungsmitgliedes gelten die §§ 636, 637 RVO, wonach ein Versicherter und dessen Angehöriger gegen den Reeder oder einen in demselben Betrieb tätigen Betriebsangehörigen bei ei-

nem Arbeitsunfall keine Ersatzansprüche stellen kann, es sei denn, der Unfall wurde vorsätzlich herbeigeführt (z. B. bei einer Schlägerei).

5. Der Arbeitnehmer hat gegenüber dem Arbeitgeber einen Freistellungsanspruch aus arbeitsrechtlichem Grundsatz.

Anmerkung: Der Anspruch auf einen innerbetrieblichen Ausgleich entsteht, wenn der Arbeitnehmer bei einer schadensgeneigten Arbeit durch leichte Fahrlässigkeit gegenüber dem Arbeitgeber oder einem Dritten schadensersatzpflichtig geworden ist. Der Anspruch ergibt sich aus der Fürsorgepflicht, insbesondere aber aus dem Betriebsrisiko des Arbeitgebers. Es ist dem Risiko des Reeders zuzurechnen, wenn die Person, die er für seine Zwecke beschäftigt, einmal versagt. Für den Kapitän ist dabei allerdings zu beachten, daß er besondere Verpflichtungen gegenüber dem Reeder, den Ladungsbeteiligten und den Reisenden hat, aber auch ihm wird bei leichter Fahrlässigkeit ein Freistellungsanspruch zustehen.

Der BGH hat für einen Binnenschiffsführer im Verhältnis zum Schiffseigner einen solchen Freistellungsanspruch bejaht (BGH VersR 78 S. 919 („Lolalo")). Es ist auch eine ungeschriebene Regel der Versicherer, von ihrem Rückgriffsrecht (§ 45 ADS) gegenüber dem Schädiger keinen Gebrauch zu machen, soweit leichte Fahrlässigkeit bei Personen der Schiffsbesatzung vorliegt. Bei den Seelotsen ist ein solcher Rückgriff nach § 21 (3) LotsG ausdrücklich ausgeschlossen.

Beispiele: Zertrümmert der betrunkene Schiffsmann die Einrichtung der Messe, so haftet er persönlich für den Schaden (kein Schaden bei der Arbeit, außerdem grobe Fahrlässigkeit oder Vorsatz). Der Schaden muß ersetzt werden. Gegen den Heueranspruch kann im Rahmen der Pfändungsfreigrenze (siehe Fußnote 14) aufgerechnet werden.

Sichert der Steward bei schlechtem Wetter das Geschirr nicht ausreichend, dann entsteht bei leichter Fahrlässigkeit kein Anspruch.

Verursacht der Ladungsoffizier durch falsches Lüften an einer empfindlichen Ladung hohen Schaden, kann er sich gegenüber den Ladungsbeteiligten auf die   HIMALAYA-Klausel berufen, ein Rückgriffsrecht des Reeders entfällt bei leichter Fahrlässigkeit. Auch der Kapitän, in dessen Auftrag der Ladungsoffizier tätig wurde, kann sich auf diese Rechte berufen.

2 Bestimmungen über die Beförderung von Reisenden und ihrem Gepäck auf See

2.1 Allgemeines

Das Verhältnis zwischen Fahrgast und Schiff ist vornehmlich in Allgemeinen Beförderungsbedingungen geregelt. Diese fallen in der Bundesrepublik Deutschland unter das Gesetz zur Regelung des Rechts der Allgemeinen Geschäftsbedingungen (AGB-Gesetz) (siehe 8.7.1), welches in vollem Umfang zur Anwendung kommt, da es sich bei den Reisenden in der Regel nicht um Kaufleute handelt und der Vertrag nicht zum Betrieb des kaufmännischen Handelsgewerbes gehört. Haftungsfreizeichnungen, wie sie früher üblich waren, sind schon aus diesem Grund nicht mehr möglich. Ist die Schiffsreise Teil eines Reisevertrages[1] oder handelt es sich um eine Kreuzreise, kommt auch das Reisevertragsrecht nach §§ 651 a ff. BGB zur Anwendung. Der Reiseveranstalter kann nach § 651 h BGB seine Haftung für Fahrlässigkeit allerdings auf den dreifachen Reisepreis beschränken.

International hatte sich zunächst der Internationale Seerechtsverein (siehe 6) um ein Übereinkommen zur Vereinheitlichung einer beschränkten Reederhaftung gegenüber Passagieren bemüht. 1974 wurde in Athen von einer von der IMCO (heute IMO, siehe 6) einberufenen Konferenz das „Übereinkommen über die Beförderung von Reisenden und ihrem Gepäck auf See" verabschiedet. Das Übereinkommen ist noch nicht in Kraft getreten, die Bundesrepublik Deutschland hat aber mit dem Zweiten Seerechtsänderungsgesetz den wesentlichen Inhalt als Anlage zu § 664 in Kraft gesetzt.

2.2 Haftung des Beförderers

Anlage zu
§ 664 Art. 2

„Der Beförderer haftet für den Schaden, der durch den Tod oder die Körperverletzung eines Reisenden und durch Verlust oder Beschädigung von Gepäck entsteht, wenn das den Schaden verursachende Ereignis während der Beförderung eingetreten ist und auf einem Verschulden des Beförderers oder seiner in Ausübung ihrer Verrichtung handelnden Bediensteten oder Beauftragten beruht."

Anmerkung: Beförderer ist der Vertragspartner des Reisenden. Vom „ausführenden Beförderer" spricht das Gesetz dann, wenn eine andere Person als der Schiffseigentümer, der Charterer, der Reeder oder Ausrüster eines Schiffes die Beförderung durchführt. Haftbar bleibt der Beförderer, daneben ist der ausführende Beförderer für den von ihm durchgeführten Teil verantwortlich. Eine Haftung ist auch bei nautischem Verschulden gegeben (siehe 8.5.(2)). Art. 1 Art. 3

Beim Gepäck wird haftungsrechtlich zwischen dem Kabinengepäck, das der Reisende in seiner Obhut hat, und dem anderen Gepäck unterschieden. Wird für das andere Gepäck oder für Art. 1 Nr. 5

---

1 § 651 a BGB „Durch den Reisevertrag wird der Reiseveranstalter verpflichtet, dem Reisenden eine Gesamtheit von Reiseleistungen (Reise) zu erbringen. Der Reisende ist verpflichtet, dem Reiseveranstalter den vereinbarten Reisepreis zu zahlen."

vgl. HGB
Anlage zu § 664 Fahrzeuge eine Charterparty oder ein anderer Vertrag geschlossen oder ein Konnossement ausgestellt, so gelten statt dessen die Vorschriften über den Seefrachtvertrag (siehe 8). Auf lebende Tiere finden die Vorschriften über die Beförderung von Gepäck ebenfalls keine Anwendung.

Art. 1 Nr. 8 **Der Haftungszeitraum** der Beförderung umfaßt die Zeit:
- Für den Reisenden und sein Kabinengepäck von der Einschiffung bis zur Ausschiffung einschließlich der Beförderung auf dem Wasserweg zum und vom Schiff, falls dies im Beförderungspreis inbegriffen ist. Wird das Kabinengepäck schon vorher im Hafen an den Beförderer übergeben, beginnt damit auch die Haftung.
- -Beim übrigen Gepäck von der Annahme bis zur Übergabe.

Art. 4 Bei Wertsachen wie Geld, Wertpapieren, Gold, Silber, Juwelen, Schmuck, Kunstgegenständen usw. haftet der Beförderer nur,
- wenn sie beim Beförderer zur sicheren Aufbewahrung hinterlegt worden sind.

Art. 5 u. 6 **Haftungsbeschränkung.** Die Haftung des Beförderers ist auf folgende Höchstbeträge je Beförderung beschränkt (siehe auch 14.2).
- Bei Tod oder Körperverletzung DM 320 000.- je Reisenden.
- Bei Verlust oder Beschädigung von Kabinengepäck DM 4 000.- je Reisenden. Für das gesamte Gepäck max. DM 6 000.-.
- Bei Fahrzeugen einschließlich des damit beförderten Gepäcks DM 16 000.-.

Bei Sachschäden kann eine Selbstbeteiligung von DM 60.- für Schäden am Gepäck und DM 600.- bei der Beschädigung eines Fahrzeuges vereinbart werden.

Art. 10 Bei Vorsatz und grober Fahrlässigkeit haftet der Beförderer oder sein Bediensteter unbeschränkt.

Art. 15 Vereinbarungen, die die Haftung des Beförderers ausschließen oder den Haftungshöchstbetrag niedriger festsetzen, sind nichtig.

Art. 2 Die Beweislast dafür, daß das den Schaden verursachende Ereignis während der Beförderung eingetreten ist, und für das Ausmaß des Schadens liegt beim Kläger (Reisenden).

Bei Schäden oder Tod durch Schiffbruch, Zusammenstoß, Strandung, Explosion, Feuer oder durch einen Mangel des Schiffes sowie bei Verlust oder Beschädigung anderen Gepäcks wird vermutet, daß ein Verschulden des Beförderers vorliegt. Der Gegenbeweis ist zulässig, es müssen daher rechtzeitig die Beweise sichergestellt werden.

Art. 12 Der Reisende muß rechtzeitig und richtig rügen (reklamieren), und zwar durch schriftliche Anzeige bei der Ausschiffung bzw. Aushändigung des Gepäcks, bei verborgenen Mängeln innerhalb von 15 Tagen oder durch gemeinsame Feststellung des Schadens. Rügt er nicht rechtzeitig, trägt er die Beweislast. Der Anspruch verjährt in 2 Jahren.

vgl. HGB
§ 665 ## 2.3 Schiffsordnung, Maßnahmen des Kapitäns

Der Reisende ist verpflichtet, alle die Schiffsordnung betreffenden Anordnungen des Kapitäns zu befolgen.

Anmerkung: Wenn der Reisende gegen die Schiffsordnung verstößt und die Ordnung und Sicherheit an Bord damit gefährdet, muß er sich Maßnahmen des Kapitäns gefallen lassen, wie sie in bestimmten Fällen auch gegen Besatzungsmitglieder angewandt werden (siehe § 106 SeemG). Wenn Weiterungen zu befürchten sind, sollten die Maßnahmen ins Tagebuch eingetragen und Zeugen zu Protokoll vernommen werden. Nach Möglichkeit sollte auch der Konsul befragt werden, z. B. wenn der Reisende zwangsweise ausgeschifft werden soll. Eine Disziplinargewalt hat der Kapitän gegenüber Reisenden nicht.

Eine Verpflichtung des Reisenden zur Hilfeleistung besteht nur bei gemeinsamer Gefahr oder Not (siehe 1.5 Unterlassene Hilfeleistung).

Unfälle von Fahrgästen ziehen gelegentlich hohe Schadensersatzansprüche nach sich. Da der Reisende mit den Einrichtungen an Bord nicht vertraut ist, müssen Sicherheitsvorkehrungen getroffen werden, die über die UVV hinaus gehen: Vor Beginn der Reise sollte auf die Unfallverhütung, besonders auf die Feuerverhütung hingewiesen werden. Jeder Fahrgast muß mit der Schwimmweste und seinem Notsammelplatz vertraut sein. Das Betreten von Decks, die durch Ladungsarbeiten gefährdet sind, muß untersagt und durch Absperrung verhindert werden. Besonderer Wert ist auf die Sicherheit der Landgangseinrichtungen zu legen, vor allem bei Seegang auf der Reede.

Anmerkung: Die Maßnahmen nach einem Unfall sind ähnlich wie bei einem Besatzungsmitglied (siehe 1.4.4). Für das Protokoll kann, soweit nicht entsprechende Vordrucke an Bord sind, das Unfalltagebuch als Muster dienen. Andere Fahrgäste sollen als Zeugen aussagen und dabei die Belehrung über den Unfallschutz bestätigen. In schweren Fällen sollte eine Verklarung abgelegt werden. Verlangt der Fahrgast, daß eine Verklarung abgelegt wird, so ist der Kapitän dazu verpflichtet (§ 522 HGB).

Der **Tod eines Fahrgastes** muß wie bei einem Besatzungsmitglied beurkundet werden (siehe 1.4.6). Auch die übrigen Maßnahmen sind die gleichen, jedoch besteht keine Verpflichtung, wegen der Bestattung einen Hafen anzulaufen. Die Beförderung der Leiche in einem Metallsarg ist erforderlich, wenn das Schiff nicht binnen 48 Stunden im Hafen ankommt (Art. 3, 8 und 9 des Internationalen Abkommens über Leichenbeförderung vom 10.2.1937).

Im Ankunftshafen ist die Effektenliste zusammen mit dem Nachlaß im Ausland dem Konsul zu übergeben. Im Inland ist sicherzustellen, daß der Nachlaß an die rechtmäßigen Erben (Erbschein) ausgeliefert wird.

Ein **Seetestament** kann während der Reise außerhalb eines inländischen Hafens errichtet werden. Erfordernisse: Deutsche Sprache; 3 Zeugen, jedoch nicht geradlinige Verwandte oder Erben oder Sprachunkundige; Ort und Datum; genaue Bezeichnung des Erblassers und woher bekannt; Bezeichnung der Zeugen; Erklärung des Erblassers oder Feststellung der Übergabe seiner schriftlichen Erklärung, die auch von einer anderen Person geschrieben sein kann; Angabe, daß Erblasser bei vollem Bewußtsein ist; Feststellung, daß Niederschrift vorgelesen, genehmigt und vom Erblasser eigenhändig unterschrieben ist; Unterschrift der 3 Zeugen. Das Testament kann auch in einer fremden Sprache errichtet werden, wenn die 3 Zeugen dieser Sprache mächtig sind. Das Seetestament erlischt, wenn der Erblasser nach 3 Monaten nach Beendigung der Seereise noch lebt.

3 Seetagebücher

vgl. SeeTgbV ## 3.1 Allgemeines

§ 1 Nach der Seetagebuchverordnung (SeeTgbV) müssen auf Seeschiffen, die berechtigt sind, die Bundesflagge zu führen, Seetagebücher geführt werden. Die Seetagebücher sollen Aufschluß geben über den Zustand des Schiffes, die Ausrüstung, die Ladung, die Sicherheitsvorkehrungen, die Schiffsbesetzung, den Reiseverlauf, besonders aber über die Vorkommnisse, die den Reiseverlauf beeinflussen. Bei Unfällen, die sich während der Reise ereignen und das Schiff, Personen oder die Ladung betreffen, sollen die Eintragungen die Art und Schwere des Unfalles sowie diejenigen Maßnahmen erkennen lassen, die zur Minderung vorhandener oder zur Abwendung weiterer Schäden getroffen werden.

Neben der Verpflichtung der Beweissicherung nach § 520 HGB hat die Führung der Tagebücher vornehmlich öffentlich-rechtlichen Charakter, die zuständigen Behörden können Einsicht verlangen. Die Seetagebücher dienen insbesondere als Unterlage:

1. zur Kontrolle der Maßnahmen der Schiffsführung;
2. für die Navigation;
3. zur Überwachung der Maschinenanlage;
4. zur Beweissicherung für Behörden und Gerichte;
5. zur Überwachung von Maßnahmen zur Verhütung der Verschmutzung der Meeresumwelt;
6. zur Überwachung der Arbeitssicherheit, des betrieblichen und des sozialen Arbeitsschutzes.

3.2 Arten der Tagebücher

§ 2 1. **Schiffstagebuch** mit dem Brückenbuch als Nebenbuch;
2. **Maschinentagebuch** mit den Nebenbüchern Peil- und Manöverbuch (1. und 2. sind die sog. Seetagebücher);
3. **Unfalltagebuch** (nach § 51 UVVSee in Loseblattform);
4. **Öltagebuch** (nach Regel 20 der Anlage I MARPOL, siehe Band 2 A, Kap. 3);
4.1 Teil I (Betriebsvorgänge im Maschinenraum) für alle Schiffe ab 400 BRT und Öltankschiffe ab 150 BRT;
4.2 Teil II (Betriebsvorgänge im Zusammenhang mit dem Füllen bzw. Entleeren von Lade- und Ballasttanks) für alle Öltankschiffe ab 150 BRT;

vgl. SchSV 5. **Ladungstagebuch** (nach Regel 9 der Anlage II MARPOL) für Chemikalientankschiffe (siehe Band 2 A, Kap. 3);

§ 18 (5) 6. **Gerätetagebuch** zur Eintragung über die nautischen Anlagen, Geräte und Instrumente die geprüft und zugelassen sein müssen;

7. **Deviationstagebuch** zur Eintragung der Deviationskontrolle; vgl. SchSV

8. **Peilfunkbuch** zur Aufnahme von Funktbeschickungskontrollen und der Kompensierungen; § 22 (2)
§ 22 (3)

9. **Funktagebuch,** es muß während der Reise im Telegrafiefunkraum aufbewahrt werden; einzutragen sind vom Funkoffizier alle während seiner Wache eintretenden Vorkommnisse im Funkdienst, die für die Sicherheit des menschlichen Lebens auf See wichtig erscheinen (siehe auch SOLAS Kapitel IV, Teil D, Regel 19). Schiffe, die nur mit einer UKW-Sprechfunkanlage ausgerüstet sein müssen, sind von der Pflicht zur Führung befreit. § 26

3.3 Form und Art und Weise der Tagebuchführung vgl. SeeTgbV

Die Tagebücher müssen nach einem vorgeschriebenen Muster geführt werden, entsprechende Vordrucke werden von einschlägigen Formularverlagen herausgegeben. Schiffs- und Maschinentagebuch müssen Namen und Unterscheidungssignal des Schiffes enthalten, für jeden Kalendertag in Spalten eingeteilt sein und mit fortlaufenden Seitenzahlen versehen sein, ferner müssen Leerseiten für Sondereintragungen in ausreichender Anzahl vorhanden sein. § 4

Verantwortlich für die Führung des Schiffstagebuchs ist der Schiffsführer, für das Maschinentagebuch der Leiter der Maschinenanlage. Die Aufgabe kann auf die wachhabenden Offiziere oder ein anderes geeignetes Besatzungsmitglied übertragen werden. Bei Schiffsunfällen hat der Schiffsführer für die Sicherstellung des Schiffstagebuchs und der Leiter der Maschinenanlage für die Sicherstellung des Maschinentagebuchs zu sorgen. § 3

Seetagebücher sind in deutscher Sprache zu führen. Häufig wiederkehrende Eintragungen können in Nebenbücher eingetragen werden, die Seetagebücher müssen auf der ersten Seite einen Hinweis enthalten, welche Nebentagebücher geführt werden. § 9
§ 4 (4)

Einzutragende Tatbestände können ganz oder teilweise mit anderen Datenträgern erfaßt werden. Solche Anlagen müssen zugelassen sein und entsprechende Datensicherungen enthalten, nachträgliche Änderungen und Löschungen müssen erkennbar sein. § 9 (5)

Das Radieren und Unkenntlichmachen von Eintragungen in Seetagebüchern, das Entfernen von Seiten aus diesen Büchern sowie die Veränderung automatischer Aufzeichnungen ist verboten. Wird eine Eintragung gestrichen, muß das Gestrichene lesbar bleiben. Streichungen oder Zusätze sind mit Datum und Unterschrift zu bescheinigen. § 9 (7)

Bei Verstößen liegt eine Ordnungswidrigkeit vor. Da die Seetagebücher Urkunden sind, besteht bei der Absicht der Täuschung im Rechtsverkehr immer auch die Möglichkeit, daß der Tatbestand der Urkundenfälschung erfüllt wird (siehe 1.5). § 12

Der Reeder ist verpflichtet, die Seetagebücher fünf Jahre aufzubewahren. § 11

3.4 Tatbestände, die in das Tagebuch einzutragen sind (Anlage S): § 5

1.1 Vor oder bei Antritt jeder Reise

1.1.1 die Durchführung der Prüfungen nach dem Anhang S 1, soweit sie für das Schiff in Betracht kommen;

Anmerkung: Prüfliste „Brücke klar" ist vor Antritt einer Reise (Auslaufen) durchzuchecken und zu unterschreiben. Festgestellte Mängel und ihre Behebung sind in das Schiffstagebuch einzutragen. Anhang S 1
§ 9 (4)

vgl. SeeTgbV 1.1.2   der Tiefgang vorn, achtern und in der Mitte;

1.1.3   die Ladung nach Art, Masse und Verteilung sowie Maßnahmen zu ihrer Sicherung (für Öltankschiffe mit einem Bruttoraumgehalt von 150 und mehr Registertonnen gilt zusätzlich das Verzeichnis der aufzeichnungspflichtigen Vorgänge für das Öltagebuch);

1.1.4   die besonderen Maßnahmen zur Herstellung und Erhaltung der See- und Ladungs- tüchigkeit des Schiffes;

1.1.5   der Ballast und die Ergebnisse einer Stabilitätsprüfung;

1.1.6   die Veränderungen in der Besatzung.

1.2   Je Wache

1.2.1   die gesteuerten Kurse und die jeweils auf diesen zurückgelegten Seemeilen;

1.2.2   die wesentlichen Schiffsortbestimmungen oder Einzelstandlinien;

1.2.3   die berücksichtigten Beschickungen für die Kursverwandlung und die Beschickung für Wind und Strom;

1.2.4   das Wetter, der Wind nach Richtung und Stärke sowie die Windsee und die Dünung;

1.2.5   die Anzeigen des Thermometers (Luft und Wasser) und des Barometers;

1.2.6   die Art der Ruderbedienung;

1.2.7   der Schiffsort bei Wachwechsel.

1.3   Täglich während der Reise

1.3.1   der Uhrzeit-Vergleich, die Bestimmungen der Chronometerstandberichtigung und der Chronometergangberichtigung;

1.3.2   die Wasserstände in Sammelstellen wie Bilgen und Tanks;

1.3.3   die Prüfung der Schallsignalanlage;

1.3.4   die Prüfung der Rauchmeldeanlage und der Gasspüranlage.

1.4   Wöchentlich

1.4.1   die Prüfung der Generalalarmanlage.

1.5   Vor dem Einlaufen in ein Revier oder vor der Ankunft in einem Hafen

1.5.1   die Durchführung der Prüfungen nach dem Anhang S 2, soweit sie für das Schiff in Betracht kommen.

Anhang S 2   Anmerkung: Prüfliste „Brücke klar" ist vor dem Einlaufen in ein Revier oder vor der Ankunft in einem Hafen durchzuchecken und zu unterschreiben. Festgestellte Mängel und ihre Behebung sind in das Schiffstagebuch einzutragen.

1.6.   Von Fall zu Fall

1.6.1   zur Navigation

1.6.1.1   die durch das Echolot ermittelten Wassertiefen;

1.6.1.2   die Maßnahmen bei verminderter Sicht;

1.6.1.3   das Einstellen der Schiffsuhren sowie der Digitaluhren von automatischen Aufzeich- nungsanlagen auf eine andere Zeit;

1.6.1.4   die Lotsennahme und -abgabe mit Zeit- und Ortsangabe, der Name des Lotsen;

1.6.1.5   der Ankerplatz mit Position und Wassertiefe;

1.6.1.6   die Störungen der Navigationsgeräte, Kommando- oder Steuerelemente oder der au- tomatischen Aufzeichnungsgeräte sowie die Beseitigung der Störung;

1.6.1.7   die Störungen der Ruderanlage oder anderer Manövrierhilfen.

1.6.2   **zur Sicherheit des Schiffes**

1.6.2.1   die Maßnahmen zur Sicherung der Ladung;

1.6.2.2   die wesentlichen Veränderungen des Ballast- und Beladungszustandes;

1.6.2.3   die Entgasung oder Inertisierung von Tanks;

1.6.2.4   die Einzelmaßnahmen zur Wiederherstellung und Erhaltung der See- und Ladungs- tüchtigkeit des Schiffes während der Reise.

1.6.3   **zu Personen an Bord**

1.6.3.1   ein Wechsel des Schiffsführers;

1.6.4   sonstiges

1.6.4.1   die Wahrnehmung von Notsignalen (außer Funksignalen);

1.6.4.2   die Maßnahmen bei Hilfeleistungen und Rettungseinsätzen;

1.6.4.3   die Tatsachen, die den Verdacht einer Straftat begründen oder für die Aufklärung einer Straftat von Bedeutung sein können;

1.6.4.4   die Maßnahmen bei und nach einer Begasung des Schiffes.

2   **Auf Fischereifahrzeugen** in der Küstenfischerei und in der Kleinen Hochseefischerei   vgl. SeeTgbV
über 75 BRT sind, falls ein **Fischerei-Logbuch** geführt wird, anstelle der nach Nr. 1   § 4 (6)
einzutragenden Tatbestände folgende Eintragungen zu machen:

2.1   Vor Beginn der Fangreise
2.1.1   die Durchführung der Prüfungen nach dem Anhang S 3.   Anhang S 3

Anmerkung: Prüfliste für Fischereifahrzeuge muß vor Beginn der Fangreise durchge-
checkt und unterschrieben werden. Der Befund wird eingetragen. Festgestellte Mängel und ihre Behebung sind in das Schiffstagebuch einzutragen.   § 9 (5)

2.1.2   die Ausrüstung mit Brennstoffen, Schmierstoffen, Wasser und Eis.
2.2   Während der Fahrt zum und vom Fangplatz
2.2.1   das Datum und die Uhrzeit des Auslaufens;
2.2.2   das Passieren von wichtigen Navigationsobjekten auf dem Revier und die gesteuerten
Kurse auf freier See;
2.2.3   die Wetterverhältnisse;
2.2.4   die Maßnahmen bei verminderter Sicht;
2.2.5   das Datum und die Uhrzeit der Ankunft im Hafen.
2.3   Während der Fangtätigkeit
2.3.1   der Beginn und das Ende der Fangtätigkeit;
2.3.2   die Wetterverhältnisse.
   Braucht kein Maschinentagebuch geführt zu werden, sind zusätzliche Eintragungen aus dem
Bereich der Schiffsmaschine zu machen (siehe 3.6).

3   **Auf Schiffen in der Wattfahrt und in der Küstenfahrt** bis 212 BRT oder BRZ, ferner
auf Schiffen bis 300 BRZ, die gleichzeitig als Freidecker bis 212 BRT vermessen sind (nur bis
1994 möglich), gelten die Vorschriften nach 2.1 und 2.2, ebenso für Binnenschiffe, die die
Grenze der Seefahrt überschreiten, und ohne Beschränkung der Schiffsgröße für Schiffe im
Verkehr zwischen deutschen Häfen und deutschen Inseln.

3.5   Zusammenstellung sonstiger eintragungspflichtiger Tatsachen   § 7

Neben den Tatsachen, die nach Anlage S in das Tagebuch eingetragen werden müssen,
wird vom Bundesminister für Verkehr nach § 7 SeeTgbV eine Zusammenstellung der
Tatbestände gemacht, für die nach sonstigen Vorschriften, wie z. B. SOLAS eine Ein-
tragungspflicht besteht. Diese Liste wird stets aktuell gehalten und im Verkehrsblatt
und in den N.f.S. bekanntgemacht. Von einem Abdruck wird hier abgesehen. Den ak-
tuellen Stand findet man auch in Bruhns, Schiffahrtsrecht unter Nr. 1800.

3.6   Eintragungen in das Maschinentagebuch

Dem Maschinentagebuch ist eine Beschreibung der Maschinenanlage beizufügen. Die   § 6
Beschreibung ist bei jedem Umbau wesentlicher Anlageteile zu berichten.   Anlage M 1
   In das Maschinentagebuch müssen je Wache die wichtigsten Betriebsdaten der   Anlage M 2
Hauptantriebsanlage, der Dampfkesselanlage, der Wellenanlage, der Hilfsmaschinen
und der Hilfsdampfkesselanlage sowie die Temperaturen des Seewassers am Fahrstand
der Hauptmaschinenanlage und im Maschinenkontrollraum eingetragen werden. Bei
unbesetzten oder zeitweise unbesetzten Maschinenräumen müssen, wenn die Aufzeichnungen nicht automatisch erfolgen, die Betriebsdaten zweimal täglich im Abstand
von wenigstens acht Stunden eingetragen werden. Werden nur die Störungen automatisch aufgezeichnet, muß einmal täglich im Abstand von wenigstens zwölf Stunden eingetragen werden.
   Automatische Eintragungen müssen täglich vom Verantwortlichen geprüft und un-   § 9 (6)
terschrieben werden.

vgl. SeeTgbV
Anlage M 2 Täglich, wöchentlich und monatlich sind ferner Überprüfungen durchzuführen für Dampf- und Heißwassererzeuger nach der Prüfliste für eine Dampfkesselanlage (Näheres dazu in Bruhns Schiffahrtsrecht oder in den vorgedruckten Formularen).

§ 6 (5) Ein Maschinentagebuch braucht nicht geführt zu werden, wenn die Maschinenanlage des Schiffes nicht mit einem technischen Schiffsoffizier, der in dieser Eigenschaft angemustert worden ist, besetzt ist.

In einem solchen Fall sind folgende Eintragungen in das Schiffstagebuch zu machen:

Anlage M 2 2.1. Täglich oder vor Antritt einer Teilreise, wenn diese nicht länger als 48 Stunden dauert,

2.1.1 der Brennstoffvorrat;

2.1.2 der Brennstoffverbrauch;

2.1.3 der Schmierölvorrat;

2.1.4 der Schmierölverbrauch;

2.1.5 die Betriebszeit der Hauptmaschine.

2.2 Die Prüfungen nach Nr. 1.3 bis 1.5, soweit zutreffend.

2.3 Die Störungen und Ausfälle der Hauptmaschine sowie die Maßnahmen zu deren Beseitigung.

vgl. MARPOL,
Anlage I
Anhang III ## 3.7 Öltagebuch (siehe auch Band 2 A, Kap. 3)

Teil I des Öltagebuchs ist auf allen Öltankschiffen mit 150 BRT und mehr sowie auf allen sonstigen Schiffen mit einem Bruttoraumgehalt von 400 BRT und mehr zur Aufzeichnung der folgenden Betriebsvorgänge im Maschinenraum zu benutzen:

(A) Füllen der Brennstofftanks mit Ballast oder Reinigung des Tanks
1. Bezeichnung des (der) mit Ballast gefüllten Tanks
2. Wurden sie gereinigt, seit sie das letztemal Öl enthielten? Wenn nicht, Sorte des vorher beförderten Öls
3. Schiffsposition bei Beginn der Reinigung
4. Schiffsposition bei Beginn des Füllens mit Ballast

(B) Einleiten von schmutzigem Ballast- oder Reinigungswasser aus den unter Buchstabe (A) erwähnten Tanks
5. Bezeichnung des (der) Tanks
6. Schiffsposition bei Beginn des Einleitens
7. Schiffsposition bei Beendigung des Einleitens
8. Schiffsgeschwindigkeit(en) während des Einleitens
9. Methode des Einleitens:
   .1 über eine 100-ppm-Einrichtung
   .2 über eine 15-ppm-Einrichtung
   .3 Abgabe an eine Auffanganlage
10. Eingeleitete Menge

(C) Abgabe bzw. Beseitigung von Ölrückständen (Ölschlamm)
11. Menge der an Bord zur Abgabe bzw. Beseitigung behaltenen Rückstände
12. Methoden der Abgabe bzw. Beseitigung der Rückstände:
   .1 Abgabe an eine Auffanganlage (Hafen angeben)
   .2 Vermischung mit Brennstoff
   .3 Umpumpen in einen (mehrere) andere(n) Tank(s) (Tank oder Tanks angeben)
   .4 Sonstige Methode (angeben, welche)

(D) Einleiten über Bord oder sonstige Abgabe bzw. Beseitigung von Bilgenwasser, das sich in Maschinenräumen angesammelt hat (Handbetrieb)
13. Eingeleitete Menge
14. Uhrzeit des Einleitens

15. Methode des Einleitens oder der Abgabe bzw. Beseitigung: vgl. MARPOL,
    .1 über eine 100-ppm-Einrichtung   Anlage I
    .2 über eine   15-ppm-Einrichtung   Anhang III
    .3 Abgabe an eine Auffanganlage (Hafen angeben)
    .4 Umpumpen in einen Slop- oder sonstigen Sammeltank (Tank angeben)

(E) Einleiten über Bord oder sonstige Abgabe bzw. Beseitigung von Bilgenwasser, das sich in Maschinenräumen angesammelt hat (automatischer Betrieb)
    16. Uhrzeit der Umstellung des Pumpsystems auf automatischen Betrieb zum Einleiten über Bord
    17. Uhrzeit der Umstellung des Pumpsystems auf Handbetrieb
    19. Methode des Einleitens über Bord
        .1 über eine 100-ppm-Einrichtung
        .2 über eine   15-ppm-Einrichtung

(F) Zustand des Überwachungs- und Kontrollsystems für das Einleiten von Öl
    20. Uhrzeit des Ausfalls des Systems
    21. Uhrzeit der Wiederherstellung der Betriebsfähigkeit des Systems
    22. Ursachen des Ausfalls

(G) Unfallbedingtes oder durch andere außergewöhnliche Umstände verursachtes Einleiten von Öl
    23. Uhrzeit des Vorfalls
    24. Ort oder Schiffsposition zur Zeit des Vorfalls
    25. Ungefähre Menge und Sorte des Öls
    26. Umstände des Einleitens oder Entweichens, Gründe dafür und allgemeine Bemerkungen

(H) Weitere betriebliche Vorgänge und allgemeine Bemerkungen

Teil II des Öltagebuchs ist auf allen Öltankschiffen mit 150 BRT und mehr zur Aufzeichnung bestimmter Betriebsvorgänge im Zusammenhang mit dem Füllen bzw. Entleeren von Lade- und Ballasttanks zu benutzen, die Eintragungen erfolgen zusätzlich zu Teil I (Näheres siehe Bruhns: Schiffahrtsrecht, auf einen Abdruck der aufzeichnungspflichtigen Vorgänge wird hier aus Gründen der dauernden Aktualität verzichtet, da die Anlagen zu MARPOL ständig ergänzt und erweitert werden, um sie den erhöhten Anforderungen zum Schutz der Meeresumwelt anzupassen).

4 Papiere aller Art, Gesetze und Bücher

Anmerkung: Die Schiffspapiere dienen dem Nachweis, daß das Schiff in allen seinen Teilen see-, reise- und ladungstüchtig ist. Internationale Übereinkommen und nationale Gesetze, Verordnungen und Unfallverhütungsvorschriften schreiben Zeugnisse und Unterlagen vor, die an Bord sein und bei Überprüfung vorgelegt werden müssen. Im Besichtigungsbericht der SeeBG werden z. B. die für die Schiffssicherheit maßgeblichen Papiere mit Gültigkeitsdauer, Verlängerungsvermerken und Besichtungsbefund aufgeführt. Schiffe müssen ferner nach § 18 SSV mit nautischen Anlagen, Geräten, Instrumenten und Drucksachen ausgerüstet sein. Die mitzuführenden Seekarten und Seebücher sowie das Internationale Signalbuch müssen laufend berichtigt werden. Die nachfolgende Aufstellung der Papiere entspricht der Reihenfolge der Ausstellung für einen Neubau, sie stellt nur eine Übersicht dar.

4.1 Schiffspapiere

Internationaler Schiffsmeßbrief (International Tonnage Certificate (1969)). Nach der Schiffsvermessungsverordnung vom 5. Juli 1982 (SchVmV) muß der Eigentümer eines Seeschiffs die Vermessung beim Bundesamt für Schiffsvermessung beantragen. Das Ergebnis wird in den Meßbrief eingetragen.

Anmerkung: Das zugrundeliegende Internationale Schiffsvermessungs-Übereinkommen von 1969 gilt

a) für „neue" Schiffe
b) für Schiffe, deren bisheriges Bruttovermessungsergebnis durch einen Umbau wesentlich verändert wird;
c) für vorhandene Schiffe auf Antrag des Eigners;
d) für alle Schiffe ab 18.7.1994.

Das Bruttovermessungsergebnis ist die Bruttoraumzahl (BRZ). (Siehe 14.2, Fußnote 1.) Sie ist nicht Einheit eines physikalischen Systems und hat keine Dimension.

Nach dem Oslo-Übereinkommen (siehe Band 2 B, Kap. 2.4) von 1947 konnten Internationale Schiffsmeßbriefe für Volldecker und für Schutzdecker ausgefertigt werden, und nach dem geänderten Übereinkommen von 1965 trat an die Stelle des Schutzdeckers der Freidecker mit Vermessungsmarke, bei dem das Zwischendeck über dem Vermessungsdeck nicht mitgerechnet wird.

Panamakanal-Meßbrief (Panama Canal Tonnage Certificate). Die Kanalbehörde erkennt die Aussonderung bestimmter Räume nicht an und verlangt für die Fahrt durch den Kanal die Vorlage dieses besonderen Meßbriefes. Das besondere Vermessungsergebnis wird vor der ersten Durchfahrt von der Kanalbehörde überprüft, die darüber eine Bescheinigung ausstellt (Ship's Copy). Wenn das Schiff keinen Panamakanal-Meßbrief an Bord hat, wird es von der Kanalbehörde unter erheblichen Kosten speziell vermessen.

Suezkanal-Meßbrief (Suez Canal Special Tonnage Certificate). Auch für diese Fahrt ist ein besonderer Meßbrief erforderlich, weil die Aussonderung von Laderäumen und von sonstigen, zur Aufnahme von Ladung geeigneten Räumen nicht zulässig ist. Andere ausgesonderte Räume oder Raumteile müssen völlig besenrein sein, weil sie sonst von der Kanalbehörde mit vermessen und dem Schiff bei jeder weiteren Durchfahrt angerechnet werden.

Schiffszertifikat (Certificate of Registry). Dieses Papier berechtigt und verpflichtet das Schiff zum Führen der Bundesflagge, die bei jedem Einlaufen in einen Hafen und beim Auslaufen gezeigt werden muß. Das Einlaufen beginnt an der Reviergrenze.

Der Name des Schiffes muß an jeder Seite des Buges und zusammen mit dem des Heimathafens am Heck fest angebracht sein.

Das Zertifikat ist eine Urkunde nach dem Seeschiffsregister, welches von dem Registergericht beim Amtsgericht des Heimathafens geführt wird. Jeder deutsche Eigentümer eines Seeschiffes über 50 m³ Raumgehalt muß das Schiff beim Registergericht anmelden.[1] Dabei muß er u. a. den Schiffsmeßbrief vorlegen, mit einer beglaubigten Eigentums-Übertragungserklärung (z. B. von Bauwerft) darlegen, auf welche Weise das Schiff erworben ist, und nachweisen, daß es zum Führen der Bundesflagge berechtigt ist. In der BR Deutschland haben dieses Recht Deutsche, aber z. B. auch ausländische Kapitalgesellschaften, in deren Geschäftsführung Deutsche die Mehrheit haben. Das Registergericht erteilt dem Schiff das Unterscheidungssignal und trägt alle wichtigen Tatsachen — auch Gläubigerrechte wie Hypotheken usw. — unter der laufenden Nummer in das Seeschiffsregister ein. Die Eintragung in das Schiffsregister ist gebührenpflichtig und kostet für ein größeres Seeschiff mehrere Tausend DM.

Bei Ausstellung einer Musterrolle für ein neues Schiff verlangt das Seemannsamt stets den Nachweis durch das Schiffszertifikat, daß das Schiff zum Führen der Bundesflagge berechtigt ist. Beim Fehlen dieses Rechtes stände die deutsche Besatzung z. B. nicht unter dem Schutz der Sozialversicherung, soweit nicht eine Sondervereinbarung vorliegt.

Ändern sich Namen oder technische Einzelheiten oder die obengenannten Voraussetzungen, so ist neben dem Reeder auch der Kapitän zur Meldung und Einreichung des Schiffszertifikats verpflichtet.

Da das Schiffszertifikat in manchen Fällen dem Hypothekengläubiger ausgehändigt wird oder beim Reeder bleiben soll, wird für den Bordgebrauch auf Antrag ein **Auszug aus dem Schiffszertifikat** ohne Eintragung der Gläubigerrechte ausgestellt. Das Schiffszertifikat oder der Auszug daraus muß stets an Bord sein. Das Führen einer anderen Nationalflagge oder unbefugtes Führen der deutschen Bundesflagge oder unterlassenes Zeigen wird bestraft.

Flaggenzeugnis ersetzt das Schiffszertifikat, wenn das Recht zum Führen der Bundesflagge im Ausland entstanden ist, z. B. beim Ankauf. Es wird auf Antrag vom deutschen Konsul oder vom zuständigen Registergericht ausgestellt und gilt nur für ein Jahr. Außer den für ein Schiffszertifikat erforderlichen Tatsachen muß die Seetüchtigkeit aufgrund eines Fahrterlaubnisscheins der SeeBG nachgewiesen werden. In einigen Fällen genügt ein Seefähigkeitsattest der Klassifikationsgesellschaft. Für ein Schiff mit Einrichtungen für mehr als 12 Fahrgäste muß das Sicherheitszeugnis vorgelegt werden.

Muß das Flaggenzeugnis über die Frist hinaus benutzt werden, so sind Grund und Dauer der Reiseverlängerung in das Schiffstagebuch einzutragen.

---

1 Fahrzeuge bis zu 50 m³ Bruttoraumgehalt müssen ebenfalls die Bundesflagge führen, brauchen aber nicht angemeldet zu werden und bedürfen auch keines Ausweises.

Flaggenschein verleiht solchen Schiffen das Recht zum Führen der Bundesflagge, die in der Bundesrepublik erbaut worden sind und in einen ersten anderen Hafen, der auch ein deutscher sein kann, überführt werden sollen. Auch ein deutscher Bareboat-Charterer eines ausländischen Schiffes kann mit nachgewiesener Zustimmung des Eigentümers einen Flaggenschein erhalten. Der Antrag ist an die zuständige Wasser- und Schiffahrtsdirektion zu richten. Diese leitet ihn an das Bundesverkehrsministerium, Abt. Seeverkehr, Hamburg weiter und stellt nach Genehmigung durch das Ministerium den Flaggenschein aus. Dieser hat eine Geltungsdauer von höchstens 2 Jahren.

Klassifikationszertifikat des Germanischen Lloyd. Deutsche Schiffe sind allgemein vom GL klassifiziert. Das Klassenzeugnis wird für Schiff und Maschine getrennt ausgestellt. Entsprechend ihrer Bauart erhalten die Schiffe Klassenzeichen:

100 A4	Schiff entspricht in allen Teilen den Bauvorschriften des GL, Gültigkeit 4 Jahre
90 A3	Schiff entspricht nicht in allen Teilen den Vorschriften, Gültigkeit 3 Jahre
MC	Maschinelle und elektrische Anlage entsprechend den Vorschriften, andernfalls $\overline{MC}$
✠	Unter Aufsicht des GL gebaut
✠	Unter Aufsicht einer anderen anerkannten Klassifikationsgesellschaft gebaut.

Schiffe und Maschinenanlagen, welche die besonderen Anforderungen für Eisverstärkung gemäß den Bauvorschriften erfüllen, erhalten das Zeichen „E" mit oder ohne Index hinter dem Klassenzeichen; Spezialschiffe z. B. die besondere Angabe: ÖL-TANKSCHIFF, ERZSCHIFF, MASSENGUTSCHIFF, FISCHEREIFAHRZEUG, SCHLEPPER; Schiffe, bei denen ein anerkannter Korrosionsschutz zur Anwendung gelangt, erhalten das Zeichen **(CORR)**.

Maschinenanlagen, die den Vorschriften für Automation entsprechen, erhalten folgende Zusätze zum Klassenzeichen:

„AUT-h/24" Maschinenraum kann für h zusammenhängende Stunden unbesetzt bleiben.

„AUT-Z" Besetzter Maschinenraum mit Fernbedienung für die Hauptbetriebsanlage und mit zentraler Kontrolle.

„A" Besetzter Maschinenraum mit Fernbedienung für die Hauptantriebsanlage.

„H" Im Hafen unbesetzter Maschinenraum.

Das Klassenzeugnis gilt nur innerhalb der in ihm bezeichneten Fahrtgrenzen.

Schiffe, welche die Klasse des GL haben, müssen zur Aufrechterhaltung der Klasse folgenden Besichtigungen unterzogen werden:

Jährliche Besichtigungen des Schiffskörpers und der Maschinenanlage einschließlich der elektrischen Anlage.

Zwischenbesichtigungen von Tankschiffen im Alter von zehn und mehr Jahren.

Dockbesichtigungen von Schiffen mit dem Klassenzeichen 100 A4 in Abständen von 2,5 Jahren, bei Fahrgastschiffen von einem Jahr.

Klassenerneuerungsbesichtigungen. Nach den im Klassenzeichen vermerkten Abständen sind Schiffskörper, Maschinenanlage einschließlich elektrischer Anlage und die Automationseinrichtungen zu besichtigen.

Periodische Besichtigungen und besondere Prüfungen der maschinenbaulichen Einrichtungen und Anlagen sowie von Sondereinrichtungen wie Tauchsystemen, Feuerbekämpfungseinrichtungen nach festgelegtem Programm.

Fahrtgrenzen nach den Vorschriften der Schiffssicherheitsverordnung und nach den Bestimmungen des GL

Schiffssicherheitsverordnung (SchSV)	GL (Zusatz zum Klassenzeichen)
1. **Wattfahrt:** Auf Watten, Förden usw., wo hoher Seegang ausgeschlossen ist.	1. **W (Wattfahrt):** Fahrtbereich wie SchSV
2. **Küstenfahrt:** Entlang den Küsten der Nordsee zwischen allen Plätzen des Festlandes vom Kap Gris Nez bis zum Thyborön-Kanal mit Einschluß der vorgelagerten Inseln, sowie entlang den Küsten der Ostsee zwischen der Linie Skagen-Lysekil und dem Breitenparallel 57°30' N und die Fahrt entlang der schwedischen Küste bis Norrtälje;	2. **K (Küstenfahrt):** Allgemein für Fahrten entlang von Küsten soweit die Entfernung bis zum nächsten Hafen sowie der Abstand von der Küste nicht mehr als 50 sm beträgt. Ferner Fahrten in eingeschlossenen Meeren wie z. B. Ostsee, Golf usw. Hinweis: Schiffe mit den bisherigen Fahrtzeichen „K" und „Nordsee" können dem neuen Fahrtbereich M zugeordnet werden. Schiffe mit „k" und „Ostsee" können dem neuen Fahrtbereich K zugeordnet werden.
3. **Kleine Fahrt:** Fahrt in der Ostsee, in der Nordsee und entlang der norwegischen Küste bis zu 64° nördlicher Breite, im übrigen bis zu 61° N und 7° W, sowie nach den Häfen Großbritanniens, Irlands und der Atlantikküste Frankreichs, Spaniens und Portugals ausschließlich Gibraltars.	3. **M (Mittlere Fahrt):** Allgemein für alle Fahrten entlang von Küsten, soweit die Entfernung bis zum nächsten Hafen sowie von der Küste nicht mehr als 200 sm beträgt. Ferner für Fahrten in der gesamten Nordsee und in eingeschlossenen Meeren wie z. B. dem Mittelmeer und dem Schwarzen Meer und Golfen mit vergleichbaren Seegangsbedingungen.
4. **Mittlere Fahrt:** Fahrt zwischen europäischen Häfen einschließlich Islands, nichteuropäische Häfen des Mittelmeeres und des schwarzen Meeres, der westafrikanischen Küste nördlich von 20° Nord sowie Häfen auf den Kanarischen Inseln und auf Madeira.	4. **Kein besonderes Klassenzeichen** für **Große Fahrt,** so daß diese für Schiffe ohne Fahrtbegrenzungszeichen gilt.
5. **Große Fahrt:** Fahrt über die Mittlere Fahrt hinaus, einschließlich Fahrt nach Spitzbergen und den Azoren.	

Klassenverlängerungsbesichtigungen. Auf Antrag des Reeders kann nach einer Besichtigung auf dem Wasser die Klasse um 12 Monate verlängert werden.

Teilklassenerneuerungsbesichtigungen. Auf Antrag des Reeders kann die Besichtigung nach einem Plan in mehreren Teilen durchgeführt werden. Die Besichtigungsperioden sollen sich nicht auf einen Zeitraum von mehr als 5 Jahren erstrecken.

Schadens- und Reparaturbesichtigungen, wenn Schiffskörper, Maschinen- oder E-Anlage eine Havarie erlitten haben oder ein Schaden vermutet werden kann (siehe 9.7(9)).

Seefähigkeitsattest (Certificate of Seaworthiness). Muß ein Schiff in einem Hafen besichtigt werden, in dem oder in dessen Nähe sich kein Agent oder Besichtiger des GL befindet, so ist der zuständige Konsul, eine sachverständige Dienststelle oder der Havarie-Kommissar der zuständigen Versicherer zu ersuchen, eine Besichtigung durch einen Sachverständigen zu veranlassen. Die Beauftragung des Sachverständigen ist durch den Konsul, die Dienststelle oder den Havarie-Kommissar zu bestätigen. Wenn der Sachverständige dem Schiff die weitere Fahrterlaubnis erteilt, stellt er darüber das Seefähigkeitsattest aus. Er kann auch bestimmte Auflagen machen und die Gültigkeit des Zeugnisses z. B. auf die Zeit bis zum Erreichen eines bestimmten Reparaturhafens beschränken. Die Schiffsleitung soll den Sachverständigen auffordern, sofort einen Bericht über den Zustand sowie über die Ausbesserungsarbeiten und über die getroffene Entscheidung an den GL zu senden. Ein Durchschlag des Berichtes bleibt an Bord. Das Urteil des Sachverständigen unterliegt der Zustimmung des GL, der entscheidet, ob das Schiff erneut besichtigt werden muß.

Fahrterlaubnisschein (Sailing Permit Certificate). Die SeeBG läßt das Schiff auf Grund der vorgeschriebenen Besichtigungen als den UVV genügend für ein bestimmtes Fahrtgebiet zur Seefahrt zu. Der Fahrterlaubnisschein wird auf Fahrgastschiffen für ein Jahr, auf anderen Schiffen für zwei Jahre erteilt.

vgl. UVVSee § 46

Sicherheitszeugnis (Passenger Ship Safety Certificate), Passagierschiffen in der nationalen Fahrt kann von der SeeBG auch ein nationales Sicherheitszeugnis ausgestellt werden. Einem Fahrgastschiff, das den Vorschriften von SOLAS entspricht, wird nach erfolgter Überprüfung und Besichtigung ein Sicherheitszeugnis erteilt, es umfaßt Bauausführung, Maschinenanlage und Ausrüstung wie Funkanlagen usw. und ist 12 Monate gültig. **Bau-Sicherheitszeugnis** (Cargo Ship Safety Construction Certificate) für Frachtschiffe über 500 BRZ, ausgestellt von der SeeBG, Geltungsdauer 5 Jahre.

vgl. SOLAS

I Regel 12
Regel 7

I Regel 12

Ausrüstungssicherheitszeugnis (Safety Equipment Certificate) für Frachtschiffe über 500 BRZ, ausgestellt von der SeeBG im Namen der Bundesregierung, wenn die Überprüfung ergeben hat, daß das Frachtschiff den einschlägigen Vorschriften des SOLAS-Üb entspricht. Geltungsdauer 24 Monate.

Bau- und Ausrüstungssicherheitszeugnis für Frachtschiffe ab 500 BRZ in der Nationalen Fahrt und von weniger als 500 BRZ sowie Sonderfahrzeuge, ausgestellt von der SeeBG im Namen der Bundesregierung, wenn das Schiff den Voraussetzungen der Schiffssicherheitsverordnung (SSV) entspricht. Geltungsdauer zwei Jahre.

Sprechfunk-Sicherheitszeugnis (Cargo Ship Safety Radiotelephony Certificate), ausgestellt von der SeeBG für Frachtschiffe ab 300 BRZ; Geltungsdauer 12 Monate; der Konsul kann es um höchstens 5 Monate verlängern, wenn das Schiff nicht rechtzeitig einen deutschen Hafen anlaufen kann, es erlischt dann mit der Heimkehr.

I Regel 14 d

Telegraphiefunk-Sicherheitszeugnis (Safety Radiotelegraphy Certificate). Dieses Zeugnis müssen alle Frachtschiffe ab 1 600 BRZ an Bord haben, ferner alle Frachtschiffe ab 500 BRZ in der großen Fahrt außerhalb atlantischer Häfen (Fahrgastschiffe müssen ohne Rücksicht auf ihre Größe eine Telegraphiefunkanlage haben; siehe Sicherheitszeugnis für Auslandsfahrt). Im übrigen gilt das gleiche, wie es für das Sprechfunk-Sicherheitszeugnis oben beschrieben ist.

Internationales Freibordzeugnis[2] (Loadline Certificate), wird von der SeeBG im Auftrage der Bundesregierung nach den Vorschriften des Internationalen Übereinkommens über den Freibord der Kauffahrteischiffe Oslo 1966 ausgefertigt. Das Übereinkommen gilt für neue Schiffe ab 24 m Länge. Vorhandene Schiffe ab 150 BRZ in der Auslandfahrt müssen ein neues Freibordzeugnis beantragen. Das Zeugnis enthält den Freibord in Metern für die verschiedenen Fahrtgebiete und eine Abbildung der Stb-Freibordmarke, ferner außer der Unterschrift der SeeBG auch diejenige des GL, der den Freibord berechnet und auch für das Anmarken sorgt. Das Zeugnis ist 5 Jahre lang

---

2 Gesetz v. 20.2.1969 zu dem Internationalen Freibord-Übereinkommen von 1966 v. 5.1.1966; Freibord-Verordnung v. 22.1.1970. Nach § 2 obliegt die Durchführung des Übereinkommens und der VO der Seeberufsgenossenschaft und dem Germanischen Lloyd. Der GL führt im Auftrag der SeeBG die Besichtigung zur Festlegung des Freibords, die Berechnung und das Anmarken des Freibords sowie im Bedarfsfalle die Wiederholungsbesichtigungen durch.

gültig und enthält auf der Rückseite Rubriken für die 12 monatlichen Zwischenbesichtigungen und für einen Verlängerungsvermerk sowie Beschreibungen der Endschotten- und Aufbauverschlüsse. Nach Umbauten muß ein neues Freibordzeugnis ausgestellt werden (vgl. Sicherheitszeugnis). Die Polizeibehörde kann ein Schiff, das kein gültiges Freibordzeugnis besitzt oder das offensichtlich überladen ist, am Auslaufen hindern.

Ausnahmezeugnis (Exemption Certificate). Jedem Schiff, dem von der SeeBG eine Ausnahme von den Vorschriften der Schiffssicherheitsverordnung gewährt wird, muß die SeeBG ein Ausnahmezeugnis ausstellen. Das Zeugnis gilt für bestimmte Reisen unter bestimmten Bedingungen für höchstens 12 Monate. Es kann vom Konsul um höchstens 5 Monate verlängert werden, wenn das Schiff nicht rechtzeitig einen deutschen Hafen erreichen kann.

Genehmigungsurkunde zum Errichten und Betreiben der **Seefunkstelle** und

Genehmigungsurkunde zum Errichten und Betreiben der **Ortungsfunkstelle.** Sie werden erteilt aufgrund der §§ 1 u. 2 des Gesetzes über Fernmeldeanlagen v. 14.1.1928 vom Funkamt (FuA) Hamburg. Eine Seefunkstelle oder eine Ortungsfunkanlage darf erst betrieben werden, wenn die Funkstelle oder Funkanlage von einem Prüfbeamten der Deutschen Bundespost geprüft und abgenommen und die Genehmigungsurkunde dem Leiter der Seefunkstelle oder der Schiffsführung ausgehändigt worden ist. Eine Ortungsfunkanlage auf einem Seefahrzeug ist als Navigationsmittel nur zugelassen, wenn die **Zulassungsurkunde des DHI** der Genehmigungsurkunde der DBP angefügt worden ist.

Die Genehmigungsurkunden sind in verglasten Wechselrahmen an gut sichtbarer Stelle im Funkraum bzw. in der Nähe der Ortungsfunkanlage auszuhängen. Die zuständigen Behörden fremder Länder sind berechtigt, Einsicht in die Urkunden zu nehmen. Inhaber der Urkunde ist der Reeder. Er ist verpflichtet, die Bedienungs- und Aufsichtspersonen auf das Fernmeldegeheimnis hinzuweisen.

Anmerkung: Für das Errichten und Betreiben von Ton- und Fernseh-Rundfunkempfangsanlagen auf Seefahrzeugen braucht keine besondere Genehmigung beantragt zu werden; es gilt die „Allgemeine Ton- und Fernseh-Rundfunkgenehmigung" v. 11.12.1970. Wegen der Gebühren sind sie bei dem Postamt des Anmelders oder des Heimathafens anzumelden. Anlagen dürfen nur mit Zustimmung des Kapitäns errichtet und betrieben werden. Das Errichten von Außenantennen, die nicht zur festen Ausrüstung des Schiffes gehören, ist untersagt.

Bescheinigung über die Versicherung oder sonstige finanzielle Sicherheit für die zivilrechtliche Haftung für Ölverschmutzungsschäden (Ölhaftungsbescheinigung, Oil Liability Certificate) (siehe Band 2A, Kap. 3.9), ausgestellt von der Wasser- und Schiffahrtsdirektion Nord nach Art. VII des Internationalen Übereinkommens von 1969 über die zivilrechtliche Haftung für Ölverschmutzungsschäden und nach dem Internationalen Übereinkommen über die Errichtung eines Internationalen Fonds zur Entschädigung für Ölverschmutzungsschäden 1971 und der Ölhaftungsbescheinigungs-VO v. 10.6.1975 (Näheres siehe Band 2A, Kap. 3.10). Der Kapitän eines Seeschiffes, das mehr als 2000 Tonnen Öl als Bulkladung befördert, ist verpflichtet, die Bescheinigung an Bord mitzuführen und auf Verlangen der zuständigen Behörde vorzuweisen. Reeder und Kapitän können bei Nichtbeachtung mit Freiheitsentzug bis zu 2 Jahren bestraft werden.

Die folgenden 3 Zeugnisse nach MARPOL (siehe Band 2A, Kap. 3):

vgl. MARPOL
Anlage
I Regel 5

Internationales Zeugnis über die Verhütung der Ölverschmutzung. Vorgeschrieben für jedes Öltankschiff von 150 BRZ und mehr und jedes andere Schiff von 400 BRZ und mehr, die Reisen nach fremden Häfen oder der Küste vorgelagerten Umschlagplätzen durchführen. Es wird nach einer Besichtigung von der SeeBG ausgestellt. Die Geltungsdauer beträgt 5 Jahre.

II Regel 11 **Internationales Zeugnis über die Verhütung der Verschmutzung bei der Beförderung schädlicher flüssiger Stoffe als Massengut.** Vorgeschrieben für jedes Schiff, das schädliche flüssige Stoffe befördert und Reisen nach fremden Häfen oder der Küste vorgelagerten Umschlagplätzen durchführt. Es wird von der SeeBG ausgestellt. Die Geltungsdauer beträgt 5 Jahre.

IV Regel 4 **Internationales Zeugnis über die Verhütung der Verschmutzung durch Abwasser.** Vorgeschrieben für jedes Schiff, soweit die Voraussetzungen nach MARPOL vorliegen. Ausgestellt von der SeeBG. Die Geltungsdauer beträgt 5 Jahre.

Ausweis über Entrattung (Deratization Certificate) oder **Ausweis über Befreiung von der Entrattung** (Befreiungsattest, Deratization Exemption Certificate). Dieses Zeugnis wird von einer Hafengesundheitsbehörde des In- oder Auslandes aufgrund des Internationalen Sanitätsabkommens ausgestellt, sobald das vorhandene Zeugnis nach 6 Monaten abgelaufen ist. Wenn das Schiff innerhalb von 4 Wochen einen inländischen Hafen anläuft, wird das vorhandene Zeugnis bis zur Ankunft verlängert. Jedes Schiff, dessen Zeugnis abgelaufen ist, muß von der Gesundheitsbehörde des jeweiligen in- oder ausländischen Hafens untersucht werden. Wenn Ratten oder Spuren davon gefunden werden, muß das Schiff ausgegast werden. Andernfalls wird im Zeugnis die Überschrift „Ausweis über Entrattung" gestrichen, so daß es nunmehr das sogenannte „Befreiungsattest" ist.

Ergebnisprotokoll des Arbeitsmedizinischen Dienstes der SeeBG über die Besichtigung der Logisräume und sanitären Einrichtungen. Die Ergebnisse der Untersuchung werden auch im Gesundheitszeugnis vermerkt.

Trinkwasserbescheinigung nach der VO über **Trinkwasser** und über Wasser für Lebensmittelbetriebe (Trinkwasser-VO) v. 22.5.1986. Die Gesundheitsbehörden überwachen die Wasserversorgungsanlagen in hygienischer Hinsicht durch Prüfungen und Kontrollen. Prüfungen unmittelbar nach Inbetriebnahme, dann alle 4 Jahre. Kontrollen mindestens einmal im Jahr mit einer bakteriologischen Untersuchung.

Anmerkung: Ergibt der Untersuchungsbefund, daß die Beschaffenheit des Trinkwassers nicht den Anforderungen der §§ 1 bis 4 der Trinkwasser-VO entspricht, so sind die erforderlichen Maßnahmen zu treffen. Das Untersuchungsergebnis und die getroffenen Maßnahmen sind in das Schiffstagebuch einzutragen. Eine Durchschrift des Untersuchungsbefundes ist unverzüglich der SeeBG und dem zuständigen Gesundheitsamt zu übersenden (§ 2.3 Anhang zur LogisVO).

4.2 Ausrüstungspapiere

Bescheinigung über Krankenräume und Arzneimittelausrüstung wird nach § 4 der VO über Krankenfürsorge auf Kauffahrteischiffen v. 25.4.1972 nach Prüfung der Einrichtung durch die SeeBG und nach Prüfung der Ausrüstung mit Arznei- und anderen Hilfsmitteln durch die Hafengesundheitsbehörde bei Indienststellung des Schiffes ausgestellt. Der Reeder muß mindestens alle 12 Monate eine Nachprüfung veranlassen. Wenn das Schiff innerhalb von 12 Monaten keinen inländischen Hafen anläuft, muß der Kapitän die Ausrüstung von einem deutschen Konsularbeamten prüfen lassen.

Anmerkung: Die Prüfung nach dem Verzeichnis III bis V ist an Bord von einem Arzt der Behörde durchzuführen. Bei der Prüfung nach dem Verzeichnis IV kann, bei einer Prüfung nach V muß ein Apotheker zugezogen werden.

Prüfbuch für Umschlaggeräte und sonstige Hebezeuge. Bescheinigungen über Prüfungen der Umschlaggeräte und sonstigen Hebefahrzeuge sind an Bord in einem Prüfbuch zusammenzufassen. Der technische Aufsichtsbeamte hat das Ergebnis von Prüfungen in das Prüfbuch einzutragen. Prüfungen sind für Umschlaggeräte und sonstige Hebezeuge jährlich durchzuführen. Werden Prüfungen nicht fristgerecht durchgeführt, verlieren die Bescheinigungen ihre Gültigkeit.
vgl. UVVSee
§ 231

§ 229

Manövrierunterlagen auf Seeschiffen. Auf allen Schiffen ab 100 m Länge und auf allen Gas- und Chemikalientankern sollen Manövrierunterlagen vorhanden sein. Nach IMO-Entschließung A VII/Res. 209 müssen sie Angaben über Manövrierdaten und/oder Diagramme sowie ergänzende Angaben enthalten. In einer ergänzenden Resolution werden Manöverinformationen verlangt, die in folgenden Formblättern stets zugänglich für die Schiffsführung sein müssen (siehe Band 2 A, Kap. 8.4):
vgl. SeeBG
Richtlinien F 7

1. Pilot Card
2. Wheelhouse Poster
3. Manoeuvring Booklet.

Prüfbescheinigungen für nautische Anlagen, Geräte und Instrumente
vgl. SchSV
§§ 18—20

Anmerkung: Schiffe müssen nach Maßgabe der Anlage 6 mit nautischen Anlagen, Geräten und Instrumenten ausgerüstet sein. Das DHI führt Prüfungen dieser Einrichtungen generell nur vor ihrem Einsatz durch.
§ 19 (1)

1. **Baumusterprüfung.** Der Antrag wird vom Hersteller gestellt. Ein Gerät wird dem DHI als Baumuster zur Verfügung gestellt. Über die Prüfung und Zulassung wird ein Prüfungszeugnis ausgestellt. Zukünftig hergestellte Geräte müssen dem Baumuster entsprechen. Bei Einzelgeräten genügt eine Bauartprüfung.
2. **Prüfung vor Verwendung an Bord.** Radaranlagen, Selbststeueranlagen, Kreiselkompaßanlagen und ähnliche Anlagen, deren Betriebssicherheit durch den Einbau an Bord beeinträchtigt werden kann, werden vor ihrer Verwendung an Bord geprüft. Diese Geräte werden mit einer Prüfplakette gekennzeichnet, aus der sich ergibt, bis wann mit der erforderlichen Meß- und Anzeigegenauigkeit gerechnet werden kann. § 20 (2)
3. **Wiederholungsprüfungen** werden durch vom DHI anerkannte Betriebe durchgeführt. Eine Überprüfung ist notwendig, bevor der in der Prüfplakette angegebene Termin abgelaufen ist und in gleichen Zeitabständen zu wiederholen. Es wird eine Prüfmarke aufgeklebt.
4. Auf allen Schiffen ist ein **Gerätetagebuch** zu führen, in dem alle die nautischen Anlagen, Geräte und Instrumente betreffenden Vorgänge wie Prüfungszeugnisse, Genehmigungen, Beschwerden, Mängelanzeigen, Prüfberichte, Reparatur- und Wartungsbescheinigungen, Berichte über Regulierungen der Magnet-, Regel-, Steuerkompasse, Berichte und Unterlagen über Kompensierungen der Peilfunkanlagen sowie nautische Anlagen, Geräte und Instrumente betreffenden Bemerkungen, Hinweise und Erläuterungen der Schiffsführung aufzunehmen sind. § 18 (5)

Prüfscheine für Anker, Ketten und Trossen werden von einem technischen Aufsichtsbeamten der SeeBG oder anderen anerkannten Stellen ausgestellt (meistens GL), und zwar aufgrund der Prüfungsvorschriften des GL. Ersatz ohne Attest darf nur in Notfällen an Bord genommen werden. Die Prüfscheine behält nach dem Kauf des Materials oft der Reeder im Büro.

Bootsschilder der SeeBG als Nachweis über die amtliche Vermessung der Boote. Das Übermalen der Schilder ist verboten.
vgl. UVVSee
§ 281 a

Hebelarmkurven der statischen Stabilität müssen dem Kapitän von der Bauwerft vor der Aushändigung erläutert werden. Ferner werden mitgeliefert: Trimmblatt, Lastenmaßstab, Generalplan, Dockplan, Protokoll über den Werftkränkungsversuch. Die Vorschrift gilt insbesondere für Fischereifahrzeuge.
§ 245

vgl. SeeBG
Richtlinien D 5
vgl. SOLAS
II Regel 19
Stabilitätsunterlagen für den Bordgebrauch. An Bord von Seeschiffen sind zuverlässige Unterlagen über die Stabilität mitzuführen, die dem Schiffsführer auf schnelle und einfache Weise ein genaues Bild von der Stabilität des Schiffes unter den verschiedenen Betriebsbedingungen vermitteln.

vgl. SOLAS
III Regel 8
SeeBG
Richtlinien B 6
Sicherheitsrolle. Auf allen Seeschiffen, die berechtigt sind, die Bundesflagee zu führen, muß eine Sicherheitsrolle an Bord sein. Sie ist vor Antritt der Reise fertigzustellen. Abschriften sind auszuhängen. Sonstige Personen wie Familienangehörige sind wie Fahrgäste zu behandeln.

Bei den vorgeschriebenen Übungen ist nach den Leitfäden für die Ausbildung in der Brandabwehr und im Bootsdienst zu verfahren.

vgl. UVVSee
§ 106
Erlaubnisurkunde zur Errichtung und zum Betrieb einer Dampfkesselanlage. Nach der Dampfkesselverordnung (DampfkV) bedürfen die Errichtung und der Betrieb einer Dampfkesselanlage der Erlaubnis, Erlaubnisurkunde und Prüfbescheinigungen müssen an Bord sein.

§ 121
Prüfbescheinigungen für Druckbehälter. Druckbehälter sind z. B. Wasserversorgungsanlagen, Speisewasservorwärmer, Ölvorwärmer, Seewasserverdampfer, Entgaser usw.

§ 122
Prüfbescheinigungen für Druckgasbehälter. Druckgasbehälter unterliegen der Überwachung nach der Druckbehälterverordnung (DruckbehV). Bei Behältnissen über 1 000 Liter ist eine Prüfbescheinigung über das Ergebnis der Prüfung des Sachverständigen auszustellen. Ein Druckbehälter darf nur gefüllt werden, wenn er mit dem Prüfzeichen versehen ist, wenn die angegebene Prüffrist noch nicht verstrichen ist und wenn er keine Mängel aufweist.

4.3 Ladungspapiere

Chartervertrag, Konnossement, Manifest, Shipping Order, Mate's Receipt, Empfangsschein, Revers (siehe Kap. 8, Seefrachtgeschäft).

Stauungs- und Garnierungsattest wird durch einen vereidigten Ladungs- oder Lukenbesichtiger ausgestellt. Das Zeugnis soll das Schiff gegen etwaige Vorwürfe der Ladungsbeteiligten schützen, das Schiff sei nicht ladungstüchtig gewesen oder die Ladung sei nicht ordnungsgemäß gestaut oder garniert worden. Besonders in der ausgehenden Nordamerikafahrt ist zu empfehlen, den Besichtiger vor Beginn des Ladens zu bestellen und von ihm vor allem das Stauen empfindlicher Güter überwachen zu lassen.

Lukenbesichtigungsbericht hat den gleichen Zweck. Besonders nach einer Havarie, von der das Schiff und/oder die Ladung betroffen ist, sollte auf dieses Zeugnis nicht verzichtet werden.

Ladetankzertifikat für Süßölladungen wird vom GL oder im Auslande von einem anderen anerkannten Besichtiger ausgestellt.

Klassenzertifikat für Kühlanlagen. Fest eingebaute Kühlanlagen erhalten zusätzlich, wenn die Bauvorschriften des GL erfüllt sind, dieses Klassenzertifikat. Das Zeichen lautet **KAZ.** Zu den Kühlanlagen gehören die Ladungskühlanlagen für die Kühlung isolierter Laderäume und Containerkühlanlagen für die Kühlung isolierter Container. Es findet eine jährliche Besichtigung statt. Die Klasse hat 4 Jahre Gültigkeit.

vgl. ContainerG
Art. 2
CSC-SICHERHEITSZULASSUNG für Container (CSC SAFETY APPROVAL). Container müssen ein gültiges, fest angebrachtes Zulassungsschild haben. Zuständig

für die Erteilung und Entziehung der Zulassung sind in der Bundesrepubik Deutschland die zuständigen Behörden der Bundesländer. Die Zulassungsbehörde kann sich der technischen Hilfe des GL bedienen. Tankcontainer für die Beförderung gefährlicher Güter müssen zusätzlich den Anforderungen der GGVSee entsprechen.

Desinfektionsattest wird von manchen Hafenbehörden für bestimmte Ladungen (Lumpen, Papierabfälle, Federn usw.) verlangt. In den meisten Fällen wird dieses Papier vom Verlader beschafft und vom Konsul des Bestimmungslandes beglaubigt. Sodann wird es dem Empfänger zusammen mit den übrigen Dokumenten übersandt. Das Schiff erhält eine Abschrift.

Ursprungszeugnis wird ebenfalls — wenn vorgeschrieben — vom Verlader beschafft. Die Industrie- und Handelskammern sind dafür zuständig. Sie bescheinigen entsprechend dem Handelsvertrag mit dem Einfuhrland, daß die exportierten Güter im Inland hergestellt sind. Manche Staaten schreiben vor, daß ihr Konsul das Zeugnis beglaubigt. Es wird dem Empfänger unmittelbar übersandt. Manchmal erhält das Schiff eine Abschrift.

Anmerkung: Der Warenursprung ist im grenzüberschreitenden Verkehr sowohl in außenwirtschaftlicher als auch in zollrechtlicher und in statistischer Hinsicht von Bedeutung. Zwischen bestimmten Ländern sind Vorzugszollbehandlungen vereinbart (z. B. zwischen EG und assoziierten Staaten). Diese sogenannten Zollpräferenzen werden aufgrund eines Ursprungsnachweises gewährt.

Postsendungen-Verzeichnis erhält ein Post beförderndes Schiff von der anliefernden Postanstalt als Ladezettel. Diese werden für die verschiedenen Arten der Sendungen (Briefe, Einschreibbriefe, Pakete) getrennt mitgegeben, ebenso Auslieferungsbescheinigungen für jeden Anlaufhafen.

Trimmzertifikat dient der Kostenberechnung für das Trimmen von Kohlenladungen. Es wird in den Ostseehäfen und in Großbritannien manchmal verlangt. Im allgemeinen sind die Industrie- und Handelskammern für die Ausstellung zuständig.

4.4 Fahrgastpapiere

Passagierlisten. In allen Staaten werden bei der Abfahrt Ausreiselisten und bei der Ankunft Einreiselisten mit genauen Angaben über die Fahrgäste verlangt, manchmal auch über solche Fahrgäste, die nicht gelandet werden sollen, sondern nach einem anderen Bestimmungsland fahren wollen (Transit-Passagierlisten). Vielfach müssen die Einreiselisten von dem Konsul des Bestimmungslandes beglaubigt sein. Die Form dieser Listen ist verschieden. Allgemein werden sie nach Fragebögen aufgestellt, die die Fahrgäste selbst ausfüllen. Die Angaben sollten anhand der Reisepässe geprüft werden, und zwar auch dann, wenn die Listen dem Schiff fertig mitgegeben werden.

Gesundheitspaß (Bill of Health) (siehe 4.5)

Krankenliste (siehe 4.5)

Impfliste (siehe 4.5)

Reisepaß. Jeder Fahrgast muß bei Reiseantritt einen vom Konsul des Bestimmungslandes visierten gültigen Reisepaß besitzen. Dieser ist während der Reise von der Schiffsleitung zu verwahren. Oft wird ein Visum erst nach vorheriger Untersuchung und Impfung erteilt. Mit einigen Staaten hat die Bundesrepublik Fortfall des Visums vereinbart.

Gepäcklisten (Gepäckmanifeste) werden an Bord aufgestellt, auf großen Schiffen getrennt nach Hand- und Raumgepäck. Wegen einer reibungslosen Abfertigung müssen die einzelnen Stücke an Bord numeriert werden. Großen Fahrgastschiffen werden diese Listen fertig mitgegeben.

Automobil-Manifest. Dieses Papier wird von den Zollbehörden für die von den Fahrgästen mitgeführten Wagen verlangt. Falls keine Vordrucke dafür vorhanden sind, können solche nach folgendem Muster angefertigt werden: Schiffsname, Reederei, Name des Reisenden, Marke, Nummer und Gewicht des Wagens sowie Fabriknummer usw. aufgrund der Wagenpapiere, Einschiffungshafen, Abfahrtsdatum, Bestimmungshafen.

Geburts- und Sterberegister (siehe 1.4.6 und Kap. 2)

4.5 Besatzungspapiere

Musterrolle (Ship's Articles) ist eine vom Seemannsamt ausgestellte Urkunde über die angemusterten Besatzungsmitglieder. Auch die in § 7 SeemG genannten sonstigen Arbeitnehmer an Bord werden in die Musterrolle eingetragen. Jugendliche sind besonders zu kennzeichnen. Bei Ausstellung der ersten Musterrolle müssen vorgelegt werden: Schiffszertifikat, Meßbrief, Fahrterlaubnisschein, Maschinen-Klassifikations-Zertifikat (weil nach § 14 SeemG die Maschinenstärke einzutragen ist). Die Musterrolle wird vom Kapitän als dem einen und von jedem Schiffsmann als dem anderen Vertragspartner unterschrieben. Der Wechsel des Kapitäns, der nicht angemustert wird, wird in der Musterrolle vermerkt und ist vom Reeder der SeeBG zu melden. Zwei Jahre nach Aufstellung der Musterrolle kann beim Seemannsamt eine sogenannte Generalmusterung beantragt werden. Mit der dabei angefertigten Musterrolle über den gegenwärtigen Besatzungsstand wird die alte Musterrolle ungültig. Bei jeder Musterung (An-, Ab- oder Ummusterung) ist dem Seemannsamt das Seefahrtbuch vorzulegen, von Patentinhabern außerdem bei jeder Anmusterung das Befähigungszeugnis, von Schiffsleuten — soweit erforderlich, z. B. bei Beförderung — der Nachweis über die Fahrtzeiten und das Zeugnis über die erworbenen Fähigkeiten. Wer an Land gearbeitet hat, muß seine Versicherungsnummer nachweisen. Wenn das Schiff länger als 48 Stunden in einem Hafen liegt, welcher Sitz eines deutschen Konsuls ist, muß zugleich mit der Schiffsanmeldung die Musterrolle dem Konsul vorgelegt werden (in der Praxis kaum noch üblich). Die Musterrolle muß stets an Bord sein. Besatzungsmitglieder, die einem Schiff nachgeschickt werden oder sonst im Ausland an Bord gehen sollen, werden gelegentlich vor einem inländischen Seemannsamt angemustert, wenn an dem ausländischen Ort kein Konsul ansässig ist. Ihnen wird die Anmusterung im Seefahrtbuch beglaubigt und eine „Beilage zur Musterrolle" mitgegeben, die an Bord in die Musterrolle eingelegt wird.

Anmerkung: Laut Gesetz ist seit 4.7.1955 zwischen der Bundesrepublik Deutschland und Belgien eine Vereinbarung in Kraft über gegenseitige Amtshilfe bei An- und Abmusterungen. Danach können z. B. in Belgien die Commissaires Maritimes (Wasserschouten), wenn die Bundesrepublik am Ort nicht durch einen Konsul vertreten ist, deutsche Seeleute in Gegenwart des Kapitäns oder eines bevollmächtigten Vertreters wie ein Seemannsamt an- oder abmustern. Das nächste Konsulat erhält darüber eine vom Kapitän ausgestellte, beglaubigte Meldung.

Über jede An-, Ab- und Ummusterung unterrichtet das Seemannsamt die Seekasse, damit diese die Seemannskartei wegen der Ansprüche aus der Sozialversicherung auf dem laufenden halten kann.

Seefahrtbuch[3] ist der Ausweis des Schiffsmannes. Es dient auch als Reisepaßersatz[4] und muß als solcher vor der Durchreise durch manche Länder von dem betreffenden ausländischen Konsul visiert werden. Auch Grenzübertritte werden darin bescheinigt. Kapitäne, die keinen Reisepaß besitzen, können ebenfalls ein Seefahrtbuch erhalten.

Jede An- und Abmusterung wird vom Seemannsamt im Seefahrtbuch bescheinigt. Vor einer neuen Anmusterung muß die vorhergegangene Abmusterung im Seefahrtbuch beglaubigt sein. Nach der Anmusterung ist das Seefahrtbuch vom Kapitän aufzubewahren. Die Eintragungen über die Rang- und Dienstverhältnisse und die vom Seemannsamt beglaubigte Bescheinigung des Kapitäns im Seefahrtbuch über die Dienstzeit sind die Unterlagen für die Ansprüche des Schiffsmannes aus der Arbeiterrenten- oder Angestelltenversicherung. Tariflichen Urlaub und die dafür vorgeschriebene Abführung der Sozialversicherungsbeiträge hat der Reeder im Seefahrtbuch zu bescheinigen und darüber die Seekasse mit einer „Ergänzung zur Meldung des Seemannsamtes" zu unterrichten. Der Inhaber eines Seefahrtbuches sollte alle Eintragungen in seinem eigenen Interesse genau kontrollieren.

Dem Seefahrtbuch ist in versiegeltem Umschlag die Gesundheitskarte des Seemanns beigegeben. Auch die Zeugnisse über die Prüfung als Rettungsbootsmann und Feuerschutzmann sollten dem Seefahrtbuch angeheftet werden.

Heuerschein[5] gemäß Heuervertrag ist die Grundlage des Heuerverhältnisses. Über den Heuervertrag mit einem Schiffsmann stellt die Heuerstelle[6] den Heuerschein aus, für gewöhnlich schickt sie zuvor aber den Schiffsmann zur Vorstellung mit einem Anweisungsschein an Bord, den der Kapitän oder dessen Vertreter gegenzeichnen soll. Für Schiffsoffiziere und sonstige Angestellte, manchmal auch für andere Besatzunsmitglieder, stellt der Reeder selbst den Heuerschein bzw. eine entsprechende Bescheinigung aus, weil er mit diesen Arbeitnehmern den Heuervertrag selbst abschließt. Für den Heuerschein oder die entsprechende Bescheinigung schreibt § 24 SeemG einen bestimmten Inhalt vor. Ohne Heuerschein wird kein Besatzungsmitglied angemustert. Die Vertragsgrundlage sind das Seemannsgesetz, der Tarifvertrag oder entsprechende Vereinbarungen.

Die gewerbliche Stellenvermittlung ist seit dem 1.1.1931 gesetzlich verboten.

Befähigungszeugnisse aller Art müssen bei der Anmusterung als Patentinhaber von diesen vorgelegt und dann stets an Bord mitgeführt werden.

Befähigunszeugnisse als Rettungsbootsmann und Feuerschutzmann. Die SeeBG nimmt die Prüfungen ab und stellt die Befähigungszeugnisse aus. Für Frachtschiffe ist entsprechend ihrer Größe die Mindestzahl geprüfter Besatzungsmitglieder festgesetzt; auf Schiffen mit Mehrzweckbesatzung müssen alle Besatzungsmitglieder im Mehrzweckeinsatz gültige Zeugnisse besitzen. Auf Fahrgastschiffen müssen geprüfte Rettungsbootsleute in ausreichender Zahl vorhanden sein, das Nähere regelt SOLAS Kapitel III. Die Zeugnisse sind 10 Jahre gültig und können von der SeeBG für weitere 10 Jahre verlängert werden. *vgl. UVVSee § 55* *§ 329*

Gesundheitspaß (Bill of Health). Dieser wird auf Antrag des Kapitäns von der zuständigen Behörde (Hafengesundheitsamt, Hafenbehörde, manchmal auch Zollbehörde) vor der Abfahrt ausgestellt. Er gilt nur von Hafen zu Hafen oder von Land zu Land und bescheinigt, daß die Besatzung und der Abgangshafen bei der Abfahrt frei von ansteckenden Krankheiten waren. Trotzdem werden z. B. im Inland alle Personen an

---

3 Näheres siehe Anmerkung zu § 11 SeemG, Kap. 1.4.2
4 VO zur Durchführung des Gesetzes über das Paßwesen
5 Näheres siehe Anmerkung zu §§ 23 u. 24 SeemG, siehe 1.4.3
6 Fachvermittlungsstelle für Seeleute beim Arbeitsamt, siehe 6.

Bord vom Quarantänearzt beim Einlaufen auf Pest, Cholera und Gelbfieber untersucht, wenn das Schiff seit der Abfahrt aus einem gefährdeten Hafen weniger als
28 Tage unterwegs gewesen ist oder direkt aus einem dieser Häfen kommt. Zu den gefährdeten Ländern gehören der nahe und der mittlere Osten und einige ostasiatische
Gebiete u. a., so daß die Untersuchung z. B. immer dann stattfindet, wenn das Schiff
den Suezkanal passiert hat.

Die europäischen und andere, dem Pariser Sanitätsabkommen beigetretene Staaten
verlangen untereinander keinen Gesundheitspaß. Andere Länder verlangen dagegen
für den Ausreisehafen und den letzten Abgangshafen je einen Gesundheitspaß, von
denen manchmal der eine oder andere von dem Konsul des Anlaufstaates beglaubigt
sein muß.

Krankenlisten. Über den Gesundheitszustand der Besatzung und der Fahrgäste muß
diese Liste gegebenenfalls vom Schiffsarzt aufgestellt werden. Sie wird in manchen
Ländern bei der Einklarierung verlangt.

Impflisten. Eine Aufstellung der gültigen internationalen Bescheinigungen über Imp-
fungen (Pocken, Gelbfieber, Cholera) der Besatzungsmitglieder und Passagiere.

Mannschaftsliste (Crew List). Diese wird mit genauen Angaben in allen Häfen verlangt (Vergleich mit Seefahrtbüchern). Vielfach muß die Liste vom ausländischen Konsul in Deutschland beglaubigt sein.

Landgangsbescheinigung, Landgangspaß. Während vielfach gewöhnliche Karten mit
den Personalien für den Landgang erforderlich sind, werden in manchen Ländern re-
gelrechte Personalausweise in der Sprache des Landes mit Lichtbild und Fingerab-
drücken verlangt.

Schiffsbesatzungszeugnis (siehe 1.12.1)

4.6 Zoll- und Abfertigungspapiere

Außer den bereits genannten Ausweispapieren über die Ladung und das Eigentum der
Fahrgäste werden vielfach noch folgende Papiere verlangt:

Devisenliste (Money Declaration) über die an Bord befindlichen Devisen des Schiffes
und aller Personen an Bord.

Eigentumsliste (Private Property List) über solche Gegenstände, deren zollfreie Ein-
fuhr verboten ist (Tabak, Alkohol, Waffen, Fotoapparate, Feuerzeuge, Streichhölzer
u. a.). Die Gegenstände müssen vor dem Einlaufen von der Schiffsleitung zum Teil unter Verschluß genommen werden. Meistens wird der Verschlußraum dann von der
Zollbehörde versiegelt.

Inventarmanifest, Proviant- und Storelisten. In manchen Häfen verlangen die Zollbehörden eine genaue Aufstellung über das an Bord befindliche Inventar und die gesamte Ausrüstung mit Proviant und Material. Gegebenenfalls muß in den Listen vermerkt
werden, ob die Gegenstände beispielsweise zu einem Viertel oder zur Hälfte verbraucht sind.

Einklarieren. Hierzu kommen die Vertreter der Behörden an Bord, oder die Schiffsleitung muß die Behörden an Land aufsuchen. Über das Abliefern und Vorlegen von Papieren aller Art läßt sich kaum etwas Allgemeingültiges sagen. Die Vorschriften sind in
den einzelnen Staaten sehr verschieden und werden außerdem von Zeit zu Zeit geändert. Wenn der Reeder keine Anweisungen mitgeben kann, muß man sich vor jeder

Abfahrt beim Makler oder Konsul erkundigen, welche Unterlagen im nächsten Hafen verlangt werden und ob sich Vorschriften geändert haben. Im allgemeinen sind die Agenten und Makler genau unterrichtet und beschaffen von sich aus alle erforderlichen Papiere in der benötigten Stückzahl gegebenenfalls mit Visum des Konsuls.

Anmerkung: Am 9.4.1965 unterzeichnete die BR Deutschland mit Wirkung ab 24.9.1967 das Übereinkommen zur Erleichterung des Internationalen Seeverkehrs, das von mehr als 60 Staaten ratifiziert worden ist, die an dieser Stelle nicht aufgeführt werden können. Die Formalitäten beim Einlaufen, Aufenthalt und Auslaufen von Schiffen sollen danach vereinfacht werden. Die Anforderungen der Behörden sollen auf folgende Dokumente beschränkt werden:

1. Allgemeine Erklärungen (General Declaration). Es ist das grundlegende Dokument, daß die von den öffentlichen Behörden benötigten Angaben über das Schiff enthält. Anzahl beim Ein- und Auslaufen 5 Stück;
2. Ladungserklärung (Cargo Declaration). Es enthält die von den Behörden benötigten Angaben über die Ladung, Gefährliche Ladung muß gesondert mitgeteilt werden. Anzahl beim Ein- und Auslaufen 4 Stück;
3. Erklärung über die Schiffsvorräte (Ships Stores Declaration). Siehe Storelisten. Anzahl beim Einlaufen 4, beim Auslaufen 3 Stück;
4. Erklärung über die persönliche Habe der Besatzung (Crew's Effects Declaration). Siehe Eigentumsliste. Anzahl beim Einlaufen 2 Stück.
5. Besatzungsliste (Crew List). Siehe Mannschaftsliste. Anzahl beim Einlaufen 4, beim Auslaufen 2 Stück.
6. Fahrgastliste (Passenger List). Siehe Passagierlisten. Anzahl beim Einlaufen 4, beim Auslaufen 2 Stück.
7. Seegesundheitserklärung (Maritime Declaration of Health). Es ist die Erklärung über den Gesundheitszustand der Personen an Bord eines Schiffes während der Reise und beim Einlaufen. Anzahl beim Einlaufen 1 Stück.

5 Zollvorschriften

Die **Zollgrenze** wird durch die jeweilige Strandlinie bestimmt. In Buchten und Fluß-mündungen reicht sie jedoch von Landspitze zu Landspitze (vgl. Seehandbücher und Handbuch „Für Brücke und Kartenhaus"). Auch im sogenannten Zollgrenzbezirk, der im allgemeinen 15 km weit ins Zollinland reicht, ist die Zollbehörde zur Kontrolle be-rechtigt. Zum Zollgebiet gehören nicht die **Freihäfen** Emden, Bremen, Bremerhaven, Hamburg und Kiel. Die übrigen Häfen sind sogenannte **Seezollhäfen.** Diese und die Zufahrtswege zu allen Häfen sind **Zollstraßen** und damit Zollinland.

Zollbares **Zollgut** darf nur auf einer Zollstraße über die Zollgrenze gebracht und nur an erlaubten Stellen ein- und ausgeladen werden. Das Anlegen ist für ein- und ausfah-rende Schiffe nur an den sogenannten Zollandungsplätzen erlaubt. Die Schiffe dürfen auf der Zollstraße nicht mit anderen Fahrzeugen oder mit dem Land in Verbindung treten.

Werden Waren eingeführt, so werden sie damit Zollgut. Eingeführtes Zollgut ist un-verzüglich und unverändert der zuständigen Zollstelle oder den von ihr beauftragten Zolldienststellen zu gestellen. Zur Gestellung verpflichtet ist der Kapitän des Schiffes. Zuständig ist die erste Zollstelle an der Zollstraße.

Schiffe mit Zollgut sind bei der

Durchfahrt auf Zollstraßen von der Gestellung befreit, wenn sie das Zollzeichen 2 oder 3 führen.

Zollzeichen 2: Schiffe, die ein als Zollhilfsperson zugelassener Lotse begleitet oder die eine besondere Zulassung vom Hauptzollamt haben, müssen bei Tag den 2. Hilfs-stander (am Signalstag oberhalb der Brücke oder am Vor- oder Hintermast bis zur Hö-he der Saling) und bei Nacht ein weißes Licht 1 bis 2 m über dem Hecklicht führen.

Zollzeichen 3: Alle anderen Schiffe müssen bei Tag den 3. Hilfsstander und bei Nacht ein weißes Licht 1 bis 2 m unter dem Hecklicht führen.

Wird Zollgut auf einer Zollstraße eingeführt, an der sich ein

Zollansageposten befindet, müssen Schiffe ohne Zollzeichen halten; Schiffe mit Zoll-zeichen müssen nur halten, wenn der Zollansageposten das Halten verlangt. Schiffe, die das Zollzeichen 3 führen, müssen dem Zollansageposten Namen, Nationalität und Bestimmungshafen melden.

In Gewässern und Watten zwischen der Hoheitsgrenze und der Zollgrenze an der Küste haben Schiffsführer auf Verlangen der Zollbediensteten zu halten und ihnen zu ermöglichen, an Bord zu kommen. Ladungspapiere, Schiff und Ladung können über-prüft werden.

Kennzeichen der Wasserzollfahrzeuge sind am Tage die Bundesdienstflagge und eine rechteckige grüne Flagge, bei Nacht drei über den ganzen Horizont sichtbare grüne Lichter senkrecht untereinander (siehe Band 2 A, Kap. 2 SeeSchStrO).

Haltezeichen sind bei Tag die Flagge „L" des Internationalen Signalbuchs oder das Schallsignal „kurz lang kurz kurz" (L), bei Nacht das Lichtsignal oder das Schallsignal „L" (siehe Band 2 A, Kap. 2 SeeSchStrO).

Im Seezollhafen (Zollinland, nicht Freihafen) muß der Schiffsführer die Zollabfertigung beantragen. Ohne Erlaubnis des Zollamtes darf kein Verkehr mit dem Lande
stattfinden.

6   Behörden, Gerichte, Organisationen (alphabetisch geordnet)

Admiralty Division, auch **Admiralty Court** genannt, ist eine Abteilung für bestimmte Seerechtssachen des High Court of Justice, London, Probate, Divorce and Admiralty Division, gegründet 1857, bedeutungsvoll für Kollisionsprozesse. Verfahren: Es wird nur englisches Recht angewandt und weitgehend nach Präzedenzfällen geurteilt (Common Law). Der Prozeß wird durch einen Solicitor vorbereitet, der alle Unterlagen beschafft, mit den Zeugen die sogenannten Statements (ausführliche Berichte) aufstellt und dem Gegner einen „Writ" zustellt (Aufforderung zur Verteidigung). Zur Vermeidung eines „Warrant of Arrest" fordert jede Partei von der anderen eine Garantie. Zu einem bestimmten Zeitpunkt werden die Unterlagen ausgetauscht (Discovery of Documents). Danach kommt es oft zu einem Vergleich. Sonst übergeben beide Solicitors ihr Material zur Verhandlung vortragenden Anwälten, den Queen's Counsel. Diese nehmen vor dem Richter die Zeugen anhand aller Unterlagen ins Kreuzverhör. Außer dem Tagebuchauszug usw. kann das Vorlegen weiterer Schriftstücke angeordnet werden (!). Der Lordrichter, der von zwei nautischen Beisitzern, die kein Stimmrecht haben, beraten wird, greift nur selten in die Verhandlung ein und fällt unmittelbar bzw. kurz nach deren Ende das Urteil über die Schuldfrage, gegebenenfalls über den Schuldanteil jeder Partei. In einem zweiten Verfahren wird die Höhe des Schadensersatzes festgelegt und in einem dritten die Kosten des Prozesses. Richter und Counsel tragen Talar und Perücke. Erste Berufungsinstanz: Court of Appeal, letzte Instanz: House of Lords.

Arbeitsamt. Die Bundesanstalt für Arbeit in Nürnberg hat in den Ländern Arbeitsämter eingerichtet. Aufgaben (geregelt durch Gesetz über Arbeitsvermittlung und Arbeitsförderung): Berufsberatung; Arbeitsvermittlung; Förderung der beruflichen Bildung (Ausbildung, Fortbildung, Umschulung), Förderung der Arbeitsaufnahme; berufliche Rehabilitation; Schaffung von Arbeitsplätzen und Leistungen an Arbeitslose (Arbeitslosengeld, Arbeitslosenhilfe (siehe 1.6)). Zu den Fachvermittlungsstellen für Seeleute siehe Heuerstellen.

Arbeitsgericht (siehe Gerichtswesen).

Arbeitsschutzbehörde hat den Arbeitsschutz aufgrund des SeemG zu überwachen. Für die Durchführung des sozialen und technischen Arbeitsschutzes sind bei den Gewerbeaufsichtsämtern der Küstenländer entsprechende Abteilungen zuständig, so in Bremen, Bremerhaven, Cuxhaven, Emden, Hamburg, Itzehoe, Kiel-Gaarden, Lübeck, Oldenburg. Im Ausland sind die Seemannsämter (Konsulate) zuständig.

Baltic and International Maritime Council (BIMCO), 19 Kristianagade, DK-2100 Kopenhagen, ursprünglich von Schiffahrtsgesellschaften in der Holz- und Kohlefahrt (von der früher so genannten Baltic and White Sea Conference) gegründet, wurde

1927 zur BIMCO erweitert. Sie ist eine nichtstaatliche internationale Reedervereinigung (siehe Schiffahrtskonferenzen); ihr gehören auch Schiffsmakler und Fachverbände wie nationale Reedervereinigungen und Protecting and Indemnity Assocations an. Hauptarbeitsgebiet ist die Trampfahrt. In Veröffentlichungen (Monthly Circular) berät und informiert die BIMCO über Befrachtungs-, Betriebs- und Hafenfragen. Von Bedeutung für die Trampfahrt ist die Arbeit des Documentary Council. Er erarbeitet zusammen mit anderen an der Schiffahrt beteiligten Institutionen und Vereinigungen Charterpartien, Konnossementsbedingungen und Vertragsklauseln (siehe 8.7.1).

Berufsbildungsstelle Seeschiffahrt e. V., Breitenweg 49, 2800 Bremen 1. Mitglieder sind: der Bund, vertreten durch die zuständigen Bundesminister; die 4 Küstenländer Bremen, Hamburg, Niedersachsen und Schleswig-Holstein, vertreten durch ihre zuständigen obersten Landesbehörden; der Verband Deutscher Reeder e. V. und der Verband Deutscher Küstenschiffseigner e. V.; die Gewerkschaft Öffentliche Dienste, Transport und Verkehr und die Deutsche Angestellten-Gewerkschaft.

Aufgaben der Berufsbildungsstelle sind: Führung eines Verzeichnisses der Berufsausbildungsverhältnisse; Überwachung der Berufsbildung; Beratung der Reeder, Ausbilder und Auszubildenden; Durchführung von Prüfungen; Mitwirkung bei der Regelung der Berufsbildung und Information über Berufsbildung. Die Aufgaben erstrecken sich auf folgende Gebiete der seefahrtbezogenen Berufsbildung: Berufsausbildung zum Schiffsmechaniker (siehe 1.10.2), Umschulung bzw. Fortbildung zum Schiffsmechaniker, Fortbildung zum Schiffsbetriebsmeister (siehe 1.10.3) sowie Ausbildung als Offiziersbewerber und Offiziersassistent (siehe 1.11).

Bundesamt für Schiffsvermessung, Bernhard-Nocht-Str. 78, 2000 Hamburg 4. Es ist eine Bundesbehörde im Geschäftsbereich des Bundesministers für Verkehr, welche die Schiffsvermessung durchführt und entsprechende Bescheinigungen ausstellt (siehe Schiffsmeßbrief). In Bremen, Verwaltungsgebäude Überseehafen, befindet sich eine Außenstelle.

Das Amt kann die Schiffahrts- und Schiffbauunternehmen vermessungstechnisch beraten.

Bundesgrenzschutz (BGS), er wird in bundeseigener Verwaltung geführt. Er ist eine Polizei des Bundes und untersteht dem Bundesminister des Innern. Ihm obliegt der grenzpolizeiliche Schutz des Bundesgebietes. Nach der Verordnung zur Übertragung von Aufgaben auf dem Gebiet der Seeschiffahrt auf den Bundesgrenzschutz und die Zollverwaltung vom 23.6.1982 wurdem dem BGS und der Zollverwaltung auf der Hohen See folgende Aufgaben übertragen:

1. Überwachung der Einhaltung der Vorschriften über
   - die Sicherheit und Leichtigkeit des Verkehrs,
   - die Abwehr von Gefahren für die Meeresumwelt,
   - die Schiffssicherheit einschließlich des Freibords,
   - die Besetzung und Bemannung von Schiffen,
   - die Eignung und Befähigung des Kapitäns und der Besatzungsmitglieder von Schiffen,
   - die Gesundheit der Seeleute.
2. Unaufschiebbare Maßnahmen zur Abwehr von Gefahren für den Schiffsverkehr oder für das Wasser zu treffen, soweit diese von Schiffen unter Bundesflagge ausgehen.
3. Erfüllung völkerrechtlicher Verpflichtungen der Bundesrepublik Deutschland (siehe MARPOL, Band 2 A Kap. 3).
4. Auf den Schiffahrtsstraßen übernehmen BGS und Zollverwaltung die Vollzugsmaßnahmen zur Beseitigung einer bereits eingetretenen Störung der Sicherheit oder Leichtigkeit des Schiffsverkehrs sowie die Abwehr einer unmittelbar bevorstehenden Gefahr, soweit die Abwehr nicht von der Wasserschutzpolizei (siehe unten) ausgeübt wurde oder wenn diese nicht erreichbar ist.

Bundespostministerium, Frankfurt. Ihm unterstehen die verschiedenen Oberpostdirektionen. Diese erteilen auch die Seefunkzeugnisse, nachdem sie die Prüfungen abgenommen haben. Nach der „Verwaltungsvereinbarung der Küstenländer mit dem Bundesminster für das Post- und Fernmeldewesen über die Anerkennung der an den Ausbildungsstätten der Küstenländer abgelegten Prüfungen für Seefunker" vom 27.9.1973 werden auch die Schulabschlußprüfungen der Bewerber um die Seefunkzeugnisse 1. und 2. Klasse anerkannt. Für Genehmigungen der Seefunkstellen sowie Ortungsfunkanlagen ist das Funkamt Hamburg zuständig.

Bundesverkehrsministerium, Abteilung Seeverkehr, Bernhard-Nocht-Str. 78, 2000 Hamburg 4[1], ist für alle Fragen der Seeschiffahrt zuständig, z. B.: Seeschiffahrtsstraßen-Ordnung; Seestraßenordnung; Schiffssicherheitsvertrag; Lotsenwesen; Oberaufsicht über SeeBG; Schiffsvermessung; Deutsches Hydrographisches Institut (DHI); Wetterdienst; Seeunfalluntersuchung; Ausbildungsfragen; Schiffsbesetzungsordnung; Bearbeitung des Seemannsgesetzes; Abwehr von Gefahren und schädlichen Umwelteinwirkungen auf den Seewasserstraßen; Behebung oder Verhinderung eines Mangels an Schiffsraum in einer wirtschaftlichen Krisenlage; Erteilung von Genehmigungen im Bereich des Dienstleistungsverkehrs auf dem Gebiet der Seeschiffahrt.

Bundeszollverwaltung, Bundesfinanzverwaltung; sie wird in bundeseigener Verwaltung geführt und untersteht dem Bundesminister der Finanzen. Auch die örtlichen Hauptzollämter mit den nachgeordneten Zollkommissariaten und Zollämtern sind Bundesbehörden. Während die Zollämter für die Zollbehandlung und die damit verbundenen Maßnahmen zuständig sind, übernehmen die Zollkommissariate mit den Zollschiffsstationen die Überwachungsaufgaben. Zusätzlich wurde dem **Wasserzoll** nach der Verordnung zur Übertragung von Aufgaben auf dem Gebiet der Seeschiffahrt auf den Bundesgrenzschutz und die Zollverwaltung schiffahrtpolizeiliche Aufgaben übertragen (siehe Bundesgrenzschutz).

Deutscher Nautischer Verein (DNV) von 1868, Stubbenhuk 10, 2000 Hamburg 11. Er ist der Dachverband der vierzehn örtlichen Nautischen Vereine (siehe dort). Als Sachverwalter vieler Schiffahrtsfragen ist der DNV weder arbeitnehmer- noch arbeitgeberseitig orientiert. Er vertritt die gemeinsamen Interessen und beteiligt sich wirksam an der Förderung der Seeschiffahrt, insbesondere an den Entwürfen der einschlägigen Gesetze und Verordnungen. Spezielle Fragen werden in Ausschüssen behandelt. Ein Ständiger Fachausschuß erarbeitet die generellen Aussagen. Die Vorsitzenden der örtlichen Vereine sind im Beirat vertreten.

Deutsches Hydrographisches Institut, Bernhard-Nocht-Str. 78, 2000 Hamburg 4 (DHI). Es ist eine Bundesbehörde im Geschäftsbereich des Bundesministers für Verkehr. Die Aufgaben sind in § 4 SeeaufgabenG festgelegt:

- Förderung der Seeschiffahrt und Seefischerei durch naturwissenschaftliche und nautisch-technische Forschungen.
- Prüfung der nautischen Instumente und Geräte der Schiffsausrüstung; Regulierung der Magnetkompasse.
- Der Seevermessungsdienst.
- Der Gezeiten-, Windstau-, Sturmflutwarn- und der Eisnachrichtendienst.
- Der erdmagnetische Dienst.
- Die Herstellung und Herausgabe amtlicher Seekarten und nautischer Veröffentlichungen sowie die Verbreitung nautischer Warnnachrichten.
- Die Überwachung des Meerwassers auf Radioaktivität und sonstige schädliche Beimengungen.

---

1 Eine Verlegung nach Bonn ist vorgesehen.

Deutsches Seeschiedsgericht, Hamburg, setzt auf Antrag außergerichtlich Berge- und Hilfslöhne fest (siehe 12) und bearbeitet in selteneren Fällen auch Kollissionssachen. Diese Einrichtung wurde 1913 durch die interessierten Reeder und Versicherer mit dem Sitz in Hamburg gegründet. Ein von diesen gebildeter Ausschuß stellt die Liste der Schiedsrichter und Beisitzer auf und bestimmt daraus den Vorsitzenden und die zwei Beisitzer, wenn die Parteien sich nicht auf bestimmte Schiedsrichter geeinigt haben.

Deutscher Verein für Internationales Seerecht (Seerechtsverein), Esplanade 6, 2 000 Hamburg 36. Er wurde 1898 als Landesgruppe des Comité Maritime International, Brüssel, gegründet. Der Verein, der aus allen Kreisen der Schiffahrt und des Rechtslebens Interessierte zu seinen Mitgliedern zählt, bezweckt die Mitarbeit an der Weiterentwicklung des internationalen Seerechts, dessen Vereinheitlichung angestrebt wird. An der bereits erreichten Schaffung eines einheitlichen Rechts über Schiffszusammenstoß, Bergung und Hilfeleistung, Konossementsregeln, Haftungsbeschränkung u.a. war das Comité maßgeblich beteiligt.

Deutscher Wetterdienst, Zentralstelle Frankfurt. Ihm unterstehen die Wetterämter und das Seewetteramt Hamburg, Bernhard-Nocht-Str. 78, das den Seewetterdienst der früheren Seewarte weiterführt. Dem Wetteramt Bremen unterstehen die Küsten-Wetterdienststellen Emden, Nordeney, Bremerhaven und Cuxhaven und dem Wetteramt Schleswig die Küsten-Wetterdienststellen Husum, List, Flensburg, Kiel und Travemünde. Diese Stellen sind auch mit der Wetterberatung der Schiffe beauftragt.

Europäische Gemeinschaften (EG). Die Europäische Wirtschaftsgemeinschaft (EWG gegründet 1958), die Europäische Gemeinschaft für Kohle und Stahl (EGKS gegründet 1951) und die Europäische Atomgemeinschaft (EURATOM gegründet 1958) bilden zusammen die EG.

– **Europäisches Parlament (EurParl).** Seit 1979 werden die Abgeordneten für eine fünfjährige Amtsperiode in allgemeiner, unmittelbarer Wahl von den Völkern der in der Gemeinschaft vertretenen Staaten gewählt. Das EurParl hat Beratungs-, Kontroll- und Mitsprachebefugnisse, es ist aber kein gesetzgebendes Organ.

– **Europäischer Rat („Ministerrat").** Er besteht aus je einem Vertreter der Mitgliedstaaten (Regierungschefs oder jeweilige Ressortminister). Der Rat hat die Aufgaben der Koordination, der Außenbeziehungen und der Rechtsetzung.

– **Europäische Kommission** mit weisungsgebundenen, von den nationalen Regierungen ernannten Mitgliedern (insgesamt 17). Sie sorgt für die Durchführung der Gründungsverträge. Kommission und Rat erlassen zur Erfüllung ihrer Aufgaben Verordnungen, Richtlinien und Entscheidungen, sprechen Empfehlungen aus oder geben Stellungnahmen ab.

– **Europäischer Gerichtshof (EuGH).** Er sichert die Wahrung des Rechtes bei der Auslegung und Anwendung der Verträge der EG. Der Gerichtshof besteht aus dreizehn Richtern, er wird von 6 Generalanwälten unterstützt. Die Urteile sind rechtsverbindlich, es gibt dagegen keine Rechtsmittel. Zuständig ist der EuGH bei Streitigkeiten zwischen den Mitgliedstaaten bzw. den Organen und im Bereich der Atomkontrolle. Bei Verfahren vor nationalen Gerichten über Gemeinschaftsrecht haben die Gerichte das Recht, aber die höchste Instanz (z.B. der BGH) die Pflicht, eine Vorabentscheidung des EuGH einzuholen.

Im Vertrag zur Gründung der Europäischen Wirtschaftsgemeinschaft (EWGV) sind die Aufgaben der EWG auf dem Gebiet des Verkehrs geregelt. Nach Art. 84 kann der Rat einstimmig darüber entscheiden, inwieweit Vorschriften für die Seeschiffahrt zu erlassen sind. Davon wird zunehmend Gebrauch gemacht. Wichtige Entscheidungen sind z. B.:

- Verhaltenscodex der UNCTAD in der Linienschiffahrt;
- Beschluß des Rates über eine konzertierte Aktion der EWG auf dem Gebiet der landseitigen Hilfen für die Navigation;
- Schaffung eines EG-Meeres.

Finanzamt bearbeitet sämtliche Steuerangelegenheiten. Während der Unternehmer aufgrund seiner Steuerklärung „veranlagt" wird, werden den Lohn- und Gehaltsempfängern die Steuern aufgrund der Steuerkarte und Lohnsteuertabellen vom Arbeitgeber abgezogen und an das Finanzamt abgeführt. In der Steuerkarte, die von der Gemeindebehörde des Wohnsitzes dem Steuerpflichtigen ausgehändigt wird, ist die zutreffende Steuerklasse verzeichnet. Wegen Steuerermäßigung und Auskünften, z. B. über Lohnsteuerjahresausgleich, muß der Steuerpflichtige sich unmittelbar an das Finanzamt wenden (Spenden an z. B. karitative Einrichtungen werden nicht „von der Steuer abgesetzt", sondern „vor der Steuer" von dem Bruttoeinkommen abgezogen).

Gerichtswesen. Die rechtsprechende Gewalt ist nach Art. 92 Grundgesetz den Gerichten (des Bundes und der Länder) anvertraut. Die Zuständigkeit ist gesetzlich geregelt und auf folgende Gerichte verteilt:

Ordentliche Gerichtsbarkeit[a]

	Zivilsachen	Strafsachen	
Amtsgericht:			
Besetzung:	Einzelrichter	Einzelrichter	Schöffengericht 1 Richter u. 2 Schöffen
Zuständigkeit:	vermögensrechtl. Ansprüche bis DM 5000,–	leichte Vergehen bis 1 Jahr Freiheitsstrafe	die übrigen Vergehen außer Verbrechen
Landgericht (LG)			
Besetzung:	Kammer für Handelssachen[b] 1 Richter u. 2 ehrenamtliche Richter (Kaufleute, Schiffahrtskundige)	Kleine Strafkammer 1 Richter u. 2 Schöffen	Große Strafkammer (Schwurgericht) 3 Richter u. 2 Schöffen
Zuständigkeit:	Handelssachen, Rechtsverhältnisse des Seerechts, Berufung[c] und Beschwerde[e] gegen AG	Berufung[c] gegen AG Beschwerde[e] gegen AG	Verbrechen, best. Straftaten gegen die öff. Ordnung

[a] Gerichtsverfassungsgesetz vom 27.1.1877, Neufassung vom 9.5.1975.
[b] Bei den Landgerichten sind verschiedene Zivilkammern gebildet. Die übrigen Kammern sind jeweils mit 3 Berufsrichtern besetzt.

	Zivilsachen	Strafsachen
Oberlandesgerichte (OLG)		
Besetzung:	Zivilsenat 3 Richter	Strafsenat 5 Richter
Zuständigkeit:	Berufung[c], Beschwerde gegen LG	best. Straftaten gegen die öffentliche Ordnung, Revision[d], Berufung[c] und Beschwerde gegen LG
Bundesgerichtshof (BGH)		
Besetzung:	Zivilsenat 5 Mitglieder (u. U. Großer Senat mit 9)	Strafsenat 5 Mitglieder (u. U. Großer Senat mit 9)
Zuständigkeit:	Revision[d] gegen OLG Sprungrevision gegen LG Ansprüche über DM 40 000,– Beschwerde[e]	Revision[d] gegen LG oder OLG, Beschwerde[e] gegen OLG

[c]   Berufung findet statt gegen Endurteile 1. Instanz. Die Berufungsfrist beträgt 1 Monat nach Zustellung des Urteils. Es wird neu über den Streitgegenstand verhandelt. Grundsätzlich können neue Tatsachen und Beweismittel vorgebracht werden.

[d]   Revision ist lediglich eine Nachprüfung des Urteils nach der rechtlichen Seite, neue Beweismittel sind ausgeschlossen. Die Revisionsfrist beträgt 1 Monat nach Zustellung des Urteils.

[e]   Beschwerde richtet sich nicht gegen ein Urteil, sondern gegen Beschlüsse und Verfügungen, z. B. gegen Kostenentscheidungen.

Verwaltungsgerichtsbarkeit[2]. Vor den den Verwaltungsgerichten werden einzelne Maßnahmen öffentlicher Verwaltungsträger wie Behörden, Körperschaften, Gemeinden und Länder überprüft.

Anmerkung: Da das Seeamt ein Untersuchungsausschuß ist (siehe Band 2 A, Kap. 6), kann der Spruch durch ein Verwaltungsgericht überprüft werden. Auch gegen die Entscheidung durch die Arbeitsschutzbehörde ist dieser Rechtsweg gegeben (§ 83 SeemG).

Es gibt drei gerichtliche Instanzen:

1. Verwaltungsgericht, besetzt mit drei Berufsrichtern und zwei ehrenamtlichen Richtern. Der Klage geht in der Regel ein Vorverfahren voraus: Widerspruch bei der Behörde, danach ergeht von der Behörde, falls sie den Widerspruch für unbegründet hält, ein Widerspruchsbescheid mit Rechtsmittelbelehrung.
2. Berufung beim Oberverwaltungsgericht, dessen Senate mit drei Berufsrichtern besetzt sind.
3. Revision beim Bundesverwaltungsgericht, besetzt mit fünf Richtern (Sprungrevision ist in bestimmten Fällen möglich)

Arbeitsgerichtsbarkeit[3]. Vermögensrechtliche Streitigkeiten, die sich aus dem Arbeitsleben ergeben, fallen in die Zuständigkeit der Arbeitsgerichte, dazu gehören auch Streitigkeiten aus dem Betriebsverfassungsgesetz (siehe 1.2).

Anmerkung: Nach MTV ist in der Seeschiffahrt das Arbeitsgericht in Hamburg für Streitigkeiten aus dem Heuerverhältnis zuständig.

1. Arbeitsgericht, besetzt mit Vorsitzendem und je einem ehrenamtlichen Richter aus den Kreisen der Arbeitnehmer und Arbeitgeber.

2   Verwaltungsgerichtsordnung vom 21.1.1960.
3   Arbeitsgerichtsgesetz vom 3.9.1953, Neufassung 2.7.1979.

2. Berufung beim Landesarbeitsgericht, Besetzung wie beim Arbeitsgericht.
3. Revision (u. U. Sprungrevision) zum Bundesarbeitsgericht, besetzt mit drei Richtern und zwei berufsrichterlichen Beisitzern.

Sozialgerichtsbarkeit. Die Sozialgerichte entscheiden bei Streitigkeiten auf dem Gebiet des Sozialrechts (z. B. Angelegenheiten der Sozialversicherung und der Arbeitsämter):
1. Sozialgericht, besetzt mit einem Berufsrichter und 2 ehrenamtlichen Richtern (in der Regel muß ein außergerichtliches Vorverfahren vorausgehen, siehe Verwaltungsgericht).
2. Berufung beim Landessozialgericht, besetzt mit 3 Berufs- und 2 ehrenamtlichen Richtern.
3. Revision (u. U. Sprungrevision) zum Bundessozialgericht, besetzt wie Landessozialgericht. Es ist in erster Instanz zuständig bei nicht verfassungsrechtlichen Streitigkeiten zwischen Bund und Ländern in sozialrechtlichen Angelegenheiten.

Finanzgerichtsbarkeit. Das außergerichtliche Verfahren ist geregelt in der Abgabenordnung (AO 1977), die für alle Steuern (einschließlich Zölle und Verbrauchssteuern) gilt. Gegen einen Verwaltungsakt ist als Rechtsbehelf der Einspruch gegeben. Über den Einspruch entscheidet die Finanzbehörde, die ihn erlassen hat. Dagegen ist Klage beim Finanzgericht und bei Streitigkeiten über 1 000.- DM Revision beim Bundesfinanzhof möglich.

Bundesverfassungsgericht. Es hat seinen Sitz in Karlsruhe und entscheidet in verfassungsrechtlichen Fragen als selbständiger, unabhängiger Gerichtshof des Bundes. Es besteht aus zwei Senaten mit je 8 Richtern.

Der Internationale Gerichtshof in Den Haag (vgl. UN) regelt Rechtsfälle, die ihm von Ländern der UN (nicht Personen) vorgetragen werden, um im Sinne der UN-Charta Streitfälle mit friedlichen Mitteln zu lösen. Er besteht aus 15 Richtern, die von der Vollversammlung und vom Sicherheitsrat auf 9 Jahre gewählt werden.

Germanischer Lloyd (GL), Vorsetzen 32, 2000 Hamburg 11, Schiffs- und Maschineninspektionen in Emden, Bremen, Bremerhaven, Hamburg, Kiel und Lübeck. Besichtiger für Schiff, teilweise auch für Maschine, in Cuxhaven, Brunsbüttelkoog und Flensburg, außerdem an verschiedenen Stellen im Binnenlande. Der GL, gegründet 1868, ist ein privates Unternehmen mit dem Zweck, Schiffe zu klassifizieren. Er ist technischer Beirat der SeeBG und genießt das Ansehen einer Behörde, weil er nicht den Erwerb bezweckt. Er ist zuständig für:
Bauvorschriften für Schiff und Maschine; Materialprüfung; Genehmigung der Baupläne; Bauüberwachung; Berechnen des Freibords; Prüfung von Ankern, Ketten und Trossen und Erteilen der Atteste darüber; desgl. beim Ladegeschirr; Klassifikationszeugnisse; außerordentliche und periodische Besichtigungen; Bestätigung und Verlängerung der Klasse; jährliche Herausgabe eines Registers der klassifizierten Schiffe.
Der GL ist auch an bedeutenden ausländischen Plätzen durch Sachverständige vertreten. Eine Liste dieser Vertreter sollte sich an Bord befinden.
Obwohl der GL privatrechtlichen Charakter hat, erfüllt er auch öffentlich-rechtliche Aufgaben. Er wirkt z. B. bei der Festsetzung des Freibords entscheidend mit. Auch lebt durch seine Klassenbestätigung nach einem Unfall der (öffentlich-rechtliche) Fahrterlaubnisschein wieder auf. Die SeeBG bedient sich bei Angelegenheiten der Schiffstechnik sowie Überwachungsmaßnahmen im Ausland der Hilfe des GL (§ 6 SeeAufgG).

Gesundheitsbehörde. Vergleiche Gesundheitspaß (siehe 4.5).

Gewerkschaft Öffentliche Dienste, Transport und Verkehr, Sitz des Hauptvorstands Stuttgart; ferner **Deutsche Angestellten-Gewerkschaft, Berufsgruppe Schiffahrt,** Hamburg. Diese beiden Gewerkschaften sind Vertreter der Arbeitnehmer in der deutschen Seeschiffahrt. Beim Abschluß von Tarifverträgen sind sie Vertragspartner der Arbeitgebervertreter: Verband Deutscher Reeder, Verband Deutscher Küstenschiffseigner und in der Hochseefischerei der Verband der deutschen Hochseefischereien.

Hafenkapitän. Er ist für alle Angelegenheiten im Hafen zuständig, insbesondere für den Schiffsmeldedienst, das Einklarieren, Zuweisen von Liegeplätzen, manchmal auch für das Einziehen der Hafengebühren, besonders aber für die Sicherheit im Hafen.

Heuerstellen. Aufgrund des Gesetzes über die Arbeitsvermittlung und Arbeitsförderung hat die Bundesanstalt für Arbeit im Benehmen mit dem Arbeitgeber- und Arbeitnehmerverbänden ab 1.1.1970 bei den Arbeitsämtern im Küstenbereich **Fachvermittlungsstellen für die Arbeitsvermittlung von Seeleuten** eingerichtet. Von den zuständigen Verwaltungsausschüssen sind Fachausschüsse gebildet worden, die sich je zur Hälfte aus Vertretern der Arbeitgeber und der Arbeitnehmer zusammensetzen. Diese Fachausschüsse wirken insbesondere darauf hin, daß die Fachvermittlungsstellen bei der Durchführung der Arbeitsvermittlung und der Arbeitsberatung den besonderen Belangen der Seeleute und der Seeschiffahrt Rechnung tragen.

Die Heuerstelle des Arbeitsamtes Hamburg ist zugleich zentrale Vermittlungs- und Ausgleichstelle für seemännische Angestellte und für Seeleute der See- und Küstenschiffahrt, die Heuerstelle des Arbeitsamtes Bremerhaven für Seeleute der Hochseefischerei.

Anmerkung: Die Fachvermittlungsstellen bei den Arbeitsämtern traten an die Stelle der bisherigen selbständigen Heuerstellen. Organisation und Verfahren sind gestützt auf die Erfahrungen der früheren seemännischen Heuerstellen. Den besonderen Belangen der Seefahrt wurde dabei (zum Teil durch Abweichen von allgemeinen Grundsätzen der Arbeitsvermittlung) Rechnung getragen. So schließen die Fachvermittlungsstellen in Vertretung des Reeders auch Arbeitsverträge mit Seeleuten ab und händigen Heuerscheine aus.

Die wichtigsten Aufgaben sind:

1. Unterrichtung vorgesetzter Dienststellen und der Allgemeinheit über die Lage und Entwicklung der Seeschiffahrt und der Hochseefischerei.
2. Aufklärung von Ratsuchenden über allgemeine, die Seeschiffahrt und die Hochseefischerei betreffenden Belange.
3. Individuelle Beratung von Arbeitgebern über die Besetzung von Arbeitsplätzen sowie die Beratung arbeitssuchender Seeleute und unbefahrener Bewerber für die Seeschiffahrt über Vermittlungsmöglichkeiten.
4. Beratung arbeitssuchender Seeleute und sonstiger Ratsuchender über berufliche Entwicklungsmöglichkeiten in der Seeschiffahrt und Förderungsmöglichkeiten bei Teilnahme an Maßnahmen, die das Ziel haben, berufliche Kenntnisse und Fertigkeiten zu erweitern oder der technischen Entwicklung anzupassen oder einen beruflichen Aufstieg zu ermöglichen (berufliche Fortbildung).
5. Beratung über Möglichkeiten der Förderung der Arbeitsaufnahme und Bearbeitung eingehender Anträge (z. B. Gewährung von Überbrückungsbeihilfen, Bewerbungskosten und Arbeitsausrüstung).
6. Arbeitsvermittlung — Zusammenführung von Reedern und Seeleuten zum Zwecke der Begründung eines Heuerverhältnisses.
7. Ausstellen von Heuerscheinen in Vertretung des Reeders, sofern vom Reeder gewünscht und eine Vereinbarung abgeschlossen wurde, sowie Aushändigung der Heuerscheine an die Seeleute.
8. Erteilung von Anweisungen gemäß § 25 Abs. 1 SeemG an Seeleute sowie Ersatz von Kosten, die der Reeder zu tragen hat oder zu tragen sich bereit erklärt (z .B. nach § 26 SeemG oder Tarifvertrag) als Vorleistung zu Lasten des Reeders (siehe 1.4.3).

ILO (Internationale Labour Organisation) siehe Vereinte Nationen
IMO (International Maritime Organisation) siehe Vereinte Nationen

Internationaler Seegerichtshof (ISGH) — International Tribunal for the Law of Sea. Das „Seerechtsübereinkommen der Vereinten Nationen vom 10.12.1982" (siehe Band 2 A 5.1) sieht einen ISGH vor. Die Zuständigkeit umfaßt grundsätzlich alle Streitigkeiten über die Auslegung und Anwendung anderer internationaler Verträge, die im Zusammenhang mit dem Seerechtsübereinkommen stehen. Der ISGH kann auch mit allen Fällen befaßt werden, in denen seine Zuständigkeit vereinbart wird.

Anmerkung: Als Sitz des ISGH wurde Hamburg vorgesehen (UN Press Release SEA/145). Die Bundesrepublik Deutschland war dem UN-Seerechtsübereinkommen 82 z. Z. der Drucklegung noch nicht beigetreten, die Frage damit noch offen. Nach Gründung eines ISGH wird dieser für die Handelsschiffahrt Bedeutung erlangen bei Entscheidungen über Freiheit der friedlichen Durchfahrt (siehe Band 2 A Kap. 5) und anderer international zulässiger Meeresnutzungen wie das Legen von Kabeln oder Rohrleitungen.

Konsulate. Diese werden von einem Generalkonsul, Konsul oder Vizekonsul geleitet. Sie schützen das Interesse des Staates und seiner Bürger, insbesondere das des Handels, des Verkehrs und der Schiffahrt. Der Konsul nimmt die Verklarung auf und beurkundet sonstige öffentliche Erklärungen, z. B. Proteste gegen Verlader und Empfänger. Er ist der Ratgeber und Helfer des Kapitäns in allen juristischen und kaufmännischen Fragen, auch bei Havarie von Schiff und/oder Ladung. Die Konsulate sind zugleich Seemannsämter. Beim Einlaufen muß das Schiff beim Konsulat angemeldet werden. Bei über 48stündigem Aufenthalt muß bei der Meldung die Musterrolle vorgelegt werden (wird kaum noch praktiziert, siehe 1.4.1).

Lloyd's (Underwriters) ist eine 1871 eingetragene, tatsächlich aber eine über 200 Jahre alte Vereinigung einzelner, persönlich haftender Londoner Versicherer (Underwriters, in diesem Falle Einzelkaufleute), die außer der Seeversicherung auch andere Versicherungszweige betreiben (nicht zu verwechseln mit Lloyd's Register).

Anmerkung: Der Name ist auf Edward Lloyd zurückzuführen, der gegen Ende des 17. Jahrhunderts in London ein Kaffeehaus führte und den damaligen Einzelversicherern, die sich nach dem Brande der Royal Exchange (1666) bei ihm trafen, Auskünfte über die Schiffe und deren Führer gab.
Bei einer Versicherung zeichnet jeder Versicherer für sich, in der Praxis tun dies allerdings die Bevollmächtigten der an der Police beteiligten Syndikate, zu denen jeweils eine große Zahl von Versicherern zusammengeschlossen ist. Die Corporation wird durch das Committee of Lloyd's geleitet, das an allen wichtigen Plätzen durch einen Lloyd's Agent vertreten ist. Dieser berichtet dem Committee u. a. über alle in seinem Bereich vorkommenden Seeunfälle. Wenn man ihn bei solchen heranzieht, so wird er in der Regel einen Besichtiger bestellen, z. B. von der Salvage Association (siehe unten). Auch deutsche Kapitäne können unter Umständen Lloyd's Agenturen mit ihren Fachleuten für Schiff und Ladung in Anspruch nehmen, wenn eigene Vertretungen nicht erreichbar sind. Das Committee gibt täglich Lloyd's List (seit 1734) heraus über Schiffsbewegungen, Schiffsunfälle usw, ferner Lloyd's Weekly Casualty Report. Auch sind Lloyd's Havarieformulare überall in der Welt anerkannt. Weltbekannt geworden ist vor allem Lloyd's Arbitration, das vom Committee of Lloyd's durchgeführte Schiedsverfahren bei Bergung und Hilfeleistung (siehe 12).

Natürlich gibt es in Großbritannien, das den größten Versicherungsmarkt der Welt hat, auch Versicherungsgesellschaften aller Größen. Ein großer Teil von ihnen ist im Institute of London Underwriters zusammengeschlossen (siehe auch Salvage Association).

Lloyd's Register of Shipping, London, ist eine Vereinigung von Reedern, Werften und Versicherern mit dem Zwecke, Schiffe zu klassifizieren und zu registrieren (vgl. Germ. Lloyd).
Anmerkung: Nur der Name ist wie der von Corporation of Lloyd's auf Edward Lloyd zurückzuführen. Das erste Register des Vorläufers dieser Gesellschaft ist 1760 erschienen. Später gab es mit einer Konkurrenzvereinigung der unzufriedenen Reeder lange Machtkämpfe, die erst 1834 durch Mitwirkung der Lloyd's Underwriters beigelegt wurden, nachdem 1824 das Pariser Bureau Veritas gegründet worden war. Das heutige Register enthält Namen und Einzelheiten von mehr als 30000 Schiffen über 100 BRT, auch wenn sie bei anderen Gesellschaf-

ten klassifiziert und registriert sind. Die Gesellschaft ist an fast allen Seeplätzen der Welt durch Lloyd's Surveyor vertreten (nicht zu verwechseln mit Lloyd's Agent).

Makler. Vgl. Schiffsmakler. Siehe auch Versicherungsmakler.

Nautische Vereine bezwecken die Zusammenarbeit aller an der Seeschiffahrt und — soweit im Einzugsbereich vorhanden — Seefischerei interessierten Kreise. Zu den wesentlichen Aufgaben gehört die Wahrnehmung und Förderung der Deutschen Seeschiffahrt. Alle Bereiche der maritimen Wirtschaft, Industrie, Forschung und Lehre arbeiten in den Vereinen gleichberechtigt mit. Aus den vielseitigen Erfahrungen ihrer Mitarbeiter nehmen sie Stellung zu wichtigen Fragen der Schiffssicherheit, der Gesetzgebung, der Verkehrssicherheit, der Meeresumwelt und der Schiffahrtspolitik.

Im Deutschen Nautischen Verein (siehe dort) sind die folgenden vierzehn Nautischen Vereine zusammengeschlossen:
Bremen, Bremerhaven, Brunsbüttel, Cuxhaven, Emden, Flensburg, Hamburg, Kiel, Lübeck, Niederelbe, Niedersachsen, Nordfriesland, Vogelfluglinie, Wilhelmshaven.

Polizei, siehe Strom- und Schiffahrtspolizeibehörden und Wasserschutzpolizei.

Protecting and Indemnity Clubs (P & I Clubs) siehe 15.5.

Salvage Association, London, ist eine selbständige Einrichtung zur Besichtigung und Feststellung von Seeversicherungsschäden. Sie wird von Fall zu Fall von Lloyd's Underwriters und von den englischen Gesellschaften beauftragt. Sie setzt dann in aller Welt in der Regel Lloyd's Agent ein, der daraufhin für die Besichtigung und Aufstellung der Schadenstaxe sorgt (siehe 9).

An verschiedenen wichtigen Seeplätzen der Welt hat die Salvage Association Zweigstellen. Sie steht auch ausländischen Interessenten zur Verfügung.

In den USA gibt es auch eine amerikanische Salvage Association mit Hauptsitz in New York.

Schiffahrtskonferenzen sind Zusammenschlüsse von Reedern, welche dieselbe Linie (Relation) befahren. Sie regeln die Abfahrten und setzen in den Konferenzverträgen einheitliche Bedingungen fest. Die Mitglieder unterwerfen sich diesen Bedingungen, die sich insbesondere auf folgende Sachgebiete beziehen:
- Fahrtgebiet mit den Lade- und Löschhäfen,
- Transportbedingungen (siehe 8.6),
- Tarife; die Frachtraten werden für bestimmte Güterarten getrennt nach Raum und Gewichtsraten festgesetzt, Zu- und Abschläge oder Rabatte sind unter gewissen Voraussetzungen möglich.
- Überwachung der Vereinbarungen (siehe auch BIMCO).

Schiffsmakler waren ursprünglich die Vermittler beim An- und Verkauf von Schiffen. Hierauf sind heute verhältnismäßig wenige Firmen spezialisiert. Die heutige Hauptaufgabe — Chartergeschäft und Befrachtung in der Linienfahrt — entstand daraus, daß die abwesenden Kapitäne als Schiffseigner oder Mitreeder sich nicht selbst um den Abschluß der neuen Charter kümmern konnten. Die Schiffsmakler sind die Vermittler zwischen den Reedern und den Ladungsbeteiligten. Sie betreiben die Werbung und buchen in der Linienfahrt Ladungen. In dieser Tätigkeit sind sie Agenten der Reederei und erhalten Provisionen. Ferner vermitteln sie gegen eine Courtage den Abschluß von Charterverträgen in der Trampfahrt, stellen die Ladungspapiere aus, berechnen und kassieren die Frachten, klarieren die Schiffe ein und aus, bestellen Lotsen, Schlepper und Stauer und legen die Kosten dafür aus. Dem Kapitän sind sie Ratgeber und Helfer in allen Angelegenheiten des Frachtgeschäftes und auf den sonstigen Gebieten der Schiffahrt.

Schiffsregisterbehörden sind zuständig für das vorgeschriebene Anmelden und Eintragen in das Seeschiffsregister. Sie sind den örtlichen Amtsgerichten angegliedert. Sie erteilen den Schiffen durch das Schiffszertifikat oder das Flaggenzeugnis das Recht und die Verpflichtung zum Führen der deutschen Bundesflagge.

Schutzverein Deutscher Reeder (German Shipowners Defence Association), Hamburg. Der Verein unterstützt seine Mitglieder bei der Beilegung von Streitigkeiten, welche sich aus Frachtverträgen, Versicherungsverträgen, Verlust oder Beschädigung der Ladung, Havariegrosse-Ansprüchen usw. ergeben. Zu diesem Zwecke verfügt er an den bedeutendsten europäischen Plätzen über Anwälte und außerdem über Vertrauensmakler, bei denen die Mitglieder kostenlos Rat und Unterstützung holen können (Liste mit Anschrift der Vertreter sollte sich an Bord befinden). In Streitfällen, deren Klärung von grundsätzlicher Bedeutung und von allgemeinem Interesse ist (test case), übernimmt der Verein auch die Prozeßführung und deren Kosten.

Die Mitgliedsreeder gehören dem Verein mit den angemeldeten Schiffen an. Der überwiegende Teil sind Trampschiffe, doch sind auch Linienschiffe eingetragen. Grundsätzliche Ratschläge über die Ausführung von Charterverträgen hat der Verein in den „25 Goldenen Regeln" gegeben.

Seeamt (siehe Band 2 A, Kap.6).

See-Berufsgenossenschaft (SeeBG), Reimertswiete 2, 2000 Hamburg 11, ist eine Körperschaft des öffentlichen Rechts. Sie ist in folgende Bezirksverwaltungen eingeteilt: I Emden; II Bremen mit Nebenstelle in Bremerhaven; III Hamburg; IV Kiel. An anderen deutschen Plätzen von Bedeutung ist die SeeBG durch technische Aufsichtsbeamte vertreten. Der ursprüngliche Zweck und die heutige Hauptaufgabe der SeeBG ist — wie bei den übrigen Berufsgenossenschaften — die Unfallversicherung der Arbeitnehmer. Besonders wichtig dafür sind die Herausgabe und die Überwachung der Unfallverhütungsvorschriften als vorbeugender Unfallschutz.

Bei der SeeBG wurde der Arbeitsmedizinische Dienst eingerichtet, der die Aufgaben der Betriebsärzte wahrnimmt (siehe 1.15).

Der SeeBG ist die Seekasse mit ihrer Abteilung Seekrankenkasse angeschlossen als Trägerin der Rentenversicherung und der Krankenversicherung. Für diese Zwecke führt die SeeBG die Seemannskartei mit lückenlosen Nachweisen über den Werdegang jedes Seemannes. Die Unterlagen dafür liefern die Seemannsämter bei jeder An- und Abmusterung (Näheres siehe Tabelle 1.6).

Die SeeBG ist von der Bundesregierung mit der Überwachung der Sicherheitsvorschriften und der Erteilung der entsprechenden Zeugnisse beauftragt (vgl. Fahrterlaubnisschein, Sicherheitszeugnis, Freibordzeugnis u. a.).

Rechtsgrundlagen: Gesetz über die Aufgaben den Bundes auf dem Gebiet der Seeschiffahrt; Solas-Üb; SSV; UVV; RVO; SGB (zu den Vorschriften siehe 1.1).

Seemannsamt ist eine von der Landesregierung eingerichtete Behörde mit folgenden Aufgaben:

An- und Abmusterungen, Ausfertigen der Seefahrtbücher und der Musterrolle; Beglaubigungen der Eintragungen des Kapitäns über Abmusterungen im Seefahrtbuch; Überwachung der Einhaltung des Seemannsgesetzes und Fürsorge für den Schiffsmann aufgrund des SeemG und des Tarifvertrages u. a.; Schlichten von Streit zwischen dem Kapitän und dem Schiffsmann, unter Umständen Verhängung von Geldbußen wegen Ordnungswidrigkeiten; Bearbeitung von Beschwerden; Mitwirken bei der Unfallverhütung durch Anzeige an die SeeBG und Mitarbeit bei der Untersuchung von Seeunfällen (bei erheblichen Personenunfällen); Untersuchung von Besatzungsunfällen aufgrund der Reichsversicherungsordnung (Seemannsamt muß Abschrift der Unfallmeldung erhalten); Vertretung der Seekasse der SeeBG, nämlich Weitergabe von Unterlagen für die Sozialversicherung, Auskunft usw.; Überwachung der Besetzung der Schiffe aufgrund der Schiffsbesetzungsverordnung und des Schiffsbesatzungs-Zeugnisses (siehe 1.12.1).

Im Auslande erfüllen die Konsulate die Aufgaben der Seemannsämter.

Strandämter, Strandungsordnung vom 17.5.1874 in der Fassung vom 2.3.1974 und geringfügige Änderung vom 25.7.1986) sind von deutschen Ländern an einigen Küstenorten eingerichtet. Ihnen unterstehen die Strandvögte. Der Vorsitzende eines Strandamtes ist der Strandhauptmann. Die Strandämter sind zuständig bei Seenot in Strandnähe, bei Bergung von besitzlosen Gegenständen, die dem Strandvogt bzw. den Strandämtern zur Verfügung gestellt werden müssen (auch wenn sie auf hoher See geborgen wurden). Bei Strandung in Strandnähe muß der Strandvogt für Hilfeleistung sorgen und verlassene Schiffe oder angetriebene Gegenstände sicherstellen.

Gegen den Willen des Kapitäns dürfen keine Maßnahmen getroffen werden. Bei Bergung muß der Strandvogt alle Schiffs- und Ladungspapiere an sich nehmen, das Tagebuch mit Datum und Unterschrift abschließen und dann alle Papiere dem Reeder oder dem Kapitän zurückgeben.

Strom- und Schiffahrtspolizeibehörden sind nach § 55 SeeSchStrO die Wasser- und Schiffahrtsdirektionen (WSD) Nord und Nordwest sowie die ihnen nachgeordneten Wasser- und Schiffahrtsämter (WSA).

Anmerkung: Nach § 1 des SeeaufgabenG obliegt dem Bund die Abwehr von Gefahren für die Sicherheit und Leichtigkeit des Verkehrs sowie die Verhütung von der Schiffahrt ausgehender Gefahren (Schiffahrtspolizei) und schädlicher Umwelteinwirkungen im Sinne des Bundes-Immissionsschutzgesetzes (siehe Band 2 A, Kap. 3) auf den Seewasserstraßen und den Binnenwasserstraßen sowie in den bundeseigenen Häfen. Auf der Hohen See obliegen dem Bund ferner die schiffahrtspolizeilichen Aufgaben gegenüber Schiffen unter der deutschen Bundesflagge, ferner die Vollzugsaufgaben aufgrund völkerrechtlicher Vereinbarungen und Verpflichtungen und die Überwachung und Unterstützung der Fischerei.

WSD und WSA nehmen hauptsächlich die Verwaltungsaufgaben wahr. Zur Ausübung der Vollzugsaufgaben bedient sich der Bund der Wasserschutzpolizei der Länder, der Zollbehörden und des Bundesgrenzschutzes (siehe jeweils dort). Im übrigen treffen WSD und WSA nach pflichtgemäßem Ermessen die notwendigen Maßnahmen zur Abwehr von Gefahren. Sie können Anordnungen erlassen, die an eine bestimmte Person oder an einen bestimmten Personenkreis gerichtet sind, sog. **Schiffahrtspolizeiliche Verfügungen.** Bestimmte Fahrzeuge oder Vorgänge, die den Verkehr beeinträchtigen können, bedürfen einer **Schiffahrtspolizeilichen Genehmigung.** Vor dem Befahren der Seeschiffahrtsstraßen besteht für bestimmte Fahrzeuge eine Verpflichtung zur **Schiffahrtspolizeilichen Meldung** (siehe Band 2 A, Kap. 2.6.12). Die WSD sind ermächtigt zum Erlaß von **strom- und schiffahrtspolizeilichen Bekanntmachungen und Verordnungen.**

Sonderstelle des Bundes „Ölunfälle See/Küste". Mit Wirkung vom 1. November 1980 wurde bei der Wasser- und Schiffahrtsdirektion Nord mit Sitz beim Wasser- und Schiffahrtsamt Cuxhaven eine Sonderstelle des Bundes für die Bekämpfung von Ölverschmutzungen für den Bereich See/Küste eingerichtet. Die Sonderstelle führt die Bezeichnung:
Wasser- und Schiffahrtsdirektion Nord
Sonderstelle des Bundes „Ölunfälle See/Küste" Cuxhaven, bei Meldungen: „Zentraler Meldekopf (ZMK), Tel. 04721/106-580. Sie nimmt die Aufgaben wahr, die dem Bund aufgrund des „Verwaltungsabkommens zwischen dem Bund und den Küstenländern über die Bekämpfung von Ölverschmutzungen" zufallen; insbesondere:
- die Angelegenheiten des **Ölunfallausschusses See/Küste (ÖSK),**
- die Zusammenarbeit bei der Vorbereitung und Durchführung der Entscheidungen der **Einsatzleitungsgruppe** des Bundes und der Küstenländer zur Bekämpfung von Ölverschmutzungen im Bereich der Wasser- und Schiffahrtsverwaltung (WSV),

- die Wahrnehmung der Aufgaben des **Zentralen Meldekopfes** (ZMK), der die Meldungen über Ölunfälle und -verschmutzungen entgegennimmt (siehe Band 2 A, Kap. 3.4),
- die Planung und Fortschreibung des Gesamtkonzepts zur Ölbekämpfung für den WSV-Bereich sowie die Mitwirkung bei der Beschaffung, Unterhaltung und dem Betrieb von Fahrzeugen und Einrichtungen durch die WSV sowie Vorbereitung und Auswertung von Erprobungen von Bekämpfungseinrichtungen,
- die Wahrnehmung von Aufgaben in den Arbeitsgruppen nach dem Bonn- und Helsinki-Abkommen, bei anderen internationalen Fachveranstaltungen und nationalen Fachgremien.

UN (United Nations) siehe Vereinte Nationen

UNCTAD (United Nations Conference on Trade and Development, siehe Vereinte Nationen)

Verband Deutscher Kapitäne und Schiffsoffiziere e. V., Palmaille 29, 2000 Hamburg-Altona, ist eine Berufsorganisation ohne gewerkschaftlichen Charakter. In ihm sind die entsprechenden örtlichen Vereine zusammengeschlossen. Zweck des Verbandes: Förderung des Berufsstandes auf allen Gebieten des Berufslebens und Mitarbeit an allen die Schiffahrt betreffenden rechtlichen und wirtschaftlichen Fragen. Der Verband ist Mitglied der International Federation of Shipmasters Associations (IFSMA).

Verband Deutscher Reeder e. V., Esplanade 6, 2000 Hamburg 36. Ihm gehören die Reeder mit Ausnahme der Küstenschiffer an, die in dem **Verband Deutscher Küstenschiffseigner,** Große Elbstraße 36, Hamburg 50, zusammengeschlossen sind. Die Verbände vertreten die Gesamtheit der Mitglieder in allen wirtschaftspolitischen und sozialpolitischen Fragen. Die örtlichen Reedervereinigungen stehen dann nur in einem losen Zusammenhang. Außerdem gibt es noch den Verband der Deutschen Hochseefischerei. Für Tarifverhandlungen wurde beim VDR eine Tarifgemeinschaft gebildet.

Verein Hamburger Assecuradeure und **Verein Bremer Seeversicherer e. V.** sind Zusammenschlüsse der in Hamburg und Bremen ansässigen Seeversicherer. (Näheres siehe 15).

Vereinte Nationen (VN) — United Nations (UN)

1. Allgemeines

Als Organisation der Vereinten Nationen werden sie häufig auch als United Nations Organization (UNO) bezeichnet. Unter diesem Begriff wurde die UNO nach dem Zweiten Weltkrieg durch die UN-Charta geschaffen. Umfaßte sie ursprünglich nur 51 Staaten, so waren es 1984 159 Miglieder. Die Bundesrepublik Deutschland hat sich 1973 angeschlossen, in den Unterorganisationen wie z. B. der IMO aber schon vorher mitgewirkt. Die Mitglieder verpflichten sich in der UN-Charta, den Weltfrieden und die internationale Sicherheit zu erhalten, freundschaftliche Beziehungen zwischen den Völkern herzustellen und eine internationale Zusammenarbeit zur Lösung wirtschaftlicher, sozialer, kultureller und humanitärer Probleme herbeizuführen.

Organe der UN:

2. Generalversammlung (Vollversammlung)

Als Hauptorgan stellt die Generalversammlung praktisch den Mittelpunkt der UN dar. Sie besteht aus allen Mitgliedern, die unabhängig von der Größe des Staates gleiches Stimmrecht haben. Sie kann Nebenorgane einsetzen:

a) **Hauptausschüsse**
b) **Ständige und Verfahrensausschüsse**
c) **Sonstige Hilfsorgane,** wie z. B.
United Nations Commission on International Trade Law (UNCITRAL). Dieser ständige Ausschuß befaßte sich u. a. auch mit der Revision der Haager Regeln (siehe Hamburg Rules 8.5).

d) Sonderorgane

Um den Einfluß der Generalversammlung zu stärken, wurden insbesondere auf Drängen der Dritten Welt Sonderorgane (special bodies) geschaffen, so z. B.

United Nations Conference on Trade and Development (UNCTAD). Sie wurde am 30.12.1964 als ständige Organisation der UN-Generalversammlung aufgrund der Empfehlungen der I. Welthandelskonferenz vom Frühjahr 1964 in Genf (WHK I) errichtet. Sie soll den internationalen Handel fördern, d. h. die wirtschaftliche Entwicklung beschleunigen, und zwar den Handel zwischen Industrie- und Entwicklungsländern, zwischen den Entwicklungsländern untereinander sowie zwischen Ländern mit unterschiedlichen Wirtschafts- und Sozialsystemen. An den Arbeiten nehmen auch Delegationen aus der Bundesrepublik Deutschland teil.

Für die Linienschiffahrt ist der sog. **UNCTAD-Kodex,** der mit dem Gesetz zu dem Übereinkommen vom 6. April 1974 über einen Verhaltenskodex für Linienkonferenzen ratifiziert worden und am 6. Oktober 1983 in Kraft getreten ist, von Bedeutung.

e) Konferenzen

Internationale Konferenzen werden von den UN einberufen, um über einen begrenzten Problembereich zu verhandeln und entsprechende Konventionen zu erarbeiten; z. B. Umweltschutzkonferenz 1972 in Stockholm und Dritte Seerechtskonferenz in New York, Caracas und Genf; am 30. April 1982 wurde die **Internationale Seerechtskonvention** angenommen.

f) Internationaler Gerichtshof (IGH)

Er ist das Hauptorgan der Rechtsprechung. Der IGH entscheidet in Streitfällen, wenn sich beide Parteien ihm unterwerfen. Auf Antrag der Generalversammlung fertigt er Gutachten an.

3. Sonderorganisationen, Spezialorganisationen

Es sind juristisch selbständige Organisationen der UN auf den Gebieten der Wirtschaft, des Sozialwesens, der Kultur, der Erziehung, der Gesundheit u. a.

a) International Labour Organization (ILO). Bereits 1919 als Ergebnis der Arbeiterbewegung von den alliierten Staaten gegründet, erhielt sie 1946 den Status einer Sonderorganisation der UN. Sie hat die Aufgabe, in allen Ländern der Welt den sozialen Fortschritt durch Verbesserung der Arbeitsbedingungen, der Arbeitsproduktivität sowie der Arbeitssicherheit und -hygiene zu fördern. Neben Regierungsvertretern wirken in ihr Vertreter der Arbeitnehmer und Arbeitgeber gleichberechtigt mit. Organe der ILO sind die Allgemeine Konferenz, der Verwaltungsrat und das Internationale Arbeitsamt. Die Allgemeine Konferenz ist das Weltforum für soziale und arbeitspolitische Fragen, sie verabschiedet internationale Arbeitsnormen, z. B. das Übereinkommen Nr. 147 der ILO vom 29. Oktober 1976 über Mindestnormen auf Handelsschiffen (siehe 1).

b) World Meteorological Organization (WMO). Sie wurde 1947 auf einer Konferenz der Internationalen Meteorologischen Organisation in Washington gegründet, seit 1951 hat sie den Status einer Sonderorganisation mit dem Ziel, die meteorologischen und die hydrologischen Aktivitäten und Forschungen zu koordinieren und die gegenseitige Information zu fördern. Wichtiges Organ ist der Meteorologische Weltkongreß.

c) International Maritime Organization (IMO). Die Internationale Seeschiffahrtsorganisation ist die wichtigste Sonderorganisation für die Seeschiffahrt. 1959 nahm sie als Inter-Governmental Maritime Consultative Organization (IMCO) ihre Arbeit mit Sitz in London auf. 1982 erfolgte die Namensänderung in IMO.

Das Hauptorgan der IMO ist die Versammlung (Assembly). Sie besteht aus sämtlichen Mitgliedern und tagt alle zwei Jahre. Der Rat (Council) nimmt zwischen den Tagungen die Geschäfte der IMO wahr, er hat 24 Mitglieder. Vier Ausschüsse tragen die Aufgaben im Bereich der internationalen Seeschiffahrt:

- **Schiffssicherheitsausschuß (Maritime Safety Committee)**
    Als ältester und bedeutenster Ausschuß prüft er alle Angelegenheiten, die in den Tätigkeitsbereich der IMO fallen. Bei seiner Arbeit bedient er sich einer Reihe von Unterausschüssen

(Sub-Committees):
- Safety of Navigation;
- Radiocommunication;
- Life-Saving Search and Rescue;
- Standards of Training and Watchkeeping;
- Carriage of Dangerous Goods;
- Containers and Cargoes;
- Stability and Load Lines and Safety of Fishing Vessels;
- Fire Protection;
- Ship Design and Equipment.
- **Ausschuß für Meeresumweltschutz (Marine Environment Protection Committee)**
  Tankerunfälle führten zur Erkenntnis, daß die Erhaltung der Meeresumwelt neben der Schiffssicherheit eine herausragende internationale Aufgabe ist (siehe Band 2 A, Kap. 3). Im Sub-Committee on Bulk Chemicals wird die Verflechtung mit den Aufgaben der Schiffssicherheit (Carriage of Dangerous Goods) deutlich.
- **Rechtsausschuß (Legal Committee).**
  Bearbeitet werden neben allen Rechtsfragen seerechtliche Übereinkommen haftungsrechtlichen Inhalts (siehe 14.4).
- **Ausschuß für technische Zusammenarbeit (Committee on Technical Co-Operation).**

Versicherungsmakler vermitteln den Abschluß von Versicherungsverträgen über Schiffe und Waren zwischen dem Versicherungsnehmer und der Vielzahl der Versicherer. Sie kassieren die Prämien, verteilen diese auf die Versicherer und ziehen umgekehrt von diesen bei Ersatzpflicht die Anteile am Schadenersatz ein. In der Praxis sind sie die Vertreter des Reeders oder des Versicherungsnehmers gegenüber den Versicherern in allen Fragen der Seeversicherung.

Wasser- und Schiffahrtsdirektionen (WSD)unterstehen dem Bundesverkehrsminister (siehe oben) unmittelbar, jedoch dessen Abteilung Seeverkehr in Hamburg, soweit es sich um die Belange der Seeschiffahrt handelt. Die Küstendirektionen sind Nordwest in Aurich und Nord in Kiel. Ihnen unterstehen mehrere Wasser- und Schiffahrtsämter. Die Direktionen und unterstellten Dienststellen sind u. a. zuständig für den Ausbau, die Überwachung und Instandhaltung der Seeschiffahrtsstraßen, für die Betonnung und Befeuerung und für das Lotsenwesen, für das Ausstellen von Flaggenscheinen, für Devisengenehmigungen usw.

Wasserschutzpolizei. Die Schiffsleitung bekommt in Deutschland hauptsächlich mit der Wasserschutzpolizei zu tun, deren Beamten jederzeit Zutritt zum Schiff zu gewähren ist (§ 8 BundesaufgabenG). Die Fahrzeuge der Wasserschutzpolizei führen nicht die Bundesdienstflagge. Bei einem Einsatz wird ein dauerndes blaues Funkelicht gezeigt. Das Signal „kurz lang kurz kurz" („L") ist die Aufforderung zum Anhalten.
   Nach dem Polizeigesetz hat die Polizei die notwendigen Maßnahmen zu treffen, um von der Einzelperson und der Allgemeinheit Gefahren abzuwenden, welche die öffentliche Sicherheit und Ordnung bedrohen. Aus dieser und verschiedenen anderen Rechtsgrundlagen ergeben sich folgende Hauptaufgaben: Überwachung der Sicherheit in den Häfen, auf den Schiffahrtsstraßen und innerhalb der Hoheitsgewässer (SeeStrO, SeeSchStrO, SSV, Freibordverordnung, UVV usw.); Amtshilfe für Seeämter und Gerichte, also Meldung von Seeunfällen, Personenunfällen und Erforschen strafbarer Handlungen; Überwachung der Besetzungsvorschriften, des Flaggenrechts, der Schiffsausrüstung mit Laternen usw.; Paßnachschau und Ausgabe von Landgangsausweisen an ausländische Schiffsbesatzungen; Amtshilfe für die Zoll-, Schiffahrts- und Hafenbehörden siehe auch Bundesgrenzschutz.

Zentraler Meldekopf (ZMK), Cuxhaven, Tel. 0 47 21/1 06-5 80 siehe Sonderstelle des Bundes „Ölunfälle See/Küste" und Band 2 A, Kap. 3.

Zoll siehe Bundeszollverwaltung.

7 Verklarung und Seeprotest

vgl. HGB

Ein wichtiges Mittel zur Beweissicherung ist die Verklarung. Nach dem Seerechtsänderungsgesetz vom 21.6.1972, welches die Verklarung neu regelte, handelt es sich nicht mehr um eine Art Rechenschaftsablegung durch Kapitän und Besatzung gegenüber dem Reeder und den Ladungsbeteiligten, sondern um „eine Beweisaufnahme über den § 524 tatsächlichen Hergang des Unfalls, sowie über den Umfang des eingetretenen Schadens und über die zur Abwendung oder Verringerung desselben angewendeten Mittel".

Der Kapitän ist berechtigt und auf Verlangen verpflichtet, die Aufnahme einer Ver § 522 klarung zu beantragen.

Der Reeder kann in jedem Fall eine Verklarung verlangen. Der Inhaber eines Rechts am Schiff, der Ladungsbeteiligte, der Reisende und die Personen der Schiffsbesatzung können eine Verklarung verlangen, soweit ein Unfall für sie einen erheblichen Vermögensnachteil zur Folge haben kann.

Anmerkung: Die Antragsteller tragen in dem Fall die Kosten, soweit sie nicht einen An § 525 spruch auf Ersatz des Schadens haben. Sie können eine Abschrift der Tagebucheintragungen, des Verklarungsberichts und der Niederschrift der Beweisaufnahme verlangen.

Ort der Verklarung ist der Hafen, den das Schiff nach dem Unfall oder nach dem Verlangen zuerst erreicht, soweit die Reise dadurch nicht unverhältnismäßig verzögert wird. Zuständig ist im Inland das Amtsgericht, im Ausland das deutsche Konsulat.

Das Verfahren beginnt mit dem Antrag des Kapitäns auf Aufnahme der Verklarung. § 523 Zum Antrag gehören:

Eine öffentlich beglaubigte Abschrift der den Unfall betreffenden Eintragung im Tagebuch und eine Besatzungsliste. Ein Verklarungsbericht ist nur notwendig, wenn eine beglaubigte Abschrift des Tagebuchs nicht vorgelegt werden kann. Gefordert wird dann „eine vollständige Beschreibung der erlittenen Unfälle unter Angabe der zur Abwendung oder Verringerung der Nachteile angewendeten Mittel".

Anmerkung: Ein Verklarungsbericht, der Ladungsschäden betrifft, sollte enthalten: Alle Eintragungen in das Tagebuch über See- und Ladungstüchtigkeit; Anfang der Seereise; Passieren wichtiger Punkte; allgemeine Wetterlage während der ganzen Reise unter Hervorhebung von schwerem Wetter mit Windrichtung und Stärke, Seegang, Wasser an Deck; Lüften der Ladung, Öffnen und Schließen der Luken; Unfälle und tatsächlich eingetretene Beschädigungen mit genauer Darstellung des Hergangs; Maßnahmen zur Abwendung oder Minderung der Schäden so ausführlich wie möglich; vermutete Beschädigungen. Bei Schiffsschäden vermerken: „Ob noch weitere Schäden entstanden sind, muß eine spätere Untersuchung zeigen." Bei Ladungsschäden vermerken: „Es ist möglich, daß noch weitere Schäden entstanden sind." In dem Vermerk soll nichts Endgültiges festgestellt werden, wenn weitere Schäden möglich sind. Im Ausland muß großer Wert auf eine gute Übersetzung gelegt werden.

Die Ausführlichkeit des Verklarungsberichtes ist natürlich nur dann geboten, wenn die Beschreibung des ganzen Reiseverlaufs, z. B. für die Entstehung eines Ladungsschadens, erforderlich ist. Andernfalls beschränke man sich auf die Darstellung des Unfalles selbst, d. h., in der Regel auf den fraglichen, kurzen Zeitabschnitt.

vgl. HGB

Zur Aufnahme der Verklarung wird ein Termin bestimmt. Geladen werden dazu der Kapitän und die Zeugen. Mitgeteilt wird der Termin dem Reeder und den etwa sonst durch den Unfall Betroffenen, soweit dies ohne unverhältnismäßige Verzögerung geschehen kann. Sie können Beweisanträge stellen. Das Gericht oder der Konsularbeamte ist befugt, eine Ausdehnung der Beweisaufnahme auch von Amts wegen anzuord-

§ 524   nen. Die Zeugen sollten in der Regel unbeeidigt vernommen werden. Eine Beeidigung des Kapitäns findet nicht statt.

Im Ausland kennt man ebenfalls die Verklarung, die vor den Gerichten oder vor den Hafen- oder Zollbehörden abgelegt wird. In jedem Fall ist ein in Seesachen erfahrener Anwalt zu Rate zu ziehen.

In den USA und in den Commonwealth-Ländern ist statt der Verklarung nur der Seeprotest (Note of Protest) üblich. Ein Protest ist im wesentlichen eine Erklärung des Kapitäns über die Begebenheiten der Reise, durch welche ein Unfall verursacht worden ist oder verursacht worden sein könnte. Er ist eine kurze Darstellung über den Reiseverlauf mit den erforderlichen Angaben über See- und Ladungstüchtigkeit zu Beginn der Reise. Der Hauptgrund eines Protestes ist es, Schadenersatzansprüche der Ladungsbeteiligten abzuwehren. Einen Zwang, Protest abzulegen gibt es nicht. Abgelegt wird er vor einem Notar oder Konsulat. Der Kapitän behält sich dabei das Recht vor, den Protest zu gegebener Zeit zu erweitern (Extension of Protest).

8 Seefrachtgeschäft

8.1 Seefrachtgeschäft im Außenhandel, Personen, wichtigste Papiere

Das Seefrachgeschäft ist ein Hilfsgewerbe des Außenhandels. Zum allgemeinen Verständnis müssen folgende Zusammenhänge bekannt sein:

(1) Außer dem Exporthandelshaus tritt auch der Fabrikant selbst als Exporteur auf. Nach erheblicher Vorarbeit arbeitet der Exporteur dem ausländischen Interessenten ein ausführliches Angebot aus. In diesem nennt er die näheren Verkaufsbedingungen, nämlich Verkaufspreis, Verkaufsart, Lieferungs- und Zahlungsbedingungen.

Lieferungsbedingungen
Im Kaufvertrag werden die Lieferungsbedingungen frei vereinbart oder nach marktüblichen Klauseln geregelt. Sehr häufig werden die sog. INCOTERMS (International Commercial Terms) für die Lieferung angewandt. Hauptsächliche Verkaufsarten sind:

- CIF (cost, insurance and freight): Der Verkäufer kalkuliert den Verkaufspreis frei Bestimmungsort, indem er alle Kosten bis an Bord, die Fracht und die Seeversicherung einbezieht.
- FOB (free on board): Der Verkäufer kalkuliert den Verkaufspreis frei an Bord. Der Käufer muß also die Kosten des Überseetransports und der Seeversicherung tragen. Hauptsächlich im Massengutverkehr üblich, weil dieser Käufer in der Regel sehr erfahren im Seefrachtgeschäft ist und selbst den Schiffsraum chartern will, um die Marktlage auszunutzen. FOB wird auch angewandt, um in einem Importland Devisen für Transport und Versicherung durch Einsatz der nationalen Flotte und Versicherer zu sparen.
- FRC (free carrier): Diese Vertragsformel trat 1980 in Kraft, um den Anforderungen des multimodalen Transports zu entsprechen, wie Container- oder RoRo-Verkehr per LKW und Schiff. Sie entspricht FOB mit der Ausnahme, daß der Verkäufer seine Verpflichtung erfüllt hat, wenn er die Ware dem Frachtführer am benannten Ort übergibt. Als Frachführer gilt jeder, durch den oder in dessen Namen ein Vertrag über die Beförderung per Straße, Schiene, Luft, See oder im kombinierten Verkehr abgeschlossen worden ist.

Zahlungsbedingungen
- Lieferung gegen unwiderrufliches Akkreditiv[1], das die Bank des Käufers für eine bestimmte Frist bei der Bank des Verkäufers eröffnet. Die Kaufsumme wird nur gutge-

---

1 Von der Internationalen Handelskammer in Paris (ICC) wurden Einheitliche Richtlinien und Gebräuche für Dokumenten-Akkreditive (ERA) aufgestellt, die weltweit von den Banken anerkannt werden. Die letzten Revisionen erfolgten 1974 und 1983. Die Richtlinien wurden u. a. auch den Bedingungen des multimodalen (kombinierten) Transports und den modernen Kommunikations- und Reproduktionstechniken angepaßt.

schrieben, wenn die Akkreditivbedingungen genau erfüllt sind (z. B. Rechnung oder Konsulatsrechnung, Bordkonnossement, Ursprungszeugnis, Versicherungspolice).

- Lieferung und Zahlung gegen Dokumente. Die Bank des Verkäufers verpflichtet die Bank des Käufers, diesem die übersandten Papiere (Konnossement usw.) nur gegen Barzahlung auszuhändigen.

Zahlung mit Ziel nach Lieferung. Wenn die Devisenbestimmungen und Handelsverträge es zulassen, wird bei gutem gegenseitigen Einvernehmen der Käufer verpflichtet, nach einer bestimmten Frist zu zahlen, die mit der Verschiffung beginnt. Oft werden dabei Wechsel gezogen.

- Lieferung nach Vorauszahlung. Diese für den Verkäufer sehr sichere Zahlungsweise kommt im normalen Warengeschäft kaum noch vor. Aus Liquiditätsgründen ist jeder Käufer bestrebt, für die zu leistenden Zahlungen Aufschub zu erlangen.

Im folgenden kann nur ein Beispiel der verschiedenen Exportmöglichkeiten herausgegriffen werden, da Einzelheiten u. a. von den Devisen- und Handelsbestimmungen der Staaten abhängen.

(2) Bei vorliegendem Interesse erwirkt der Importeur als späterer Empfänger der Ladung eine Importlizenz und erteilt dann den Auftrag. Gleichzeitig beauftragt er seine Bank z. B. mit der Eröffnung eines Akkreditivs. Dieses wird wegen der Devisenbestimmungen befristet, wodurch gleichzeitig eine pünktliche Lieferung erreicht wird.

(3) Wenn der Exporteur über die Importlizenznummer und durch seine Bank über die Akkreditiveröffnung unterrichtet ist, übersendet er dem Importeur eine Auftragsbestätigung und leitet die Herstellung der Güter ein.

Bis hierher handelt es sich nur um Außenhandel. Erst jetzt kommt das Seefrachtgeschäft hinzu:

(4) Befrachter (Charterer), Verfrachter (Owner, Carrier), Frachtvertrag (Charterparty, C/P), Konnossement (Bill of Lading, B/L.) Obwohl der Auftrag häufig eine Laufzeit von mehreren Monaten hat, bemüht sich der Exporteur als Befrachter rechtzeitig um Schiffsraum. Er setzt sich deswegen mit einem Reeder (Verfrachter) in Verbindung oder meistens mit dem Makler des Reeders. Für Massenladung wird — in der Regel auch bei Beförderung mit einem Linienschiff — ein Chartervertrag abgeschlossen. Für Stückgüter dagegen erteilt der Befrachter mündlich oder schriftlich den Auftrag, in der Linienfahrt für eine bestimmte Abfahrt unter den Bedingungen des Konnossements und der Konferenzraten die Ladung zu buchen, und schließt so den Stückgutfrachtvertrag. (Sehr häufig läßt auch ein Seehafenspediteur im Auftrage des Exporteurs die Ladung buchen.) Über die Buchung wird eine Buchungsnote (Booking Note) erteilt.

(5) Ablader (Shipper), Schiffsmakler (Broker, Agent), Shipping Order, Mate's Receipt. Vor der Versandbereitschaft erwirkt der Befrachter bei seiner Außenhandelsbank — je nach den geltenden Bestimmungen — eine Ausfuhrgenehmigung. Dann beauftragt er mit der Lieferung an das Schiff einen Seehafenspediteur als Ablader (aus dem Binnenlande in der Regel über einen am Orte ansässigen Spediteur). Dieser ruft die Güter rechtzeitig ab, erledigt die Zollformalitäten der Ausfuhr und liefert die Güter im eigenen Namen im Einvernehmen mit dem Makler an das Schiff (aufgrund einer sogenannten Shipping Order) oder an die Kaianstalt. Nach der Übergabe erhält der Ablader vom Schiff das Mate's Receipt oder von der Kaianstalt den Kaiempfangsschein. Auf diese Papiere wird gelegentlich verzichtet, wenn der Makler die Güter durch eine Tallyfirma aufgrund eines Tallymanifestes in das Schiff zählen läßt.

(6) Konnossement (Bill of Lading, B/L). Der Ablader hat inzwischen die Konnossementsformulare, die als Wertpapiere die Ladung vertreten, in der für den Empfänger benötigten Stückzahl ausgefüllt und dem Makler übergeben. Dieser prüft sie anhand des jetzt vorgelegten Mate's Receipt oder des Empfangsscheins oder der Tallyunterlagen und setzt gegebenenfalls Mängelvermerke (Abschreibungen) in das Konnossement ein. Dann zieht er z.B. bei einem CIF-Verkauf die Fracht ein, die der Ablader für den Befrachter auslegt, und händigt in der Regel drei gezeichnete Konnossemente aus.

(7) Der Ablader läßt im Auftrage des Befrachters die Güter über einen Seeversicherungsmakler versichern (siehe 15.4). Dann indossiert er (Rechtsübertragung durch Unterschrift) die Konnossemente und die Versicherungspolice, die in der Regel ebenfalls in zwei oder drei Ausfertigungen ausgestellt wird, und übergibt sie dem Befrachter oder dessen Bank.

(8) Die Bank prüft, ob alle Akkreditivbedingungen erfüllt sind, und übersendet dann alle Papiere durch Luftpost der Bank des Empfängers. Eines der Konnossemente wird sicherheitshalber durch Schiffspost versandt.

(9) **Manifeste, Captain's Copy.** Der Makler hat inzwischen anhand der Konnossemente und der übrigen Ladungsunterlagen die Manifeste in der für die ausländischen Zollbehörden benötigten Stückzahl vorbereitet. Die Manifeste werden gegebenenfalls berichtigt oder durch Zusatzmanifeste ergänzt und dann dem Schiff zusammen mit Konnossementsabschriften (Captain's Copy) und den übrigen Klarierungspapieren übergeben. Das Schiff kann jetzt auslaufen.

(10) Die ausländische Bank zieht nach dem Empfang der Papiere von dem Ladungsempfänger den Gegenwert für das in Anspruch genommene Akkreditiv ein und händigt die Papiere aus. Das gegebene Akkreditiv löst sie durch Gutschrift zugunsten der Bank des Verkäufers ab, so daß dieser über sein Geld verfügen kann.

(11) **Empfänger (Consignee, Receiver), Freistellung (Delivery Order (D/O)).** Der Ladungsempfänger, der nicht immer mit dem ursprünglichen Importeur identisch ist, indossiert das oder die Konnossemente und übergibt sie dem Makler des Reeders im Bestimmungshafen. Dort wird geprüft, ob die Fracht bezahlt ist (unterschriebener Stempelaufdruck „Freight Prepaid"). Sodann erhält der Empfänger die Freistellung, die auch als Delivery Order (D/O) bezeichnet wird.

(12) Das einklarierte Schiff übergibt die Ladung in der Regel einer Kaianstalt aufgrund eines Manifestes oder eines Tallybuches, ohne auf den Empfänger zu warten. Dieser erhält die Güter von der Kaianstalt gegen Abgabe der Freistellung. Er kann auch einen Spediteur mit dem Empfang beauftragen.

8.2 Beteiligte des Seefrachtgeschäftes

Die Beteiligten sind in der Reihenfolge des Auftretens aufgeführt. Bei Vertragsbruch sind sie zum Schadensersatz verpflichtet. Eine solche Inanspruchnahme hängt von kaufmännischen Erwägungen ab.

Befrachter (Charterer) verspricht vertraglich, Güter zur Beförderung zu liefern und Fracht zu bezahlen.

Verfrachter (Carrier, Owner) verspricht vertraglich, die Güter gegen Fracht zu befördern und an den Inhaber des Konnossements auszuliefern. Häufig ist er der Reeder. Vom **Non Vessel Operator** (NVO) spricht man, wenn der Verfrachter Schiffe chartert (siehe Zeitcharter, 8.7.3) oder auch Transporte mit eigenen Containern durchführt, aber keine eigenen Schiffe hat.

Combined Transport Operator (CTO), auch Multimodal Transport Operator (MTO) genannt, verspricht vertraglich die Durchführung der Beförderung mit verschiedenen Verkehrsmitteln als eigene Leistung. Ausgestellt wird nur **ein** Frachtdokument (siehe 8.6).

Ablader (Shipper) liefert die Güter im **eigenen Namen,** jedoch für Rechnung des Befrachters, an das Schiff.

Anmerkung: In der Regel ist der Ablader **Seehafenspediteur.** Er wird tätig aufgrund eines
Speditionsvertrages mit dem Befrachter. Wesentliche Aufgaben sind:
Beim Export
- Buchung beim Verfrachter, in der Regel beim Makler bzw. beim Agenten;
- Besorgen des Vortransportes zum Seehafen;
- Empfangskontrolle im Seehafen;
- Beschaffung der erforderlichen Dokumente wie Schiffszettel, Konnossemente, Ursprungs-
  zeugnisse, Ausfuhrabfertigung;
- Abschluß einer Transportversicherung, gewöhnlich verfügt er über eine Generalpolice
  (siehe 15.4);
- Empfang der Dokumente und Versand.
Beim Import (im Auftrag des Empfängers)
- Empfang der Sendung vom Verfrachter gegen Vorlage des Konnossements oder Delivery
  Order;
- Durchführung der Empfangskontrolle, ggf. Mängelrüge;
- Zollabfertigung.

Empfänger (consignee, receiver) ist der zum Empfang der Güter Berechtigte. Seine
Rechte leitet er aus dem Konnossement oder aus dem Frachtvertrag direkt ab.

Makler (Agent, Broker) ist nicht selbst Beteiligter des Frachtgeschäftes, sondern — allerdings wichtiger — Mittler.

Anmerkung: Grundlage der Vermittlungstätigkeiten sind die „Allgemeinen Geschäftsbedingungen der Schiffsmakler". Nach § 1 wird der Makler stets im Auftrage und für Rechnung eines anderen tätig. Er wird tätig als:
Befrachtungsmakler, welcher über internationale Verbindungen notwendige Informa-
tionen über angebotenen Schiffsraum sammelt und übermittelt (Positionslisten der
Schiffe) und für den Abschluß der Charter sorgt.
Klarierungsmakler, der dafür sorgt, daß das Schiff schnell und reibungslos ein- und
ausklariert wird, daß die Dispositionen für den Umschlag getroffen werden und daß
der Nachrichtenverkehr mit den Beteiligten durchgeführt wird.
Linienagent, welcher aufgrund eines ständigen Vertragsverhältnisses mit einem bestimmten Reeder neben der Schiffsabfertigung auch einen besonderen Aufgabenbe-
reich in der Ladungswerbung und Ladungsabfertigung hat.

8.3   Linienfahrt

Zwischen den Industrienationen findet ein ständiger Warenaustausch statt. Daneben
werden aus den Industriegebieten hochwertige Industriegüter in andere Länder expor-
tiert. Das erfordert einen geregelten Warenaustausch mit regelmäßigen Abfahrten nach
allen Erdteilen. Durch neue Technologien im Übersee-Transport wie Container-,
Ro/Ro-, Fähr- und Lashverkehr werden die Abfertigungszeiten in den Häfen verkürzt.
Da nicht mit jedem einzelnen Befrachter ein Frachtvertrag ausgehandelt werden kann,
wird die Linienfahrt unter einheitlichen Bedingungen betrieben.
   Diese Bedingungen werden als „Allgemeine Transportbedingungen" zum Inhalt des
Konnossements gemacht. In den Buchungsnoten wird auf die Bedingungen verwiesen.
Das Konnossement wird somit zur Beweisurkunde für den Inhalt des abgeschlossenen
Stückgutfrachtvertrags.
   Ausgehandelt werden diese Bedingungen in der Regel in den sog. Schiffahrtskonfe-
renzen. Zu solchen Konferenzen schließen sich Linienreedereien eines bestimmten,
begrenzten Verkehrs zusammen. Auf der Grundlage einer vertraglichen Regelung werden einheitliche Tarife sowie die Tätigkeit im Verkehrsbetrieb, die Kontrolle der Inne-
haltung der Konferenzbedingungen und die Formulierung der Konnossementstexte

vereinbart. Im übrigen gelten die sog. liner terms: Der Reeder trägt die Kosten für das vgl. HGB
Laden und Löschen, und die Güter sind so schnell anzuliefern bzw. abzunehmen, wie
das Schiff laden bzw. löschen kann.

Die Mindesthaftung des Reeders ist in der Linienfahrt weitgehend zwingend durch
die Haager Regeln mit den jeweiligen Ergänzungen und Änderungen geregelt (siehe
8.5).

8.4 Trampschiffahrt

Massenladungen aller Art finden den benötigten Schiffsraum auf dem freien Welt-
markt der Trampschiffahrt. Entsprechend der allgemeinen Marktlage werden hier die
Bedingungen zwischen Reeder bzw. Verfrachter und Befrachter unter Einschaltung eines Schiffsmaklers von Fall zu Fall ausgehandelt und im Chartervertrag niedergelegt. § 556 ff.

Für die verschiedenen Bedürfnisse bei der Verschiffung sind für die jeweiligen Ladungsgüter und Fahrtgebiete Charterverträge entworfen worden, die als Vordrucke
beim Abschluß der Frachtverträge Verwendung finden (siehe 8.7).

Neben der Verschiffung von Massengutladungen kommt es auch bei Sonderverschif-
fungen zu Einzelabmachungen, z. B. beim Transport von Schwergut, im Off-shore-
Geschäft oder bei der Abfallbeseitigung.

Generell gilt beim Abschluß eines Chartervertrages Vertragsfreiheit. Hiervon wird
auch weitgehend Gebrauch gemacht. Wird jedoch ein Konnossement ausgestellt, dann
gelten die Haager Regeln von dem Zeitpunkt ab, in dem das Konnossement an einen
Dritten gegeben wird **(Fortsetzung Trampschiffahrt siehe 8.7).** § 663 a

8.5 Die Haftung des Verfrachters. Haager Regeln [2]

Der Verfrachter übernimmt beim Transport die Güter in seine Obhut; er wird unmittelbarer
Besitzer der Ladung. Der Kapitän übt als Besitzdiener (§ 855 BGB) dieses Besitzrecht für den
Verfrachter aus. Aus der Obhutspflicht folgt die Haftung des Verfrachters, falls Schäden oder
Verluste während des Transports auftreten. Der Umfang der Haftung ergibt sich aus der ver-
traglichen und der gesetzlichen Regelung.

Da im Linienfrachtgeschäft die Bedingungen des Konnossements als Stückgutfrachtvertrag
lange Zeit hindurch vom Reeder mehr oder weniger einseitig festgelegt werden konnten, be-
diente dieser sich häufig — ausgehend von englischen Bräuchen — der sogenannten absoluten
Negligence-Klausel, wonach er praktisch für keinerlei Ladungsschäden zu haften brauchte.
Diesen Zustand schränkten die USA als erster Staat durch den Harter Act 1893 ein. Nach diesem Vorbild wurde 1924 als Staatsvertrag das Brüsseler Übereinkommen zur einheitlichen
Festlegung von Regeln über Konnossemente abgeschlossen. Diese sog. Haager Regeln traten

---

2 Das Internationale Übereinkommen zur Vereinheitlichung von Regeln für Konnossemente
(IÜK) vom 25.8.1924 ist allgemein unter der Bezeichnung Haager Regeln bekannt. Eine
teilweise Neufassung erfolgte auf der Grundlage der 1963 in Stockholm erarbeiteten Visby-
Rules. In Deutschland waren die Haager Regeln schon 1937 in das HGB übernommen. Mit
dem Zweiten Seerechtsänderungsgesetz von 1986 erfolgte eine Anpassung des HGB an die
Visby-Rules.
Auch nach dieser Änderung wird nachstehend für die zwingenden Vorschriften des See- § 662
frachtgeschäftes der Begriff „Haager Regeln" beibehalten.
Folgende Staaten haben die Visvy Rules verabschiedet oder übernommen (Stand 1.1.87):
Ägypten, Argentinien, Belgien, Dänemark (ohne Faröer Inseln), DDR, Ecuador, Finnland,
Frankreich, Italien, Libanon, Niederlande, (mit Aruba), Norwegen, Polen, Schweden,
Schweiz, Singapur, Spanien, Sri Lanka (Ceylon), Syrien, Tonga, Vereinigtes Königreich
(Großbritannien).

vgl. HGB   durch Gesetz vom 10.8.1937 im Jahre 1940 in Deutschland in Kraft. Das HGB wurde entsprechend geändert. Ebenso wurde das Übereinkommen von den anderen maßgebenden Schiffahrtsnationen übernommen (Großbritannien: Carriage of Goods by Sea Act, 1924; USA: Carriage of Goods by Sea Act, 1936). Seit 1959 befaßte sich eine Kommission des Comité Maritime International (CMI, siehe 6) mit Änderungsvorschlägen. Diese wurden 1963 auf der Stockholmer Konferenz als sog. Visby Rules angenommen. Auf der Internationalen Seerechtskonferenz am 23.2.1968 in Brüssel ist auf der Grundlage der Visby Rules ein Abkommen zur Änderung der Haager Regeln gezeichnet worden. Das Protokoll zur Änderung des am 25.8.1924 in Brüssel unterzeichneten Internationalen Übereinkommens zur Vereinheitlichung von Regeln über Konnossemente wurde u. a. auch von der BR Deutschland unterzeichnet.

Am 23.6.1977 traten die geänderten Haager Regeln, die **Haager-Visby Regeln** für folgende Staaten in Kraft: Dänemark, Frankreich, Norwegen, Schweden, Schweiz, Großbritannien, Ekuador, Libanon, Singapur und Syrien. Dazu kamen Belgien 1978, DDR 1979, Bermuda 1981, Hongkong 1981, Niederlande 1982, Polen 1980, Sri Lanka 1982 und Tonga 1978.

Die BR Deutschland hat die Visby-Regeln bisher wohl unterzeichnet, sie aber mit Rücksicht auf die Hamburg Rules (s.u.) nicht ratifiziert. Mit dem **Zweiten Seerechtsänderungsgesetz** vom 25. Juli 1986 wurden jedoch die wesentlichen Neuregelungen der Visby-Regeln in das nationale Recht übernommen.

Anmerkung: 1971 hat der Wirtschaftsausschuß der Welthandelskonferenz (UNCTAD) die Empfehlung ausgesprochen, die Haager Regeln zu überarbeiten. Mit dieser Arbeit befaßte sich eine Arbeitsgruppe für Seerecht beim Ausschuß der UN für Internationales Handelsrecht (United Nations Commission on International Trade Law — UNCITRAL —). Der Entwurf wurde im Mai 1976 vorgelegt und von der UNCTAD nach deren 5. Sitzung im Juli 1976 herausgegeben.

In der Zeit vom 6. bis 31. März 1978 fand in Hamburg die Diplomatische Konferenz der Vereinten Nationen über die Güterbeförderung zur See statt. Zum Abschluß wurde der vorliegende UNCITRAL-Entwurf nach einigen Änderungen als neue Konvention mit dem Titel: „UNITED NATIONS CONVENTION ON THE CARRIAGE OF GOODS BY SEA, 1978" verabschiedet, die zukünftig auf Empfehlung der Konferenz als **„Hamburg Rules"** bezeichnet werden sollen. Die neue Konvention wird ein Jahr nach der Ratifikation durch den 20. Staat in Kraft treten. Die Hamburg Rules sind bisher von der BR Deutschland nicht ratifiziert worden, nach der Verabschiedung des Zweiten Seerechtsänderungsgesetzes ist in absehbarer Zeit auch nicht damit zu rechnen.

§ 662   **Die Haager-Visby Regeln (HVR)** heben, soweit sie in dem jeweiligen Land ratifiziert worden sind, die Vertragsfreiheit im privaten Recht weitgehend auf. Ist ein Konnossement ausgestellt, so können wesentliche Verpflichtungen des Verfrachters nicht ausgeschlossen werden. Eine Ausnahme machen die Charterverträge nach § 557 HGB.

Die in der BR Deutschland mit dem Zweiten Seerechtsänderungsgesetz v. 25.7.86 weitgehend in das HGB übernommenen Bestimmungen der HVR lassen sich in folgenden, für die Schiffsführung wesentlichen Punkten zusammenfassen:

§ 559   **(1)** Es muß dafür **gesorgt** werden, daß das Schiff **seetüchtig, reisetüchtig** und **ladungstüchtig** ist.

Seetüchtigkeit ist der Zustand eines Schiffes, der es in die Lage versetzt, den konkreten Anforderungen der bevorstehenden Reise gewachsen zu sein, das Schiff muß die gewöhnlichen Gefahren der See bestehen können. Zur Seetüchtigkeit gehört auch eine ordnungsgemäße Ausrüstung, Bemannung, Beladung und Stauung für die konkrete Reise **(Reisetüchtigkeit).**

Ladungstüchtigkeit liegt dann vor, wenn das Schiff geeignet ist, die Ladung für die vereinbarte Reise ohne Gefahr des Verlustes oder der Beschädigung aufzunehmen und zu befördern.

Anmerkung: Die See- und Ladungstüchtigkeit kann nicht sorgfältig genug beachtet werden. Im vgl. HGB Streitfall muß der Verfrachter beweisen, daß das Schiff in allen Teilen see- und ladungstüchtig war. Dies entspricht dem vom BGH angewandten Grundsatz der Beweislastverteilung nach Gefahrenbereichen (Sphärentheorie). Der Verfrachter ist „näher dran", ihn treffen die Folgen der Nichtaufklärbarkeit. Wesentlich ist es daher, daß entsprechende Tagebucheintragungen vor Beginn der Reise beweiskräftig sind (siehe 3). Gegebenenfalls muß das Attest eines sachverständigen Besichtigers vor der Beladung bzw. vor Antritt der Reise eingeholt werden. Die Kosten stehen in keinem Verhältnis zu späteren Schadensersatzansprüchen.

Entscheidend ist die See- und Ladetüchtigkeit bei Beginn der Frachtreise. Der Verfrachter § 559 (2) haftet nur für die sogenannte anfängliche See- und Ladungstüchtigkeit. Wird das Schiff später see- oder ladungsuntüchtig, ist er entlastet. Unter „Antritt der Reise" ist der Beginn der Frachtreise der konkreten Ladung zu verstehen, nicht der Antritt der Schiffsreise.

Beispiel: MS „B" hatte in Hamburg und Bremerhaven Ladung übernommen. Auf der Weiterfahrt nach Antwerpen brach unter explosionsartigen Begleiterscheinungen in Luke IV Feuer aus. Ursache waren schadhafte Fässer einer Partie Natriumperoxid, die in Bremerhaven geladen worden waren. Die austretende Chemikalie hatte im Raum befindliche feuchte Sägespäne entzündet und damit das Feuer entfacht. Nach den Feststellungen des BGH (BGHZ 60, 39) verstieß die Unterbringung der Fässer mit Natriumperoxid zusammen mit den feuchten Sägespänen gegen die VO über gefährliche Seefrachtgüter vom 4.1.1960 (jetzt Gefahrgut VOSee). Dem Schiff fehlte somit die Reisetüchtigkeit, da die Beladung eine Gefährdung des ganzen Schiffes darstellte. Die Haftung für Reiseuntüchtigkeit betraf jedoch nicht die Ladung, die in Hamburg geladen wurde, sie war nur für die Ladung aus Bremerhaven von Bedeutung.

Das Gericht führte dazu noch weiter aus, daß ein Mangel allerdings dann nicht zu einer anfänglichen Reiseuntüchtigkeit führen würde, wenn anzunehmen sei, daß er im regelmäßigen Schiffsbetrieb entdeckt und alsbald beseitigt worden wäre. Hätten die zuständigen Leute der Besatzung entdeckt, daß ein Verstoß gegen die Vorschriften der VO über gefährliche Seefrachtgüter vorlag und die feuchten Sägespäne alsbald entfernt (was hier nicht der Fall war), so hätte keine anfängliche Reiseuntüchtigkeit vorgelegen.

Anmerkung: In der letzten Aussage ist das Gericht dem Grundsatz gefolgt, daß dann keine anfängliche Seeuntüchtigkeit vorliegt, wenn zu erwarten ist, daß der Mangel vor Eintritt der Seegefahr bei gehöriger Bedienung des Schiffes beseitigt werden kann.

(2) Der Verfrachter haftet für Verlust oder Beschädigung der Güter von der Annahme § 606 bis zur Ablieferung, es sei denn, daß die Erfüllung aller Sorgfaltspflichten nachgewiesen werden kann.

Anmerkung: Die zwingende Haftung nach den Haager Regeln gilt nur vom Beginn des Einladens bis zur Beendigung des Ausladens (from tackle to tackle). Eine Freizeichnung für die § 663 Zeit davor und danach ist möglich. In den Konnossementsbedingungen wird auch häufig davon Gebrauch gemacht. Wieweit eine solche Freizeichnung wirksam ist, hängt von der Rechtsprechung und dem anzuwendenden Recht ab (für die Bundesrepublik Deutschland siehe 8.7.1, Anmerkung zum AGB-Gesetz).

Der Verfrachter hat ein Verschulden seiner Leute und der Schiffsbesatzung in glei- § 607 (1) chem Umfang zu vertreten wie eigenes Verschulden.

Von diesem Grundsatz gibt es Ausnahmen. Der Verfrachter haftet nur für eigenes § 607 (2) Verschulden (administratives Verschulden), **nicht** aber für ein Verschulden seiner Leute in folgenden Fällen:

(a) Nautisches Verschulden

Unter einem nautischen Verschulden versteht man ein schuldhaftes Verhalten bei der Führung (navigation) des Schiffes. Fälle sind z.B. Verstöße gegen die Vorschriften des Seeverkehrsrechtes mit Kollisionsschäden, falsches Absetzen des Kurses mit Strandung.

vgl. HGB **(b) Technisches Verschulden**
Fehler bei der sonstigen Bedienung (management) des Schiffes bezeichnet man als
technisches Verschulden. Hierbei handelt es sich um den gesamten Bereich der technischen Handhabung des Schiffes, um die Tüchtigkeit seiner Einrichtungen zu erhalten,
ferner zur Erhaltung der Seetüchtigkeit, z. B. der Stabilität (Fluten eines Ballasttanks).
Abzugrenzen sind diese Handlungen von den Maßnahmen, die überwiegend im Interesse der Ladung geschehen. Bei diesem sog. **kommerziellen Verschulden** haftet der
Verfrachter (siehe unten).

(c) Feuer (Flammen oder offene Glut)
Der Grund des Feuerschadens ist dabei unbeachtlich, es kann nautisches oder kommerzielles Verschulden sein. Liegt lediglich ein Hitzeschaden vor, muß jedoch für kommerzielles Verschulden gehaftet werden.

§ 608 (1)   **Vermutete Haftungsfreiheit** liegt in folgenden Fällen vor:

- Gefahren der See wie Seeschlag, höhere Gewalt, außerordentlich schweres Arbeiten
  des Schiffes und Leckspringen;
- kriegerische Ereignisse, Verfügungen von hoher Hand, Quarantäne;
- Unruhen, Streik, Arbeitsbehinderung;
- Handlungen oder Unterlassungen des Abladers, z.B. ungenaue Bezeichnung der Güter;
- Rettung von Leben oder Eigentum; vgl. aber Abweichen vom Reisewege (Deviation, 8.7.2 (3));
- Schwund, verborgene Mängel oder besondere Beschaffenheit der Güter.

§ 608 (2) u. (3)   Wenn ein Ladungsschaden aus einer dieser Ursachen den Umständen nach entstehen
konnte, wird vermutet, daß er daraus entstanden ist (Beweisvermutung). In Umkehr
der Beweislast hätte der Ladungsbeteiligte ein Verschulden des Verfrachters (oder der
Besatzung) zu beweisen.

§ 607   **Kommerzielles Verschulden** begründet in jedem Falle die Haftung des Verfrachters.

Anmerkung: Ein kommerzielles Verschulden kann nur bei einer kommerziellen Maßnahme
oder Unterlassung entstehen. Das sind Maßnahmen oder Unterlassungen, die überwiegend die
Ladung betreffen. Fälle von kommerziellem Verschulden sind z.B. falsches oder grundlos unterlassenes Lüften der Ladung, Öffnen der Luken und dadurch verursachte Wasserschäden,
schlechtes Stauen, mangelhafte Bewachung (über ungerechtfertigtes Abweichen vom Reisewege siehe 8.7.2 (3)).

§ 656   **(3)** Das Konnossement ist für das Rechtsverhältnis zwischen dem Verfrachter und
dem Empfänger der Güter maßgebend. Der Empfänger kann nur aus dem Konnossement Rechte herleiten. Es begründet die Vermutung, daß der Verfrachter die Güter so
übernommen hat, wie sie beschrieben sind. Es gilt die sog. Skripturhaftung, d.h. gegenüber einem gutgläubigen Dritterwerber ist es unzulässig, den Beweis des Gegenteils
anzutreten.

Anmerkung: Da die Beschreibung sich auf die äußere Beschaffenheit, Markierung, Menge
und Gewicht bezieht, müssen Vorbehalte und Beanstandungen aller Art im Konnossement
niedergelegt werden. Formeln: „Inhalt unbekannt"; „Markierung unbekannt, da unlesbar",
„Menge unbekannt, da nicht nachgezählt (nachgewogen)"; „a quantity of bagged ..., said
to be ...". Allgemeine Vermerke ohne Begründung sind nach ständiger Rechtsprechung unzureichend.

§ 660   **(4)** Die Haftung des Verfrachters ist, **falls der Wert nicht ausdrücklich vom Ablader
angegeben und im Konnossement vermerkt wird,** bis zu einem Höchstbetrag beschränkt:

- 666,67 Rechnungseinheiten (RE)[3] für das Stück oder die Einheit oder   vgl. HGB
- 2 RE für das Kilogramm des Rohgewichts der verlorenen oder beschädigten Güter, je nachdem, welcher Betrag höher ist.

Beispiel: Auf einem Containerschiff geht ein FCL-Container (Full Container Load) mit 600 Kisten durch kommerzielles Verschulden verloren. Das Rohgewicht (Gewicht der Ware mit sämtlichen Umhüllungen, bei FCL einschließlich Container) beträgt 13 000 kg, der Gesamtwert DM 55 000,—.

Die verschiedenen Höchstbeträge der Verfrachterhaftung werden folgendermaßen berech-   § 660
net, wobei 1 RE gleich 1 SZR gleich DM 2,34271 (Stand 1.9.1987) einzusetzen ist:

1. Der FCL-Container gilt als 1 Stück oder 1 Einheit, wenn im Konnossement die 600 Kisten nicht ausdrücklich angegeben sind. Die Höchsthaftung pro Stück oder Einheit beträgt 666,67 RE gleich DM 1561,81, oder man rechnet
2. die Haftung für das Kilogramm des Rohgewichts mit 13 000 × 2 RE = 26 000 RE gleich DM 60 910,46, womit der Gesamtschaden gedeckt ist.
3. Nur interessehalber wird an dieser Stelle auch die dritte Möglichkeit berechnet, wobei jede Kiste als Stück oder Einheit gerechnet wird, sofern die Kisten im Konnossement ausdrücklich angegeben worden sind, nämlich 600 × 666,67 RE = 400 002 RE gleich DM 937 088,68.

(Näheres zu RE und SZR siehe 14.2 und 14.3)

Nicht alle Staaten haben die Visby Rules ratifiziert oder entsprechende Vorschriften in das nationale Recht übernommen (siehe Fußnote 2). In den USA z. B. gilt noch das ältere Carriage of Goods by Sea Act (COGSA), wonach die Höchsthaftung US-Dollar 500,— „per package" beträgt.

(5) Die zwingenden Vorschriften der Haager Regeln gelten nicht bei Decksladungen[4],   § 663
die im Konnossement als solche bezeichnet ist; bei Charterpartien; bei außergewöhnli-

---

3   Die in den Konventionen und im HGB genannten Rechnungseinheiten sind Sonderziehungsrechte (SZR) des Internationalen Währungsfonds (IWF). Die frühere Regelung über den Goldkurs ist mit dem Goldfrankenumrechnungsgesetz aufgegeben worden. SZR sind eine Art Währungsreserve, die den Mitgliedsländern des IWF eingeräumt wird. Der in den SZR ausgedrückte Wert wird nach den Berechnungsmethoden ermittelt, die der IWF für seine Operationen und Transaktionen anwendet. Er wird im Bundesanzeiger und Tageszeitungen mit Wechselkursen veröffentlicht (siehe 14.2 u. 14.3).

4   Nach § 566 HGB darf Ladung nicht ohne Zustimmung des Abladers an Deck verladen werden. § 566 ist aber nicht zwingend, da er in § 662 nicht enthalten ist. Obwohl eine von § 566 abweichende Konnossements-Klausel daher zulässig wäre, sollte der Ablader doch rechtzeitig über die Absicht der Decksverladung unterrichtet werden. Die Annahme des Mate's Receipt bzw. des Konnossements mit einem Vermerk über die Verladung an Deck durch den Ablader ist der Zustimmung gleichzusetzen. Der Verfrachter ist dann aber von Schäden an der Decksladung erst frei, wenn das Konnossement außerdem eine entsprechende Freizeichnung enthält. Beide Bedingungen werden am einfachsten erfüllt durch den Stempelaufdruck: „Shipped on deck at shippers's risk". Diese befreit aber nicht von der Sorgfaltspflicht.
In bestimmten Fällen, wenn als Raumladung gebuchte Güter wegen Raummangels — vielleicht nur vorübergehend — an Deck befördert werden müssen, sollte die Schiffsleitung nicht den Ablader, sondern den Reeder unterrichten, damit dieser seine Haftpflicht in diesem Falle besonders versichern lassen kann.
In der Containerfahrt geht man nach den Konnossementsbedingungen grundsätzlich davon aus, daß die Container auch an Deck verladen werden dürfen. Eine Zustimmung des Abladers kann hier vorausgesetzt werden, wenn es sich um ein eigens dafür konstruiertes Schiff handelt. Nach den Konnossementsbedingungen und der Rechtsprechung kommen in diesen Fällen allerdings die zwingenden Vorschriften der Haager Regeln zur Anwendung. Die Zustimmung zur Deckverladung befreit den Verfrachter nicht von der Sorgfaltspflicht nach § 606 HGB. Ein Haftungsausschluß besteht lediglich für die Risiken, die sich aus der Eigenart der Decksverladung ergeben wie z. B. Witterungs- und Seeverhältnisse.

vgl. HGB chen Verschiffungen (z. B. Schwergut), wenn anderslautende Vereinbarungen im Konnossement enthalten sind und dieses den Vermerk trägt: „Nicht an Order"; bei lebenden Tieren; im übrigen in der Zeit vor dem Einladen und nach dem Ausladen .

§ 607a **(6) Die Haftungsbefreiungen und Haftungsbeschränkungen gelten für jeden Anspruch gegen den Verfrachter auf Ersatz des Schadens wegen Verlust oder Beschädigung von Gütern im Rahmen des Frachtvertrages.** Auch die Leute des Verfrachters oder eine Person der Schiffsbesatzung können sich auf diese Haftungsbeschränkungen und Haftungsbefreiungen berufen.

Anmerkung: Die Neuregelung entspricht Art. 3 der Visby-Rules. Damit wird klargestellt, daß der Verfrachter und seine Leute sich auch bei Fällen der unerlaubten Handlung nach § 823 BGB und anderen Ansprüchen auf die Regelung der Verfrachterhaftung berufen können (siehe HIMALAYA-Klausel 8.7.2 (23)).

Das Haftungsprivileg gilt nicht für Personen, denen ein besonders qualifiziertes Verschulden zur Last fällt. Bei Vorsatz und grober Fahrlässigkeit bleibt es bei einer persönlichen Haftung (siehe 1.16).

MT-Konvention **(7) Die Haftung beim kombinierten, gemischten, multimodalen Transport** bringt rechtlich durch die unterschiedlichen Vorschriften für die verschiedenen Transportmittel wie Flugzeug, Eisenbahn, LKW, Binnenschiff und Seeschiff Probleme mit sich. Die Spezialnormen für die anderen Transportwege sind in der Regel wie in der Seeschiffahrt zwingender Natur und haben weniger Haftungsausschlüsse. Maßgebend sind im übrigen die Konnossementsbedingungen, soweit sie dem zwingenden Recht nicht widersprechen. Die Haftungsmodelle sind unterschiedlich:

- **Network-Liability-System,** gehaftet wird nach dem für den jeweiligen Transportabschnitt geltenden Recht, z. B. bei einem Straßenunfall nach dem Übereinkommen über den Beförderungsvertrag im internationalen Straßengüterverkehr (CMR).
- **Uniform-Liability-System,** hier wird für die gesamte Transportstrecke nach einem einheitlichen System (häufig entsprechend den Haager Regeln) gehaftet. Kann jedoch der Schadensort lokalisiert werden, gilt die zwingende Haftung für den betroffenen Transportabschnitt. Tatsächlich handelt es sich bei der überwiegenden Zahl der Vereinbarungen um ein sog. **Mixed-Liability-System.**

International gab es verschiedene Versuche, eine einheitliche Rechtsordnung für den gemischten Verkehr zu schaffen. Im Januar 1973 forderte der Wirtschafts- und Sozialrat der UN (siehe 6) die UNCTAD auf, einen Ausschuß (Intergovernmental Preparatory Group) zur Erarbeitung eines Entwurfs zu gründen. 1980 wurde auf einer abschließenden UNCTAD-Konferenz die **„United Nations Convention on International Multimodal Transport of Goods"** **(MT-Konvention)** verabschiedet. In Kraft treten kann sie, wenn sie von 30 Staaten ratifiziert worden ist. In naher Zukunft ist damit nicht zu rechnen, die Konvention hat aber gewisse Auswirkungen auf die Neugestaltung von Konnossementsbedingungen und auf die Rechtsprechung.

Wichtige Regelungen und Begriffe sind z. B.:

Art. 1 Internationale multimodale Beförderung bedeutet die „Beförderung von Gütern mit zumindest zwei verschiedenen Beförderungsmitteln aufgrund eines multimodalen Beförderungsvertrags von einem Ort in einem Land, an dem die Güter vom Unternehmer der multimodalen Beförderung übernommen werden, zu einem in einem anderen Land gelegenen, für die Ablieferung vorgesehenen Ort."

Art. 5 Der Multimodal Transport Operator (MTO) (Gesamtbeförderer) hat, wenn er die Güter übernimmt, das Multimodal Transport Document (MTD) auszustellen, daß begebbar oder nicht begebbar sein kann. Eine Unterscheidung zwischen Empfangs- und Bordkonnossement gibt es hier nicht.

Der MTO haftet für Schäden aus Verlust, Beschädigung oder verspäteter Ablieferung. Die
Art. 16 Haftung für Verspätungsschäden ist für die Seebeförderung bisher nicht ausdrücklich zwingend geregelt, Freizeichnungen sind möglich. Die entsprechende Vorschrift in den Hamburg Rules, Art. 5, ist ebenfalls noch nicht in Kraft.

Grundsätzlich gilt für den gesamten Transport ein einheitliches Haftungssystem (Uniform-   MT-Konvention
Liability-System): 920 Rechnungseinheiten (RE)[5] je Packung oder Ladungseinheit oder   Art. 18
2,75 RE je Kilogramm, je nachdem welcher Betrag höher ist. Schließt der Transport nicht einen See- oder Binnenschiffstransport ein, ist die Höchstgrenze 8,33 RE. Bei Verspätungsschäden beträgt die Haftung das Zweieinhalbfache der Fracht für die Güter, maximal die Gesamt-
fracht des multimodalen Beförderungsvertrages.

Bei einem lokalisierbaren Schaden gilt zugunsten des Ladungsbeteiligten das sog. Network-   Art. 19
Liability-System, d. h. die Haftung wird durch die für diesen Transportabschnitt geltenden
zwingenden Vorschriften bestimmt. Bei einem Schaden während des internationalen Eisen-
bahntransports liegt die Begrenzung der Haftung bei 17 RE, beim internationalen Straßengüterverkehr 8,33 RE je Kilogramm.

Wie bei den Hamburg Rules ist auch die Haftung des Absenders ausdrücklich geregelt unter   Art. 22, 23
besonderer Berücksichtigung der Kennzeichnungspflicht bei gefährlichen Gütern.

(8) Ladungsbeteiligte, die ihren Anspruch auf Schadensersatz (Claim) durchsetzen   vgl. HGB
wollen, müssen ihrerseits **rechtzeitig richtig rügen,** um zu vermeiden, daß Nachteile
bei der Beweisführung entstehen oder der Anspruch erlischt. Rechtzeitig rügen heißt

- spätestens bei der Auslieferung der Güter, bei verborgenen Mängeln innerhalb von   § 611
  drei Tagen, danach kehrt sich die Beweislast um, dann wird vermutet, daß der Verfrachter die Güter so abgeliefert hat, wie sie im Konnossement beschrieben wurden.
- Der Anspruch muß innerhalb eines Jahres gerichtlich geltend gemacht werden, mög-   § 612
  lich ist die Vereinbarung einer Nachfrist. Ist die Frist verstrichen, erlöscht der Anspruch.

Richtig rügen heißt

- schriftliche Anzeige beim Verfrachter oder seinem Vertreter. Es genügt eine allge-   § 611
  mein gehaltene Anzeige mit den Angaben, um welche Partie es sich handelt, welcher Art die Beschädigung ist oder welche Mengen fehlen.
- An Stelle der Anzeige genügt eine Schadensfeststellung durch die Behörde oder
  einen amtlich bestellten Sachverständigen unter Zuziehung der Parteien.

Als Folge der Haager Regeln häufen sich in den Reedereikontoren die Schadensersatzansprüche (Claims) der Ladungsbeteiligten oder der Ladungsversicherer, die Ersatz geleistet haben (siehe 15.5, P&I-Versicherung).

Reeder und Verfrachter sind für Fehler ihrer Agenten und Makler ebenso verantwortlich wie für nachlässige Ladungsbehandlung, Bruch und Diebstahl durch die
Stauer. In manchen Fällen können sie sogar für Schäden verantwortlich gemacht werden, die nach dem Löschen an Land entstehen, weil der Begriff „Ablieferung" verschieden ausgelegt wird. Daher muß sich der Kapitän für alles verantwortlich fühlen.
Man muß vorhandene Ladungsschäden bei der Übernahme feststellen. Man muß die
Stauer anweisen, sorgfältig überwachen und bei Verstößen haftbar halten. Man darf
sich auf keine Bagatellisierung durch Agenten oder Ablader einlassen. Daß die Ladung
gut gestaut, richtig garniert und abgedeckt, richtig gelüftet und auch beim Löschen
sorgfältig behandelt wird, versteht sich von selbst.

8.6 Papiere im Seefrachtgeschäft

Seefrachtvertrag. Gegenstand des Vertrages ist die Beförderung von Gütern mit einem   § 556
Seeschiff. Geschuldet wird der Beförderungserfolg. In der Trampschiffahrt werden die
Bedingungen jeweils in einer besonderen Urkunde (Charter Party) festgelegt.

---

5 Siehe Fußnote 3.

vgl. HGB **Buchungsnote** (Booking Note). In der Linienfahrt wird der Frachtvertrag in der Regel durch Auftrag (Buchungsauftrag) und Annahme des Auftrags (Buchungsbestätigung) geschlossen.

Shipping Order ist der Auftrag des Reeders oder dessen Maklers oder Agenten an das Schiff, die bezeichnete Ladung zu übernehmen. Sie wird dem Ablader ausgehändigt, der sie an Bord bzw. dem Agenten übergibt.

Mate's Receipt ist eine Empfangsbescheinigung des Ladungsoffiziers an den Ablader über die geladenen Güter. Vielfach ist dieses Papier Teil des Dokumentensatzes, der an Bord gegeben wird (siehe Schiffszettel).

Der Ladungsoffizier darf nur das bescheinigen, was er tatsächlich erhalten hat, denn nach dem Mate's Receipts wird das Konnossement ausgestellt. Bei Ungewißheit über die Menge oder auch bei einer vollen Ladung Sackgut darf nichts Genaues bestätigt werden: „A quantity of bagged ..., said to be ... (oder bags)" oder „... bags in dispute". Beanstandungen aller Art müssen unbedingt im Mate's Receipt vermerkt werden. Wichtig ist dabei, daß die Angaben so genau wie möglich gemacht werden. Allgemeine Hinweise in Konnossementen werden von den Gerichten häufig nicht anerkannt. Vermerke wie „s.t.c" (said to contain) oder „in dispute" ohne nähere Angaben sind nicht ausreichend. Falls z. B. 20 Säcke nach den Feststellungen der Schiffsführung fehlen, sollte man im Mate's Receipt nicht nur „20 bags in dispute", sondern „20 bags less in dispute" angeben. Der Ablader sollte schon vorher darauf hingewiesen werden, daß man diese oder jene Beanstandung in das M/R einsetzen wird. Ob der Reeder oder sein Agent sie in das Konnossement aufnehmen, ist deren Angelegenheit. Keinesfalls darf sich der Ladungsoffizier auf Verhandlungen darüber einlassen, sogenannte geringfügige Schäden etwa nicht schriftlich im Mate's Receipt festzustellen. Verweigert der Ablader die Annahme eines solchen M/R, sollte man ihn darauf hinweisen, daß es sich lediglich um die Feststellung von Tatsachen handelt und daß er mit dem Reeder oder Makler (Agenten) darüber verhandeln möge, ob die Mängelrügen auch in das Konnossement aufgenommen werden sollen oder nicht. Nötigenfalls stelle man die Ladung bis zur Entscheidung zurück.

§§ 566, 663 Nicht unterschreiben, bevor Güter vollzählig an Bord sind. M/R nicht zurückdatieren lassen. Bereits eingesetzte Daten gegebenenfalls berichtigen. Decksladung im M/R als solche bezeichnen. Mängelvermerke auch in die an Bord verbleibende Shipping Order eintragen, Stauvermerke ebenfalls.

Schiffszettel; Absetzantrag (in Bremen) ist der Antrag des Abladers, die aufgeführten Güter zu übernehmen. Ein Satz umfaßt mehrere Formulare mit verschiedener Bestimmung:

- Kaiannahmeschein, Verkehrsantrag zur Erhebung der Kaiumschlagsgebühren.
- Kaiempfangsschein, Dock Receipt. Bescheinigung der Kaianstalt an den Ablader über die Ablieferung der Güter am Kai.
- Tallyschein. Die beeidigten Gütermesser und -wäger (Tallyfirmen) übernehmen in der Linienfahrt häufig die Ladungskontrolle, sie legen sog. Tallymanifeste an, überprüfen die Übergabe an das Schiff, setzen Stauvermerke ein und halten Beanstandungen aller Art fest.
- Verladeschein (auch Mate's Receipt) als Teil des Schiffszettels. Er ist für den Agenten des Schiffes bestimmt und enthält die notwendigen Eintragungen über eventuelle Mängel oder Änderungen der Marken, Nummern und Maße. Ein Exemplar geht an die Schiffsleitung.

Die Mitarbeit einer Tallyfirma und der Verzicht auf ein gesondertes Mate's Receipt befreien die Schiffsleitung nicht von einer sorgfältigen Kontrolle der zu übernehmenden Ladung. Die Mitarbeit einer Tallyfirma befreit nicht davon, auch von Bord aus etwa festgestellte Schäden und Fehlmeldungen dem Ablader und dem Makler oder vgl. GGVSee Agenten schriftlich mitzuteilen oder gegebenenfalls beschädigte Ladung vorläufig zurückzustellen. Über Schäden aus nachlässiger Arbeit usw. der Stauereiarbeiter müssen die Vertreter des Verfrachters und der Stauerei sofort schriftlich unterrichtet werden, da solche Schäden in der Linienfahrt immer dann zu Lasten des Reeders gehen, sobald das Schiff die Ladung mit seinem Geschirr vom Kai oder aus dem Leichter oder von dem Kran an Bord abgenommen hat. Wegen des Schadenersatzes durch die Stauerei wird dann der Verfrachter oder Agent alles Notwendige veranlassen[6].

Beförderungspapiere bei gefährlichen Gütern. Beim Transport von Gütern, die unter § 8 die GGVSee fallen, sind besondere Vorsichtsmaßnahmen zu beachten. Nähere Ausführungen dazu in Band 3 A, Kap. 2.8. Folgende Papiere sind zusätzlich vorgeschrieben:

- **Verantwortliche Erklärung** des Herstellers oder Vertreibers der gefährlichen Güter. Die Bescheinigung, welche die entsprechenden Daten über das Gefahrgut enthalten muß, ist dem Aussteller des Verladescheins, in der Regel dem Ablader zu übergeben.
- **Verladeschein,** besonders gekennzeichnet durch 10 mm breite, rote, durchbrochene Seitenstreifen, er muß die Angaben der Verantwortlichen Erklärung enthalten.
- **Container-Packzertifikat.** Von dem für die Beladung des Containers Verantwortlichen ist zu bescheinigen, daß die Beladung ordnungsgemäß ausgeführt ist und die Bedingungen der GGVSee eingehalten worden sind. Die Bescheinigung ist dem Verladeschein beizufügen oder ist im Verladeschein (Dangerous Goods Declaration and Container Packing Certificate) aufzunehmen.
- Eine **besondere Liste** der gefährlichen Güter mit ihrer Klasse und dem Stauplatz muß § 12 an Bord mitgeführt werden, ausreichend ist auch ein entsprechender, ausführlicher Stauplan.

Konnossement (Bill of Lading, B/L). Dieses ist die Grundlage für das Rechtsverhält- vgl. HGB nis zwischen dem Verfrachter und dem Empfänger der Ladung. Es ist ein Wertpapier §§ 642 ff., 656 und kann als solches im freien Handel verkauft oder beliehen oder — z. B. im Baumwollhandel — an der Warenbörse gehandelt werden, weil es praktisch die Güter ver- § 650 tritt. Wenn es nicht ausdrücklich nur auf Namen ausgestellt ist (Namens-Konnosse- § 648 ment), kann es durch Indossament (Rechtsübertragung durch Unterschrift) des Inhabers, Benennung des Berechtigten (Indossatar) und Übergabe übertragen werden (Order-Konnossement). Dadurch gehen auch die Güter in das Eigentum des Nachfolgers über. Sie werden nur gegen mindestens eine Konnossementsausfertigung ausgeliefert. Ein Namenskonnossement kann nur durch Zession, d. h. Übereignung des Papiers und Abtretung des Herausgabeanspruchs weitergegeben werden.

Ursprünglich war das Konnossement lediglich eine Empfangsbescheinigung des Kapitäns und das Versprechen, die Güter zu befördern und an den Empfänger auszuliefern. Darüber hinaus hat es der Reeder heute zu einem Papier mit den Bedingungen des Stückgutfrachtvertrages erweitert und dabei auf die Besonderheiten der zu befahrenden Linie (Relation) Rücksicht genommen. Wegen der sehr schwierigen Verklausulierung sind nicht überall die Haager Regeln eingearbeitet, so daß manche Konnossemente unter Umständen rechtsunwirksame Klauseln enthalten. Manchmal wird statt der Haager Regeln auch die Paramount-Klausel eingesetzt (siehe 8.7.2 (20)).

---

6 Zur Vereinfachung der Kontrolle der Ladung wird bereits in verschiedenen Häfen die elektronische Datenverarbeitung (EDV) genutzt. Die notwendigen Daten über die Ladung werden zentral gespeichert. Über Ausgabeeinheiten können die entsprechenden Unterlagen für die Behörden, die Ladungseinheiten und das Schiff abgerufen werden. So z. B. DAKOSY Daten-Kommunikationssystem im Hafen Hamburg, DAVIS Datenfernverarbeitungs-orientierte Abwicklung von Industrieanlagen im Seeverkehr und COMPASS Computerorientierte Methode zur Planung und Ablaufsteuerung im Seehafen in Bremen.

vgl. HGB
§ 642 Der Empfänger verlangt in der Regel ein **Bordkonnossement** (Shipped B/L) als Beweis dafür, daß die Güter tatsächlich an Bord sind und befördert werden, sowie dafür, daß die Haftung des Verfrachters nach den Haager Regeln jetzt begründet ist. Daher stellt der Empfänger diese Bedingungen an den Verkäufer (Befrachter) z. B. schon bei § 642 der Eröffnung des Akkreditivs (siehe 8.1). Manchmal kann aber nur ein **Empfangs- oder Übernahme-Konnossement** (Received B/L) ausgestellt werden, wenn z. B. die Güter zur Verladung empfangen sind, aber unter der Obhut des Verfrachters noch bei der Kaianstalt lagern und auf das Schiff warten. Ein Übernahme-Konnossement hat aber für den Empfänger nicht den erwarteten Wert, weil der Reeder sich von Ladungsschä- § 663 den freizeichnen kann, die vor der Einladung (und nach der Ausladung) entstehen. Solch ein Konnossement erhält später einen Stempelaufdruck „Shipped on Board" oder „Since Shipped" über die Tatsache der Verschiffung mit genauem Datum und Unterschrift und wird dadurch zum Bordkonnossement.

Nach dem Vorstehenden unterscheidet man Bordkonnossemente und Übernahme-Konnossemente, unter ihnen wiederum Orderkonnossemente und Namenskonnossemente. Das Bordkonnossement als Orderkonnossement ist das übliche.

Nachdem die Konnossementsformulare in der für den betreffenden Hafen benötigten Stückzahl vom Ablader ausgefüllt, eingereicht und vom Makler geprüft worden sind, berechnet dieser die Fracht und zieht sie gegebenenfalls ein. Darüber unterschreibt er einen Stempelaufdruck „Freight Prepaid". Andernfalls ist die Fracht vom Empfänger einzuziehen. Surcharge ist ein Aufschlag auf die Fracht für bestimmte Mehrkosten in verschiedenen Häfen. Primage ist ein Aufschlag von meistens 10 %. Ein gleich großer Abschlag von der Fracht wird bei Konferenzraten meistens nach sechs bis zwölf Monaten solchen Verladern wieder gutgeschrieben, die sich in einem besonderen Konferenzkontrakt zu Dauerverschiffung nur mit Schiffen von Mitgliedsreedern dieser Konferenz verpflichtet und Konferenztreue bewiesen haben.

Keinesfalls darf ein Konnossement zurückdatiert werden, wie der Ablader es manchmal mit Rücksicht auf die Akkreditivfrist verlangt. Für damit zusammenhängende Verluste, z. B. durch Preissturz oder nicht eingehaltene Terminverschiffung aus bestimmter Ernte, könnte der Reeder (oder Verfrachter) voll haftbar gemacht werden, weil das Wertpapier falsch ausgestellt worden ist. Gegebenenfalls sollte man über das bereits Geladene ein Bordkonnossement und über den Rest ein Empfangskonnosse- §§ 566, 663 ment ausstellen, sofern hierfür die Voraussetzungen gegeben sind. Decksladung muß unbedingt im Konnossement als solche bezeichnet werden (shipped on deck at shipper's risk). Wenn eine bestimmte Menge zwar angeliefert, aber aus Mangel an Raum oder Zeit nicht vollzählig verladen worden ist, kann man in das Konnossement den Vermerk „Short Shipped" mit der entsprechenden Fehlmenge einsetzen. Solche Güter werden mit dem nächsten Schiff verladen und aufgrund desselben Konnossements ausgeliefert. Es kann auch ein neues Konnossement dafür ausgestellt werden. Mängel aller Art müssen als Abschreibungen im Konnossement genau festgestellt werden, z. B. auch „15 bags in dispute", wenn die eine Partei 5 Sack zuwenig und die andere 10 Sack zuviel als verladen bezeichnet (vgl. Mate's Receipt und Revers). Erst dann wird das Konnossement unterschrieben und dem Ablader ausgehändigt, der es indossiert und versendet. Das Ausstellen der Konnossemente ist im allgemeinen nur in der Trampfahrt Aufgabe des Kapitäns. (Besonderheiten siehe 8.7.2, Ziffer 9.)

Konnossements-Teilschein (Delivery Order, D/O). Im Massengutverkehr kommt manchmal die Teilung einer Warenpartie dadurch zustande, daß der Konnossements-Inhaber die Güter an mehrere Abnehmer verkauft. Jeder dieser Käufer erhält über seine Empfangsberechtigung einen sogenannten Konnossements-Teilschein, mit dem er seine Menge empfangen kann. Zuvor müssen aber die Teilscheine vom Konnossements-Inhaber ausgefüllt beim Reeder oder Makler eingereicht und dort gegen Rückgabe des Konnossements beglaubigt worden sein. Besonders im Getreidehandel wird dieses Verfahren angewandt.

Durchkonnossement (Through-Bill of Lading, Thru B/L). Dieses ist ein einheitliches Konnossement für einen durchgehenden Seetransport mit mehreren Schiffen verschiedener Verfrachter. Dabei sind folgende vertragliche Regelungen möglich:

1. **gemeinschaftlicher Durchfrachtvertrag,** bei dem sich mehrere Verfrachter gemeinschaftlich zur Durchführung des Gesamttransports verpflichten. Jeder haftet nur für seinen Teilabschnitt. Das entsprechende Thru B/L enthält die Klausel: „On behalf of carriers severally but not jointly".

2. **Unechter Durchfrachtvertrag,** bei dem der Erstverfrachter nur für seine Teilstrecke einen Frachtvertrag abschließt, für die Weiterbeförderung aber nur die Verpflichtung als Spediteur übernimmt. Die entsprechende Klausel wäre: „The carrier acts as forwarding agent only from the vessel's port of discharge".

3. **Einfacher Durchfrachtvertrag,** bei dem sich der Hauptverfrachter verpflichtet, die Güter im Bestimmungsort abzuliefern.
   Beispiel über eine Verschiffung von Stockholm nach Buenaventura: Der Agent des Reeders A stellt dem Verlader in Stockholm ein Durchkonnossement aus und läßt die Güter durch Reeder B von Stockholm nach Bremen befördern. Dafür erhält er vom Reeder B für die Teilreise ein sogenanntes Lokalkonnossement, nach welchem der Reeder B dem Reeder A für die Güter haftet. Der Hauptverfrachter verpflichtet sich für den Gesamttransport und kann sich gegenüber dem Inhaber des Thru B/L nicht von der Haftung für fremde Tansportabschnitte freizeichnen. Vermerke auf dem Durchkonnossement sind: „Via ... (Umladehafen) by ... (Name des Schiffes)".

   Anmerkung: Wegen der besonderen Haftungsfrage sollte bei einem Durchfrachtvertrag die Schiffsführung bei der Umladung auf sorgfältige Kontrolle der Ladungsgüter achten und bei der Übergabe an den nächsten Verfrachter beweiskräftige Empfangsbescheinigungen verlangen.

4. **Kombinierter Verkehr,** gemischter oder auch multimodaler Verkehr. Besondere haftungsrechtliche Probleme treten beim kombinierten Verkehr dann auf, wenn verschiedenartige Transportmittel zur Beförderung der Güter eingesetzt werden, wie z. B. im Container- und Ro/Ro-Verkehr. Ausgestellt wird ein „Combined Transport Bill of Lading". Von der BIMCO (siehe 6) wurde 1971 das „Combiconbill" für den Haus-Haus-Verkehr verabschiedet. 1977 wurde eine überarbeitete Fassung, das „Combidoc" (Combined Transport Document) in Übereinstimmung mit den Vorschlägen der Internationalen Handelskammer und der „International Shipowners' Association" herausgegeben. Das Negotiable FIATA Combined Transport Bill of Lading wurde 1971 als begebbares Durchkonnossement von der Internationalen Föderation der Speditionsorganisationen eingeführt für die Fälle, in denen der Spediteur als NVO Combined Transport Operator auftritt. In der Praxis spielt das Dokument keine besondere Rolle. Zum kombinierten Verkehr siehe auch 8.5 (7) MT-Konvention. Zu berücksichtigen ist, daß die HR nur den Transport mit dem Seeschiff regeln.

In der Containerfahrt haben auch Konnossemente Eingang gefunden, die dem kombinierten und dem herkömmlichen Transport dienen: „Bill of Lading for Combined Transport Shipment or Port to Port Shipment". Von Bedeutung ist dabei, ob es sich um eine **„Full Container Load" (FCL)** oder **„Less than Container Load" (LCL)** handelt. Beim FCL-Haus/Haus-Verkehr handelt es sich um eine durchgehende Transportkette. Der Haftungszeitraum ergibt sich aus den Rubriken „Place of Receipt" und „Place of Delivery". Beim LCL-Pier/Pier-Verkehr liegt konventioneller Verkehr vor. Die Ladung wird zum Ladehafen (Container Freight Station — CFS — oder packing center) per LKW oder Bahn transportiert und dort in Container gestaut. Mischformen FCL/LCL und LCL/FCL sind möglich.

Sea Waybill. Der moderne Schiffsverkehr ist besonders in der Containerfahrt so schnell, daß bei Ankunft im Bestimmungshafen das konventionelle Konnossement nicht rechtzeitig zum Empfang der Ware vorliegt. Beim Waybill verzichtet man auf die Wertpapiereigenschaft des Konnossements, es ist „not negotiable" und kann nicht „an Order" ausgestellt werden. Das Waybill hat nur zwei Eigenschaften, es ist Empfangsbestätigung und Beweisurkunde für den Seefrachtvertrag. Beim Datafreight-Receipt-System werden die Daten mittels Fernübertragung an die Rechenzentren der Empfangshäfen gegeben und ausgedruckt, so z. B. das Express Cargo Bill bei der Hapag-Lloyd AG oder das GENWAYBILL der BIMCO für Short-Sea Dry Cargo Trade.

Revers, Garantiebrief (Letter of Indemnity). Die Verlader, nämlich Ablader und Befrachter, sind an sogenannten reinen Konnossementen interessiert, weil z. B. ein Konnossement mit Abschreibungen die Bedingungen des Akkreditivs nicht erfüllt. Daher bietet der Verlader dem Reeder oder dessen Beauftragtem gegen ein reines Konnossement gelegentlich einen Revers an, gegebenenfalls in Verbindung mit einer Bankgarantie (siehe 13.3.3). In dem Revers verpflichtet sich der Verlader, dem Reeder den Schaden zu ersetzen, der daraus entstehen könnte, daß trotz Beanstandungen an der Ladung ein reines Konnossement ausgestellt worden ist.

Die Rechtsgültigkeit eines Reverses ist zweifelhaft, weil das Weglassen von Abschreibungen sich gegenüber dem Empfänger kaum verantworten läßt; denn dieser vertraut ja auf die gute Beschaffenheit der Güter. Daher kann und darf man sich dem Empfänger gegenüber nicht auf einen Revers berufen, wenn er Ladungsschäden reklamiert. Wenn aber schon einmal von einem Verlader ein Revers angenommen wird, muß dafür gesorgt werden, daß die vorhandenen Ladungsschäden genau darin aufgenommen werden. Im übrigen sollte die Annahme eines Reverses auf die Fälle beschränkt bleiben, in denen Zweifel über Menge und Beschaffenheit der Ladung bestehen.

Der Kapitän sollte niemals einen Revers annehmen, ohne dazu vom Reeder ausdrücklich ermächtigt zu sein (vgl. Mate's Receipt).

Anmerkung: In einem Berufungsurteil eines englischen Court of Appeal vom 3.7.1957 ist ein Freihalte-Revers für nichtig erklärt worden.

Der Bundesgerichtshof hat in einem Fall, bei dem zur Erfüllung der Akkreditivbedingungen (siehe 8.1) vor der Abladung ein rein gezeichnetes Bordkonnossement ausgestellt wurde, die Verpflichtungserklärung des Abladers, „für alle eventuellen Folgen, die durch die vorzeitige Aushändigung entstehen könnten", für nichtig erklärt (BGH II ZR 139/71).

Manifest. Dieses Papier ist ein Verzeichnis über alle verladenen Güter. Es dient in erster Linie als Ausweis gegenüber den Zollbehörden, ferner als Tallyunterlage beim Löschen und dem Agenten bei der Auslieferung der Ladung sowie für die Frachtabrechnung. In der Linienfahrt wird es in der Regel vom Makler aufgrund der Konnossemente aufgestellt. In manchen Häfen werden auch Manifeste über die gesamte an Bord befindliche Ladung verlangt (Transitmanifeste) und Angaben über die Frachten. Ferner verlangen manche Behörden Konsulatsmanifeste. Das sind vom Konsul des betreffenden Staates visierte Manifeste, meistens in einfacher Ausfertigung, wovon der Konsul ein oder mehrere Kopien zurückbehält. In den Zollmanifesten sollten die Namen der Ablader und Empfänger fehlen, wenn die Landesbestimmungen dieses zulassen. Die Manifeste müssen in der Regel vom Kapitän unterschrieben sein, wofür manchmal ein Faksimilestempel genügt. Über all diese Dinge muß sich die Schiffsleitung vor der Abfahrt beim Makler oder beim zuständigen Konsul unterrichten. In der BR Deutschland sind Meldungen über die ein- und ausgeladenen Güter gesetzlich vorgeschrieben.

Das Manifest muß sehr genau aufgestellt werden, weil das Schiff bei Unstimmigkei- vgl. HGB
ten wegen versuchten Schmuggels in Zollstrafe genommen werden kann. In der
Trampfahrt, wo man nur eine oder wenige Partien an Bord hat, stellt man das Manifest
selbst auf. In der Linienfahrt ist dies in der Regel Sache des Maklers. In der Linienfahrt
muß man aber während der Überfahrt die Manifeste anhand der Konnossementskopien sorgfältig prüfen. Bei Unstimmigkeiten ist zwar die Konnossementskopie maßgebend, doch sollte man jetzt zusätzlich das Ladebuch (vgl. Tallymanifest) heranziehen
und sich auf dessen Richtigkeit verlassen.

Ein **Dispute Manifest** stellt man auf, wenn die Verschiffung oder die Löschung im Bestimmungshafen zweifelhaft ist.

Ein **Short Shipped Manifest** stellt man auf, wenn im Löschhafen eine bestimmte Ladung nicht gefunden und daher verschleppt wird. Solch ein Manifest kann auch dann
aufgestellt werden, wenn schon im Ladehafen die Fehlmenge erkannt worden ist, aber
die bereits fertig aufgestellten Manifeste nicht geändert werden sollen.

Ein **Overlanded Manifest** stellt man auf, wenn im Löschhafen Ladung gelandet werden soll oder versehentlich gelandet worden ist, die nicht für ihn bestimmt ist.

Beispiel: Auf der Ausreise stellt man in Guatemala fest, daß man noch Ladung für Costarica
an Bord hat, die man durch ein heimkehrendes Reedereischiff nach Costarica mitnehmen lassen will. Man sorgt dafür, daß der Agent in Costarica sofort ein Short Shipped Manifest einreicht. Man selbst gibt der Behörde in Guatemala ein Overlanded Manifest.

Ablieferung der Ladung. Beim Löschen der Ladung ist die gleiche Sorgfalt und Auf- § 610
sicht geboten wie beim Laden. Das gilt vor allem bei der Bewachung gegen Diebstahl
und bei der Ladungsbehandlung durch die Stauer. Beschädigte Ladung darf wegen der
weiteren Diebstahlsgefahr nicht ohne vorherige Prüfung durch Sachverständige und
möglichst nur im Beisein der Ladungsbeteiligten übergeben werden. Wenn auch gelegentlich die Haftung des Schiffes mit der Ablieferung aus dem eigenen Geschirr oder
beim Passieren der Reling (Kranbenutzung) endet, ist stets daran zu denken, daß in
vielen Ländern, vor allem in USA, das Schiff auch noch für später eintretende Schäden
haften muß. Als Ablieferung oder Auslieferung — die Ausdrücke sind gleichbedeutend — wird meistens die Ablieferung an den Empfänger durch die Kaianstalt angesehen. Auch muß damit gerechnet werden, daß das Schiff für den Transport mit Leichtern von der Reede nach Land haften muß.

Ladungsschäden ernsterer Art sind wie eine Havarie zu behandeln (Einzelmaßnahmen siehe 9.7, 9.8). Die auf die Ladung zutreffenden Punkte sind: Benachrichtigungen,
Tagebucheintragung, Verklarung, Besichtigung durch beeidigte Personen möglichst im
Beisein der Ladungsbeteiligten, Fürsorge im Hinblick auf Erhaltung.

Reklamationen müssen nach den Haager Regeln vom Empfänger spätestens bei § 611
beendeter Auslieferung schriftlich dem Verfrachter oder seinem Vertreter angezeigt
werden. Wenn die Schäden äußerlich nicht erkennbar sind, genügt eine Anzeige innerhalb von drei Tagen. In jedem Falle erlischt das Reklamationsrecht, wenn es nicht in- § 612
nerhalb eines Jahres gerichtlich geltend gemacht oder durch Vereinbarung verlängert
wird.

Auch bei den sogenannten Landschäden muß der Verfrachter meistens den schwierigen Entlastungsbeweis dafür führen, daß ihn wegen der Ladungsschäden nach dem
Ausladen kein Verschulden trifft. Nach den Haager Regeln kann der Verfrachter sich § 663
von Ladungsschäden freizeichnen, die vor dem Einladen und nach dem Ausladen eintreten. Freizeichnungen werden jedoch in vielen Fällen bei Verschulden nicht mehr anerkannt, so z. B. in den USA. Daher kommt es darauf an, auch nach dem Ausladen und
der Übergabe an die Kaianstalt nach bester Möglichkeit für die Ladung zu sorgen
(§ 606) und etwas zu unternehmen, wenn man die gelöschte Ladung in einer Gefahr
sieht. Da Schadensersatzansprüche häufig ungerechtfertigt oder übertrieben sind, be-

vgl. HGB nötigt der Reeder zur Abwehr genaue Unterlagen. An Bord muß man daher sehr wachsam sein und auch bei kleineren Ladungsschäden unter Umständen einen sachverständigen Besichtiger hinzuziehen. Sorgfältig geführte Tallybücher und Löschberichte sind oft entscheidend.

Auslieferung mit und ohne Konnossement. Das nur gegen ein Konnossement zu verlangende Ausliefern der Ladung an den Empfänger ist nur selten Sache des Schiffes. Wenn es an kleinen Plätzen ohne eigenen Makler oder in der Trampfahrt aber doch ge-

§ 647, 648 schieht, müssen folgende Punkte beachtet werden: Das Indossament des Abladers darf nicht fehlen. Es steht meistens auf der Rückseite als bloßer Firmenstempel mit Unterschrift. Auch der Empfänger muß das zurückgegebene Konnossement indossieren. Ferner muß die Fracht bezahlt sein, was an dem (meistens unterschriebenen) Stempelaufdruck „Freight Prepaid" erkennbar ist, oder die Fracht muß andernfalls eingezogen werden. Im übrigen ist die Ladung auch dann auszuliefern, wenn nur eines der ausgestellten Konnossemente zurückgegeben wird (anders bei vorzeitiger Auslieferung; vgl. § 654).

§ 653 Besonders bei kurzen Reisen kann das Schiff manchmal früher eintreffen als das Konnossement. Nicht immer steht dann eine Kaianstalt als Treuhänder zur Verfügung. Da aber Schiff und Empfänger in gleicher Weise an einer schnellen Auslieferung interessiert sind, muß der Kapitän sofort den Reeder fragen, ob und unter welchen Bedingungen die Ladung ohne Konnossement ausgeliefert werden darf. Der Verfrachter fordert vom Empfänger unter Umständen eine Briefgarantie in Verbindung mit einer Bankgarantie (siehe 13.3.3) in Höhe des Wertes der Ladung und gegebenenfalls der Fracht. In dem Garantiebrief muß sich der Empfänger verpflichten, für alle etwaigen Schäden zu haften, die aus der Auslieferung ohne Konnossement entstehen. Wenn der Reeder, Verfrachter oder sein Vertreter nicht erreichbar ist, soll der Kapitän sich nicht auf eine der obengenannten Garantien einlassen, sondern die Ladung auf deren Kosten durch Vermittlung eines tüchtigen Anwalts so hinterlegen, daß sie nur gegen das Konnossement nach Bezahlung aller Kosten bzw. Mehrkosten ausgeliefert werden

§ 614, 624 kann. Er kann sich auch von einem deutschen oder einem ausländischen Konsul oder von dem örtlichen Vertreter des P & I-Clubs (siehe 15.5) Rat holen oder sich eine geeignete Vertrauensperson empfehlen lassen. Ähnlich muß verfahren werden, wenn überhaupt kein Empfänger zu ermitteln ist. Auch in diesem Falle muß der Reeder sofort benachrichtigt werden, damit er sich mit dem Ablader oder Befrachter besprechen und Maßnahmen treffen kann. Außerdem sollte der Kapitän bei einem Notar öffent-

§ 649 lich protestieren. Die gleichen Maßnahmen ergeben sich in dem seltenen Fall, wenn sich verschiedene Konnossements-Inhaber zugleich oder nacheinander melden. In diesem Falle muß die Auslieferung sofort angehalten und die Ladung hinterlegt werden, soweit das noch möglich ist (siehe 8.6 Waybill).

Vorzeitiges Ausliefern bei einer Havarie, siehe 9.4, YAR Regel 10b Sorge für die Ladung und Non-Separation Agreement, siehe 9.7 (18).

8.7 Frachtverträge

8.7.1 Allgemeines

§ 556 Der Frachtvertrag zur Beförderung von Gütern bezieht sich nach dem HGB entweder
1. auf das Schiff im ganzen oder auf einen verhältnismäßigen Teil oder auf einen bestimmten bezeichneten Raum des Schiffes oder
2. auf einzelne Güter (Stückgüter).

Die Bestimmungen über das Frachtgeschäft zur Beförderung von Gütern sind um- vgl. HGB
fangreich, aber nicht zwingend, soweit es sich nicht um die Haftung des Verfrachters
aus dem Konnossement handelt (siehe Haager Regeln, 8.5). Die Vertragspartner ma- § 662
chen daher von dem Recht der Vertragsfreiheit Gebrauch. Dabei werden, mit Ausnahme beim Stückgutfrachtvertrag, die Verschiffungsbedingungen zwischen dem Reeder
und dem Befrachter unter Einschaltung eines Schiffsmaklers von Fall zu Fall ausgehandelt.

Anmerkung zur Bedeutung des **Gesetzes zur Regelung des Rechts der Allgemeinen Geschäftsbedingungen (AGB-Gesetz):**
Im Seefrachtgeschäft spielen vorformulierte Vertragsbedingungen wie Konnossements-,
Konferenz- und Versicherungsbedingungen oder Charterparties eine besondere Rolle. Solche
auch als „selbstgeschaffenes Recht der Wirtschaft" bezeichnete **Allgemeine Geschäftsbedingungen (AGB)** bringen den Vorteil der Rationalisierung, man vermeidet langfristige Vertrags-
verhandlungen, Aushandeln von Bedingungen und bei handelsüblichen Klauseln auch Ausle-
gungsprobleme. Nachteilig kann sich für den Vertragspartner, den Ladungsbeteiligten, auswir-
ken, daß die Verträge einseitig zugunsten des Verfrachters, des sog. Verwenders, vorteilhafte
Klauseln enthalten, die den Partner unangemessen benachteiligen. Das AGB-Gesetz soll den
Vertragspartner schützen. Werden daher im Rahmen der Vertragsfreiheit Bedingungen ausge- § 663
handelt, ist es für die Wirksamkeit von Bedeutung, ob es sich um AGB handelt oder ob eine vgl. AGB-Gesetz
Individualabrede vorliegt. „AGB sind für alle eine Vielzahl von Verträgen vorformulierten (§ 1 (1))
Vertragsbedingungen, die eine Vertragspartei (Verwender) der anderen Vertragspartei bei Ab-
schluß eines Vertrages stellt."
Individualabreden liegen vor, wenn „die Vertragsbedingungen zwischen den Vertragspar- § 1 (2))
teien im einzelnen ausgehandelt sind."
Bei Konnossementsbedingungen handelt es sich danach um AGB. Bei den Charterparties
kommt es auf die Vorverhandlungen an. Wird z. B. eine von der BIMCO herausgegebene
GENCON-C/P (siehe 8.7.2) mit ihren Klauseln übernommen, so liegt AGB vor; sind zahlrei-
che Streichungen, hand- oder maschinenschriftliche Änderungen vorgenommen worden, so
liegt in der Regel eine Individualabrede vor. „Individuelle Vertragsabreden haben Vorrang vor (§ 4)
AGB."
Folgende Klauseln werden in AGB nicht Vertragsbestandteil:
Überraschende Klauseln, mit denen der Vertragspartner des Verwenders nicht zu rechnen (§ 3)
braucht;
Klauseln mit einer unangemessenen Benachteiligung des Vertragspartners wie Verstöße ge- (§ 9)
gen Treu und Glauben; wesentliche Abweichungen von gesetzlichen Regelungen, Einschrän-
kungen der wesentlichen Rechte und Pflichten aus dem Vertrage.

Beispiele: Bei einem Transport von Profileisen von Aviles (Spanien) nach Antwerpen geriet
das Schiff in der Biskaya in schlechtes Wetter mit Windstärke 7 bis 8 Bft. Undichtigkeiten an
den Luken führten zu Rostschäden. Es galten die Bedingungen der GENCON-C/P (siehe
8.7.2(2)). Der BGH entschied mit dem Urteil vom 28.2.1983 „Nordholm" HANSA (1983)
2280, daß die C/P zu den AGB zu rechnen sei. Die Freizeichnung von den Folgen anfänglicher
Ladungsuntüchtigkeit hielt der BGH für unzulässig.
Bei einer Gerichtsstandsklausel in einem Konnossement entschied der BGH mit Urteil vom
30.5.1983 „Rajasthan" HANSA (1983) 2354, daß Konnossementsbedingungen dann nicht
Bestandteil des Vertrages werden, wenn sie infolge ihrer drucktechnischen Gestaltung nur mit
der Lupe und selbst dann nicht ohne Mühe zu lesen sind. vgl. HGB

(1) Stückgutfrachtvertrag (vgl. Konnossement, siehe 8.6). Er bezieht sich nur auf ein- § 556 Nr. 2
zelne Ladungsgüter und ist der typische Vertrag der Linienfahrt. Für den Abschluß
gelten die allgemeinen Transportbedingungen, die auf den Konnossementsformularen
abgedruckt werden. Für die Fracht gelten häufig die Tarife der jeweiligen Schiffahrt-
konferenzen (siehe 6), sie werden für die jeweilige Linie festgelegt. Abgeschlossen wird
der Vertrag in der Regel formlos durch Buchung (Booking Note). Das Konnossement
ist Beweisurkunde für den Stückgutfrachtvertrag. Gegenüber dem Empfänger gilt immer die zwingende Haftung nach den Haager Regeln.

vgl. HGB
§ 557 **(2) Reisecharter** als Raumfrachtvertrag für eine oder mehrere bestimmte Reisen.

Anmerkung: Nach einer Formulierung des Arbeitskreises III des Deutschen Vereins für Internationales Seerecht (siehe 6) zur Reform des Seehandelsrechts gilt folgende Definition: „Durch den Reisefrachtvertrag verpflichtet sich der Verfrachter, für den Befrachter gegen Zahlung einer nach Ladungsmenge oder pauschal berechneten Fracht Güter als Voll- oder Teilladung mit einem Schiff auf einer bestimmten Reise zu befördern." Die Fracht wird für die Beförderung erhoben. Leistungserfolg ist die Verbringung der Güter zum Bestimmungshafen, das Risiko des Zeitverlustes durch schlechtes Wetter geht zu Lasten des Verfrachters.

§ 557 **(3) Mengenvertrag.** Sollen Massengüter über einen längeren Zeitraum in größeren Mengen verschifft werden, kommt es zum Abschluß eines sog. Mengenvertrages als Sonderform eines Raumfrachtvertrages. Nur im Seehandelsschiffahrtsgesetz der DDR (SHSG) ist dieser Vertragstyp auch gesetzlich geregelt.

Anmerkung:§ 6 (2) SHSG: „Durch den Mengenkontrakt verpflichtet sich der Verfrachter, eine Gesamtmenge von Gütern mit mehreren Schiffen innerhalb eines bestimmten Zeitraumes oder mit näher bestimmten Abfahrten zu transportieren. Der Befrachter verpflichtet sich, die Gütermenge zum Transport bereitzustellen und die Fracht zu bezahlen".

§§ 557/622 **(4) Zeitcharter.** Auch bei der Zeitcharter handelt es sich um einen Raumfrachtvertrag. Anders als bei der Reisecharter steht aber nicht die Reise, sondern ein bestimmter Zeitraum im Vordergrund. Die Übergänge sind fließend, entscheidend ist jeweils der ausgehandelte Vertrag. Bei einer Lumpsum-Charter wird zwar die Summe (sum) für das ganze Schiff (in the lump) gezahlt, gezählt werden jedoch die Reisen und nicht die Zeit. Will der Charterer nur eigene Güter befördern, z. B. bei einer Charterung eines Tankers, steht der Transport zwar im Vordergrund, gezahlt wird aber für die Dauer der Überlassung des Schiffes. In der Regel enthält der Zeitfrachtvertrag Elemente einer Mietcharter mit Employmentklausel, bleibt seinem Charakter nach aber Seefrachtvertrag (siehe 8.7.3).

Anmerkung: Der Arbeitskreis III des Deutschen Vereins für Internationales Seerecht hat auch für die Zeitcharter eine Definition vorgeschlagen: „Durch den Zeitfrachtvertrag verpflichtet sich der Verfrachter, gegen Zahlung einer nach Zeiteinheit berechneten Fracht mit einem bestimmten Schiff oder einem bestimmten Teil eines solchen Schiffes während eines bestimmten Zeitraumes für den Befrachter nach dessen Weisung Güter zu befördern. Dieser Zeitraum bestimmt sich nach dem Kalender oder nach der Dauer der durchgeführten Reise."

Zeitbefrachter ist häufig ein Schiffahrtsunternehmen, welches das Schiff in seinen Linien- oder Trampdienst einstellt und so gleichzeitig Verfrachter wird. Der Zeitbefrachter kann auch ein Ladungsbeteiligter sein, der z. B. eine Reihe von Reisen durchführen will. Bei dieser üblichen Form der Zeit-C/P übernimmt der Zeitbefrachter das Schiff **mit** dem Kapitän, rüstet es aber **nicht** in allen Teilen aus. Nach einem Urteil des Bundesgerichtshofes vom 26.11.1956 haftet der Zeitbefrachter nicht nach außen (Außenverhältnis), so daß der Reeder z. B. für einen Kollisionsersatz verantwortlich bleibt. Die Haftung des Zeitcharterers gegenüber dem Ladungsbeteiligten (Innenverhältnis) für Ladungsschäden ist dadurch begründet, daß nicht ein Reeder-, sondern ein Verfrachter-Konnossement ausgestellt wird. Es muß aber damit gerechnet werden, daß das Schiff auch dann „an die Kette gelegt" wird, wenn z. B. der Zeitbefrachter als Verfrachter seine durch Konnossement begründete Schadensersatzpflicht gegenüber den Ladungsbeteiligten nicht erfüllt oder z. B. bei der Brennstoffergänzung die Rechnung nicht bezahlt.

§ 644 Anmerkung: Benutzt der Zeitbefrachter seine eigenen Konnossemente, so wird dabei häufig die sog. Identity of Carrier-Klausel angewandt; danach soll nicht der im Konnossement genannte Charterer, sondern der Reeder im Verhältnis zu den Ladungsbeteiligten Verfrachter sein. Damit soll bewirkt werden, daß der Charterer sich auf das Haftungsrecht des Reeders berufen, bzw. seine Haftung als Verfrachter ganz vermeiden kann. Die Frage der Haftungsbe-

schränkung ist durch das Seerechtsänderungsgesetz geregelt (siehe 8.5 (6)), eine Freizeichnung _{vgl. HGB}
des Verfrachters in Konnossementsbedingungen gilt als überraschende Klausel i. S. des § 3 § 607 a
AGB-Gesetz und findet insoweit keine Anwendung. Die Klausel hat damit bei Geltung unserer
Rechtsordnung im wesentlichen ihre Bedeutung verloren.

(5) Cross-Charterparty (X C/P) ist eine C/P, die nur in der Containerfahrt Anwendung findet. Um vorhandene Transportkapazitäten der Containerschiffe optimal zu nutzen und die notwendige Abfahrtsfrequenz einzuhalten, schließen sich Reedereien zu sog. Konsortien zusammen in denen Gesellschaften verschiedener Nationalität zusammenarbeiten, teilweise unter Aufgabe wirtschaftlicher Eigenständigkeit. Die X C/P ist in einem sochen Konsortium die Vertragsbasis für die Zurverfügungstellung von Containerstellplätzen auf Gegenseitigkeit.

Anmerkung: Die **Space-** oder **Slot-Charter,** die auch vornehmlich in der Containerfahrt üblich ist, unterscheidet sich von der X C/P im wesentlichen durch Einseitigkeit, es treten jeweils nur ein Charterer und ein Vercharterer auf. Gechartert wird ein prozentualer Anteil der Container-Kapazität eines oder mehrerer Schiffe. Der Charterer stellt dabei dem Ablader sein Konnossement aus, überträgt aber den Transport dem mit ihm kooperierenden Schiffahrtsunternehmen.

(6) Bareboat-Charter (siehe 8.7.6) oder **Demise-Charter** als Schiffsmiete. Dabei mietet der Charterer das „nackte" Schiff, rüstet es aus, stellt selbst die Besatzung einschließlich des Kapitäns und verwendet es entsprechend den Abmachungen während einer bestimmten Zeit in seinem Dienst, bei einem ausländischen Schiff manchmal sogar unter der eigenen Nationalflagge (vgl. Flaggenschein, siehe 4.1). Man nennt diesen Charterer auch Ausrüster, der im Verhältnis zu Dritten als der Reeder angesehen wird. Er § 510 muß also auch genauso wie dieser haften und z. B. nach einer verschuldeten Kollision dem Gegner den Schaden ersetzen. Allerdings kann der Gegner als Schiffsgläubiger (siehe 13.1) seinen Anspruch auch gegen das Schiff geltend machen.

Anmerkung: In der Tankerfahrt unterscheidet man oft zwischen einer Bareboat-Charter und der sogenannten Tanker-Demise-Charter. Anders als bei der Bareboat-Charter stellt bei dieser Demise Charterparty der Eigentümer den Kapitän, die Besatzung und die Ausrüstung. Durch ein „management agreement" wird vereinbart, daß die Besatzng und auch die Vertreter des Eigentümers verantwortlich für den Charterer (die Ölgesellschaft) tätig werden.

Charterparty, Arten und Haftung. Die hinter einer C/P stehenden Interessen sind so verschieden, daß sie nicht erschöpfend behandelt werden können. Über die Rechtsverhältnisse kann aber folgendes gesagt werden: Grundsätzlich gelten die zwingenden Vorschriften der Haager Regeln (siehe 8.5) nicht für die C/P, da sie sich nur auf Konnossemente beziehen. Meistens wird aber auch in der Trampfahrt ein Konnossement § 663 mit Bezug auf die Bedingungen der C/P ausgestellt, oft sogar ein Orderkonnossement. Jedes mit einer Ladungs-C/P verbundene Konnossement unterliegt von dem Augenblick ab den Haager Regeln, in dem der Charterer das Namenskonnossement an den § 663a Empfänger weitergegeben oder das Orderkonnossement an den Rechtsnachfolger indossiert hat. Daher wird z. B. bei einer Ladungs-C/P das Rechtsverhältnis zwischen dem Reeder und dem Charterer ausschließlich durch die C/P geregelt. Das ist besonders dann bedeutsam, wenn der Charterer als Importeur zugleich der Empfänger ist, weil die im Widerspruch zu den Haager Regeln stehenden Freizeichnungen in der C/P in diesem Fall rechtswirksam sein können. Allerdings sind Ladungsschäden in der Trampfahrt verhältnismäßig selten, weil die meisten Massengüter unempfindlicher sind als Stückgüter. Daher haben die verschiedenen kaufmännisch-juristischen Klauseln in der C/P über das Laden, Löschen usw. eine größere Bedeutung als die Frage, ob die Haager Regeln mit ihrer Beziehung auf Ladungsschäden wirksam sind oder nicht. Daraus folgt für den Kapitän: Den Chartervertrag immer wieder lesen. Alle Ein-

zelheiten studieren, um den besten wirtschaftlichen Erfolg zu sichern. Das gilt besonders, wenn der Kapitän keinen tüchtigen Makler zur Seite hat, oder wenn er gar gemäß
C/P den Makler des Ladungsbeteiligten in Anspruch nehmen muß. Immer daran denken, daß der Ladungsbeteiligte in der Trampfahrt sehr erfahren ist. Besondere Aufmerksamkeit bei geänderten Vordruckklauseln und Zusatzklauseln. Unklare oder wegen der Fremdsprache unverständliche Klauseln vor der Ausreise mit dem Reeder klären. Gegebenenfalls wegen der Klärung keine Nachrichtenspesen scheuen.

Für die Praxis sind viele Arten von Charterverträgen für die verschiedenen Bedürfnisse bei der Verschiffung von Massengütern und für die verschiedenen Fahrten (Rela-
tionen) entwickelt und als Vordrucke herausgegeben worden. Daran waren in erster
Linie zwei Einrichtungen beteiligt, und zwar The Baltic and International Maritime
Conference[a], Kopenhagen (vormals The Baltic and White Sea Conference), und The
Chamber of Shipping of the United Kingdom, London. Unten werden einige gebräuch-
liche Arten von C/Ps in Gruppen zusammengefaßt. Es gibt noch viele andere C/Ps,
z. B. solche für Phosphat, Reis, Steine, Zement und Zucker. Die aufgeführten sind aber
die bekanntesten, die bis auf einige Privat-C/Ps von jeder der beiden obengenannten
Einrichtungen anerkannt und empfohlen sind und von Zeit zu Zeit verbessert werden.

Verschiffung	Code-Name	Herausgeber und Anwendungsgebiet
Güter aller Art, wenn kein Vor- druck verfügbar, jedoch auch für Kohle, Getreide, Zement usw.:	Gencon	The Baltic and White Sea Conference, Uniform General Charter 1922 (Revised 1976)
	Deutgencon	Deutsche C/P auf der Grundlage der Gencon-C/P
	NUVOY-84	Documentary Council of the BIMCO[a] und Committee of the General Council of British Shipping UNIVERSAL VOYAGE C/P 1984
Kohlen:	Baltcon	The Baltic and White Sea Conference 1921 Ostküste England-Nordeuropa
	Coastcon	Chamber of Shipping 1920, Nordeuropa
	Medcon	Chamber of Shipping, East Coal C/P 1922 for all trades mit einigen Ausnahmen
	Deutkohle	Deutsche Kohlencharter Nordseehäfen- Skandinavien
	Polcoalvoy	The Baltic and International Maritime Conference Polish Coal Charter 1971 (Revised 1976)
	Welcon	Chamber of Shipping, Coal Charter Party (Welsh Form) 1913
	—	Americanized Welsh Coal Charter Party USA—Europa

Verschiffung	Code-Name	Herausgeber und Anwendungsgebiet
Holz:	Deutholzneu	Deutsche Holzcharter Ostsee-Deutschland
	—	National Coal Board, Props von Nordeuropa nach Großbritannien
	Newbelwood	Holz Nordeuropa-Belgien
	Nubaltwood	Chamber of Shipping, Baltic Wood Charter 1951 Ostsee u. Norwegen—Großbritannien
	—	Papierholz-Frachtvertrag, Deutsche Zell- stoff-, Papier- und Holzstoff-Industrie
Getreide:	Austral	Chamber of Shipping, Australian Grain Charter 1928
	Centrocon	Chamber of Shipping, River Plate Charter Party 1914 (Homewards)
	Norgrain	North American Grain Charter Party 1973 vom USA und Ostküste Kanada
Erz:	OREVOY	The Baltic and International Maritime Conference Standard Ore Charter Party
	Deuterz (neu)	Skandinavien—Deutschland
	Skanderz	Skandinavien—Deutschland
Tanker:	Intertankvoy 1976	International Association of Independent Tanker Owners Voyage Charter Party 1976
	Biscoilvoy	The Baltic and International Maritime Conference Standard Voyage Charter Party for Vegetable/Animal Oils and Fats
Gas:	Gasvoy	Gas Voyage Charter to be used for Liquid Gas except LNG
Zeit:	Baltime 1939	The Baltic and International Maritime Conference Uniform Time Charter
	Deutzeit	Deutscher Zeitfrachtvertrag auf der Grundlage der Baltime
	NYPE	Time Charter Party, New York Produce Exchange 1946
	Linertime	The Baltic and International Maritime Conference Deep Sea Time Charter
	Intertanktime 80	International Association of Independent Tanker Owners
Offshore Service:	Supplytime	The Baltic and International Maritime Conference Uniform Time Charter Party for Offshore Service Vessels

Verschiffung	Code-Name	Herausgeber und Anwendungsgebiet
Bareboat	Barecon "A"	The Baltic and International Maritime Conference
	"B"	Standard Bareboat Charter
Mengenvertrag	VOLCOA	The Baltic and International Maritime Conference Standard Volume Contract of Affreightment for Transportation of Bulk Dry Cargoes

Das Seefrachtgeschäft wird überwiegend in englischer Sprache abgewickelt. Auch der deutsche Reeder kann das nicht umgehen, weil einer der Beteiligten fast immer ein Ausländer ist. Da die verklausulierten Charterverträge in englischer Sprache nicht immer leicht zu verstehen sind, sollte schon der junge Schiffsoffizier sich rechtzeitig mit den Fachausdrücken vertraut machen. Eine gute Hilfe bieten dabei deutsche Nachbildungen der englischen Fassungen, z. B. Deutgencon-Gencon und Deutzeit-Baltime.

Nachstehend werden einige wichtige Charterverträge besprochen und dabei besonders jene Punkte erläutert, die in allen C/Ps mit oder ohne Abänderungen immer wiederkehren.

Es kann aber nicht für jeden Sonderfall das Passende gesagt werden, weil selbst gleiche Klauseln in dem einen Lande anders ausgelegt werden können als in dem anderen. Die nachstehenden Ausführungen können nur einen allgemeinen Überblick über die Verhältnisse und Bedingungen des Chartergeschäftes geben.

8.7.2   Ladungs- oder Reisecharter am Beispiel Gencon (siehe auch 8.7.1)

„Gencon" Charter, Revised Edition 1976: Allgemeiner Einheitsfrachtvertrag, der für die Verschiffung solcher Güter gedacht ist, für die es keine besonderen Vordrucke gibt. 1976 wurde das Formular vom Documentary Council of BIMCO in Athen neu überarbeitet. Bereits 1974 wurde die Gencon C/P in einer neuen Form — BOX-LAYOUT 1974 — herausgegeben, wonach alle einzutragenden Daten über das Schiff, die Ladung, die Häfen und Zeiten in einem Part I zusammengefaßt werden, während Part II die zusammengestellten Bedingungen enthält, welche auf die jeweilige Box im Part I verweisen.

(1) Genannt werden **Verfrachter, Befrachter** und das **Schiff.** Ladebereitschaft mit Angaben über Schiffsposition und erwartete Zeit der Ankunft im Ladehafen (siehe unten Clause 10, Laydays).

§ 560   **Ladehafen.** Hierbei ist die Klausel von Bedeutung: „... oder so nahe, wie das Schiff sicher und flott liegen kann". Kosten und Zeitverlust für einen etwaigen Umtransport zum sicheren Liegeplatz hätte also der Befrachter zu tragen. Für manche Häfen mit großem Tidenhub bestimmt die C/P, daß das Schiff nicht immer flott zu sein braucht, wenn es sicher auf dem Grunde sitzen kann (not always afloat but safe aground). Sofortige Meldung an den Reeder, wenn der Grund an dem vom Charterer angewiesenen Liegeplatz sich als gefährlich herausgestellt hat oder wenn vermutet werden muß, daß das Schiff beim Liegen am Grunde Unterwasserschäden davongetragen hat (Fotos, Protokoll durch Experten, vgl. Havarie, siehe 9.7).

Ladung. Diese wird nach Art und Menge bezeichnet, entweder in metric tons (t zu 1000 kg) oder in long tons (ts zu 1016 kg). Sehr oft wird die Klausel hinzugefügt, daß

z. B. 5 oder 10% mehr oder weniger nach Wahl des Reeders (in owner's option) zu lie- vgl. HGB
fern sind. Manchmal werden auch die Mindest- und Höchstmengen selbst genannt
(„min/max"). Dadurch soll eine restlose Beladung des Schiffes sichergestellt werden.
Vielfach verpflichtet eine Zusatzklausel im Anhang (rider oder appendix oder adden-
dum) den Reeder oder seinen Makler — manchmal auch das Schiff —, die gewünschte
Ladungsmenge zusammen mit einer 10-Tage-Notiz genau anzugeben (vgl. ETA). Der
Kapitän muß dann bei der Berechnung in Zusammenarbeit mit dem 1. Offizier und
dem Ltd. Ingenieur folgende Punkte berücksichtigen: Verbrauch von Brennstoff und
Wasser bis zum Ladehafen und während des Ladens, etwa notwendige Ergänzung dieser Vorräte, zuverlässiger Tiefgang beim Überschreiten einer Zonengrenze gemäß
Freibordverordnung, Verbrauch von Vorräten bis zum Erreichen einer solchen Grenze. Für unvorhergesehene Verzögerungen rechnet man eine Reserve von 25%, bei kurzen Reisen natürlich entsprechend mehr. Verzicht auf restlose Ausnutzung der Ladefä-
higkeit bedeutet Frachtausfall. Der Ablader muß die bezeichnete Menge voll liefern.
Tut er es nicht, hat der Reeder Anspruch auf volle Fracht. Dazu muß aber der Kapitän §§ 578. 579
beim Ablader bzw. Charterer's Agent oder bei einem Notar Protest einlegen und sich
alle Rechte vorbehalten. Dabei sollte er zum Nachweis der Restladefähigkeit einen
Sachverständigen hinzuziehen, der über den Befund ein Protokoll aufstellt. Das einge-
nommene Gewicht muß nach den eigenen Tallyunterlagen (gut aufbewahren!) oder an
Land, besonders aber am Tiefgang nachgeprüft werden. Über den Anspruch auf Fehlfracht (Fautfracht) für die nicht gelieferte Ladungsmenge muß ein Vermerk ins Konnossement aufgenommen werden. Wenn der Ladungsbeteiligte sich hiergegen wegen
etwaiger Akkreditivbedingungen sträubt, fordere man ihn auf, vom Reeder die Genehmigung einzuholen, daß der Kapitän etwa gegen einen Revers mit Bankgarantie ein reines Konnossement ausstellt. Außerdem muß der Empfänger telegraphisch und brieflich darüber unterrichtet werden, denn wegen dieses Anspruchs besteht ein Pfandrecht
an der Ladung. Für gewöhnlich wird der Reeder, der ja ohnehin über alles unterrichtet §§ 614. 623
wird, diese Mitteilung übernehmen und auch gleichzeitig den Befrachter benachrichti- §§ 625-627
gen, der letzten Endes als Unterzeichner der C/P für alle Nachteile haften muß.

In selteneren Fällen wird eine Mengenvereinbarung nach Wahl des Befrachters getroffen (in charterer's option). Dann muß der Kapitän darauf achten, daß er einschließlich der Reserve nur so viel Brennstoff und sonstige Verbrauchsausrüstung an Bord
hat, daß das Schiff die bedungene Höchstmenge der Ladung übernehmen kann. Maßgebend ist immer der Tag des Eintritts in eine Freibordzone, so daß der Verbrauch bis
dahin bei der Bemessung des Auslauftiefgangs noch berücksichtigt werden kann.

Fracht. Diese Vereinbarung berührt den Kapitän nur wenig. Oft wird Vorauszahlung § 617
beim Zeichnen der Konnossemente verlangt, wobei die Fracht als verdient gilt ohne
Rücksicht auf einen etwaigen späteren Verlust von Schiff und/oder Ladung. Wenn aber
die Fracht erst bei Auslieferung der Güter zu entrichten ist, muß der Kapitän für Einziehen oder Sicherheit sorgen. Meistens ist allerdings ein Makler hiermit betraut.

(2) Verantwortlichkeit des Verfrachters. Der Verfrachter ist nur haftbar, wenn Ladungsschäden folgende Ursachen haben:

(a) Unsachgemäße oder nachlässige Verstauung der Ladung, es sei denn, daß dieses
    die Ablader oder deren Beauftragte selbst bewirkt haben.
(b) Mangel an persönlicher Sorgfalt des Reeders oder seiner Vertreter (Kapitän ist in
    diesem Sinne nicht Vertreter), das Schiff see- und reisetüchtig zu machen.
(c) Persönliche Handlungen oder Unterlassungen des Reeders oder seiner Vertreter.

Von allen übrigen Schäden — also auch von solchen aus kommerziellem Verschul- § 663 (2)
den — zeichnet der Reeder sich frei. Das ist bei einer C/P erlaubt, siehe aber die erste
Anmerkung zu 8.7.1 zur Frage, ob C/P Allgemeine Geschäftsbedingungen (AGB)
sind und zur Haftung neben § 663 a.

Anmerkung: Bei einem Kenterunfall in der Binnenschiffahrt hat der Bundesgerichtshof (12.3.1984) ausgeführt: „Nach der ständigen Rechtsprechung des Senats können sich Frachtführer, Schiffseigner, Schiffsführer und Schiffer in AGB von der Haftung für Ladungsschäden aus anfänglicher Fahr- und Ladungsuntüchtigkeit nicht wirksam freizeichnen."

§ 636 a **(3) Abweichen vom Kurse (Deviation).** Das Schiff darf zu jedem Zwecke und in beliebiger Reihenfolge andere Häfen anlaufen, ohne Lotsen fahren, andere Schiffe schleppen und zur Rettung von Leben oder Eigentum vom Reisewege abweichen. Unter einem weitergegebenen Orderkonnossement (siehe 8.6) darf das Schiff dagegen nur in gerechtfertigter Weise vom Reisewege abweichen. Das träfe z. B. bei der Übergabe eines Schwerkranken zu oder wenn die gemeinsamen Reiseinteressen von Schiff und Ladung es erfordern. § 636a unterliegt zwar nicht den zwingenden Vorschriften des § 662, so daß eine Freizeichnung von Ladungsschäden aus Abweichen vom Reisewege (scheinbar) wirksam wäre. Tatsächlich könnte aber der Geschädigte mangelnde Sorgfalt beim Befördern nach § 606 geltend machen (vgl. 8.7.3 (14)).

Beispiel 1. Der engl. D. IXIA lief ausgehend St. Ives, Landsend, an, um zwei Garantieingenieure zu landen. Dabei geriet er auf einen Felsen und ging mit der Ladung verloren. Der Reeder mußte für die Ladung im Rahmen der beschränkten Reederhaftung Schadensersatz leisten, weil das Schiff ungerechtigt vom Reisewege abgewichen war.
Beispiel 2. Der engl. D. NEWBROUGH sollte heimkehrend von Vancouver in St. Thomas bunkern, lief aber wegen Kohlenmangels Port Royal, Jamaica an. Dabei strandete er und ging total verloren. Auch dieser Reeder mußte dem Ladungsbeteiligten Schadensersatz leisten, weil das Schiff bei der Abfahrt nicht genug Kohlen bis St. Thomas gehabt und sie in Cristobal/Colon nicht ergänzt hatte.

(4) Frachtzahlung. Während nach der Gencon-C/P die Fracht erst bei Auslieferung fällig ist, wird in der Praxis vielfach Vorauszahlung verlangt (siehe Klausel Nr. 1.

§ 561 **(5) Kosten für das Laden und Löschen.** Um den unterschiedlichen Interessen bei den verschiedenen Arten der C/Ps gerecht zu werden, kann hier alternativ die folgende Klausel (a) oder (b) gewählt werden.

(a) Gross Terms. Die Ladung muß derart längsseits an das Schiff geliefert werden, daß sie mit dem Schiffsgeschirr übernommen werden kann. Die Kosten an Land oder auf dem Leichter trägt der Befrachter. Das Laden, Stauen und Löschen geht zu Lasten des Schiffes. Falls mit einem Elevator geladen wird, trägt der Verfrachter nur die Trimmkosten. Bei Kolli oder Packungen über 2 Tonnen trägt der Befrachter Risiko und Kosten für Laden, Stauen und Löschen.

Die Güter sind auf Risiko und Kosten des Empfängers längsseits des Schiffes im Bereich des Ladegeschirrs in Empfang zu nehmen.

(b) F.i.o. and free stowed/trimmed (free in and out). Die Kosten für das Laden, Stauen und Löschen sowie das Risiko dafür gehen zu Lasten des Befrachters. Der Verfrachter stellt das Ladegeschirr mit Windenleuten aus der Besatzung zur Verfügung. Soweit dies nicht erlaubt ist, hat der Befrachter dafür zu sorgen, daß Windenleute von Land oder Kräne auf seine Kosten bereitgestellt werden. Diese Vereinbarung gilt nicht, wenn das Schiff kein eigenes Ladegeschirr hat und dies ausdrücklich vermerkt wurde.

Anmerkung: Die Hafenkosten sowie die Kosten für das Ein- und Auslaufen sind, unabhängig davon, ob Gross Terms oder f.i.o. vereinbart wurde, immer vom Verfrachter zu tragen.

§§ 567 ff **(6) Laytime, Liegezeit**[7]. Es ist die Zeit, die das Schiff dem Charterer ohne besondere Vergütung zum Laden und Löschen zur Verfügung gestellt wird. Mit der Fracht ist diese Zeit bereits mit abgegolten und da im übrigen der Verfrachter für die Reise, nicht aber für die Zeit bezahlt wird, ist er an einer Beschleunigung interessiert. Die Regelung der Liegezeit, mit Beginn und Ende sowie der Klärung, welche Zeit gezählt wird und in

---

7 Siehe dazu Charterparty Laytime Definitions 1980 unter 8.7.2 a.

welcher Art über Liege- oder Eilgeld ein Ausgleich erzielt wird, ist auslegungsbedürf- vgl. HGB
tig und häufig Grund zu Auseinandersetzungen. Die BIMCO (siehe 6) hat 1980 sog.
Charterparty Laytime Definitions herausgegeben, die Eingang in die Verkehrssitte gefunden haben (siehe 8.7.2 a).
Reversible, total laytime for loading and discharging. Nach Gencon 76 kann gewählt werden zwischen einer getrennten oder einer gemeinsamen Berechung der Lade- und
Löschzeit.

Anmerkung: Häufig wird in anderen C/ps die sog. Reversible Clause (siehe 8.7.2 a, Nr. 22 §§ 567, 594
und 26) verwandt. Zusätze wie „for all working time saved at both ends" bedeuten dabei, daß in
Anspruch genommene Überliegetage beim Laden gegen ersparte Löschtage aufgerechnet werden dürfen. Nach Gencon 6 (b) und den Definitions wird die Zeit für das Laden und Löschen
addiert und weitergezählt.

Beginn des Ladens und Löschens. Bei der Verfrachtung eines Schiffes im ganzen hat der §§ 567, 594
Kapitän, sobald er zur Einnahme der Ladung fertig und bereit ist, dies dem Befrachter
anzuzeigen, beim Löschen dem Empfänger. Diese **Notice of Readiness (NOR)** bestimmt
regelmäßig auch den Zeitpunkt, wann die Lade- bzw. Löschzeit zu zählen beginnt. Allgemein ist Schriftform für die NOR vorgeschrieben (Beispiel s. u.) „IN WRITING"
schließt aber Datenfernübertragung, Telegramm oder Telex nicht aus. Bedeutsam ist,
wann die NOR abgegeben werden kann. Das Schiff muß im Bestimmungshafen angekommen sein (arrived ship). Bei der sog. Port-C/P ist eine vereinbarte Warteklausel zu
beachten. **Time lost waiting for berth to count as loading/discharging time** bedeutet, daß
die reine Wartezeit bis zum Freiwerden des Liegeplatzes wie Lade- oder Löschzeit
zählt, ausgenommene Zeiten (excepted periods) unterbrechen dabei den Lauf. Soll die
Zeit ohne Unterbrechung zählen, müßte die Formulierung „... to count in full" lauten
(siehe dazu Charterparty Laytime Definitions 1980 unter 8.7.2 a).Während der Wartezeit kann eine NOR noch nicht abgegeben werden. Wird der Liegeplatz frei, endet die
Wartezeit, die Zeit beginnt wieder zu zählen nach Abgabe der NOR entsprechend den
Vereinbarungen der C/P.
Bei der Berth-C/P muß das Schiff tatsächlich am vereinbarten Liegeplatz angekommen sein, bevor die NOR abgegeben werden kann. Die Definition „**Wether in berth or
not**" setzt voraus, daß das Schiff im Hafen angekommen ist, gibt aber die Möglichkeit
NOR abzugeben, wenn der Liegeplatz nicht sofort verfügbar ist (Zu den Begriffen
„berth" und „port" siehe die Laytime Definitions).

Beispiele: MS„P" erreichte Hoek von Holland und ging dort vor Anker, weil der Liegeplatz
in Rotterdam besetzt war. Der Kapitän meldete das Schiff löschbereit. Ein New Yorker
Schiedsgericht kam zu dem Ergebnis, daß MS„P" ein „arrived ship" war und die Anzeige ak-
zeptiert werden mußte.
In einem anderen Fall hielt der Court of Appeal ein für Brake bestimmtes Getreideschiff,
das beim Weserfeuerschiff vor Anker auf den Liegeplatz wartete, für ein „arrived ship". Das
Urteil ist allerdings vom House of Lords mit der Begründung aufgehoben worden, daß die
Warteposition beim Feuerschiff keine Position „within the port" sei.

Die NOR wird in der Regel nur während der Bürostunden entgegengenommen. Hierbei handelt es sich um die ortsüblichen Öffnungszeiten. Anders nur bei ausdrücklicher
Vereinbarung: „Presented during or outside the schedule of office hours".

Beispiel (nach der Entscheidung eines New Yorker Schiedsgerichts): Bei einer Gencon-C/P
kam ein Schiff am Samstag um 9.40 Uhr an. Der Kapitän gab die Notiz um 11.00 Uhr desselben Tages ab. Akzeptiert wurde die Andienung erst zum folgenden Montag um 08.00 Uhr mit
der Begründung, daß Samstage nicht als reguläre Arbeitstage anzusehen seien. Trotzdem wurde bereits am Sonntag um 08.00 Uhr mit der Arbeit begonnen.

vgl. HGB
§§ 567, 594
Wenn die Zeit drängt, ist folgende Regelung möglich: Der Kapitän benachrichtigt durch FT oder Telephon den Makler kurz vor dem Einlaufen oder Festmachen über die voraussichtliche Arbeitsbereitschaft. Darauf übergibt der Makler dem Ladungsbeteiligten die schriftliche Andienung. Es muß aber sichergestellt sein, daß das Schiff dann auch tatsächlich zur angegebenen Zeit bereit ist, weil sonst Schadensersatz wegen Wartens der Arbeiter usw. geleistet werden müßte und der Beginn der Lade- oder Löschzeit ohnehin nicht anerkannt zu werden brauchte. Man beachte, daß das Schiff in allen Teilen ladeklar (bzw. löschklar) sein muß, z. B. mit offenen Luken und aufgetoppten Bäumen, Garnier, Matten, Abdeckung, besichtigten Getreideschotten, besichtigten Ladetanks usw.

Nach der Gencon-C/P beginnt die Lade-oder Löschzeit um 13 Uhr, wenn das Schiff vor 12 Uhr angedient ist, und am nächsten Arbeitstage um 6 Uhr, wenn die Andienung nach 12 Uhr während der Geschäftsstunden gegeben wird. Die Empfänger der Andienung werden meistens in der C/P genau bezeichnet; andernfalls Anschriften beim Reeder erfragen, nötigenfalls telegraphisch.

Als Muster kann folgende schriftliche Andienung gelten, entsprechende Vordrucke befinden sich häufig an Bord.

To ....   Place ....
            (Charterer's Agents)   Date ....
Gentlemen: I wish to advise you that the German SS. (mv.)"....." under my command, is now lying at (oder "anchored at") .... waiting for loading berth (oder "at her loading berth") and is ready in all respects to load a cargo of .... (in bulk) in accordance with the terms, conditions and exceptions of Charter Party, dated ....
and rider (Anhang) thereto.
Notice accepted: Respectfully,
date ...., hours ...., Master ....
....   German SS. „.............."
        Charterer's Agents

Der Empfang der Andienung sollte auf der Abschrift für das Schiff bescheinigt werden.

Manchmal muß der Reeder ungünstige oder unklare Bedingungen über die Anfangszeiten und die gesamte Liegezeit hinnehmen. In solchen Fällen kann der Kapitän unter Umständen viel für seinen Reeder tun.

Beispiel: Anfangszeiten nach Gencon-C/P wie oben, jedoch mit der Abänderung, daß von sonnabends 13 Uhr bis montags 7 Uhr keine Lade- oder Löschzeit angerechnet wird. Der Kapitän dient an einem Sonnabend um 12 Uhr an. Er glaubt, daß der Ablader sofort mit Überstundenarbeit beginnen will, um das Schiff vor Ablauf der Ladezeit abzufertigen und so Eilgeld zu verdienen. Falls die C/P darüber nichts vorsieht, wird der Kapitän, der im übrigen auch an einer schnellen Abfertigung interessiert ist, der Andienung folgenden Zusatz geben:
„According to C/P time of loading (discharging) will commence to count from 7. a. m. on Monday. In case you should desire to start work earlier time of loading (discharging) to count as from the beginning of loading (discharging)". Um einen vielleicht befreundeten Ablader nicht zu verärgern, bleibt dem Kapitän dann immer noch ein Kompromiß offen, indem im obengenannten Falle die Ladezeit etwa erst ab Sonntag um 0 Uhr gerechnet wird, oder „unless used" vereinbart; ein weiteres Entgegenkommen würde die Regelung „time actually used half to count" bedeuten. Alle Vereinbarungen zur Beweissicherung schriftlich festlegen!

Die Lade- oder Löschzeit wird nach Stunden — oder nach Tagen — gerechnet. Vielfach wird auch eine bestimmte Ladungsmenge festgesetzt, die täglich im ganzen oder pro Luke zu laden oder zu löschen ist. Die auf Tage, Stunden und Minuten (pro rata) berechnete Lade- oder Löschzeit ergibt sich dann aus der Division: Gesamte Ladungsmenge durch tägliche Ladungsmenge. Es sind hierbei mehr oder weniger günstige Abmachungen in den verschiedensten Ausdrücken möglich. Die wichtigsten davon wer-

den nachstehend erläutert. Dabei werden die gebräuchlichsten englischen Fachaus- ^{vgl. HGB}
drücke benutzt, weil man es überwiegend mit C/Ps in englischer Sprache zu tun bekommt.

... within the number of running hours. Danach soll die Ladung in einer festgelegten ^{§ 573}
Anzahl von Stunden geladen oder gelöscht werden. Die Zeit zählt ununterbrochen,
wenn nicht ausgenommene Zeiten — wie bei Gencon 76 — ausdrücklich vereinbart
werden (siehe unten SHEX).

Running days: running days of 24 consecutive hours. Hierbei werden die Lade- oder
Löschtage in fortlaufender Reihenfolge ohne Rücksicht auf Sonntage oder gesetzliche
Feiertage gerechnet, und zwar jeder Tag von 0 bis 24 Uhr. Angebrochene Tage werden
anteilig (pro rata) berechnet.

Working days (Werktage). Nach allgemeiner Auffassung sind damit Werktage von
24 Stunden gemeint, und zwar ohne Rücksicht auf die tatsächlichen Arbeitsstunden.
Sonntage und Feiertage werden von 0 bis 24 Uhr nicht mitgerechnet. Einige ausländische Kommentare berufen sich darauf, daß nicht von Werktagen, sondern von Arbeits-
tagen gesprochen wird. Es seien Arbeitstage mit der ortsüblichen Arbeitszeit von
8 Stunden gemeint, so daß z. B. im Zusammenhang mit „weather permitting" (siehe unten) wegen 4 ausgefallener Regenstunden das Ende der Ladezeit sich um $^4/_8$ working
day hinausschöbe anstatt nur um $^4/_{24}$. Man halte dem das Gegenargument entgegen,
daß dann andererseits zugunsten des Reeders eine ununterbrochene Arbeitszeit von
24 Stunden als 3 working days angerechnet werden müßten.

Nach einem Urteil eines britischen Court of Appeal wurden working days nicht zu
24 Stunden angerechnet, sondern zu der ortsüblichen Arbeitszeit von 8 Stunden, weil
die C/P an mehreren Stellen auf den Hafenbrauch verwies. Anders ist es aber bei folgender Klausel:

**... ts per working day, time from noon on Saturday or day before holiday to 8 a. m. on
Monday or day after holiday not to count.** So oder ähnlich lauten die meisten Klauseln
über die Lade- und Löschzeit. Man bekennt sich damit klar zur 24-Stunden-
Rechnung, weil ohne diese Erweiterung z. B. der Montag ab 0 Uhr, also zu 24 Stunden
anzurechnen wäre. Mit ihr aber werden Sonnabende zu $^{12}/_{24}$ und der Montag zu $^{16}/_{24}$
working day angerechnet, die genannte Zwischenzeit aber nicht.

Working days of 24 hours oder **... 24 consecutive hours.** Nur mit der letzten Fassung ist
klar, daß ohne Rücksicht auf die tatsächliche Arbeitsdauer jeder working day zu 24
Stunden zu rechnen ist. Bei der ersten Fassung könnte ein Ladungsbeteiligter fordern,
daß z. B. 8 Arbeitsstunden als ortsübliche Arbeitszeit nur als $^8/_{24}$ working day angerechnet werden. Überwiegend wird jedoch jeder working day zu 24 Stunden gerechnet.

Wenn der Reeder solche oder ähnlich unklare Bedingungen annehmen mußte, kann
dem Kapitän nur geraten werden, sich entweder vom Reeder rechtzeitig Anweisungen
zu holen oder bei der Zeitabrechnung (siehe Timesheet) nur die Arbeitszeiten selbst
zu bestätigen und im übrigen unter Vorbehalt zu unterschreiben.

Weather working days („wetterbedingte" Arbeitstage) oder **... weather permitting.** Die- ^{§§ 573, 597}
se Bedeutung ist die gleiche wie beim working day, jedoch mit der Einschränkung, daß
keine Arbeitszeit angerechnet wird, wenn wegen der Wetterlage Ladungsarbeiten unmöglich sind. Man sollte aber z. B. Regen nach Feierabend oder während der Mittags-
pause nicht als Stoppzeit anerkennen. In dieser Klausel liegen für den Reeder viele
Nachteile, weil er nichts einwenden kann, wenn z. B. der Ablader wegen Regens keinen
Zement anliefern oder wegen Seegangs keine Leichter bringen will. Selbst bei der Arbeitsverweigerung der Stauer wegen Regens ist das Schiff machtlos. Der Kapitän muß
dann zu verhandeln versuchen. Kleine Vergütungen machen sich oft gut bezahlt.

... Sundays and holidays excepted (SHEX). Nach dieser Klausel gehören Sonn- und
Feiertage zur ausgenommenen Zeit. Dabei gilt die Zeit von 00.00 bis 24.00 Uhr, soweit nicht für die sogenannten Vorfeiertage und die Tage danach Sondervereinbarun-

vgl. HGB gen getroffen werden (siehe oben bei working days). In nichtchristlichen Ländern wird gewöhnlich für die entsprechenden Häfen die Klausel geändert. Z. B. in islamischen Häfen „Fridays and holidays excepted". Innerhalb der Überliegezeit werden Sonntage und Feiertage aber stets als days on demurrage angerechnet.

Anmerkung: Ob ein Tag ein holiday ist, ergibt sich aus dem Gesetz oder der tatsächlich geübten Praxis des jeweiligen Landes. Voraussetzung ist, daß an diesem Tage offiziell nicht gearbeitet wird. Der Samstag ist nicht grundsätzlich als holiday anzusehen, sondern er gilt als working day, soweit er nicht ausdrücklich ganz oder teilweise ausgeschlossen ist, wie z. B. in der Baltimore Form „C" C/P:" ... Saturday shall not count as laytime at loading and discharging port or ports where stevedoring labour and/or grain handling facilities are unavailable on Saturday or available only at overtime and/or premium rates."

... Sundays and holidays included (SHINC). Hiernach wird zur besseren Klarheit zum Ausdruck gebracht, daß die Zeit ununterbrochen zählt. Dies bedeutet das Gegenteil von SHEX und wird häufig als Alternativklausel in das C/P-Formular aufgenommen.

... per workable hatch oder **... per working hatch** oder **... per available workable hatch.** Besonders in einigen Holz-C/Ps wird die Lade- und Löschzeit nach einer bestimmten Menge pro arbeitsfähiger Luke berechnet. Über die Auslegung kann es Meinungsverschiedenheiten geben. In Skandinavien wird vielfach nach dem Prinzip der „größten Luke" gerechnet.

Beispiel: Luke I 300 t, Luke II 500 t; täglich zu löschen 100 t per workable hatch. Nach der größten Luke ergeben sich 5 Löschtage. Diese Auffassung hat sich Queen's Bench Division in einem 1953 gefällten Urteil zu eigen gemacht. In anderen Ländern wird manchmal das sogenannte Multiplikationssystem zugunsten des Reeders angewandt, wonach bei einer workable hatch nur deren technische Eigenschaften berücksichtigt werden — möge die Luke beim Laden schon voll oder beim Löschen leer sein. Beispiel wie oben: Die Gesamtmenge von 800 t ist durch 2 × 100 t zu teilen, so daß sich nur 4 Löschtage ergeben. In neuerer Zeit setzt sich aber das sogenannte Größte-Luke-Prizip des ersten Rechenbeispiels immer mehr durch, auch in der deutschen Rechtsprechung. Für den Kapitän folgt daraus, daß die Ladung möglichst gleichmäßig auf alle Luken verteilt werden muß. Kleine Luken möglichst voll beladen, wenn Trimm und Längsfestigkeit es zulassen. Sind z. B. Raum I und II nicht durch ein Schott getrennt, sollte man über der Luke des kleineren Raumes beginnen, damit „unter ihr", durch sie geladen, im Verhältnis zur größeren möglichst viel Ladung liegt.

Anmerkung: In den CHARTERPARTY LAYTIME DEFINITIONS 1980 (siehe 8.7.2a) wurden zur Klärung dieser Streitfrage die Begriffe definiert. „Per working hatch per day" definiert das Prinzip der größten Luke. Anders ist es bei der Klausel „per hatch per day", hier gilt das Multiplikationsprinzip. In jedem Fall sollte sich der Kapitän in Streitfällen darauf berufen.

Beispiel: Ein Schiff hatte 7472,24 Tonnen Stahlknüppel geladen und bei 4 Luken 3029,86 in Luke 4 gestaut. Bei einer täglichen Löschrate von 200 Tonnen ging der Reeder von einer Löschzeit von 9 Tagen 8 Stunden und 15 Minuten aus, während der Befrachter meinte, 3029,86 müßten durch 200 geteilt werden und 15 Tage 3 Stunden und 35 Minuten errechnete. Das OLG Düsseldorf hat in seinem Urteil vom 3.12.1981, HANSA (1982) 654 zugunsten des Reeders entschieden unter Berufung auf die Klausel „x tons per hatch per day" und gleichzeitig dazu ausgeführt, daß die vom Seehandel und den Verbänden vorgeschlagene Auslegung Eingang in die Verkehrssitte gefunden habe.

§§ 560, 561
568, 595 **... to be loaded (discharged) according to custom of the port** (nach ortsüblicher Gewohnheit zu laden). Diese Klausel bringt für den Kapitän große Unsicherheit mit sich, weil sich über die Gewohnheiten streiten läßt. Schon vor Reisebeginn sollte der Kapitän sich darüber vom Reeder Verhaltensmaßregeln holen; sonst müßte er den Makler des Reeders befragen.

... unless used (es sei denn, daß in Anspruch genommen). Der Reeder versucht stets, diese Zusatzklausel einzuschließen, wenn Sonntage und Feiertage nicht mitgerechnet werden sollen. Der Zusatz bedeutet, daß Arbeitszeit an einem Sonntag oder Feiertag oder auch während sonst ausgenommener Zeiten angerechnet wird. Die obengenannte

Erweiterung der Andienung wegen Sonntagsarbeit ist dann überflüssig. Gelegentlich vgl. HGB wird „unless used" genauer ausgedrückt durch

... unless used, but only time actually used to count. Das bedeutet, daß z. B. 8 Arbeitsstunden an einem Feiertage nur als $^8/_{24}$ Arbeitstage angerechnet werden, und zwar ohne Rücksicht darauf, daß die übrigen working days zu 24 Stunden gerechnet werden. Das mag unlogisch sein, ist aber Gewohnheit.

... even if used (selbst wenn in Anspruch genommen). Dieses bedeutet das Gegenteil von „unless used". Der Ladungsbeteiligte darf auch an Feiertagen zwischen working days arbeiten, ohne daß solche Arbeitszeit angerechnet wird.

Abweichend von diesen letzten drei Klauseln wird in manchen C/Ps bestimmt, daß solche in Anspruch genommenen Zeiten zur Hälfte angerechnet werden.

... Trimmen. Obwohl die Stauereikosten manchmal im Gegensatz zur Gencon-C/P § 561 zu Lasten des Ladungsbeteiligten gehen, muß meistens der Reeder die Kosten für das Trimmen tragen. Abweichungen von dieser Regel sind selbstverständlich möglich. Das Laden ist erst dann als beendet zu betrachten, wenn auch das Trimmen nach Anweisung des Kapitäns erledigt ist. Wenn die Ladezeit während des Trimmes abläuft, rechnet das restliche Trimmen als Überliegezeit.

Timesheet (Zeitaufnahme). Aus dem Vorstehenden ist erkennbar, daß der Zeitaufnahme ganz besondere Aufmerksamkeit zu widmen ist. Tagebucheintragungen und das Anlegen eines Arbeitsbuches sind dringend zu empfehlen. Im Arbeitsbuch soll der verantwortliche Stauer Beginn und Ende der Arbeitszeit gegenzeichnen. Andernfalls können sich unangenehme Meinungsverschiedenheiten ergeben, besonders im Hinblick auf die Klausel „weather working days". Manchmal wird auch die Anzahl der Arbeiter oder der Gänge in den Timesheet aufgenommen. Mit dem Unterschreiben des Timesheet sollte unter Umständen gewartet werden, bis die Konnossemente oder beim Löschen die Empfangsbestätigung, soweit eine solche erforderlich oder üblich ist, vorgelegt werden. Wenn das Schiff hierdurch ungerechtfertigt aufgehalten worden ist, kann das nachträglich im Timesheet vermerkt werden, so daß der Reeder seine entsprechenden Rechte wahren kann. Die Abrechnung über Liegegeld oder Eilgeld ist im allgemeinen Sache des Reeders oder seines Maklers, so daß der Kaptiän sich dann auf die Bestätigung der Zeiten selbst beschränken kann.

Anmerkung: Von der BIMCO (siehe 6) sind entsprechende Vordrucke entworfen worden, damit die notwendigen Daten in einer möglichst einheitlichen Form zusammengestellt werden. Die Zeiten werden erfaßt im Standard Statement of Facts. Die Berechnung, ob Zeit gespart oder ob Überliegezeit beansprucht wurde, erfolgt auf dem Standard Time Sheet. Der Kapitän sollte nur das Statement of Facts unterschreiben.

(7) Liegegeld (demurrage). Nach der Gencon-C/P stehen dem Befrachter für das La- §§ 567, 594 ff. den und Löschen insgesamt 10 Überliegetage zu. Häufig ist etwas anderes vereinbart. Für die Überliegezeit wird pro Tag, also Sonntage und Feiertage eingeschlossen, ein vereinbarter Betrag als Liegegeld erhoben, manchmal Tag für Tag zahlbar. Angebrochene Tage werden anteilig nach Stunden und Minuten (pro rata) bezeichnet.

Wartezeit ist die Zeit, während der das Schiff auf die Abladung zu warten verpflichtet § 570 ist. Zur Beendigung der Wartezeit ist es notwendig, daß der Verfrachter drei Tage vor Ablauf der Ladezeit oder der Überliegezeit dem Befrachter erklärt, daß er nach Ablauf nicht länger warten will. Beim Löschen gibt es das Recht der Hinterlegung. Wenn § 601 der Kapitän feststellt, daß die vertraglich bedungenen Überliegetage wahrscheinlich überschritten werden, sollte er drei Tage vor Ablauf der Überliegezeit schriftlich darauf hinweisen, daß er abfahren wird oder daß der Ladungsbeteiligte für weitere Überliegetage Schadensersatz leisten, nämlich mehr als das bedungene Liegegeld bezahlen muß (vgl. Kl 8). Keinesfalls darf also der Ladungsbeteiligte das Schiff beliebig lange ge- § 602 gen Liegegeld warten lassen.

vgl. HGB Wenn auch im allgemeinen der Makler des Reeders mit dem Einziehen des Liegegeldes beauftragt ist, sollte der Kapitän sich besonders beim Löschen ebenfalls darum kümmern, weil das Pfandrecht an der Ladung nach deren Auslieferung gefährdet ist.

§ 625 Wenn der Ablader das Liegegeld verweigert, sollte über die Höhe dieser Forderung und über den Grund ein Vermerk in das Konnossement aufgenommen werden. Außerdem sollten der Befrachter und der Empfänger telegraphisch und brieflich darüber unterrichtet werden, am besten natürlich über den Reeder, der ja ohnehin benachrichtigt werden muß. Wenn der Ablader ein Konnossement mit dieser Bemerkung nicht annehmen will, sollte mit einem Protest bei einem Notar und mit dem Auslaufen gedroht werden. Ein Kapitän, der die Ladung im Schiff, aber die Konnossemente noch nicht gezeichnet hat, steht in jedem Falle in der stärkeren Position. Er kann leicht über das Telefon des Abladers in dessen Gegenwart und auf dessen Kosten dem Reeder die Lage schildern und fragen, ob reine Konnossemente gegen Briefgarantie mit Bankgarantie gezeichnet werden können. In der einen muß aber der Ablader sich selbst als Schuldner des Liegegeldes bezeichnen, und die andere darf nur bei beiderseitigem Einverständnis zurückgezogen werden können und nicht befristet sein.

Eigentlicher Schuldner des Liegegeldes ist aber der Befrachter, weil dieser den Frachtvertrag gezeichnet hat. Wenn auch er keine Sicherheit bietet, muß das Pfandrecht an der Ladung ausgeübt werden.

Eilgeld (despatch money). Für eingesparte Lade- oder Löschzeit muß der Reeder pro Tag und pro rata Eilgeld entrichten. Im Gencon-Vordruck fehlt diese Klausel. Sie wird aber oft eingearbeitet. Für gewöhnlich ist das Eilgeld halb so hoch wie das Liegegeld. Der Ladungsbeteiligte wird dadurch zu schneller Arbeit angereizt, woran ja auch der Reeder interessiert ist. Manchmal erzwingt allerdings der Befrachter beim Abschluß der C/P eine ungerechtfertigt lange Lade- und Löschzeit, um viel Eilgeld verdienen zu können. Wenn das Eilgeld für „all time saved" zu zahlen ist, müssen Feiertage usw. mit vergütet werden, in der Praxis wird jedoch generell „all working time saved" vereinbart, damit sind die Feiertage ausgeschlossen.

§§ 614, 615 **(8) Pfandrecht (lien clause).** Der Verfrachter hat ein Pfandrecht an der Ladung für
623, 625 Fracht, Fehlfracht, Liegegeld, Verluste durch Aufenthalt (z. B. Überschreiten der Überliegezeit) und Beiträge zur Havariegrosse (vgl. Kl.11). Das Pfandrecht läßt man durch einen Anwalt ausüben.

§ 642 **(9) Konnossemente** (B/L) (siehe 8.6 über Rechtsverhältnisse). Diese zeichnet der Kapitän, manchmal auch der Makler oder Agent, ohne Einfluß auf den Chartervertrag. Trotzdem darf kein Konnossement ohne vorherigen Vergleich mit der C/P gezeichnet werden. Vor allem muß festgestellt werden, ob im Konnossement auf die C/P Bezug genommen ist (freight and all other conditions and exceptions as per C/P, dated ...), ob das Konnossement das richtige Datum trägt und ob die Bestimmungen über Havariegrosse der C/P entsprechen (YAR 1974). Alle über die C/P hinausgehenden Bedingungen streichen. Bei einer etwaigen Unterverfrachtung nicht die Konnossementsvordrucke des eigenen Reeders verwenden. Wegen der Bestätigung über Gewicht, Anzahl usw. siehe 8.6. Wenn der Ablader sich weigert, ein Konnossement mit Beanstandungen oder mit Forderungsvermerken über Fehlfracht, Liegegeld usw. anzunehmen, kann das Konnossement unter Protest gezeichnet werden („signed under protest" oder „with reservation"). Falls dies nicht angenommen wird, Protest beim Notar und an Ladungsempfänger. Keinesfalls selbständig Revers annehmen (vgl. Bemerkung unter Ziffer (1)
§§ 566, 663 über Ladungsmenge und unter Ziffer (7) über Liegegeld). Decksladung als solche im Konnossement bezeichnen. Das in der Trampschiffahrt verwendete Konnossement ist manchmal nur eine kurze Empfangsbestätigung mit Auslieferungsversprechen und trägt manchmal nicht einmal die Bezeichnung „Konnossement". Es unterliegt aber zwingend den Haager Regeln, sobald es mit oder ohne Bezeichnung als Konnossement

vom Charterer an einen Nachfolger indossiert und weitergegeben ist. Auslieferung der vgl. HGB Ladung mit und ohne Konnossement siehe 8.6.

(10) Laydays; Cancelling (Liegetage, nicht zu verwechseln, mit Lade- oder Löschzeit; Annullierung). In der C/P wird festgelegt, wann der Befrachter frühestens das Schiff zur Beladung annehmen muß und bis zu welchem spätesten Zeitpunkt der Reeder das Schiff stellen muß. In einem Telegramm würde z. B. stehen: „.... laydays 3/10 cancelling 3/24". Das bedeutet: Der Ladungsbeteiligte ist nicht verpflichtet, die Ladung vor dem 10. März zu liefern oder das Schiff nach dem 24. März noch zur Beladung anzunehmen. Manchmal wird dazu noch die Uhrzeit angegeben, andernfalls müßte für das Ende der Frist die Uhrzeit gelten, bei der die ortsübliche Arbeitszeit endet. Sollte das Schiff sich verfrühen, muß der Kapitän den Reeder benachrichtigen, damit dieser klären kann, ob das Schiff früher angenommen wird oder ob es durch wirtschaftliches Fahren Brennstoff sparen soll. Unangenehmer ist aber eine Verspätung (Grund ohne Bedeutung) mit ihren Folgen, weil besonders bei fallenden Raten der Befrachter von seinem Rücktrittsrecht Gebrauch machen oder versuchen wird, die Frachtrate zu drücken. Das Einhalten des cancelling date ist also von allergrößter Bedeutung. Die Bereitschaft des Ladeplatzes ist nicht erforderlich.

Die Gencon-C/P bestimmt, daß bei einer Verzögerung durch eine Havarie oder andere Ursachen die Befrachter vom Reeder sofort zu benachrichtigen sind. Die Rücktrittserklärung müssen sie auf Verlangen 48 Stunden vor der erwarteten Ankunft des Schiffes abgeben. Dieses Verlangen sowie die voraufzugehenden Benachrichtigungen sind allein Sache des Verfrachters, der vom Kapitän genau über den Umfang der erwarteten Verspätung unterrichtet werden muß.

Anmerkung: In der Gencon 76 wird nur das Cancelling Date unter Klausel 10 erwähnt. Der Zeitpunkt der frühesten Ankunft ergibt sich aus Clause 1 „(time) expected ready to load". Fehlt eine Angabe über das Cancelling Date, kann der Befrachter 10 Tage nach der erwarteten Ankunft von seinem Rücktrittsrecht Gebrauch machen.

(11) Havariegrosse (General Average). Diese ist nach den York Antwerp Regeln 1974 abzuwickeln. Das Schiff hat wegen der Beiträge ein Pfandrecht an der Ladung (vgl. Havarie, Einzelmaßnahmen, 9.7).

(12) Vertragsbruch (Non-Performance; Indemnity Clause; Penalty Clause). Bei §§ 580 ff. Nichterfüllung des Vertrages ist der nachgewiesene Schaden zu ersetzen, jedoch nur bis zur Höhe der Fracht. In vielen Fällen unterwerfen sich die Beteiligten einem Schiedsgericht, das sie vor oder nach Eintritt eines Streitfalls aufgrund der Klausel bestimmen. Für gewöhnlich wirken dabei zwei erfahrene Reeder oder Kaufleute mit. Bei Uneinigkeit entscheidet ein Obmann. So werden Zeit und hohe Gerichtskosten erspart; allerdings ist der Schiedsspruch endgültig und schließt eine Berufung aus (siehe auch 12.3.3 i. V. mit 12.3.1).

(13/14) Makler, Agenten (Broker, Agents). Diese werden namentlich genannt und die Befrachtungsgebühr festgelegt. Der Reeder muß manchmal den Makler des Befrachters im Lade- oder Löschhafen auch für die Vertretung des Schiffes anerkennen und dann auch bezahlen. In diesem Falle muß der Kapitän besonders vorsichtig sein und daran denken, daß der Makler des Befrachters (Charterer's Agent) in erster Linie immer die Interessen seines Auftraggebers wahrnimmt. Der Reeder setzt dann für seine Interessen oft zusätzlich den sogenannten Supervisory Agent (oder husbandry Agent) als ortskundigen Makler ein, mit dem der Kapitän sich besonders in Streitfällen vor einer Entscheidung gegenüber den Ladungsbeteiligten beraten sollte.

Sonderklauseln sind möglich und üblich, beispielsweise:

(15) General Strike Clause (Allgemeine Streikklausel). Keine der beiden Parteien ist für Streik verantwortlich. Im Ladehafen muß der Befrachter innerhalb von 24 Stunden schriftlich erklären, ob er den Zeitverlust durch Streik als Ladezeit berechnen lassen vgl. HGB will. Andernfalls darf der Reeder zurücktreten. Herrscht im Löschhafen Streik, dürfen die Empfänger gegen halbes Liegegeld das Schiff auf das Ende des Streiks warten lassen. Deswegen müssen sie sich aber innerhalb 24 Stunden schriftlich erklären. Die gleiche Erklärung müssen sie abgeben, wenn sie das Schiff nach einem sicheren Löschhafen beordern. Wenn dieser mehr als 100 sm entfernt ist, wird die Fracht entsprechend erhöht.

§629 **(16) General War Clause** (allgemeine Kriegsklausel). Beide Seiten haben das Recht auf Rücktritt. Bereits übernommene Ladung ist im Ladehafen oder nach Antritt der Reise im nächsten sicheren Hafen auf Kosten der Befrachter zu löschen.

(17) General Ice Clause (allgemeine Eisklausel). Im Ladehafen ist die C/P aufgehoben, wenn der Hafen zugefroren ist oder wenn dieses befürchtet wird. Nach Beginn der Beladung darf das Schiff mit der Teilladung abfahren und an anderer Stelle Zuladung nehmen. Für die Beförderung der Teilladung ist Fracht zu bezahlen, jedoch ohne Extrazuschläge. Ist der Löschhafen (außer im Frühling) vereist, dürfen die Empfänger das Schiff gegen Liegegeld warten lassen oder nach einem anderen Löschhafen beordern. Diese Order muß innerhalb von 48 Stunden gegeben werden. Ist das Zufrieren zu befürchten, darf das Schiff mit der Restladung auslaufen und diese an einem anderen Platz löschen. Liegt der Ersatzhafen mehr als 100 sm entfernt, ist dafür zusätzlich Fracht zu zahlen. Alle übrigen Bestimmungen der C/P bleiben in Kraft.

Anmerkung: Wenn der Kapitän von der Eisklausel keinen Gebrauch macht und den Hafen nicht rechtzeitig vor dem Einfrieren verläßt, hat der Verfrachter weder einen Anspruch auf Überliegegeld noch auf Ersatz von Eisbrecherkosten.

(18) New Jason Clause. Diese Klausel bezieht sich auf die bekannte Regelung der Havariegrosse. Sie verpflichtet die Ladungsbeteiligten ausdrücklich zur Beitragsleistung. Sie wird erst verständlich, wenn man die Rechtsprechung in USA berücksichtigt. Dort sind keine Havariegrosse-Beträge der Ladung vorgesehen, wenn die Ursache der Havariegrosse in einem nautischen oder sonstigen Verschulden der Schiffsleitung liegt.

(19) Both to Blame Collision Clause. Auch zu dieser Klausel muß die Rechtslage in den Vereinigten Staaten beachtet werden.

§§734ff. 1. Anders als nach IÜZ (siehe 11.3), dem nahezu alle Schiffahrtsländer mit Ausnahme der USA beigetreten sind, haften die Reeder der Schiffe bei gemeinsamem Verschulden einem Dritten gegenüber auch bei Sachschäden als Gesamtschuldner[8].

2. Anders als nach dem IÜZ, wonach im Falle eines Zusammenstoßes bei gemeinsamem Verschulden nach dem Verhältnis der Schwere des Verschuldens gehaftet wird, wurde nach der bisher üblichen amerikanischen Rechtsprechung immer eine Schuldverteilung von 50:50 unabhängig von dem jeweiligen Schuldanteil festgelegt.

Erstmalig ist der US Supreme Court in einer Entscheidung vom 19.5.1975 von dieser Rechtsprechung abgewichen und hat bei einer Strandung eines Küstenschiffes, verursacht durch die fehlerhafte Navigation des Kapitäns einerseits und den Ausfall eines Leuchtfeuers andererseits, entschieden, daß das Schiff 75% und die Coast Guard 25% des Schadens zu tragen haben. Nicht entschieden wurde in diesem Fall über die Frage der gesamtschuldnerischen Haftung. Nach dieser kann sich nach einer Kollision die geschädigte Ladung zu 100% an dem gegnerischen Schiff schadlos halten. Dieses wiederum kann 50% (oder den entsprechend festgesetzten Prozentsatz) seinem Gegner auf-

---

8 Nach § 421 BGB sind mehrere Schuldner dann „Gesamtschuldner", wenn sie „die Leistungen in der Weise schulden, daß jeder die ganze Leistung zu bewirken verpflichtet, der Gläubiger aber die Leistung nur einmal zu fordern berechtigt ist". Nach § 427 BGB sind die Gesamtschuldner im Verhältnis zueinander zu gleichen Teilen verpflichtet. Bei einer Kollision zwischen Frachtschiffen wären die Ladungsbeteiligten die geschädigten „Gläubiger" (anders § 736 HGB).

bürden. Um zu verhindern, daß dadurch der Verfrachter trotz der Haftungsbefreiung vgl. HGB
bei nautischem Verschulden für Schäden an seiner eigenen Ladung haften muß, wird in
der Klausel vereinbart, daß die Ladungsbeteiligten den Verfrachter von den Rück-
griffsansprüchen aus der gesamtschuldnerischen Haftung freizuhalten haben.

Die Rechtmäßigkeit der Klausel ist umstritten. Durch entsprechende Formulierung
„New Both to blame collision clause" soll sichergestellt werden, daß sie vor allem außerhalb der USA zur Anwendung kommt, falls die Ladungseigentümer anderer Länder Ansprüche geltend machen.

(20) Paramount Clause (Vorrangklausel). Die Klausel besagt, daß das Konnossement
einem bestimmten Landesgesetz, z. B. dem USA-Carriage of Goods by Sea Act
(COGSA) unterliegt. Praktisch bedeutet sie, daß die Haager Regeln so angewandt werden, wie sie in den Gesetzen des in der Klausel genannten Landes enthalten sind. Es
erübrigt sich dann also, Einzelheiten der Haager Regeln in das Konnossement aufzunehmen. In einer C/P mit den bestimmten Freizeichnungsmöglichkeiten oder in einem
darauf sich beziehenden Konnossement ist die Paramountklausel daher u. U. fehl am
Platze, hat aber den Vorteil, daß für den Fall einer Haftung die Haftungsbeschränkungen gelten (siehe 8.5.(4)). Das höchste englische Gericht hat eine in einer C/P enthalte-
ne Paramountklausel für anwendbar erklärt, obwohl über die Verschiffung kein Konnossement ausgestellt war[9].

Die Klausel ist seinerzeit in USA entstanden, als noch nicht alle Länder die Haager
Regeln übernommen hatten. Heute findet man sie überwiegend in den Konnossementen der Linienfahrt, gelegentlich auch als Stempelaufdruck des Reeders, wenn er ihm
unbekannte Konnossemente zeichnen soll.

Für die Länder, in denen die Haager-Visby Regeln in Kraft getreten sind, gilt die erweiterte Paramount Clause von 1978 (siehe 8.5).

(21) ETA oder Radio Clause (Expected Time of Arrival). Das Schiff wird verpflichtet,
seine voraussichtliche Ankunft im Löschhafen mit einer bestimmten Frist anzumelden.
Wegen Ankunft im Ladehafen vgl. Gencon, Klausel 10.

(22) Cesser Clause. Die Verantwortlichkeit des Abladers oder des Befrachters endet,
sobald die Ladung an Bord ist, sofern Fracht, Fehlfracht und etwaiges Liegegeld bezahlt sind. Der Befrachter als Unterzeichner der C/P kann unter dieser Klausel nicht
mehr haftbar gemacht werden, wenn nachträglich Forderungen des Reeders entstehen.
Das Pfandrecht an der Ladung, z. B. wegen Havariegrosse-Beiträgen oder Liegegeld §§614, 615
beim Löschen, kann verlorengehen, wenn die Güter gelöscht und an den Empfänger 623, 625
ausgeliefert worden sind. Gegebenenfalls muß also das Pfandrecht schnell ausgeübt
werden. Am besten ist es natürlich immer, die Ladung zurückzuhalten, bis alle Sicherheiten geleistet sind (siehe Gencon, Klausel 8).

(23) HIMALAYA-Klausel. Ihren Ursprung hat die Klausel im HIMALAYA-Fall, bei
dem ein Passagier dieses Schiffes bei einem Gangway-Unfall vor englischen Gerichten
unter Umgehung der Haftungsfreizeichnungen aus dem Passagiervertrag, gegen Kapitän und Bootsmann Schadensersatzansprüche durchsetzte (siehe 1.16). Die Klausel
enthält Freizeichnungen von der Haftung für Verschulden zugunsten der Schiffsbesatzung und der Leute des Verfrachters. Nach einem Urteil des Hanseatischen OLG
Hamburg vom 7.11.1974 kann sich auch der Kapitän als Schiffseigner darauf berufen,
wenn das Konnossement die Haftung der Leute des Verfrachters ausschließt und der

---

9 Soweit die Vertragsparteien keine Rechtswahl getroffen haben, ergibt sich die Rechtsordnung aus dem Internationalen Privatrecht. Nach Art. 28 EGBGB gilt das Recht des Staates,
mit dem der Vertrag die engsten Verbindungen aufweist. Beim Seefrachtvertrag gilt die Vermutung, daß dies der Fall ist, wenn bei einer C/P der Befrachter in jenem Staat seine
Hauptniederlassung hat und sich dort auch der Verlade- oder Entladeort oder die Hauptniederlassung des Abladers befindet.

Kapitän in dieser Eigenschaft den Schaden fahrlässig verursacht hat. Nach dem Zweiten Seerechtsänderungsgesetz, können sich die Leute des Verfrachters und die Personen der Schiffsbesatzung auf die Haftungsbefreiungen und Haftungsbeschränkungen des Verfrachters berufen. Die Bedeutung bleibt, soweit es sich um eine vollständige Freizeichnung der Leute handelt.

(24) Slack Tanks. Diese Klausel ist in der Tankerfahrt von Bedeutung. Es soll sichergestellt werden, daß die Tanks so beladen werden, daß das Schiff sich in einem seetüchtigen Zustand befindet.

(25) TOVALOP (Tanker Owners Voluntary Agreement concerning Liability for Oil Pollution). Diese ebenfalls in der Tankerfahrt vereinbarte Klausel bezieht sich auf die zusätzliche Haftung bei Ölverschmutzungsschäden (siehe 3.11). Dabei wird Bezug genommen auf die TOVALOP-Klausel der P & I-Clubs. Es soll sichergestellt werden, daß das Risiko entsprechend versichert ist.

(26) Stevedore-Damage-Klausel. Diese Klausel findet Anwendung in Reise-, aber auch in Zeitchartern. Der Befrachter möchte sich von seiner Haftung für Stauereischäden entlasten, z. B. bei fio. Danach soll sich der geschädigte Reeder direkt bei der Stauerei schadlos halten, falls Schäden durch die Hafenarbeiter am Schiff entstanden sind. Ist ein Ersatz von der Stauerei nicht zu erhalten, muß der Befrachter oder dessen Agent unverzüglich (by telex/telegram, or as soon as noticed ...) benachrichtigt werden. Dies obliegt der Schiffsführung, es ist daher unerläßlich, daß Schäden sofort in einem Survey Report festgehalten und geltend gemacht werden (siehe auch 8.7.3 (7)).

Wichtiger Hinweis. Zusatzklauseln werden regelmäßig in einem Anhang (Rider) der C/P beigefügt, daneben werden auch Änderungen des vorgedruckten Textes vorgenommen. Das genaue Studium des Vertrages ist daher dringend erforderlich.

Wichtig sind auch Auslegungsregeln, besonders dann, wenn sich in solchen „Definitions" die bedeutenden Verbände und Institutionen auf eine gemeinsame Formulierung geeinigt haben. Für C/P gelten die CHARTERPARTY LAYTIME DEFINITIONS 1980, die hier mit freundlicher Genehmigung der BIMCO abgedruckt werden.

8.7.2 a Charterparty Laytime Definitions 1980

Issued jointly by The Baltic and International Maritime Conference (BIMCO), Copenhagen, Comité Maritime International (CMI), Antwerp, The Federation of National Associations of Ship Brokers and Agents (FONASBA), London, and the General Council of British Shipping (GCBS), London, December, 1980.

Definitions

1. "Port" — means an area within which ships are loaded with and/or discharged of cargo and includes the usual places where ships wait for their turn or are ordered or obliged to wait for their turn no matter the distance from that area.
   If the word "PORT" is not used, but the port is (or is to be) identified by its name, this definition shall still apply.
2. "SAFE PORT" — means a port which, during the relevant period of time, the ship can reach, enter, remain at and depart from without, in the absence of some abnormal occurrence, being exposed to danger which cannot be avoided by good navigation and seamanship.
3. "BERTH" — means the specific place where the ship is to load and/or discharge.
   If the word "BERTH" is not used, but the specific place is (or is to be) identified by its name, this definition shall still apply.
4. "SAFE BERTH" — means a berth which, during the relevant period of time, the ship can reach, remain at and depart from without, in the absence of some abnormal occurrence, being exposed to danger which cannot be avoided by good navigation and seamanship.
5. "REACHABLE ON ARRIVAL" or "ALWAYS ACCESSIBLE" — means that the charterer undertakes that when the ship arrives at the port there will be a loading/discharging berth for her to which she can proceed without delay.

6. "LAYTIME" — means the period of time agreed between the parties during which the owner will make and keep the ship available for loading/discharging without payment additional to the freight.
7. "CUSTOMARY DESPATCH" — means that the charterer must load and/or discharge as fast as is possible in the circumstances prevailing at the time of loading or discharging.
8. "PER HATCH PER DAY" — means that laytime is to be calculated by multiplying the agreed daily rate per hatch of loading/discharging the cargo by the number of the ship's hatches and dividing the quantity of cargo by the resulting sum. Thus:

$$\text{Laytime} = \frac{\text{Quantity of Cargo}}{\text{Daily Rate} \times \text{Number of Hatches}} = \text{Days.}$$

A hatch that ist capable of being worked by two gangs simultaneously shall be counted as two hatches.
9. "PER WORKING HATCH PER DAY" or "PER WORKABLE HATCH PER DAY" — means that laytime ist to be calculated by dividing the quantity of cargo in the hold with the largest quantity by the result of mulitplying the agreed daily rate per working or workable hatch by the number of hatches serving that hold. Thus:

$$\text{Laytime} = \frac{\text{Largest Quantity in one hold}}{\text{Daily rate per hatch} \times \text{Number of Hatches serving that hold}} = \text{Days.}$$

A hatch that is capable of being worked by two gangs simultaneously shall be counted as two hatches.
10. "AS FAST AS THE VESSEL CAN RECEIVE/DELIVER" — means that the laytime is a period of time to be calculated by reference to the maximum rate at which the ship in full working order is capable of loading/discharging the cargo.
11. "DAY" — means a continuous period of 24 hours which, unless the context otherwise requires, runs from midnight to midnight.
12. "CLEAR DAY" or "CLEAR DAYS" — means that the day on which the notice is given and the day on which the notice expires are not included in the notice period.
13. "HOLIDAY" — means a day of the week or part(s) thereof on which cargo work on the ship would normally take place but is suspended at the place of loading/discharging by reason of:
    (i) the local law; or
    (ii) the local practice.
14. "WORKING DAYS" — means days or part(s) thereof which are not expressly excluded from laytime by the charterparty and which are not holidays.
15. "RUNNING DAYS" or „CONSECUTIVE DAYS" — means days which follow one immediately after the other.
16. „WEATHER WORKING DAY" — means a working day or part of a working day during which it is or, if the vessel is still waiting for her turn, it would be possible to load/discharge the cargo without interference due to the weather. If such interference occurs (or would have occurred if work had been in progress), there shall be excluded from the laytime a period calculated by reference to the ratio which the duration of the interference bears to the time which would have or could have been worked but for the interference.

17. "WEATHER WORKING DAY OF 24 CONSECUTIVE HOURS" — means a working day or part of a working day of 24 hours during which it is or, if the ship is still waiting for her turn, it would be possible to load/discharge the cargo without interference due to the weather. If such interference occurs (or would have occurred if work had been in progress) there shall be excluded from the laytime the period during which the weather interfered or would have interfered with the work.
18. "WEATHER PERMITTING" — means that time during which weather prevents working shall not count as laytime.
19. "EXCEPTED" — means that the specified days do not count as laytime even if loading or discharging is done on them.

20. „UNLESS USED" — means that if work is carried out during the excepted days the actual hours of work only count as laytime.
21. "TO AVERAGE" — means that separate calculations are to be made for loading and discharging and any time saved in one operation is to be set against any excess time used in the other.
22. "REVERSIBLE" — means an option given to the charterer to add together the time allowed for loading and discharging. Where the option is exercised the effect is the same as a total time being specified to cover both operations.
23. "NOTICE OF READINESS" — means notice to the charterer, shipper, receiver or other person as required by the charter that the ship has arrived at the port or berth as the case may be and is ready to load/discharge.
24. "IN WRITING" — means, in relation to a notice of readiness, a notice visibly expressed in any mode of reproducing words and includes cable, telegram and telex.
25. "TIME LOST WAITING FOR BERTH TO COUNT AS LOADING/DISCHARGING TIME" or "AS LAYTIME" — means that if the main reason why a notice of readiness cannot be given is that there is no loading/discharging berth available to the ship the laytime will commence to run when the ship starts to wait for a berth and will continue to run, unless previously exhausted, until the ship stops waiting. The laytime exceptions apply to the waiting time as if the ship was at the loading/discharging berth provided the ship is not already on demurrage. When the waiting time ends time ceases to count and restarts when the ship reaches the loading/discharging berth subject to the giving of a notice of readiness if one is required by the charterparty and to any notice time if provided for in the charterparty, unless the ship is by then on demurrage.
26. "WHETHER IN BERTH OR NOT" or „BERTH NO BERTH" — means that if the location named for loading/discharging is a berth and if the berth is not immediately accessible to the ship a notice of readiness can be given when the ship has arrived at the port in which the berth is situated.
27. "DEMURRAGE" — means the money payable to the owner for delay for which the owner is not responsible in loading and/or discharging after the laytime has expired.
28. "ON DEMURRAGE" — means that the laytime has expired. Unless the charterparty expressly provides to the contrary the time on demurrage will not be subject to the laytime exceptions.
29. "DESPATCH MONEY" or „DESPATCH" — means the money payable by the owner if the ship completes loading or discharging before the laytime has expired.
30. "ALL TIME SAVED" — means the time saved to the ship from the completion of loading/discharging to the expiry of the laytime including periods excepted from the laytime.
31. "ALL WORKING TIME SAVED" or "ALL LAYTIME SAVED" — means the time saved to the ship from the completion of loading/discharging to the expiry of the laytime excluding any notice time and periods excepted from the laytime.

8.7.3   Zeitcharter am Beispiel Deutzeit

Zeitchartervertrag auf Grundlage der Baltime-C/P. Obwohl der Kapitän mit den Ladungsbeteiligten, Stauern usw. nicht immer unmittelbar zu tun bekommt, weil der Zeitcharterer zur Wahrung seiner eigenen Interessen oft einen **Supercargo** einsetzt und mitfahren läßt, ist die Zeitcharter für den Kapitän nicht leichter zu erfüllen als eine Ladungs- oder Reisecharter. Denn der Kapitän muß außer den Interessen seines Reeders auch die Interessen des Zeitcharterers wahrnehmen. Da der Zeitcharterer seinen eigenen Makler einsetzt, stellt der Reeder seinem Kapitän oft zusätzlich einen sogenannten **Husbandry Agent**, gewissermaßen als persönlichen, ortskundigen Betreuer für Besatzung und Schiff.

In der Zeit-C/P werden eingangs Ort und Datum des Vertragsschlusses, der Reeder als Verfrachter und der Charterer als Befrachter genannt, ferner alle wichtigen Einzelheiten über das Schiff, nämlich Größe in BRT und NRT, Tragfähigkeit bei Sommerfreibord, Korn- und Ballenrauminhalt, Maschinenstärke, Geschwindigkeit und Brennstoffverbrauch.

(1) Dauer der Zeit-C/P. Diese wird im allgemeinen nach Monaten festgesetzt. Ferner vgl. HGB werden die einzuhaltenden Grenzen der Fahrt festgelegt, die zur Beförderung erlaubten oder von ihr ausgeschlossenen Güter, der Anlieferungshafen sowie wann und wie § 622 das Schiff angeliefert werden muß (Andienung siehe Gencon 8.7.2(10)). Der Reeder muß rechtzeitig benachrichtigt werden, wenn das Einhalten des cancelling date (siehe Gencon) gefährdet ist.

(2) Kosten der Reederei (Owners to provide). Versicherung, Haltung des Schiffes in seetüchtigem Stande sowie Unterhalt der Mannschaft ist Sache des Reeders. Das Schiff hat je Luke einen Windenmann zu stellen.

Diese Klausel wird häufig dahin geändert, daß das Schiff Raumwachen oder Deckswachen statt der Windenleute zu stellen hat, wenn der Stauer mit eigenen Windenleuten arbeitet, oder aber das Schiff hat die entsprechenden Windenleute des Stauers zu bezahlen. Überstunden im Interesse der Ladung hat der Zeitbefrachter zu tragen. Für laufende, rechtzeitige Aufzeichnungen der Überstunden und Anerkennung durch den Vertreter des Zeitbefrachters muß unbedingt gesorgt werden.

(3) Kosten des Befrachters (Charterer to provide). Hierzu gehören Kesselwasser und Brennstoffe, Hafenabgaben, Lotsengebühren, Schleppergebühren, Kanalgebühren, Kosten für Laden, Stauen, Trimmen und Überstunden im Interesse der Ladung. Nach Baltime muß der Befrachter auch Schlingen, Broken usw. bezahlen.

Der Kapitän darf also nur solche Rechnungen anerkennen, die auf Kosten des Reeders gehen. Am besten teilt er beim Einlaufen in einen Hafen dem zuständigen Agenten oder Makler schriftlich mit, für wen das Schiff in Zeitcharter fährt und daß einlaufende Rechnungen zu dessen Lasten gehen. Solche Lieferungen und Leistungen bestätigt man mit dem Vermerk: „For and on behalf of time charterers Messrs. ... without recourse to self or owners." Nur Proviant, Trinkwasser, ärztliche Behandlung usw. gehen zu Lasten des Schiffes. Wenn der Befrachter einen **Supercargo** als seinen Vertreter an Bord mitfahren läßt, wird dieser Verkehr erheblich erleichtert.

Der Supercargo ist lediglich Interessenvertreter des Zeitcharterers. Er kann dem Kapitän des gecharterten Schiffes nur solche Weisungen erteilen, deren Rechtmäßigkeit sich aus der C/P ergibt.

(4) Brennstoff (bunkers). Der Befrachter hat bei der Anlieferung, der Reeder bei der Rücklieferung nach einer festgesetzten Mindest- und Höchstmenge den Bunkerbestand zu übernehmen und sich dafür den Tagespreis anrechnen zu lassen. Das gleiche gilt für den Bestand an Kesselwasser. Diese Bestände müssen zusammen mit dem Supercargo oder einem anderen Vertreter des Befrachters oder auch in Gegenwart eines unparteiischen Besichtigers aufgezeichnet werden (Muster siehe 8.7.4). Das Schiff wird vor der Übergabe regelmäßig durch einen Sachverständigen in Gegenwart der Beteiligten besichtigt. Etwa vorhandene Schäden werden in dem **On Hire Survey Report** niedergelegt.

(5) Zeitfracht (hire). Die Zeitfracht muß im allgemeinen monatlich im voraus bezahlt § 622 werden. Sie wird entweder für das Schiff im ganzen festgelegt oder pro Tonne Tragfähigkeit bei Sommerfreibord ohne Rücksicht darauf, ob dieses Gewicht z. B. im Winter auch geladen werden kann.

Das Einziehen der Zeitfracht ist Sache des Reeders. Der Kapitän muß aber damit rechnen, daß der Reeder dem Zeitbefrachter das Schiff entzieht, wenn die Fracht nicht pünktlich bezahlt wird.

(6) Laden und Löschen hat durch die vom Befrachter zu stellenden Stauer zu erfolgen. Die Reederei hat das gewöhnliche Ladegeschirr zu liefern. Besonderes Geschirr hat der Befrachter auf seine Rechnung zu beschaffen.

(7) Rücklieferung (redelivery). Nach Ablauf des Vertrages ist das Schiff in gleich gutem Zustande in einem eisfreien Hafen nach Wahl des Befrachters zurückzuliefern, jedoch innerhalb der vertraglich festgesetzten Grenzen (range). Die Rücklieferung darf wie die Anlieferung nur werktags erfolgen, und zwar nur während der Arbeitszeit. Sie ist mit einer Frist von 10 Tagen dem Reeder (nicht dem Kapitän) anzuzeigen. Dem Zeitbefrachter wird das Recht auf eine bestimmte Vertragsverlängerung zuerkannt. Wenn das Schiff sich bei Ablauf des Vertrages noch unterwegs befindet, verlängert sich der Vertrag bis zum Reiseende zu denselben Bedingungen, sofern die Reisedauer vernünftig berechnet war.

Der Kapitän muß vor allem darauf achten, daß das Schiff in gleich gutem Zustande zurückgeliefert wird. Zum Beispiel müssen alle Schäden, die während des Ladens und Löschens entstehen, im Beisein des Supercargo aufgezeichnet werden. Nach Möglichkeit soll der Supercargo dafür sorgen, daß der Schuldner solche Schäden sofort reparieren läßt. Keinesfalls darf der Kapitän solche Reparaturrechnungen für seine Reederei anerkennen (vgl. Nr. 5 und Übergabeverhandlung, siehe 8.7.4). Nicht reparierte Schäden, die der Zeitcharterer zu vertreten hat, werden vor der Rücklieferung durch einen Sachverständigen — möglichst im Beisein der Beteiligten — im **Off Hire Survey Report** niedergelegt.

(8) Ladung. Der gesamte Laderaum an und unter Deck steht dem Zeitbefrachter zur Verfügung. Decksladung nimmt er jedoch auf eigene Gefahr über, soweit der Kapitän dieses mit Rücksicht auf besondere Vorschriften und die Sicherheit des Schiffes zulassen kann. Decksladung ist im Konnossement als solche zu bezeichnen (siehe 8.5(5)). In manchen C/Ps werden gewisse Ladungen von der Beförderung ausgeschlossen. Auch das Arbeiten mit Greifern oder Magnetkränen kann untersagt werden.

(9) Kapitän. Er und die Besatzung haben dem Befrachter alle Unterstützung zu gewähren. Der Kapitän muß die Anordnungen des Zeitbefrachters hinsichtlich der Beschäftigung des Schiffes befolgen. Der Zeitbefrachter haftet für Schäden, die aus falschem Zeichnen der Konnossemente entstehen. Auch haftet er für Schäden an der Ladung im Rahmen seiner Verantwortlichkeit. Einleitend wurde bereits festgestellt, daß auch der Reeder haftbar gemacht werden kann, wenn der Gläubiger sich nicht am Zeitbefrachter schadlos halten kann oder will.

(10) Beschwerden des Zeitbefrachters über den Kapitän oder die Besatzung hat der Reeder zu prüfen und nötigenfalls eine Änderung der Besetzung des Schiffes zu veranlassen.

(11) Tagebuch. Der Zeitbefrachter muß den Kaptiän rechtzeitig mit allen Anordnungen und Segelanweisungen versehen. Tagebücher darf der Charterer einsehen, soweit sie die Reise betreffen.

(12) Zeitverlust infolge mangelnder Seetüchtigkeit, Havarie der Maschine usw. bedingt nach Ablauf von 24 Stunden das Ruhen der Zeitfracht. Er geht aber zu Lasten des Zeitbefrachters, wenn er durch Hafenaufenthalt wegen schweren Wetters oder durch die Ladung verursacht ist oder wenn das Schiff beim Befahren flacher Flüsse festgerät.

Eine exakte Tagebuchführung und die sofortige, ausführliche Benachrichtigung des Reeders sind insoweit von großer Bedeutung. Besonders ist zu berücksichtigen, daß die Frist von 24 Stunden verkürzt sein kann und schon nach wenigen Stunden das Schiff „off hire" ist.

(13) Kesselreinigung und Instandsetzung. Der Zeitbefrachter muß dem Reeder genügend Zeit zum „Reinigen" der Kessel geben. Besonderer Aufenthalt dafür wird von der Zeitfracht abgesetzt.

Viele Zeit-C/Ps enthalten die Bestimmung, daß dem Schiff eine bestimmte Zeit für die Reinigung der Kessel, für Instandsetzung der Maschine usw. zur Verfügung steht und daß erst die darüber hinaus gehende Zeit bei Berechnung der Zeitfracht abgesetzt wird. Eine gute Zusammenarbeit mit dem Ltd. Ingenieur ist die Voraussetzung dafür, daß das Schiff bei längerer Reparatur möglichst nicht „off hire" kommt. Man legt solche Arbeiten möglichst an den Beginn der nächsten Hafenliegezeit und meldet das

Schiff dann erst nach Beendigung der Ladungsarbeiten „off hire", damit die Zeit möglichst nicht überschritten wird.

(14) Haftung (responsibility). Der Reeder haftet für keine Schäden, die an Schiff oder Ladung durch Unfälle aller Art entstehen. Er haftet nur, wenn ihm die Kenntis von einer Seeuntüchtigkeit nachgewiesen wird. Das Schiff darf jederzeit Häfen zum Bunkern anlaufen oder zwecks Hilfeleistung vom Reisewege abweichen (vgl. Deviation, siehe Gencon, 8.7.2(3)).

Anmerkung: Die sehr weitgehende Haftungsbeschränkung, die einer Negligence-Klausel entspricht, wird unter Berücksichtigung der Rechtsprechung und des AGB-Gesetzes kaum Bestand haben (siehe 8.7.1).

(15) Vorschüsse (advances). Der Zeitbefrachter muß auf Verlangen Vorschüsse zahlen, gegebenenfalls durch seinen Makler, damit der Kapitän den laufenden Verpflichtungen wegen des Schiffsbedarfs nachkommen kann. Zum laufenden Bedarf gehören die Beschaffung von Proviant, Trinkwasser, Zahlung von Vorschüssen an die Besatzung, von Arztrechnungen usw. Rechnungen, die zu Lasten des Zeitbefrachters gehen, darf der Kapitän aber weder bezahlen noch für seinen Reeder anerkennen (vgl. Klausel (3)).

(16) Epidemien, Eis. Der Zeitbefrachter darf das Schiff nicht nach verseuchten Häfen beordern oder in Gewässer, wo Eisgefahr besteht. In solchen Fällen ist der Kapitän berechtigt, andere Häfen anzulaufen und neue Anordnungen des Zeitbefrachters einzuholen.

(18) Verlust des Schiffes. Sollte das Schiff verlorengehen, so hat der Reeder vom gleichen Tage an keinen Anspruch auf Zeitfracht. Vorauszahlungen sind zu erstatten.

(19) Überstunden. Das Schiff hat auf Verlangen zu jeder Tages- und Nachtzeit zu arbeiten. Der Zeitbefrachter hat die dadurch anfallenden Überstunden zu bezahlen.

(21) Pfandrecht (lien). Der Reeder hat ein Pfandrecht an Ladung und Konnossementsfracht für die Zeitfracht, ebenso für Beiträge zur Havariegrosse und für die Deckung aller Schäden, die der Zeitbefrachter laut Vertrag zu tragen hat.

Zur Havariegrosse trägt die Konnossementsfracht bei. Gegebenenfalls muß der Zeitbefrachter bei Gefährdung dieses Pfandrechtes zu einer Bankgarantie verpflichtet werden.

(22) Bergelöhne. Verdiente Berge- oder Hilfslöhne gehen nach Abzug der Kosten und des Besatzungsanteils je zur Hälfte an Reeder und Zeitbefrachter.

(23) Unterverfrachtung (sublet) ist dem Zeitbefrachter erlaubt. Er muß den Reeder sofort davon unterrichten. Alle ursprünglichen Verpflichtungen bleiben bestehen. In manchen Verträgen wird diese Klausel gestrichen.

(24) Krieg. Das Schiff darf nicht nach Kriegsgebieten beordert werden. Wenn die Nation eines Vertragspartners in einen Krieg verwickelt wird, darf jede Partei zurücktreten. Für den Fall, daß der Reeder mit der Entsendung in ein gefährdetes Gebiet einverstanden ist, sind Sonderregelungen vorgesehen.

(26) Anlieferung, Aufhebung (cancelling). Das Schiff muß innerhalb einer bestimmten Frist angedient sein. Bei Überschreitung der Frist (cancelling date) darf der Zeitbefrachter vom Vertrage zurücktreten. Bei Verzögerung durch Umstände, die der Reeder nicht verschuldet hat, muß der Zeitbefrachter 48 Stunden nach Mitteilung erklären, ob er von seinem Rücktrittsrecht Gebrauch machen will. Der Reeder selbst muß den Zeitbefrachter nach Kenntnis von einer Verzögerung sofort unterrichten.

Entsprechende Mitteilungen muß der Kapitän vorsichtig handhaben. Er soll sie nur an seinen Reeder geben und daran denken, daß der Zeitbefrachter bei fallenden Raten versuchen wird, die Fracht zur drücken oder gar vom Vertrage zurückzutreten.

(27) Schiedsgericht (arbitration, nicht zu verwechseln mit Lloyd's Arbitration). Etwaige Streitigkeiten werden unter Ausschluß der ordentlichen Gerichte von einem

Schiedsgericht entschieden. Dieses kann durch Bestimmung je eines Schiedsrichters — meistens erfahrene Reedereikaufleute — errichtet werden, gegebenenfalls durch zusätzliche Bestimmung eines Obmannes. Das Schiedsgericht kann im voraus vertraglich bestimmt werden.

(28) Havariegrosse (general average) ist nach den York Antwerp Regeln 1974 durchzuführen. Der Zeitbefrachter ist verpflichtet, diese Bestimmung in etwaige Unterfrachtverträge und Konnossemente aufzunehmen (siehe 9).

(30) Befrachtungsgebühr (commission) wird der Höhe nach festgelegt. Sie ist vom Reeder monatlich nach Eingang der Zeitfracht an den Makler zu entrichten.

8.7.4   Muster eines Certificate of Delivery und On-Hire/Off-Hire-Report

This ist to certify that ss. (mv.) "................" of German flag, Captain ...., has been delivered on ....th of .... 19 .... at .... hours by her owners, Messrs .... of ......, to Time Charterers, Messrs .... of ...., represented by .... (Agent der Charterer im Übergabehafen) as per Time Charter dated ....

Quantities of Diesel/Fuel Oil remaining on board upon delivery have been checked by the undersigned surveyors and found to be as follows:

    Fuel/Diesel Oil .... metric tons.
    Boiler water .... metric tons.

As to the condition of the vessel when delivered reference is made to the separate On Hire Report of surveyors.

Date ....   For Time Charterers

For Owners

....

Bei der Rücklieferung ist das Certificate of Redelivery entsprechend abzufassen. Zur Übergabe und zur Rücklieferung sollte ein Schiffsbesichtiger hinzugezogen werden, der über den Zustand des Schiffes, besonders über Luken, Räume und Ladegeschirr, zusammen mit dem Vertreter des Zeitbefrachters einen Besichtigungsbericht anfertigt, den On Hire Report und bei der Rücklieferung Off Hire Report. Diese sind die Grundlage für etwaige Schadensabrechnungen.

Auch bei der Zeitcharter muß man mit Abänderungen des vorgedruckten Vertrages rechnen. Es wird dringend empfohlen, den Vertrag immer wieder zu lesen und die Offiziere mit ihm vertraut zu machen.

8.7.5   Zeitcharter in der Versorgungsschiffahrt

Bei einer **C/P for Offshore Service Vessels** gelten grundsätzlich auch die oben erwähnten Bedingungen der Zeitcharter. Entscheidend sind dabei, wie auch bei anderen Spezialschiffen, die besondere Bauart und die Ausrüstung der Schiffe, damit die vereinbarten Sonderaufgaben übernommen werden können. Eine besondere Klausel „**Structural Alterations**" gibt dem Charterer das Recht, mit der schriftlichen Genehmigung des Reeders auf eigene Kosten am Schiff Veränderungen vorzunehmen, die bei der Rückgabe wieder entfernt werden müssen. Unter Ausnutzung verfügbarer Räume können neben der Ladung und den Versorgungsgütern Personen gegen Bezahlung der Kosten für den Charterer befördert werden. Die Besatzung muß im Rahmen der Arbeitsschutzbestimmungen bei Ladungs- und Versorgungsarbeiten auf Anforderung mitarbeiten. Unter der Klausel „**Owners' Responsibilities and Exceptions**" zeichnet sich der Reeder von der Haftung für Verschulden seiner Leute gegenüber den Passagieren, der Ladung, der Ausrüstung und Bohreinrichtungen des Charterers weitgehend frei, wogegen der Reeder den Charterer für schuldhaft verursachte Schäden haftbar halten kann („Charterers' Responsibilities and Indemnities"). In manchen solcher Verträge ist demgegenüber eine gegenseitige Freihaltung vereinbart.

8.7.6 Bareboat-Charter am Beispiel „BARECON"

Das Interesse, Schiffe in Bareboat-Charter zu übernehmen, ist größer geworden. Aus diesem Grunde hat die BIMCO ein Standard-Formular für diese Charterverträge veröffentlicht. Unterschieden wird dabei zwischen Form „A" für Schiffe, die bereits in Dienst gestellt wurden, und Form „B" für Neubauten, welche über Schiffshypotheken finanziert worden sind. Die Bedingungen der Klauseln in den einzelnen Formularen sind häufig übereinstimmend, Unterschiede bestehen insbesondere bei der Übergabe (Time of Delivery on-Hire-Survey), bei den Vereinbarungen im Zusammenhang mit den Schiffshypotheken (hier akzeptiert der Charterer beim Neubau alle Bedingungen aus den Finanzierungsvereinbarungen) und bei der Versicherung.

Da eine Bareboat-Charter eines in Dienst gestellten Schiffes auch für den Kapitän wichtige Klauseln enthält, sollen diese kurz erwähnt werden.
BARECON „A"

(1) Port of Delivery. Genannt wird der Hafen der Übergabe. Das Schiff muß in allen seinen Teilen seetüchtig und mit entsprechenden Dokumenten ausgerüstet sein.

(2) Time of Delivery. Wie bei der Zeitcharter wird die Zeit der frühestmöglichen Übergabe festgelegt. Der Eigentümer wird verpflichtet, das Schiff innerhalb einer bestimmten Frist zur Übergabe anzumelden (not less than 30 running days, soweit nicht etwas anderes vereinbart wird).

(3) Cancelling. Wird das Schiff nicht bis zu einem bestimmten Zeitpunkt übergeben, kann der Charterer vom Vertrag zurücktreten. Bei einer Verspätung ist der Eigentümer verpflichtet, unverzüglich den Charterer zu benachrichtigen. Dieser muß innerhalb von 168 Stunden erklären, ob er zurücktreten will oder nicht.

(4) Trading Limits. Fahrtgebiet und mögliche Ladegüter werden festgelegt.

(5) Surveys. Für On-Delivery und Re-Delivery bestellen Eigentümer und Charterer je einen Besichtiger, um den Zustand des Schiffes festzustellen.

(6) Inspection. Die Eigentümer haben jederzeit das Recht, das Schiff zu besichtigen. Die Charterer geben den Eigentümern das Recht, bei Anfragen Einsicht in das Tagebuch zu nehmen und sie bei Unfällen und Schäden am Schiff voll zu informieren.

(7) Inventories and Consumable Oil and Stores. Eine vollständige Inventarisierung der Ausrüstung des Schiffes soll sowohl bei der Übergabe als auch bei der Rückgabe erstellt werden. Charterer übernehmen und bezahlen Bunker- und Schmieröl, Wasser, Proviant, Farbe, Tauwerk und andere Verbrauchsgüter bei der Anlieferung des Schiffes, die Eigentümer entsprechend bei der Rücklieferung.

(8) Maintenance and Operation. Das Schiff befindet sich während der Dauer der Charter voll im Besitz des Charterers und unter seiner uneingeschränkten Kontrolle. Der Charterer muß das Schiff unterhalten und dafür sorgen, daß das Schiff gültige Klassenzeugnisse hat. Reparaturen müssen unverzüglich durchgeführt werden, sonst hat der Eigentümer das Recht, das Schiff zurückzunehmen. Kapitän und Besatzungsmitglieder werden vom Charterer gestellt und bezahlt, doch muß das Schiff in Übereinstimmung mit den Gesetzen des Registerlandes und des Landes des Charterers besetzt werden.

Für Ölverschmutzungschäden (oil or other pollution) hat der Charterer eine entsprechende finanzielle Sicherheit zu gewährleisten (siehe Band 2A, Kap. 3.11, TOVALOP).

(11) Insurance and Repairs. Während der Dauer der Charter muß der Charterer das Schiff so versichern lassen, wie es sonst der Reeder tun würde. Dabei sollen sowohl die

Interessen der Eigentümer als auch die des Charterers abgedeckt werden. Die Versicherungspolicen sollen im gemeinsamen Namen ausgestellt werden.

Anmerkung: Bei einer Bareboat-Charter von kurzer Dauer besteht auch die Möglichkeit, daß die Eigentümer als Versicherungsnehmer auftreten; lediglich bei der P & I-Versicherung tragen die Charterer die Kosten (Klausel 12).

(13) Re-delivery. Der Charterer muß nach Ablauf des Vertrages das Schiff in einen sicheren, eisfreien Hafen zurückgeben. Spätestens 30 Tage vor Ablauf ist die vorläufige und 14 Tage vor Ablauf die endgültige Notiz über die erwartete Ankunft und den Hafen anzugeben.

(14) Non-Lien. Die Charterer dürfen eine Verpfändung zu Lasten der Eigentümer nicht dulden. Damit die Eigentumsverhältnisse auch Dritten angezeigt werden, soll an einem auffälligen Ort am Schiff folgende Information angebracht werden:

„This vessel is the property of (name of Owners). It is under charter to (name of Charterers) and by the terms of the Charter Party neither the Charterers nor the Master have any right, power or authority to create, incur or permit to be imposed on the Vessel any lien whatsoever."

(15) Owners' Lien. Die Eigentümer haben ein Pfandrecht an der Ladung und an der Fracht für alle Forderungen aus der Charter. Die Charterer haben ein Pfandrecht am Schiff für geleistete Vorauszahlungen.

(16) Berge- und Hilfslöhne erhält der Charterer, er trägt aber auch die Kosten für Reparaturen von Schäden, die in diesem Zusammenhang entstehen.

(17) Wreck Removal. Wrackbeseitigungskosten sind vom Charterer zu zahlen.

(18) General Average. Im Falle einer gemeinschaftlichen Havarie soll diese nach den YAR 1974 abgewickelt werden.

(20) Bills of Lading. Falls Konnossemente ausgestellt werden, sollen diese folgende Klauseln enthalten:

Paramount, amended New Jason Clause und die Both-to Blame Collision Clause (siehe Gencon, 8.7.2).

Die Charterer erklären sich bereit, den Eigentümer gegen alle Folgen der Haftung zu schützen, die durch Ausstellung von Konnossementen durch den Kapitän, die Offiziere oder Agenten entstehen können.

9 Havarie

9.1 Allgemeines

Die Verantwortung für Menschen, Schiff und Ladung sowie die Notwendigkeit, manchmal einander entgegengesetzte Interessen wahrzunehmen, trifft den Kapitän nie so hart wie im Falle einer Havarie. Zwar geben das Gesetz und die vom Reeder geschlossenen Verträge dem Kapitän große Vollmachten, doch belasten sie ihn auch mit schweren Pflichten.

Die wichtigsten Grundlagen für die Behandlung jeder Art von Havarie an Schiff oder Ladung oder an beiden werden nachstehend zusammengestellt. Von besonderer Bedeutung ist aber, daß der Kapitän bei einer Havarie — sei es eine Strandung, eine Kollision, ein Feuer an Bord, ein Maschinenschaden oder auch ein Ladungsschaden allein — stets wirtschaftlich denkt. Er sollte in ständigem Gedankenaustausch mit seinen Mitarbeitern an Bord und den Fachleuten von Land stehen und fortwährend nach Wegen suchen, auf denen eine bereits getroffene Maßnahme noch wirksamer gestaltet werden kann. Notwendige Opfer dürfen nicht gescheut werden, doch wähle man sie sorgfältig nach wirtschaftlichen Gesichtspunkten aus.

Der Begriff „Havarie" ist nicht fest umrissen. Er umfaßt alle außergewöhnlichen Ereignisse während der Reise, soweit durch sie Schäden, Verluste oder Kosten verursacht werden. Gesetz und Praxis unterscheiden die besondere Havarie von der gemeinschaftlichen Havarie oder Havariegrosse.

9.2 Besondere Havarie

Besondere Havarie (Partikularhavarie, particular average) sind alle zufälligen Unfallschäden an Schiff und/oder Ladung, z. B. aus:

Kollision, Strandung, Feuer, Eis, Schwerwetter, Kurbelwellenbruch u. a.

Es gibt außerdem — sehr selten — Unfallschäden aus höherer Gewalt (solche Ereignisse müssen unvorhersehbar und unvermeidbar sein, z. B. Blitzschlag). Auch kommen Schadensfälle vor, die man nicht als Unfallschäden im obengenannten Sinne ansehen kann, z. B. an der Ladung aus schlechtem Stauen, falschem Lüften usw.

Alle aus der besonderen Havarie entstandenen Schäden nennt man Partikularschäden oder einfach Partschäden. Die dadurch entstandenen Verluste und Kosten trägt jeder Betroffene zunächst selbst. Ob sich aus solchen Schäden Ersatzansprüche (Regreßforderungen) ergeben, z. B. der Ladung gegen das Schiff oder umgekehrt oder von beiden gegen Dritte, hängt von den jeweiligen Umständen ab. Voraussetzung für eine Regreßforderung ist in der Regel ein Verschulden (vgl. aber z. B. Haager Regeln, siehe 8.5).

Die Versicherung gegen solche Schäden bleibt jedem überlassen, ist aber wegen der hohen Werte und des großen Risikos allgemein üblich. Die Versicherer ersetzen die Schäden, wobei etwaige Schadenersatzansprüche entweder kraft Gesetzes oder Vertrages auf sie übergehen oder an sie abgetreten werden.

9.3 Havariegrosse

Havariegrosse oder gemeinschaftliche Havarie (general average) — im Gesetz etwas mißverständlich „große Haverei" genannt — sind solche Schäden, Verluste und Kosten, die dem Schiff und/oder der Ladung vernünftigerweise und absichtlich zugefügt werden, um beide aus einer Gefahr zu retten (vgl. aber YAR, Regel A: „vor Gefahr zu bewahren"). Wenn solch eine Maßnahme ganz oder teilweise erfolgreich ist, werden die dadurch entstandenen Schäden, Verluste und Kosten von Schiff, Fracht und Ladung durch gemeinschaftliche Beiträge nach dem Verhältnis der geretteten Werte getragen (Näheres vgl. YAR 17).

Die Versicherung dieser Beitragspflicht ist ebenfalls eigene Angelegenheit der Beteiligten, jedoch ist sie in den üblichen Seeversicherungspolicen für das Schiff sowie für die Ladung enthalten.

Aus dem Vorstehenden folgt, daß schwere Havariefälle des Schiffes oft eine Havariegrosse mit sich bringen, z. B. Beschädigung des Schiffes durch Aufsetzen wegen eines Kollisionslecks, Kosten für Bergungsschlepper, Leichterungskosten zum Abbringen, Anlaufkosten zum Nothafen, Feuerlöschschäden und -kosten usw.

9.4   York Antwerp Rules (YAR)

In den meisten Landesgesetzen wird geregelt, unter welchen Voraussetzungen und wie Havariegrosse-Schäden auf die Beteiligten verteilt werden (vgl. z. B. §§ 700–733 HGB). Da aber die Landesgesetze nicht einheitlich sind und daher die Abwicklung einer Havariegrosse im Bereich des internationalen Seeverkehrs schwierig wäre, haben die interessierten Kreise in freier Vereinbarung Havariegrosse-Regeln ausgearbeitet. Das nahm 1864 in York und 1877 in Antwerpen seinen Anfang. Einige Jahre später wurden dann in Liverpool die York Antwerp Rules 1890 veröffentlicht. 1924 wurden sie in Stockholm (Stockholmer Regeln) und 1949 nochmals geringfügig in Amsterdam erweitert (YAR 1950). Auf der 50. Konferenz des Comité Maritime International (CMI, siehe 6) wurden sie 1974 in Hamburg überarbeitet und mit Zustimmung von 29 nationalen Seerechtsvereinen herausgegeben als YAR 1974.

Die YAR werden nur angewendet, wenn das im Chartervertrag und/oder im Konnossement vereinbart ist. Die Vereinbarung ist allerdings allgemein üblich. Die Landesgesetze gelten dann nur noch, soweit die YAR über bestimmte Tatsachen nichts enthalten.

Buchstabenregeln behandeln allgemeine und Ziffernregeln besondere Fragen. Die Auslegungsregel der YAR schließt das jeweilige Landesrecht ausdrücklich aus, sofern es im Widerspruch zu den YAR steht. Die Dispache (siehe 9.5) soll nach den Buchstabenregeln aufgemacht werden, wenn die Ziffernregeln nicht etwas anderes bestimmen. Die Ziffernregeln sind daher eine Spezifizierung einzelner Fälle und teilweise auch eine Erweiterung der Grundregeln. Das Prinzip der Havariegrosse bleibt aber auch bei Anwendung der Ziffernregeln bestehen.

Nachstehend wird nur der Inhalt der für die Praxis an Bord und in der Reedereiinspektion wichtigsten Regeln wiedergegeben und kurz erläutert.

Buchstabenregeln [1]

Regel A. Havariegrosse liegt nur dann vor, wenn ein außerordentliches Opfer (oder eine Aufwendung) absichtlich und vernünftigerweise gebracht wird, um Schiff und Ladung vor gemeinsamer Gefahr zu bewahren.

---

[1]   Vollständiger englischer Text mit einer Übersetzung ins Deutsche vom Verein Deutscher Dispacheure e. V. im Christiansdruck, Hamburg.

Anmerkung: Im Gegensatz zum HGB verlangen die YAR nur das Bewahren vor Gefahr, die danach nicht bereits eingetreten oder gegenwärtig sein muß. Eine Havariegrosse liegt schon dann vor, wenn bei vernünftiger Beurteilung der Lage eine ernsthafte Gefährdung von Schiff **und** Ladung zu befürchten ist. Maßgebend ist dafür die gegenwärtige, vernünftig abgewogene Beurteilung und nicht etwa irgendeine nachträgliche Feststellung, daß überhaupt keine Gefahr vorhanden gewesen ist.

Während einer Ballastreise kann es keine Havariegrosse geben, ebenfalls nicht aus Maßnahmen, die nur für das Schiff oder nur für die Ladung getroffen werden. Vgl. aber Seeversicherung, Ballastschiffklausel (siehe 15.3.3, Ziff. 35.3).

Zu den Opfern und Aufwendungen gehören z. B. das Werfen und/oder Leichtern von Ladung zum Zwecke des Freikommens, das Abschleppen und Einschleppen nach dem Festkommen oder bei einer sonstigen Havarie, ferner Schlepperbegleitung nach Teilhavarie, Maßnahmen zur Feuerbekämpfung usw.

Das Aufsuchen eines Schutzhafens wegen Sturmgefahr oder das Verbleiben im Hafen wegen der Wetterlage ist aber kein Havariegrosse-Fall, weil Sturm kein außergewöhnliches Ereignis ist.

Nach USA-Rechtsprechung wird eine Havariegrosse wegen Verschuldens der Besatzung nicht anerkannt, doch sichert sich der Reeder dagegen in der Regel durch die New Jason Clause (siehe 8.7.2).

Eine Havariegrosse kann auch im Hafen eintreten, wenn man z. B. durch einen Unfall am Auslaufen verhindert wird und das Schiff erst wieder seetüchtig machen muß (vgl. Regeln 10 b und 11).

Wichtiger Grundsatz. Man beachte, daß Havariegrosse-Opfer und -Aufwendungen immer kostspielig sind und daher stets möglichst klein gehalten werden müssen. Man denke vor allem daran, daß das Schiff zu jedem Havariegrosse-Ladungsschaden beitragen muß.

Regel C. Nur die direkten Folgeschäden der Havariegrosse-Maßnahmen werden vergütet. Zeitverlust, Marktverlust oder andere indirekte Verluste werden nicht vergütet.

Anmerkung: Zu den direkten Folgeschäden gehören z.B. Ladungsbeschädigungen durch Regen oder Seewasser während des Leichterns sowie daraus entstandener Verderb, ferner Beschädigungen des Schiffes beim Abbringen und Materialverbrauch dabei, Löschwasserschäden. Nicht vergütbar ist aber z. B. Nutzungsverlust des Schiffes oder Verderb einer Fruchtladung nur wegen der Reiseverzögerung, weil der Verderb nur eine indirekte Folge des Unfalles ist. Dieser hat zwar die Verzögerung ausgelöst, aber damit den Verderb nur mittelbar verursacht.

Regel D. Das Recht auf Vergütung besteht auch dann, wenn die Ursache der Havariegrosse von einem Beteiligten verschuldet ist. Etwaige Schadenersatzansprüche bleiben aber bestehen und müssen für sich durchgesetzt werden (vgl. New Jason Clause, siehe 8.7.2).

Regel F. Sonderkosten, die an Stelle von Havariegrosse-Kosten aufgewendet werden, sind bis zur Höhe der ersparten Havariegrosse-Kosten zu ersetzen.

Anmerkung: Es handelt sich um die sogenannten stellvertretenden Kosten. Beispiel: Wegen eines Maschinenschadens kann die fast vollendete Reise nicht ohne Gefahr fortgesetzt werden. Das Schiff müßte einen Nothafen anlaufen und dort längere Zeit auf Ersatzteile warten. Die damit verbundenen Kosten müßten nach Regeln 10 und 11 von der Havariegrosse-Gemeinschaft getragen werden. Statt dessen schließt man einen günstigen Vertrag mit einem Schlepper, der das Schiff bis zum Endhafen schleppt bzw. begleitet.

Die durch die Schlepppreise verursachten Mehrkosten werden bis zur Höhe der Ersparnisse in Havariegrosse vergütet.

Regel G. Die Beitragswerte werden aufgrund der Werte zur Zeit und am Ort der Beendigung des Unternehmens festgesetzt. Die Bestimmung des Ortes, an dem die Dispache aufzumachen ist, wird durch diese Regel nicht berührt.

Anmerkung: Gemeint ist der Ort, wo Schiff und Ladung sich trennen und die Havariegrosse-Gemeinschaft endet. Die deutschen Linien-Konnossementsbedingungen sehen im allgemeinen vor, daß die Werttaxe im Bestimmungshafen oder nach Wahl des Reeders aufzumachen ist, wobei dann meistens ein deutscher Hafen bevorzugt wird. In der Regel beauftragt der Dispacheur damit einen oder zwei Sachverständige. Die Güter werden — soweit beschädigt — an Ort und Stelle sofort besichtigt und taxiert (vgl. YAR 17).

Ziffernregeln

Regel 1. Seewurf von Ladung wird nur dann in Havariegrosse vergütet, wenn die Güter nach Handelsbrauch befördert worden sind.

Anmerkung: Demnach gehört der Seewurf von Decksladung nach den YAR — im Gegensatz zum HGB und zum Nachteil des Reeders — zur Havariegrosse, wenn das Verladen an Deck im Abladehafen üblich ist (z. B. Holzdecksladung).
Wenn aber z. B. ein Schiff mit Holzdecksladung überladen ausgelaufen ist und die Überladung die Ursache für Schlagseite und damit für das Werfen von Decksladung ist, muß damit gerechnet werden, daß die Beteiligten Havariegrosse-Beiträge verweigern bzw. bereits bezahlte wieder einklagen. (die „nächste" Ursache muß nicht die zeitlich nächste sein).

Regel 3. Feuerlöschschäden an Schiff und/oder Ladung werden vergütet, ebenso Schäden aus dem absichtlichen Aufsetzen eines brennenden Schiffes zum Zwecke des Feuerlöschens sowie aus dem Fluten. Schäden durch Rauch oder Hitze werden nicht vergütet.

Anmerkung: Von Schäden an Stückgütern, die teils durch Löschwasser, aber teils durch Feuer/Rauch/Hitze entstanden sind, wird nur derjenige Teil der Schäden in Havariegrosse ersetzt, der **nur** auf Löschwasser zurückzuführen ist. Schäden durch Rauch oder Hitze, die bei Anwendung von CO_2 entstehen, fallen nicht unter Havariegrosse.

Regel 5. Wenn ein Schiff wegen der gemeinsamen Sicherheit absichtlich auf Strand gesetzt wird, wird der daraus folgende Schaden vergütet, gleichgültig, ob das Schiff ohnehin auf den Strand getrieben wäre oder nicht.

Anmerkung: Der zweite Teil der Regel ist neu. Nach den früheren YAR galt das Gegenteil: Wenn das Schiff ohnehin auf den Strand getrieben wäre, so wäre das absichtliche Aufsetzen an einer günstigen Stelle nicht als Havariegrosse-Fall anerkannt worden.

Regel 6. Aufwendungen aus Rettungsmaßnahmen zum Bewahren vor gemeinsamer Gefahr werden vergütet.

Anmerkung: Dies folgt schon aus der Buchstabenregel A. Diese neue Regel 6 ist lediglich zur Platzausfüllung für die alte, fallengelassene Regel 6 eingesetzt worden, um die Nummernfolge der übrigen Regeln beibehalten zu können.

Regel 7. Wenn in einer tatsächlich vorhandenen **Gefahrenlage** (Anmerkung: Verschärfung gegenüber Regel A) beim Abbringen des Schiffes ein befürchteter und trotzdem in Kauf genommener Maschinenschaden entsteht, wird dieser als Havariegrosse-Schaden angesehen. Das gilt aber nicht, sobald oder solange das Schiff flott ist.

Anmerkung: Daraus folgt, daß Überanstrengung der Maschine zum Abwenden einer Strandung keinesfalls Havariegrosse ist. Im übrigen wird eine Strandung im Seegebiet oder in einer Flußmündung stets als eine gegenwärtige Gefahr angesehen, auf Flüssen, Kanälen und in Häfen aber nur, wenn besondere, gefährdende Umstände hinzutreten (z. B. Strömung oder Tideneinfluß). Die gemeinsame Gefahr und die Anordnung zum äußersten Auslegen der Maschine müssen im Tagebuch besonders betont werden. Auch die beim Abbringen des Schiffes entstandenen Maschinenschäden (aber nur, solange das Schiff noch Grundberührung hat) wie Verschmutzung des Kondensators oder der Kühlwasseranlage oder Beschädigung der Schraube oder der Schwanzwelle werden als Havariegrosse-Schäden anerkannt.

Regel 8. Wenn ein Schiff auf Grund sitzt und zum Freikommen Ladung und/oder Brennstoff löscht, werden Leichtern und Wiederverladen in Havariegrosse vergütet.

Das gleiche gilt für die dabei entstandenen Schäden (Weiterbeförderung vgl. Anmerkung zu Regel 10b).

Regel 9. Der Verbrauch von Schiffsmaterial und sonstigen Vorräten wird nur dann als Havariegrosse angesehen, solange eine Gefahr tatsächlich besteht (Anmerkung: Verschärfung gegenüber Regel A) und wenn bei Verbrauch von Brennstoff im übrigen ein ausreichender Brennstoffvorrat vorhanden gewesen ist (Anmerkung: übliche Reserve bei Langreisen 20 bis 25 %). Ersparter Brennstoff wird angerechnet.

Regel 10a. Wenn ein Schiff unter außergewöhnlichen Umständen wegen der gemeinsamen Sicherheit (Abmilderung gegenüber Regel A) einen Nothafen aufsucht oder an den Ladeplatz zurückkehrt, werden die Kosten des Einlaufens vergütet, ebenso die Kosten des Auslaufens, wenn das Schiff die Reise mit einem Teil der Ladung fortsetzt. Das gleiche gilt für den Fall, daß das Schiff im Nothafen nicht repariert werden kann und deshalb in einen zweiten Nothafen überführt werden muß. Vergütet werden dann auch die Kosten der Notreparatur im ersten Nothafen.

Anmerkung: Für die Notwendigkeit des Einlaufens ist die Überzeugung des Kapitäns von außergewöhnlichen Umständen maßgebend. Entscheidend ist der Gedanke an die Seetüchtigkeit des Schiffes. Das Aufsuchen eines Schutzhafens mit einem seetüchtigen Schiff wegen Sturm ist kein Havariegrosse-Fall, weil Sturm kein außergewöhnliches Ereignis ist (vgl. Regel A).

Regel 10b. Das Löschen oder Umstauen von Ladung oder Vorräten im Lade-, Zwischen- oder Nothafen wird vergütet, wenn es für die gemeinsame Sicherheit **im Hafen** oder wegen der Ausführung der Reparatur zwecks sicherer Fortsetzung der Reise notwendig war. Das Umstauen von auf der Reise verrutschter Ladung wird nur vergütet, wenn es für die gemeinsame Sicherheit **im Hafen** notwendig ist.

Anmerkung: Man kann sagen, daß es sich bei Stauereikosten um „unechte" Havariegrosse-Kosten handelt, weil die Vergütung sich nicht aus Regel A ergibt.
Wenn die Ladung nur in ihrem eigenen Interesse — z.B. auf Verlangen des Ladungsbeteiligten oder auf Empfehlung der Besichtiger — nicht auf die Reparatur warten und statt dessen weiterbefördert werden soll, bleibt in gewöhnlichen Fällen der Anspruch auf Fracht bestehen; außerdem müssen die Ladungsbeteiligten die Kosten für das Umladen und Weiterbefördern tragen. In der Praxis — zumindest in der Linienfahrt — würde allerdings gelegentlich der Reeder die Kosten des Weitertransportes übernehmen, soweit sie durch etwa bereits verdiente Fracht gedeckt sind (vgl. aber §§ 638 u. 641 HGB).
Auch nach Abschluß der notwendigen Havariegrosse-Ladungsarbeiten, also z.B. nach Einleitung eines Weitertransportes, können sich an Bord noch Havariegrosse-Maßnahmen ergeben, z. B. Abschleppen vom Strande, nachdem die Ladung gelöscht und weiterbefördert worden ist. Die Havariegrosse-Gemeinschaft wird demnach nicht durch die zufällige oder notwendige Reihenfolge der Arbeiten aufgehoben. In solchen Fällen ist es aber erforderlich, den Ladungsbeteiligten ein sogenanntes Non-Separation-Agreement zeichnen zu lassen (Muster siehe Maßnahme Nr. 18 unter 9.7).

Regel 10c. Wenn die Kosten für das Löschen oder Umstauen von Ladung oder Vorräten in Havariegrosse zu vergüten sind, werden auch die Kosten für das Lagern und Rückladen einschließlich Versicherung vergütet. Dies gilt aber nicht mehr über das Datum einer etwaigen Kondemnierung oder Reiseaufgabe hinaus.

Anmerkung: Es handelt sich um die logische Fortsetzung der Regel 10b.
Die frühere Regel 10d ist nicht in die YAR 74 übernommen worden. Sie behandelte die Kosten einer Verschleppung zu einem billigeren Reparaturort sowie der Umladung und Weiterbeförderung von Ladung. Diese Kosten werden nur noch als stellvertretende Kosten nach Regel F behandelt.

Regeln 11a und b. Heuern, Kostgelder, Brennstoff und Ausrüstung, die während der Reiseverlängerung durch Anlaufen des Nothafens und im Nothafen selbst vernünftigerweise aufgewendet worden sind, werden in Havariegrosse vergütet. Diese Kosten werden auch vergütet, wenn das Schiff in einem gewöhnlichen Anlaufhafen durch einen Unfall oder durch außergewöhnliche Umstände im Interesse der gemeinsamen Sicherheit aufgehalten wird oder wenn Unfall- oder Opferschäden zwecks sicherer Fortsetzung der Reise repariert werden (Anmerkung: Abmilderung gegenüber Regel A).

Anmerkung: Auch hierbei kann man von „unechten" Havariegrosse-Kosten sprechen (vgl. Anmerkung zu YAR 10b).
Im Tagebuch muß genau vermerkt werden, wann und wo der Kurs auf den Nothafen geändert worden ist. Das gleiche gilt für das Erreichen der ursprünglichen Reiseroute nach beendetem Nothafenaufenthalt, denn in YAR 11a ist von der verlängerten Reise die Rede, d.h. von der insgesamt verlängerten Reise. Die Nothafenkosten werden nicht mehr in Havariegrosse ersetzt, nachdem der Abbruch der Reise beschlossen worden ist. Wenn aber die Ladungsbeteiligten nicht auf die Wiederherstellung der Seetüchtigkeit warten wollen und Weitertransport wünschen, verlange man von ihnen eine schriftliche Erklärung, daß sie auch zu den weiteren Havariegrosse-Kosten beitragen werden (vgl. §§ 638 u. 641 HGB u. Non-Separation-Agreement, Muster siehe Maßnahme Nr. 18 unter 9.7).

Regel 12. Schaden an oder Verlust von Ladung oder Vorräten durch Umstauen, Löschen, Lagern oder Wiedereinladen werden vergütet, sofern die Maßnahmen selbst zu vergüten sind.

Regel 13. Beim Aufmachen der Havariegrosse werden von den vergütbaren Reparaturkosten Abzüge wegen des Unterschiedes zwischen alt und neu gemacht.

Anmerkung: Dies gilt nur beim Einbau neuen Materials. Aus dieser Regel ergeben sich bei über 15 Jahre alten Schiffen häufig langwierige Rückfragen. Daher müssen die Berichte Angaben über das Alter der zu ersetzenden Schiffsteile und Ausrüstungsgegenstände enthalten. Die Besichtiger müssen darauf hingewiesen werden.

Regel 14. Reparaturen von Havariegrosse-Schäden werden vergütet, ebenso vorläufige Reparaturen für die gemeinsame Sicherheit. Wenn aber Schäden aus besonderer Havarie vorläufig repariert werden, um die Reise zu beenden, werden diese Kosten bis zur Höhe der ersparten Havariegrosse-Kosten ersetzt.

Anmerkung: Auch bei den im zweiten Satz beschriebenen Kosten handelt es sich um stellvertretende Kosten: Wenn Schäden aus besonderer Havarie nur notrepariert werden, kürzt das Schiff den Aufenthalt im Nothafen ab und erspart so Havariegrosse-Kosten, z. B. Besatzungskosten und Hafengelder (vgl. Regeln 10 und 11). Dafür wird es von der Havariegrosse-Gemeinschaft entschädigt (Seeversicherer ersetzen Notreparaturen nur unter bestimmten Voraussetzungen, siehe 9.7.11 und 15.3.2 (5)).

Regel 17. Die Beiträge zur Havariegrosse werden nach den verbliebenen, tatsächlichen Werten am Ende des Unternehmens berechnet, jedoch abzüglich derjenigen Kosten, die nach Abschluß der Havariegrosse-Maßnahmen aufgewendet worden sind. Die Vergütungen aus Havariegrosse werden ihnen hinzugerechnet. Die Ladung trägt mit dem Rechnungswert bei.

Anmerkung: Außer dem Schiff und der Ladung tragen auch Container mit ihrem Markt- oder Zeitwert bei. Die Fracht trägt nicht bei, wenn sie bei Verschiffung als verdient gilt, weil sie dann nicht im Risiko steht (unter Umständen ist sie dann im Wert der Güter enthalten). Wenn das Schiff unter einem Zeitchartervertrag fährt, trägt bei einer Unterverfrachtung nach den vertraglichen Vereinbarungen im allgemeinen die Konnossementsfracht bei, nicht aber die Zeitchartermiete. Postsendungen tragen nicht bei, weil kein Frachtvertrag vorliegt. Passagiergepäck (z. B. Kraftwagen) trägt bei, soweit es unter einem Konnossement befördert wird.

9.5   Dispache (average adjustment)

Dies ist die Feststellung der Havariegrosse-Opfer und -Aufwendungen sowie deren Verteilung auf die Beteiligten. Der Kapitän ist verpflichtet, die Aufmachung der Dispache (sprich: „dispasche") unverzüglich zu veranlassen. In der Regel setzt aber der Reeder entsprechend den Bedingungen des Frachtvertrages den Dispacheur ein, nachdem er sich mit den Versicherern darüber verständigt hat. Die Dispache enthält:

1. Nachweise über das Vorliegen einer Havariegrosse (Kapitänsbericht, Verklarung u. a.).
2. Berechnung der in Havariegrosse zu vergütenden Schäden und Kosten und deren Trennung von den übrigen Schäden aus besonderer Havarie, den Partikularschäden.
3. Nachweise und Aufstellungen über die beitragspflichtigen Werte von Schiff, Fracht und Ladung.
4. Berechnung des Hundertsatzes, mit dem die einzelnen Werte zuzüglich einer etwaigen Vergütung beitragen müssen, und Berechnung der Beiträge von Schiff, Fracht und Ladung.
5. Verteilung auf die Beteiligten mit Zinsberechnung sowie Abrechnung der Beiträge und Vergütungen unter Berücksichtigung der eingezahlten Depots und Einschüsse.

9.6   Wichtige gesetzliche Bestimmungen (Inhaltsangabe)

Über die York-Antwerp-Regeln hinaus dienen auch verschiedene gesetzliche Bestimmungen dem Kapitän bei seiner Entscheidung über die Maßnahmen bei einer Havarie. Nachstehend wird der Sinn der wichtigsten gesetzlichen Bestimmungen wiedergegeben, die in Havariefällen in Betracht kommen. Der Kapitän darf damit rechnen, daß die ausländische Rechtsprechung von ähnlichen Grundsätzen ausgeht. Aus dem HGB (im Ernstfall nachzulesen):

§ 511: Der Kapitän hat stets die Sorgfalt eines ordentlichen Schiffers anzuwenden. Für Schäden aus seiner Pflichtverletzung ist er haftbar (siehe 1.16).

§ 512: Die Haftung besteht nicht nur gegenüber dem Reeder, sondern auch gegenüber dem Befrachter, den Ladungsbeteiligten, den Reisenden und der Schiffsbesatzung.

§ 527: Außerhalb des Heimathafens darf der Kapitän alle Rechtsgeschäfte abschließen, die zur Ausrüstung und Erhaltung des Schiffes und zur Ausführung der Reise notwendig sind.

§ 535: Der Kapitän hat zugleich für das Beste der Ladung zu sorgen. Bei besonderen Maßnahmen muß der Kapitän, wenn irgend angängig, die Anweisungen des Ladungsbeteiligten einholen und **möglichst** befolgen. Notfalls darf er nach eigenem Ermessen verfahren und die Ladung löschen, weiterbefördern oder äußerstenfalls verkaufen.

§ 615: Der Verfrachter (Anmerkung: auch der Kapitän, vgl. § 731 und § 752) hat ein Zurückbehaltungsrecht an der Ladung, solange die Beiträge zur Havariegrosse noch nicht sichergestellt sind.

§ 630: Wenn das Schiff nach Antritt der Reise durch einen Zufall verlorengeht, endet der Frachtvertrag ohne gegenseitige Entschädigung. Für gerettete Güter ist aber Distanzfracht für die zurückgelegte Teilstrecke zu zahlen (siehe Anmerkung zu § 633).

§ 632: Auch nach Auflösung des Frachtvertrages (z. B. bei Schiffsverlust) muß der Kapitän weiterhin für das Beste der Ladung sorgen. Er darf die Ladung mit einem anderen Schiff weiterbefördern lassen, sie einlagern oder äußerstenfalls verkaufen.

§ 633: Wenn die Güter nach Antritt der Reise durch einen Zufall verlorengehen, endet der Frachtvertrag ebenfalls ohne gegenseitige Entschädigung. (Anmerkung: In der Praxis wird allerdings oft rechtsgültig vereinbart, daß die Fracht als verdient gilt ohne Rücksicht darauf, ob Schiff und/oder Ladung verlorengehen).

§ 637: Wenn das Schiff durch Naturereignisse oder Zufälle aufgehalten wird (Anmerkung: z. B. durch Eis oder Streik), ist keine Partei zum Rücktritt vom Frachtvertrag berechtigt, es sei denn, daß der Zweck des Frachtvertrages vereitelt wird (Anmerkung: wenn z. B. eine verderbliche Fruchtladung ihr Ziel nicht gesund erreichen kann).

§ 638: Wenn das Schiff während der Reise ausgebessert werden muß, darf der Befrachter darauf warten oder die ganze Ladung (Anmerkung: im allgemeinen Massengutladung über das ganze Schiff) zurücknehmen. Im letzten Falle muß er aber die volle Fracht sowie die übrigen Forderungen (z. B. Umladungskosten und Havariegrosse-Beiträge) bezahlen oder sicherstellen.

§ 641: Für Stückgüter (Anmerkung: gemeint Teilpartien auf Linienschiff) gilt § 638 nur, wenn sie während der Ausbesserung ohnehin gelöscht worden sind.

§ 654: Der Inhaber eines Orderkonnossements kann die Auslieferung der Güter vor Erreichen des Bestimmungshafens nur verlangen, wenn er in Abweichung von § 648 (Anmerkung: wonach in gewöhnlichen Auslieferungsfällen eine von mehreren Ausfertigungen genügt) sämtliche Ausfertigungen des Konnossements zurückgibt.

§ 731: (vgl. auch § 752): Der Kapitän darf die Güter nicht ausliefern, bevor die darauf lastenden Havariegrosse-Verpflichtungen sichergestellt sind.

9.7   Maßnahmen bei Schäden an Schiff und/oder Ladung

Bei den heutigen Kommunikationsmitteln einschließlich Telex und Telefax ist die Erklärung einer Havariegrosse − von wenigen Ausnahmen abgesehen − immer Sache des Reeders.

Die nachstehend beschriebenen Ratschläge sollen auch nicht in Anweisungen eingreifen, die der Reeder seinem Kapitän gibt, sondern dem Kapitän und anderen Personen, die mit der Abwicklung einer Havarie zu tun bekommen, Erinnerungsstütze und Hilfe sein. Dies gilt insbesondere für den Kapitän als Reeder.

Die nachstehend beschriebenen Maßnahmen beziehen sich auf alle Arten der besonderen Havarie und der Havariegrosse. Welche von ihnen jeweils zu treffen sind und in welcher Reihenfolge, hängt von den Umständen ab, besonders davon, ob nach Entstehung einer besonderen Havarie auch eine Havariegrosse erklärt wird. Zum Beispiel genügt bei einem Beulenschaden, der auch eine besondere Havarie ist, außer der Tagebucheintragung ein brieflicher Kapitänsbericht an den Reeder, der bei größerem Schadensumfang seine Versicherer unterrichtet (siehe 9.8).

(1) Erste Rettungs- oder Schutzmaßnahmen hängen von den Umständen ab, doch sollte der Kapitän vor schwerwiegenden Entscheidungen (Anlaufen eines Nothafens, Annehmen fremder Hilfe, Aufopferungen u.a.) sich nach Möglichkeit mit seinem Reeder und natürlich auch mit seinen Offizieren beraten. Beim Anlaufen eines Nothafens sind Ort und Zeitpunkt der Kursänderung genau festzuhalten, ebenso der Rückweg auf die ursprüngliche Reiseroute, weil die Kosten dafür von der Ladung in Havariegrosse mitgetragen werden müssen. Wenn Schlepper angenommen werden müssen, bedenke man, daß Hilfslöhne hoch sein können. SOS oder Dringlichkeitszeichen sind stets das Eingeständnis erheblicher Seenot und können einen hohen Lohn verursachen. Um den Lohn in Grenzen zu halten, bereite man möglichst viel mit eigenen Mitteln vor und nehme z. B. Leichter und Stauereiarbeiter selbst an (siehe 12.4). Auch behalte man sich bei Verhandlungen das Einspruchsrecht gegen zu hohen Aufwand vor und vereinbare in einem etwaigen Vertrag möglichst die Zuständigkeit des Deutschen See-schiedsgerichts, sonst Lloyd's Arbitration.

(2) Folgende Stellen benachrichtigen: (Bei Kollission siehe auch 11, bei fremder Hilfeleistung 12).

(a) Reeder: Schnelle drahtlose Meldung über die Art, die Ursache und den Umfang der Schäden an Schiff und/oder Ladung. Bei Strandung oder sonstiger Seenot FT-Meldung in offener, englischer Sprache, damit Bergungsschlepper oder andere Interessierte mithören und aus eigener Initiative kommen. Bei Kollision Name und Reiseziel des Gegners angeben; ferner verbliebene Seetüchtigkeit; Rettungsmöglichkeit bzw. Möglichkeit der Schadensbegrenzung mit eigenen Mitteln; bei Ladungsschäden – z.B. bei Kollision oder Feuer – die Leck- oder Schadenstelle beschreiben, damit der Reeder beschädigte Partien nach Stauplan ermitteln kann.

(b) Wenn Umweltschäden eingetreten sind, z.B. eine Ölverschmutzung, muß außer der Unterrichtung des Reeders eine Meldung an den „Zentralen Meldekopf beim Wasser- und Schiffahrtsamt Cuxhaven" abgegeben werden, auch bei Verschmutzung außerdeutscher Gewässer (siehe Band 2A, Kap. 3.4). Der ZMK benachrichtigt ggf. eine zuständige ausländische Stelle. Verstöße gegen die Meldepflicht können unangenehme Geldbußen nach sich ziehen.

Im Hafen oder im Nothafen:

Die Meldungen mit weiteren wichtigen Einzelheiten durch Fernschreiber über Agenten oder Havariekommissar ergänzen oder nachholen; anfragen, ob den Ladungsbeteiligten Havariegrosse erklärt wird und wer Havariegrosse-Bonds und -Sicherheiten beschafft; nach Kollision Ergebnis der Nachforschungen über Verbleib bzw. Aufenthalt des Gegners (siehe Ziffer (5)); über Telefongespräche Aktennotizen anfertigen.

Das Aufmachen einer Havariegrosse ist teuer und hat nur dann einen Sinn, wenn größere Schäden oder Kosten in Havariegrosse zu vergüten sind. Man bedenke, daß Schäden aus besonderer Havarie (Partschäden) an Schiff oder Ladung von dem Betroffenen selbst zu tragen sind.

Der Reeder wird von sich aus sofort die Versicherer, den GL, die SeeBG und die Ladungsbeteiligten benachrichtigen, sofern deren Interessen betroffen sind. Telefongespräche später schriftlich bestätigen und alle Meldungen sammeln. Den Kapitänsbericht bei erster Gelegenheit anfertigen und abschicken (über Kollision siehe 11.2). Er soll eine Beschreibung der erlittenen Schäden enthalten sowie eine Mitteilung, ob bzw. welche Schäden ein etwaiger Gegner oder eine Anlage davongetragen hat. Bei Maschinenschäden einen ausführlichen Bericht des Leitenden Ingenieurs über Entstehung und Umfang des Schadens beifügen.

(b) Agent oder Makler wegen Benachrichtigung der Ladungsbeteiligten, daher auch hierbei auf Stauplan Bezug nehmen, in dringenden Fällen vorweg drahtlos; nötigenfalls Hilfe vorbereiten lassen durch Entsendung von Schleppern und Leichterfahrzeugen.

(c) Ladungsbeteiligte, sofern Reeder, Agent oder Makler schwer erreichbar sind. In der Nähe des Abladehafens sind die Ablader, sonst die Empfänger laut Manifest zu benachrichtigen. Bei erheblicher Reiseverzögerung sind auch diejenigen Ladungsbeteiligten betroffen, deren Ladung unbeschädigt geblieben ist. Die Anweisungen der Ladungsbeteiligten müssen **nach Möglichkeit** befolgt werden. Die Ladungsbeteiligten benachrichtigen ihrerseits ihre Warenversicherer, mit deren Vertretern der Kapitän zu tun bekommt.

(d) Vertreter (Havariekommissar) des Vereins Hamburger Assecuradeure oder des Vereins Bremer Seeversicherer. Die Anschriften findet man in den an Bord befindlichen Vertreterlisten. Der Havariekommissar (Vereinsvertreter) sorgt für die sachverständige Besichtigung unter Zuziehung eines etwaigen Gegners und hilft wirksam bei Veranlassung der vorläufigen oder der endgültigen Reparatur (siehe auch unter (h)).

(e) Konsul im Nothafen wegen der späteren Verklarung; in Ausnahmefällen auch zur allgemeinen Unterstützung, wenn z. B. kein Agent oder Makler am Ort ist.

(f) Vertreter des GL (Anschrift in GL-Vertreterliste) oder, wenn der GL nicht vertreten ist, einer anderen Klassifikationsgesellschaft (z. B. Lloyd's Surveyor) wegen der Schiffsbesichtigung, der Empfehlung von Reparaturen und wegen der späteren Erklärung der wiederhergestellten Seetüchtigkeit. Natürlich ist der Vertreter nur dann hinzuzuziehen, wenn die Seetüchtigkeit als tatsächlich beeinträchtigt angesehen werden muß.

(g) SeeBG gemäß UVV ebenfalls nur dann zu benachrichtigen, wenn die Seetüchtigkeit beeinträchtigt ist. Diese Benachrichtigung übernimmt in der Regel der Reeder, weil die SeeBG im Ausland nicht vertreten ist.

(h) Vertreter des P&I-Clubs (siehe 15.5), in jedem Falle, auch wenn z. B. nicht anzunehmen ist, daß eine Haftbarhaltung des Reeders durch Ladungsbeteiligte in Betracht kommt (siehe Ziffer (7)). Den Rat des P&I-Vertreters kann man auch in Kaskosachen in Anspruch nehmen, wenn ein Havariekommissar (siehe Ziffer (7)(d)) nicht zur Verfügung steht. Die Anschrift findet man in der Vertreterliste des Clubs.

(3) Erste Maßnahmen zur Beweissicherung treffen. Die Tagebucheintragung soll knapp und nach einer Kollision allgemein gehalten werden. Jedes Wort muß reiflich überlegt und darauf geprüft werden, ob eine Gegenpartei daraus ungerechtfertigt Nutzen ziehen kann. Daneben läßt man von den Bordzeugen ausführliche Berichte für den eigenen Gebrauch und zur Stützung des Kapitänsberichtes schreiben (über Kollision siehe 11.2). In schweren Fällen sollte man von vornherein einen erfahrenen Anwalt zuziehen.

(4) Sonderaufwand wie Überstunden und Inventarverbrauch sowie weitere Schäden an Schiff, Ladung und Maschine sind alsbald nach Eintritt einer Havarie aufzuzeichnen. Da diese Kosten oft von der Havariegrosse-Gemeinschaft oder vielleicht von einem Kollisionsgegner getragen werden, sollen die entsprechenden Listen den Verwendungszweck und bei verbrauchten oder beschädigten Gegenständen deren Alter enthalten. Solche Listen lasse man von den Besichtigern gegenzeichnen.

(5) Schadenersatzansprüche und Sicherheiten. Wenn ein fremdes Schiff an dem Unfall beteiligt ist, wird der Reeder in Zusammenarbeit mit seinen Versicherern den Gegner formell haftbar halten und den Austausch von Garantien einleiten. Der Reeder oder im Auslande der Kapitän muß ferner – unter Umständen über den Havariekommissar – den Gegner zur Teilnahme an der sofortigen Besichtigung einladen und dafür sorgen, daß der Gegner später nochmals eingeladen wird, wenn etwa die endgültige Reparatur verschoben worden ist. Wenn der Gegner der Aufforderung zur Teilnahme nicht folgt, kann er später gegen die Höhe der Reparaturkosten nur unter besonderen Voraussetzungen noch etwas einwenden.

Man bedenke aber, daß Besichtigungen kostspielig sind. Es wäre daher sinnlos, einen Gegner zur Besichtigung der eigenen Schäden einzuladen, wenn man dessen stilliegendes Schiff angefahren hat. In diesem Falle beschränke man sich auf die Teilnahme an der Besichtigung des Gegners. Das Entsprechende gilt natürlich, wenn umgekehrt ein Gegner das eigene stilliegende Schiff angefahren hat.

Nach Rücksprache mit dem Reeder kann auch der Kapitän den Gegner durch einen Brief an dessen Kapitän haftbar halten, wenn dem Gegner auch nur ein Teil der Schuld beigemessen werden kann. Wenn der Kapitän Kenntnis erhält, daß der Gegner im selben Hafen (oder in einen anderen) eingelaufen ist, muß er sofort den Reeder unterrichten, damit dieser in Zusammenarbeit mit dem Havariekommissar und einem Anwalt einen Arrest über das gegnerische Schiff betreiben oder für eine Garantie sorgen kann (siehe 13). Auch wegen des Gerichtsstandes und der Haftungsbeschränkung hat dies Bedeutung (siehe 11, Fußnote 1, sowie 14).

In vielen Fällen begnügen die Parteien sich mit dem Austausch von Briefgarantien (Muster siehe 13.3.4) mit Unterschriften des Reeders und des Führenden Versicherers. Oft werden aber auch (kostenpflichtige) Bankgarantien gefordert, manchmal sogar auch Bardepots (siehe 13.3.2). Die Beschaffung der gegnerischen bzw. die Stellung der eigenen Garantie ist stets Sache des Reeders, der auch hierbei mit seinen Versicherern zusammenarbeitet.

(6a) Schadenersatzansprüche des Gegners zurückweisen, wenn sie ungerechtfertigt erscheinen. Widerspruchslose Annahme kann als Eingeständnis eigener Schuld ausgelegt werden.

(6b) Besichtigung des Gegners. Die Teilnahme an der Schadensbesichtigung des Gegners ist stets anzustreben, weil über die Schuldfrage endgültig erst nach gründlicher Untersuchung entschieden werden kann. Die Teilnahme darf aber nur unter dem schriftlichen Vorbehalt erfolgen, daß man ohne Vorentscheidung (Präjudiz) hinsichtlich der Schuldfrage kommt. Kollisionsschäden so fotografieren, daß der Kollisionswinkel möglichst bestimmt werden kann.

Im allgemeinen sorgt der inzwischen benachrichtigte Havariekommissar (siehe Ziffer (1) (d)) für die Teilnahme an der Besichtigung des Gegners, indem er einen vereidigten Besichtiger entsendet. Die Besichtigung und Taxierung der Schäden auf einem Kollisionsgegner wird nach den gleichen Grundsätzen vorgenommen, wie sie unten für die eigenen Schiffs- und Ladungsschäden unter Ziffern (9) bis (11) beschrieben werden.

(7) Bedingungen der Kaskoversicherung, P&I-Versicherung (siehe 15), der York-Antwerp-Rules (siehe 9.4) und des Chartervertrages (siehe 8.7) oder der Konnossemente (siehe 8.6) studieren.

Von besonderer Bedeutung sind die Bedingungen der Kaskoversicherung und der P&I-Versicherung, weil man nicht immer davon ausgehen kann, daß überwiegend z.B. die deutschen ADS in Verbindung mit den DTV-Kaskoklauseln gelten. Nicht selten sind einige Bedingungen aus der deutschen Kaskoversicherung herausgenommen und in die P&I-Versicherung gegeben.

(8) Verklarung (siehe 7) und Kapitänsbericht. Da bei einer Havarie meistens deutsche und ausländische Interessen auf dem Spiele stehen, sollten im Ausland Verklarung und Seeprotest (Note of Protest) abgelegt werden. Für die Verklarung ist ein Tagebuchauszug (nötigenfalls auch aus Maschinentagebuch) bereitzuhalten, worin gegebenenfalls Vorbehalte wegen noch unbekannter Schäden zu machen sind. Um die Seetüchtigkeit des Schiffes nicht in Frage zu stellen, sollte hinsichtlich des Schiffes nur die Formel angewendet werden: „Ob noch weitere Schäden eingetreten sind, muß die endgültige Besichtigung erweisen."

Der Verklarungsbericht sollte vor allem dann allgemein und knapp gehalten werden, wenn zu befürchten ist, daß ein etwaiger Gegner ungerechtfertigt Nutzen daraus ziehen kann, z.B. nach einer Kollision). Man bedenke, daß die Verklarung öffentlich ist. Der Verklarungsbericht kann zugleich als erster Kapitänsbericht dienen. Natürlich muß dem Reeder ein ausführlicher Kapitänsbericht bei erster Gelgenheit nachgeliefert werden. Hierbei bedenke man, daß ein gefärbter Bericht u.U. nutzlose Prozeßkosten verursacht.

(9) Besichtigung und Reparatur des Schiffes
(a) Partikular- oder Partschäden oder Teilschäden am Schiff (aus besonderer Havarie) sind nach § 74 ADS durch je einen Vertreter der Versicherer und des Versicherten (des Reeders) gemeinsam nach dem Umfang festzustellen und geldlich zu schätzen (zu taxieren). Dies gilt auch bei kleinen Schäden, z.B. bei Anlegebeulen, weil die Versicherer einen Schaden ohne voraufgegangene Meldung und Besichtigung nicht zu ersetzen

brauchen. Natürlich wird die Besichtigung kleiner Schäden bis zur Reparatur zurückgestellt, sofern nicht ein Gegner haftpflichtig zu halten ist (siehe auch Ziffer (6)(b) über Kollisionswinkel).

In der Praxis entsenden die Versicherer ihren Experten (im Ausland durch ihren Havariekommissar, siehe Ziffer (2)(d)), während der Reeder in der Regel auf einen eigenen Experten verzichtet und statt dessen seinen Kapitän oder seinen Inspektor an der Besichtigung teilnehmen läßt.

Wenn die Seetüchtigkeit **tatsächlich beeinträchtigt** ist, wird der Vertreter des GL hinzugezogen (siehe Ziffer (2)(f)), der dann seine „Empfehlungen" (Auflagen) wegen der vorläufigen oder der endgültigen Reparatur gibt.

Nach einer Kollision, auch nach einer geringfügigen, soll auch ein Vertreter des Kollisionsgegners sich an der Besichtigung beteiligen (vgl. Ziffer 5).

Wenn die Reparatur zurückgestellt werden soll, beschränken sich die Experten auf die bloße Feststellung der Schäden und stellen diese im Besichtigungsbericht zusammen. Der eigene Experte schätzt roh die Reparaturkosten und teilt deren Höhe dem Havariekommissar bzw. den Versicherern mit. Die Aufstellung der eigentlichen Schadenstaxe wird dann bei der endgültigen Reparatur anhand des voraufgegangenen Besichtigungsberichtes nach Verhandlung des Experten mit der Werft nachgeholt und mit der Werftrechnung abgestimmt. Gelegentlich gestattet man dem Experten, sich auf das Aushandeln der Rechnungssumme zu beschränken und dann die anerkannte und gegengezeichnete Werftrechnung als Teil der Schadenstaxe einzureichen. Auch zur endgültigen Reparatur muß ein etwaiger Kollisionsgegner selbstverständlich wieder zugezogen werden (siehe Ziffer (5)). In diesem Falle ist eine von den Experten beider Seiten unterzeichnete (kontradiktorische) Schadenstaxe das beste Beweismittel.

Wenn unsichtbare Schäden vermutet werden, z. B. Unterwasserschäden, wird im Besichtigungsbericht bzw. in der Schadenstaxe ein entsprechender Vorbehalt gemacht. Dies kommt z. B. dann vor, wenn das Schiff trotz befürchteter Unterwasserschäden nicht eingedockt werden kann oder nach dem Ergebnis einer Taucheruntersuchung nicht eingedockt zu werden braucht.

Bei umfangreichen Reparaturen werden mehrere Werften zur Besichtigung eingeladen und zur Abgabe verbindlicher Angebote aufgefordert. Dann bestimmt das niedrigste Angebot — die Öffnung sollte an einem bekanntgegebenen Termin vor aller Augen vorgenommen werden — zugleich die Höhe der Schadenstaxe. Dieses Verfahren nennt man Ausschreibung der Reparatur.

Wenn man sich auf eine Notreparatur beschränkt, wird das hier beschriebene Verfahren der endgültigen Schadenstaxe — und gegebenenfalls des Tenderns (siehe 15.3.3) — bis zur endgültigen Reparatur verschoben.

(b) Havariegrosse-Schäden am Schiff müssen eigentlich unter Zuziehung der Ladungsbeteiligten besichtigt und taxiert werden, weil die Ladungsbeteiligten zu diesen Kosten beitragen müssen. Bei Massengutladungen ist dieses Verfahren auch durchaus möglich. Der Ladungsbeteiligte sollte zur Bestellung eines eigenen Experten aufgefordert werden. (Im übrigen sind die Ladungsbeteiligten grundsätzlich auch an der Schadenstaxe für Partschäden interessiert, weil diese den Beitragswert des Schiffes beeinflussen.)

Auf einem Stückgut- oder auf einem Containerschiff wäre dieses Verfahren aber nicht möglich, weil man es hier mit vielen Ladungsbeteiligten zu tun hat.

In der Praxis werden die Havariegrosse-Schäden zugleich mit den Partschäden besichtigt und taxiert, und zwar auf die gleiche Art, wie es unter Ziffer (9)(a) beschrieben ist. In der Regel wird allerdings durch den Reeder oder durch dessen Versicherer rechtzeitig der vorgesehene Dispacheur benachrichtigt, damit dieser für die Bestellung eines Experten im Interesse der Ladungsbeteiligten sorgen kann.

Selbstverständlich müssen die Havariegrosse-Schäden getrennt von den Partschäden festgestellt und taxiert werden und in der Schadenstaxe auch getrennt erscheinen.

(c) **Die Werttaxe** des Schiffes müßte nach den YAR, Regel G, gleichzeitig aufgestellt werden. Die deutschen Linien-Konnossementsbedingungen sehen allerdings die Werttaxe im Inland vor. Hierfür bestellt der Dispacheur im Einvernehmen mit dem Reeder einen vereidigten Sachverständigen. Der Beitragswert ist der Handelswert des Schiffes im beschädigten Zustande zur Zeit und am Ort der Beendigung des Unternehmens. Er wird meistens in der Weise ermittelt, daß der Gesundwert nach den Bedingungen auf dem Second-Hand-Markt geschätzt und die Schäden laut Schadenstaxe abgezogen werden.

(10) Besichtigung der Ladung

(a) Lukenbesichtigung. Wenn man Vorwürfe wegen mangelnder Sorgfalt für die Ladung erwartet (kommerzielles Verschulden), z. B. im Hinblick auf Fehler beim Garnieren, Stauen, Abdecken, Lüften, Öffnen der Luken auf See, bestellt man vorsorglich einen vereidigten Ladungsbesichtiger und läßt sich von diesem einen Lukenbesichtigungsbericht aufstellen. Die Besichtigung soll nötigenfalls während der Ladungsarbeiten anhalten, indem der Besichtiger z. B. mit dem Fortschreiten der Ladungsarbeiten so oft wie erforderlich an Bord kommt. Der Lukenbesichtiger soll vorwiegend den Zustand der unter den Luken liegenden Ladung feststellen.

(b) Partikularschäden an der Ladung (in jedem Fall P & I-Vertreter zuziehen, siehe 15.5) müßten eigentlich nach den gleichen Grundsätzen taxiert werden, wie es unter Ziffer (9)(a) für die Schiffsschäden beschrieben ist. Die Beteiligten, die insoweit Vertreter bzw. Besichtiger einsetzen müßten, sind der Empfänger und die Warenversicherer sowie andererseits der Verfrachter. (Schäden an der Ladung verringern deren Beitragswert zur Havariegrosse.) Der Verfrachter, also das Schiff, ist auch dann interessiert, wenn Ladungsschäden eine Haftbarhaltung wegen kommerziellen Verschuldens nach sich ziehen können. Daher soll der Kapitän bei jedem Ladungsschaden einen eigenen Ladungsbesichtiger für das Schiff zuziehen und es dem Ladungsbeteiligten, der ja benachrichtigt werden mußte (siehe Ziffer (2)(c), überlassen, selbst zu erscheinen oder auch seinerseits einen Besichtiger zu bestellen. Praktisch hat der Ladungsbeteiligte den Havariekommissar seiner Warenversicherer benachrichtigt, der dann seinerseits einen Ladungsbesichtiger bestellt, soweit er nicht selbst Experte ist. Nur bei Ladungsschäden von geringer Bedeutung sollte der Kapitän allein mit dem Empfänger den Schaden feststellen.

Der Kapitän hat hinsichtlich der Besichtigung seine Pflicht erfüllt, wenn er für die Benachrichtigung des Ladungsbeteiligten gesorgt und für das Schiff einen eigenen Ladungsbesichtiger bestellt hat.

Darüber hinaus soll der Kapitän für exakte Unterlagen sorgen (Stauplan, Tallybücher, Tagebucheintragungen, Aussagen der Lukenwächter) und diese dem Besichtiger vorlegen, damit dieser sie gegebenenfalls bei Abfassung seines Berichtes verwerten kann. (Selbstverständlich benötigt der Reeder auch einen ausführlichen Kapitänsbericht.)

Ob eine Ladungsbesichtigung schon im ersten Anlaufhafen oder erst im Bestimmungshafen stattfinden muß, hängt von den Umständen ab, besonders natürlich von der Verderblichkeit der Ladung.

Die Ladungsschäden werden meistens so taxiert, daß sie später als Prozentsätze von den Gesundwerten abgezogen werden können. Für jede Partie ist ein besonderer Besichtigungsbericht in mindestens vierfacher Ausfertigung erforderlich, damit alle Beteiligten Abschriften erhalten können. Jeder Bericht soll etwas über die tatsächliche oder wahrscheinlichste Ursache des Ladungsschadens enthalten, erforderlichenfalls auch Vorschläge des Besichtigers über die weitere Behandlung der Ladung, z. B. Pflegemaßnahmen, vorzeitige Weiterbeförderung oder Notverkauf. Auch die Kosten der einzelnen Besichtigung sollten mit aufgeführt werden.

(c) **Havariegrosse-Schäden an der Ladung** werden nach den gleichen Grundsätzen festgestellt und taxiert. Da das Schiff zu den manchmal sehr umfangreichen Ladungsschäden in Havariegrosse beitragen muß, sollte der Kapitän darüber wachen, daß der oder die Besichtiger die Taxierung der Partschäden deutlich von der Taxierung der Havariegrosse-Schäden trennen und nichts unter Havariegrosse fallen lassen, was tatsächlich unter besondere Havarie fällt.

Besonders nach einem Ladungsbrand ist das von großer Bedeutung (vgl. YAR 3). In der Praxis zeigt sich immer wieder, daß der Kapitän das Wichtigste aus den YAR und aus den Haager Regeln kennen muß.

(11) Reparatur oder Notreparatur. Nach § 75 ADS ist das Schiff unverzüglich auszubessern. Das ist in der Praxis aber nicht immer möglich. Oft vereinbart der Reeder mit seinen Versicherern eine vorläufige Reparatur oder eine Notreparatur, die für die Durchführung der Reise ausreicht. Natürlich muß der GL, der unter Umständen bestimmte Auflagen macht, die Fahrterlaubnis erteilen (siehe Ziffer (16)). Auch ein etwaiger Kollisionsgegner muß zur Notreparatur zugezogen werden, weil er als etwaiger Schuldner sie nur anzuerkennen braucht, wenn auch für ihn Kosten erspart werden (z. B. Ersatz von Nutzungsverlust) (siehe auch 15.3.2 (5)).

Zur Ausführung der endgültigen Reparatur, die man möglichst im Inland oder in den Nachbarländern durchführen läßt, muß ein etwaiger Kollisionsgegner nochmals zugezogen werden.

Vor jeder größeren Reparatur sind möglichst mehrere Werftangebote einzuholen und die örtlichen Vertreter der Versicherer hinzuzuziehen (siehe Ziffer (9)(a)).

(12) Sorge für die Ladung. Man behandelt die Ladung nach dem Verlangen der Ladungsbeteiligten oder nach den Empfehlungen des Besichtigers, indem man sie einlagern und pflegen und im Notfall durch Versteigerung verkaufen läßt. Gegebenenfalls läßt man sie aufgrund neuer Konnossemente mit einem anderen Schiff an die zuständige Agentur weiterbefördern. Der vorzeitigen Auslieferung vor dem endgültigen Löschhafen braucht man nur zuzustimmen, wenn die Ladung schon an Land liegt (volle Massengutladung ausgenommen), wenn ferner die Fracht bezahlt ist, etwaige Mehrkosten sichergestellt und sämtliche Ausfertigungen des Konnossementes zurückgegeben werden (§§ 638, 641 und 654 HGB). Will man in Havariegrosse-Fällen der vorzeitigen Auslieferung zustimmen, verpflichte man den Ladungsbeteiligten zu der schriftlichen Erklärung, daß er auch zu denjenigen Havariegrosse-Kosten beitragen wird, die nach der Trennung der Ladung vom Schiff noch entstehen werden (Non-Separation Agreement, siehe Nr. 18) und gebe die Ladung ohne diese Erklärung nicht heraus. Weiteres über Auslieferung der Ladung siehe Ziffer (17).

Während einer Einlagerung wegen einer Notreparatur sollte man die Ladung auf Kosten der Havariegrosse-Gemeinschaft versichern lassen, wenn man nicht weiß, ob z. B. auch eine ausländische Güterpolice dieses Risiko deckt.

(13) Bescheinigung von Ladungsbesichtigern fordern, wenn alle Maßnahmen im Interesse der Ladung erledigt sind. Jetzt können auch die Besichtigungskosten auf den einzelnen Besichtigungsberichten vermerkt werden. Falls die Ladung im Nothafen wiedereingeladen wird, sollen die Ladungsbesichtiger zugegen sein und die Ladungstüchtigkeit, die ordentliche Stauung und die Beförderungsfähigkeit der Ladung ausdrücklich bescheinigen.

(14) Rechnungen über sonstige Leistungen an der besonderen Havarie oder an der Havariegrosse dreifach fordern (in englischer Sprache) und mit den Besichtigungsberichten sammeln. Die Art und der Zweck der Leistungen müssen klar erkennbar sein, damit der Dispacheur die Kosten ohne Schwierigkeiten auf die besondere und die gemeinschaftliche Havarie verteilen kann. Im allgemeinen werden aber alle Rechnungen über Lotsengebühren, Schlepplöhne, Hafenkosten, Löschkosten, Leichtermiete, Nachrichtenspesen u. a. vom Agenten bezahlt und an den Reeder weitergeleitet.

(15) Chronometer prüfen, Kompasse nachkompensieren. Die gemäß UVV nach jeder größeren Havarie vorgeschriebene Chronometerprüfung kann unter Umständen im Inland nachgeholt werden. Mit der nach jeder größeren Reparatur vorgeschriebenen Nachkompensierung der Kompasse darf aber nicht gewartet werden.

(16) Wiederhergestellte Seetüchtigkeit muß nach beendeter Reparatur oder Notreparatur vom GL-Vertreter im Klassenzeugnis bestätigt werden. Dadurch wird auch der abgelaufene Fahrterlaubnisschein der SeeBG wieder gültig. Wenn kein GL-Vertreter erreichbar ist, stellt ein Vertreter einer anderen Klassifikationsgesellschaft oder ein vom Konsul oder vom Hafenkapitän empfohlener Sachverständiger wegen des abgelaufenen Fahrterlaubnisscheins ein Seefähigkeitsattest aus (siehe 4.1).

(17) Auslieferung der Ladung. Obwohl auch das Ausliefern der Ladung an die Empfänger im allgemeinen Sache des Agenten ist, sollte nach einer Havariegrosse auch der Kapitän sich darum kümmern; denn er darf die Güter nicht ausliefern, bevor die darauf lastenden Havariegrosse-Verpflichtungen sichergestellt sind. Auch der Reeder hat das Recht, die Auslieferung der Ladung ohne Sicherstellung der Havariegrosse-Verpflichtungen zu verweigern (vgl. Ziffer 12 wegen vorzeitiger Auslieferung).

Vor der Auslieferung verlange man von jedem Ladungsempfänger einen **Havariegrosse-Verpflichtungsschein (General Average Bond)** und bei vorzeitiger Auslieferung im voraus das Zeichnen eines **Non-Separation-Agreement** (Muster siehe Ziffer(18)), in denen er sich verpflichtet, seinen Havariegrosse-Beitrag nach Aufmachung der Dispache unverzüglich zu bezahlen und auf Verlangen vorher Sicherheiten und/oder Einschuß zu leisten. Außerdem ist eine Wertaufgabe oder die Handelsrechnung als Unterlage für den Beitragswert der Ladung zu fordern (Muster siehe Ziffer (18)). Selbstverständlich müssen bei vorzeitiger Auslieferung auch sämtliche Ausfertigungen der Konnossemente zurückverlangt werden (bei Auslieferung im Bestimmungshafen mindestens eine Ausfertigung; siehe 8.6).

Sodann fordere man als Sicherheit eine Briefgarantie der Warenversicherer (Muster siehe Ziffer (18), nur von erstklassigen Gesellschaften anzunehmen) oder eine Bankgarantie. Es kann auch ein Bardepot gefordert werden, das vom Dispacheur auf einem besonderen Treuhandkonto zu verwalten bzw. mitzuverwalten ist.

Bei Containerladung ist daran zu denken, daß nicht nur die Waren in den Containern in Havariegrosse beizutragen haben, sondern auch die Container selbst. In der Regel sind die Ladungseigentümer nicht auch Eigentümer der Container. Für die Container sowie für die Ladung in ihnen müssen daher getrennte Havariegrosse-Sicherheiten gefordert werden. Meistens läßt der Linienreeder alle Container „en bloc" versichern, so daß er im Einvernehmen mit diesen Versicherern die Garantie für alle Container an Bord stellen kann.

Wird eine geforderte Sicherheit nicht geleistet oder reicht sie nach Ansicht des Dispacheurs oder der Beteiligten nicht aus, liefere man die Ladung nicht aus.

Wenn man die gesamten Havariegrosse-Kosten einigermaßen abschätzen kann, ist es bei Massengutladung verhältnismäßig einfach, die Höhe eines Bardepots zu bestimmen.

Anders dagegen bei Stückladung mit vielen Partien. Hier bleibt nur eine rohe Schätzung übrig.

Beispiel: Nach einer Grundberührung schätzt man den Hilfslohn an die Bergungsschlepper auf DM 450000.-, weitere Havariegrosse-Kosten beim Anlaufen des Nothafens auf DM 150000.-. Der Beitragswert des Schiffes beträgt 8 Mill. DM, der Wert der gesamten Stückgutladung etwa 7 Mill. DM (Wert kann bedeutend höher sein; ohne genaue Kenntnis setze man für Stückgüter DM 5000.- pro Tonne an). Insgesamt werden somit etwa 0,6 Mill. DM von den verbliebenen Werten mit einer Gesamthöhe von 15 Mill. DM zu tragen sein. Die geschätzten Havariegrosse-Kosten betragen daher 4% von den geretteten Werten. Um eine gewisse Reserve zu haben, läßt man sich vor der Auslieferung der Ladung die einzelnen Werte angeben oder die Rechnung vorlegen und fordert von jeder Partie in diesem Falle ein Bardepot in Höhe von 5% des Warenwertes, wenn man sich nicht mit dem oben erwähnten Verpflichtungsschein mit Gegenzeichnung durch die Warenversicherer begnügen kann. In der Regel ist dieses Verfahren Sache des Reeders, der im Einvernehmen mit dem Dispacheur Art und Höhe der Sicherheiten bestimmt und dem Agenten entsprechende Anweisungen erteilt. In der Trampfahrt ist aber der Kapitän manchmal auf sich allein angewiesen, insbesondere als Schiffseigner.

Wenn der Reeder im Interesse der Havariegrosse-Gemeinschaft höhere Auslagen gehabt hat, kann er außerdem über den Dispacheur einen **Havariegrosse-Einschuß** verlangen. Das ist eine Vorauszahlung des Ladungsbeteiligten auf seinen später noch genau zu ermittelnden Havariegrosse-Beitrag. Auch die Kaskoversicherer leisten oft einen Havariegrosse-Einschuß auf den zu erwartenden Beitrag des Schiffes.

Kein Ladungsbeteiligter kann sich darauf berufen, er brauche — tatsächliche Havariegrosse vorausgesetzt — keine Beiträge oder Sicherheiten zu leisten, weil die Havariegrosse etwa von der Schiffsbesatzung oder von einem fremden Schiff verschuldet ist, das z. B. Schadenersatz leisten muß. Havariegrosse-Beiträge müssen in jedem Falle geleistet werden. Ob Schadenersatz in Betracht kommt, kann — wenn keine gütliche Einigung zu erreichen ist — nur gerichtlich geklärt werden (siehe YAR-D).

Wegen vorzeitiger Auslieferung siehe Ziffer (12).

(18) Muster von Auslieferungspapieren.

NON-SEPARATION-AGREEMENT

Vessel: ....

Voyage: ....

Casualty: ....

It is agreed that in the event of the vessel's cargo or part thereof being forwarded to original destination by other vessel, vessels or conveyances, rights and liabilities in General Average shall not be affected by such forwarding, it being the intention to place the parties concerned as nearly as possible in the same position in this respect as they would have been in the absence of such forwarding and with the adventure continuing by the original vessel for so long as justifiable under the law applicable or under the Contract of Affreightment.

The basis of contribution to General Average of the property involved shall be the value on delivery at original destination unless sold or otherwise disposed of short of that destination; but where none of her cargo is carried forward in the vessel she shall contribute on the basis of her actual value on the date she completes discharge of her cargo.

....

Place and Date

....

Signature

AVERAGE BOND

MV _____ from _____ to _____

Accident: _____

Shippers/Consignees: _____

B/L No.	MARKS	DESCRIPTION OF GOODS

In consideration of the delivery to us or to our order, on payment of the freight due, of the goods noted above we agree to pay the proper proportion of any salvage and/or general average and/or special charges which may hereafter be ascertained to be due from the goods or the shippers or owners thereof under an adjustment prepared in accordance with the provisions of the contract of affreightment governing the carriage of the goods or, failing any such provision, in accordance with the law and practice of the place where the common maritime adventure ended and which is payable in respect of the goods by the shippers or owners thereof.

We also agree to make a payment on account of such sum as is duly certified by the average adjusters to be due from the goods and which is payable in respect of the goods by the shippers or owners thereof.

Date: _____

**Signature and Address
of Shippers/Consignees:** _____

Please return this Paper duly signed and dated

to _____

GENERAL AVERAGE GUARANTEE
(For signature by Underwriters with whom Goods are insured)

MV _____ _____ from _____ to ___ ___ _____ _____

Accident: _____

Shippers/Consignees: _____

B/L No.	MARKS	DESCRIPTION OF GOODS	Insured Amount of the goods

In consideration of the delivery of the undermentioned Cargo to the Consignees against signature of General Average Bond without payment of a Deposit, we, the undersigned Underwriters, hereby guarantee to the Shipowners the payment of any Contribution to General Average and / or Salvage and / or Special Charges which may hereafter be ascertained to be properly due in respect of the said Cargo.

We further agree to make a prompt payment on account of Disbursements to the Shipowners if required and certified by the Average Adjusters Messrs. G. Schneider, G. Groninger, Bremen, Börsenhof C II.

Date:_____   Policy/Reference No.:_____

Address: _____

Signature of Cargo-Underwriters: _____

Please return this Guarantee duly signed and dated

to _____

9.8 Ratschläge in Stichworten

Nachstehend sind für die einzelnen Hauptarten der Havarie Ratschläge zu Einzelmaßnahmen in Stichworten zusammengefaßt. Die laufenden Nummern sind die gleichen wie vorstehend bei den ausführlicheren Erläuterungen.

Die Ratschläge gelten überwiegend für Fälle, in denen der Kapitän auf sich allein gestellt ist oder allein mit dem Havariekommissar zusammenarbeiten muß. Sie sollen nicht in Anweisungen eingreifen, die der Reeder generell oder von Fall zu Fall erteilt.

VALUATION of Goods for General Average
(For signature by Shippers/Consignees of Cargo)

MV _____ from _____ to _____

Accident: _____

Shippers/Consignees: _____

B/L No.	MARKS	DESCRIPTION OF GOODS	WHOLESALE MARKET VALUE at time of arrival, less Discount, if any (See deductions as note below)

DEDUCTIONS.

Freight (if not prepaid or according to B/L
considered as fully earned upon shipment) . . . . .

Duty (if included in above value) . . . .

Landing Charges, Lighterage, Wharfage, Cartage, &c.
and Sale Expenses . . . .

Invoice value: cif _____
                  fob _____   Net Market Value

If any of the goods have been landed damaged, their value in the damaged state must be given or if sold their actual net proceeds, deducting freight, duty and charges, &c. in the same manner as if they had arrived sound and as indicated above.

Insured Amount of the goods: _____ Policy/Ref. No.: _____

Name and Address of Underwriters
with whom Goods are insured: _____

Date: _____   Signature and Address
                          of Shippers/Consignees: _____

Please return this Valuation Paper duly signed and dated

to _____

(1) Kollision zwischen fahrenden Schiffen

1   Über besondere Erfordernisse nach einer Kollision vor allem hinsichtlich der Beweissicherung und Berichterstattung siehe 11.1 und 11.2.

2 a)   Telegrafische Nachricht an Reeder,
   bei Gefahr für das Schiff in offener, möglichst englischer Sprache, damit diese Nachricht auf Bergungsstationen mitgehört wird.

Schlepper oder Bergungsschlepper nur auf der Basis „no cure — no pay" annehmen und möglichst die Zuständigkeit des Deutschen Seeschiedsgerichts vereinbaren, sonst Lloyd's Arbitration.

Näheres über Verhalten gegenüber Schleppern usw. siehe 12.4.

Reeder fragen, ob Havariegrosse erklärt wird und wer für Sicherheiten vor Auslieferung der Ladung sorgt.

2 b) Die gleiche Nachricht an Agent oder Makler, der seinerseits die Ladungsbeteiligten unterrichtet.

2 d) Nach Ankunft im nächsten Anlaufhafen Havariekommissar der Versicherer benachrichtigen.

2 f) Desgl. den Vertreter des Germ. Lloyd, wenn die Seetüchtigkeit als tatsächlich beeinträchtigt angesehen werden muß.

3 Knappe Tagebucheintragung;
ausführlicher Kapitänsbericht für den Reeder mit möglichst genauer Skizze über den Hergang (siehe 11.2).

4 Sonderaufwand wie Überstunden, Materialverbrauch usw. notieren.

5 Gegner haftbar halten (unter Umständen über den Havariekommissar), sofern der Reeder dies nicht selbst sofort erledigen kann.
Unter Umständen nach Rücksprache mit dem Reeder Arrest über den Gegner verhängen lassen.
Kollisionsgegner zur gemeinsamen Feststellung der eigenen Schäden auffordern (kontradiktorische Besichtigung).

6 a) Etwaige Haftbarhaltung durch den Gegner zurückweisen, wenn sie ungerechtfertigt erscheint.

6 b) Teilnahme (ohne Präjudiz) an der Schadensbesichtigung des Gegners, Fotos, vor allem über Kollisionswinkel, auch von oben gesehen.

8 Verklarung ablegen und Seeprotest notieren (siehe Kap. 7).

9 a) Feststellung der Teilschäden am eigenen Schiff durch einen vom Havariekommissar bestellten Experten.
Zuziehung des Kollisionsgegners (kontradiktorische Besichtigung), Fotos, vor allem über Kollisionswinkel (etwaigen Deckseinschnitt von oben aufnehmen);
Zuziehen des Germ. Lloyd, wenn die Seetüchtigkeit als tatsächlich beeinträchtigt angesehen werden muß.
Wenn sofort repariert oder notrepariert werden soll, bei umfangreichen Schäden mehrere Werften zur Abgabe von Angeboten auffordern.

10 b) Feststellung etwaiger Teilschäden an der Ladung durch Warenexperten unter Zuziehung des Kollisionsgegners (kontradiktorische Besichtigung).

10 c) Feststellung etwaiger Havariegrosse-Schäden an der Ladung unter Zuziehung des Kollisionsgegners (kontradiktorische Besichtigung).

11 Falls die endgültige Reparatur verschoben worden ist, vor Beginn dieser Reparatur den Kollisionsgegner erneut zuziehen und unter Umständen die Ausschreibung nachholen.

12 Sorge für die Ladung, z. B. Zurücklassung und Notverkauf oder Weiterbeförderung vor der Weiterfahrt des Schiffes mit vorzeitiger Auslieferung an die Empfänger (vgl. auch Ziff. 17).

14 Alle Rechnungen über sonstige Leistungen an der besonderen Havarie oder an der Havariegrosse 3fach fordern (in englischer Sprache).

16 Vor dem Auslaufen Klasse bestätigen lassen, wenn der GL-Vertreter zugezogen werden mußte.

17 In Havariegrosse-Fällen vor Auslieferung der Ladung Havariegrosse-Bonds und Sicherheiten fordern.

(1 a) Bei unbedeutenden Kollisionsschäden, deren Reparatur aufgeschoben wird

2 d) Nach Ankunft im nächsten Anlaufhafen Havariekommissar der Versicherer benachrichtigen.

2 f) Desgl. den Vertreter des Germ. Lloyd, wenn die Seetüchtigkeit als tatsächlich beeinträchtigt angesehen werden muß.

3 Knappe Tagebucheintragung:
ausführlicher Kapitänsbericht für den Reeder mit Skizze über Hergang und Lage.

5 Gegner haftbar halten (unter Umständen über den Havariekommissar), sofern der Reeder dieses nicht selbst sofort erledigen kann.
Kollisionsgegner zur gemeinsamen Feststellung der eigenen Schäden auffordern (kontradiktorische Besichtigung).

6 a) Etwaige Haftbarhaltung durch den Gegner zurückweisen, wenn sie ungerechtfertigt erscheint.

6 b) Teilnahme (ohne Präjudiz) an der Schadensbesichtigung des Gegners. Fotos, vor allem über Kollisionswinkel (etwaigen Deckseinschnitt von oben aufnehmen).

9 a) Feststellung der Partschäden am eigenen Schiff durch einen vom Havariekommissar bestellten Experten.
Zuziehung des Kollisionsgegners (kontradiktorische Besichtigung); Fotos, vor allem über Kollisionswinkel;
Zuziehung des Germ. Lloyd, wenn die Seetüchtigkeit als beeinträchtigt angesehen werden muß.

11 Falls die endgültige Reparatur verschoben worden ist, vor Beginn dieser Reparatur den Kollisionsgegner erneut zuziehen.

16 Vor dem Auslaufen Klasse bestätigen lassen, wenn der GL-Vertreter zugezogen werden mußte.

(2) Grundberührung

1 Rettungsmaßnahmen so weit wie möglich selbst organisieren (Stauereiarbeiter, Leichter, Schlepper für Leichter usw.). Wenn die Gefahr besteht, daß das Schiff weiter auf den Strand treibt, sofort Anker fallen lassen und prüfen, ob das Hinauftreiben durch Fluten von Ballasttanks verhindert werden kann.
Zurückhaltung mit Dringlichkeitsrufen oder SOS.
Nach dem Freikommen weiterhin Bilgen und Tanks peilen.
Tagebucheintragung.

2 a) Telegrafische Nachricht an den Reeder unbedingt in offener, möglichst englischer Sprache, damit die Nachricht von Bergungsschleppern mitgehört wird und Schlepper ohne Aufforderung kommen. Die eigene Lage aber nicht dramatisieren.
Schlepper oder Bergungsschlepper nur auf der Basis „no cure — no pay" annehmen und möglichst die Zuständigkeit des Deutschen Seeschiedsgerichts vereinbaren, sonst Lloyd's Arbitration.
Näheres über Verhalten gegenüber Schleppern usw. siehe 12.4.
Reeder fragen, ob Havariegrosse erklärt wird und wer für Sicherheiten vor Auslieferung der Ladung sorgt.

2 b) Die gleiche Nachricht an Agent oder Makler, der seinerseits die Ladungsbeteiligten unterrichtet.

2 d) Nach Ankunft im nächsten Anlaufhafen Havariekommissar der Versicherer benachrichtigen.

2 f) Desgl. den Vertreter des Germ. Lloyd, wenn die Seetüchtigkeit als tatsächlich beeinträchtigt angesehen werden muß.

3 Knappe Tagebucheintragung;
ausführlicher Kapitänsbericht für den Reeder (u. a. maßstabsgerechte Skizze nach der Seekarte, Auflaufkurs, abgelesener Tiefgang nach der Grundberührung, Handlotungsergebnisse um das Schiff, Bodenbeschaffenheit, etwaige Bewegung des Schiffes, Leckagen, späterer Abbringungskurs).

4 Sonderaufwand wie Überstunden, Materialverbrauch usw. notieren.

8 Im nächsten Anlaufhafen, Verklarung ablegen und Seeprotest notieren.

9 a) Wenn keine Leckagen festgestellt worden sind und die Reise beendet werden soll, genügt unter Umständen zunächst eine Bodenuntersuchung durch Taucher. Fortsetzung der Reise aber nur mit Zustimmung des GL.
Nach dem Eindocken (nach Ablauf einer etwa befristeten Klassenbestätigung durch den GL) Feststellung der Partschäden durch einen vom Havariekommissar bestellten Experten;
Zuziehung des GL, wenn die Seetüchtigkeit als tatsächlich beeinträchtigt angesehen werden muß.
Bei umfangreichen Schäden mehrere Werften zur Abgabe von Angeboten auffordern.

9 b)   Etwaige Havariegrosse-Schäden am Schiff — z. B. Schäden, die als Folge des Abbringens entstanden sind — im Besichtigungsbericht getrennt aufführen lassen.

10 b)   Feststellung etwaiger Teilschäden an der Ladung durch einen Warenexperten.

10 c)   Feststellung etwaiger Havariegrosse-Schäden an der Ladung durch einen Warenexperten.
Der Warenexperte wird vom Dispacheur bzw. im Einvernehmen mit ihm ernannt. Der Kapitän sollte möglichst an allen Ladungsbesichtigungen teilnehmen, damit Partschäden an der Ladung nicht versehentlich oder in Unkenntnis der Ereignisse als Havariegrosse-Schäden deklariert werden.

12   Sorge für die Ladung, z. B. Zurücklassung und Notverkauf oder Weiterbeförderung vor der Weiterfahrt des Schiffes mit vorzeitiger Auslieferung an die Empfänger (vgl. auch Ziff. (17)).

14   Alle Rechnungen über sonstige Leistungen an der besonderen Havarie oder an der Havariegrosse 3fach fordern (in englischer Sprache).

16   Vor dem Auslaufen Klasse bestätigen lassen, wenn der GL-Vertreter zugezogen werden mußte.

17   In Havariegrosse-Fällen vor Auslieferung der Ladung Havariegrosse-Bonds und Sicherheiten fordern.

(3) Feuer an Bord

1   Die Maßnahmen zur Feuerbekämpfung ergeben sich aus der Feuerrolle (siehe Band 3 A, Kap. 1.1.5):
Handfeuerlöscher.
Schließen und Abdichten sämtlicher Türen, Schotte, Bullaugen, Luken, Oberlichter, Lüfter; bei Maschinenraumbrand sofortiges Ziehen der Schnellschlüsse zu den Treibstofftanks.
Ausschalten gefährdeter Stromleitungen und der Klimaanlage;
Bekämpfung durch Wasser, CO_2 usw.;
Schnelles Eingreifen ist entscheidend für den Erfolg.

2 a)   Telegrafische Nachricht an den Reeder unbedingt in offener, möglichst englischer Sprache, damit die Nachricht von Bergungsschleppern mitgehört wird und Schlepper ohne Aufforderung kommen. Die eigene Lage aber nicht dramatisieren.
Hilfeleistung nur auf der Basis „no cure — no pay" annehmen und möglichst die Zuständigkeit des Deutschen Seeschiedsgerichts vereinbaren, sonst Lloyd's Arbitration.
Näheres über Verhalten gegenüber Schleppern usw. siehe 12.4.

2 b)   Die gleiche Nachricht an Agent oder Makler, der seinerseits die Ladungsbeteiligten unterrichtet.

2 f)   Desgl. an den Vertreter des Germ. Lloyd, wenn die Seeuntüchtigkeit als tatsächlich beeinträchtigt angesehen werden muß.

3   Knappe Tagebucheintragung;
ausführlicher Kapitänsbericht für den Reeder (evtl. besonderer Bericht durch Ltd. Ing.).

4   Sonderaufwand wie Überstunden, Materialverbrauch usw. notieren.

8   Verklarung ablegen und Seeprotest notieren (siehe 7).

9 a)   Feststellung der Partschäden am eigenen Schiff durch einen vom Havariekommissar bestellten Experten.
Wenn sofort repariert oder notrepariert werden soll, bei umfangreichen Schäden mehrere Werften zur Abgabe von Angeboten auffordern.

9 b)   Besichtigung etwaiger Havariegrosse-Schäden nach den gleichen Grundsätzen. Getrennter Bericht über diese Schäden.

10 b)   Feststellung etwaiger Partschäden an der Ladung durch einen Warenexperten.

10 c)   Feststellung etwaiger Havariegrosse-Schäden an der Ladung durch einen Warenexperten.
Der Warenexperte wird vom Dispacheur bzw. im Einvernehmen mit ihm ernannt. Der Kapitän sollte möglichst an allen Ladungsbesichtigungen teilnehmen, damit Partschäden an der Ladung nicht versehentlich oder in Unkenntnis der Ereignisse als Havariegrosse-Schäden deklariert werden.
Von Schäden an Stückgütern, die teils durch Löschwasser, teils aber auch durch Feuer/Rauch/Hitze entstanden sind, werden **nur** die Löschwasserschäden in Havariegrosse anerkannt (siehe YAR 3).

12   Sorge für die Ladung, z. B. Zurücklassung und Notverkauf oder Weiterbeförderung vor der Weiterfahrt des Schiffes mit vorzeitiger Auslieferung an die Empfänger (vgl. auch Ziff. (17)).

14   Alle Rechnungen über sonstige Leistungen an der besonderen Havarie oder an der Havariegrosse 3fach fordern (in englischer Sprache).

16   Vor dem Auslaufen Klasse bestätigen lassen, wenn der GL-Vertreter zugezogen werden mußte.

17   In Havariegrosse-Fällen vor Auslieferung der Ladung Havariegrosse-Bonds und Sicherheiten fordern.

(4) Maschinenschaden, Ruderschaden

1   Bei etwaiger Manövrierunfähigkeit Zurückhaltung mit Dringlichkeitsrufen oder SOS.

2 a)   Bei Manövrierunfähigkeit telegrafische Nachricht an den Reeder unbedingt in offener, möglichst englischer Sprache, damit die Nachricht von Bergungsschleppern mitgehört wird und Schlepper ohne Aufforderung kommen. Die eigene Lage aber nicht dramatisieren, Schlepper oder Bergungsschlepper nur auf der Basis „no cure — no pay" annehmen und möglichst die Zuständigkeit des Deutschen Seeschiedsgerichts vereinbaren, sonst Lloyd's Arbitration.
       Näheres über Verhalten gegenüber Schleppern usw. siehe 12.4.
       Bei Anlaufen eines Nothafens Reeder fragen, ob Havariegrosse erklärt wird und wer für Sicherheiten vor Auslieferung der Ladung sorgt. In Fällen minderer Bedeutung Möglichkeit einer Reparatur oder Notreparatur mit eigenen Kräften sowie Dauer dieser Reparatur mitteilen.

2 b)   Bei längerer Reiseverzögerung die gleiche Nachricht an den Agenten oder Makler, der seinerseits die Ladungsbeteiligten unterrichtet.

2 d)   Nach Ankunft im nächsten Anlaufhafen Havariekommissar der Versicherer benachrichtigen.

2 f)   Desgl. den Vertreter des Germ. Lloyd, wenn die Seetüchtigkeit als tatsächlich beeinträchtigt angesehen werden muß.

3   Knappe Tagebucheintragung;
       ausführlicher Kapitänsbericht an den Reeder.
       Außerdem ausführlicher Bericht des Ltd. Ing. mit Beschreibung des Umfangs und der Ursache des Schadens.

8   Im Falle einer Reiseverzögerung Verklarung ablegen und Seeprotest notieren (siehe 7).

9 a)   Bei erster Gelegenheit Schadensbesichtigung durch einen vom Havariekommissar ernannten Experten.
       Zuziehung des GL, wenn die Seetüchtigkeit als tatsächlich beeinträchtigt angesehen werden muß.
       Bei umfangreichen Schäden möglichst mehrere Reparaturbetriebe zur Abgabe von Angeboten auffordern, unter Umständen nur über einzelne Teile wie Kurbelwelle, Schwanzwelle, Ruderschaft und dergl.

12   Bei längerer Reiseverzögerung Sorge für die Ladung (z. B. bei verderblichen Gütern oder bei Kühlladung).

14   Alle Rechnungen über sonstige Leistungen an der besonderen Havarie oder an Havariegrosse 3fach fordern (in englischer Sprache).

16   Vor dem Auslaufen Klasse bestätigen lassen, wenn der GL-Verteter zugezogen werden mußte.

17   In Havariegrosse-Fällen vor Auslieferung der Ladung Havariegrosse-Bonds und Sicherheiten fordern.

(5) Schwerwetterschaden, Eisschaden und Schäden minderer Bedeutung, z. B. Beulenschäden aller Art (Kollision mit Pier, Schleuse, Dalben usw.); Schraubenschaden; Liegen am Grunde

2 a)   Wenn die Seetüchtigkeit nicht beeinträchtigt ist, nur schriftlichen Bericht an den Reeder mit genauer Bezeichnung der Schadenstelle nach Spantnummer und Plattengang. Eintragung in Außenhautabwicklungs-Plan. Der Bericht soll eine Angabe enthalten, ob fremdes Eigentum beschädigt worden ist; zutreffendenfalls Beschreibung solcher Schäden (Fotos).

Bei Beulenschäden (z. B. Anlegebeulen) beschränke man sich auf eine Tagebucheintragung und auf einen schriftlichen Bericht an den Reeder. Die nachstehenden Punkte entfallen. Die Reparatur wird bis zu den nächsten Klassenarbeiten verschoben.

2 d)   Nach Ankunft im nächsten Anlaufhafen Havariekommissar der Versicherer benachrichtigen, falls noch nicht sicher ist, daß die Reparatur verschoben werden kann.

3   Tagebucheintragung.

6 b)   Kontradiktorische Feststellung von Schäden, die an fremdem Eigentum angerichtet worden sind (Fotos). Weiterverfolgen der Reparaturen durch Havariekommissar bzw. durch Experten.

9 a) und 11.

Wenn die Reparatur der eigenen Schäden verschoben werden kann, Feststellung der Schäden durch den Experten der Versicherer erst bei Ausführung der Reparatur (unter Umständen zusammen mit der Besichtigung anderer Schäden).

(6) Von fremdem Schiff stilliegend angefahren

(Voraussetzung: Nur Schäden von minderer Bedeutung)

2 a)   Nur schriftlichen Bericht an den Reeder mit genauer Bezeichnung der Schadenstelle nach Spantnummer und Plattengang.
Eintragung in Außenhautabwicklungs-Plan.

2 d)   Benachrichtigung des Havariekommissars, damit dieser für die Zuziehung des Gegners zur Besichtigung der eigenen Schäden und nötigenfalls für die Gestellung einer Sicherheit durch den Gegner sorgt.

3   Tagebucheintragung.

5   Haftbarhaltung des Gegners, unter Umständen durch den Havariekommissar, mit Aufforderung, den Schaden gemeinsam festzustellen.

9 a)   Feststellung der eigenen Schäden durch einen Experten der Versicherer unter Zuziehung des Gegners (kontradiktorische Besichtigung). Keine Beteiligung an der Feststellung der gegnerischen Schäden.

11   Vor Ausführung der (im allgemeinen) verschobenen Reparatur erneute Besichtigung durch einen Experten der Versicherer unter abermaliger Zuziehung des Gegners.

(7) Fremdes, stilliegendes Schiff angefahren

(Voraussetzung: Nur Schäden von minderer Bedeutung)

2 a)   Nur schriftlichen Bericht an den Reeder mit genauer Bezeichnung der Schadenstelle am eigenen Schiff nach Spantnummer und Plattengang. Eintragung in Außenhautabwicklungs-Plan.

2 d)   Benachrichtigung des Havariekommissars, damit dieser für die Teilnahme an der Feststellung der gegnerischen Schäden sorgt.

3   Tagebucheintragung.

6   Teilnahme an der Feststellung der gegnerischen Schäden ohne Präjudiz (kontradiktorische Besichtigung, Feststellungen wie unter 2 a)). Den Gegner um eine erneute Einladung zur Besichtigung ersuchen, wenn die Reparatur der gegnerischen Schäden aufgeschoben wird.

9 a) und 11.

Feststellung der eigenen Schäden durch einen Experten der Versicherer erst vor Ausführung der Reparatur.

Schlußbemerkung. Die Havariefälle, von denen das Schiff allein oder die Ladung allein oder beide gemeinsam betroffen werden, sind so vielfältig, daß vorstehend nur die wichtigsten Erfordernisse umrissen werden konnten. Hinzu kommt, daß in überseeischen Gewässern nicht überall Agenten und Havariekommissare mit Spezialkenntnissen für einen bestimmten Havariefall zur Verfügung stehen und daß es auch nicht überall in der Welt Reparaturmöglichkeiten gibt. Oberstes Erfordernis ist daher eine schnelle und ausführliche Unterrichtung des Reeders. Im übrigen sollte der Kapitän in laufender Beratung mit den nautischen und technischen Offizieren sowie mit dem Agenten, dem Havariekommissar und den Experten stehen.

10   Schiffsrat

vgl. HGB

Vor schweren Entscheidungen von besonderer Tragweite sollte der Kapitän mit seinen § 518 nächsten Mitarbeitern einen Schiffsrat abhalten (vgl. Havarie, siehe 9.7). Zum Schiffsrat beruft der Kapitän in der Regel nur die nautischen Offiziere und den Leitenden Ingenieur, bei der Beratung von technischen Angelegenheiten auch weitere Ingenieure. Der jüngste Offizier sollte zuerst befragt werden, die übrigen in der Reihenfolge ihres Dienstranges von unten nach oben, damit sie frei ihre Meinung äußern. Technische Dinge sollten zuerst erörtert werden. Nach der Beratung wird der Kapitän die Punkte zusammenfassen und bei Bedarf abstimmen lassen.

Der Kapitän kann den Schiffsrat auch formlos abhalten. Er kann auch auf die Abstimmung verzichten, wenn z. B. die Ansichten übereinstimmen, oder formlos geführte Lagegespräche nachträglich als Abhaltung eines Schiffsrates bezeichnen.

Der Schiffsratbeschluß ist nur ein Ratschlag an den Kapitän und braucht von ihm nicht befolgt zu werden. Allein verantwortlich bleibt immer der Kapitän. Ein ordnungsmäßig gefaßter Beschluß sollte aber ins Tagebuch eingetragen und die etwa abweichende Meinung des Kapitäns von diesem selbst begründet werden.

11 Zusammenstoß[1]

Eine Kollision gefährdet die Menschen an Bord schwer und verursacht regelmäßig große Schäden, bei denen Millionenbeträge nicht selten sind. Bei der Auseinandersetzung wegen des Schadensersatzes stellt sich oft heraus, daß beide Schiffe die Kollision mehr oder weniger verschuldet haben. Die Beherrschung und die umsichtsvolle Anwendung des Seestraßenrechts sind daher von hervorragender Bedeutung. Daher wird das Studium der Seestraßenordnung, der Seeschiffahrtsstraßen-Ordnung und der Manövriereigenschaften des Schiffes an dieser Stelle nochmals dringend empfohlen (siehe Band 2A, 1, 2 u. 8).

Das sicherste Mittel zur Abwendung einer Kollision ist eine rechtzeitige Fahrtverminderung. **In unklaren oder auch nur anscheinend unklaren Lagen** stoppe man rechtzeitig die Maschine nötigenfalls auch gegen den Rat des Lotsen. (Die eigentliche Führung des Schiffes darf der Kapitän nicht dem Lotsen überlassen, siehe Band 2A, Kap. 1.2). Vor Klärung der Lage gehe man nur dann wieder auf Vorausumdrehungen, wenn die Sicherheit oder die Erhaltung der Steuerfähigkeit es unbedingt erfordert. Sicherer ist im allgemeinen, die Fahrt durch ein Rückwärtsmanöver aus dem Schiff zu nehmen. (Im Nebel ist die Lage immer unklar, wenn der Gegner sich im Nahbereich befindet, siehe Band 2A, Kap. 1.3.2c).

Kollisionsberichte sind nur selten vollständig und in allen Teilen objektiv richtig. Der Reeder und seine Versicherer benötigen intern jedoch vollständige, völlig ungefärbte Berichte. Reeder und Versicherer sind in gleicher Weise daran interessiert, die Frage des Schadenersatzes auf gütlichem Wege zu regeln. Dies kann nur mit wahrheitsgemäßen Berichten erreicht werden. Unvollständige Berichte ziehen ohnehin weitere Rückfragen nach sich. Völlig sinnlos wäre es, DM 50 000,– oder auch 100 000,– für einen langwierigen Prozeß nur deshalb aufzuwenden, weil man sich über das Verhalten des eigenen Schiffes aus gefärbter Berichterstattung ein falsches Bild machen mußte.

---

1 Über strafrechtliche Verfolgung siehe Fußnote 12 unter 1.5..

Am 10. Mai 1952 ist in Brüssel ein „Internationales Übereinkommen zur Vereinheitlichung von Regeln über die zivilrechtliche Zuständigkeit bei Schiffszusammenstößen" unterzeichnet worden. In der Bundesrepublik ist es seit dem 6.4.1973 in Kraft. Das Abkommen gilt zur Zeit unter folgenden Staaten: Ägypten, Algerien, Argentinien, Belgien, BR Deutschland, Costa Rica, Fidschi, Frankreich, Griechenland, Großbritannien, Heiliger Stuhl, Italien, Jugoslawien, Kamputschea, Madagaskar, Nigeria, Paraguay, Polen, Portugal, Salomonen, Schweiz, Spanien, Syrien, Togo, Tonga, Zaire. Nach dem Abkommen kann nur geklagt werden: (a) bei dem für den Beklagten zuständigen Gericht oder (b) bei dem Gericht des Ortes, wo ein Arrest über irgendein Schiff des Beklagten erfolgt ist bzw. statt einer Sicherheit hätte erfolgen können; oder (c) bei dem Gericht des Ortes, in dessen Bereich (Hafen oder Binnengewässer) der Zusammenstoß sich ereignet hat.

11.1 Maßnahmen zur Beweissicherung

Wer Schadenersatz beansprucht, muß das Verschulden des Gegners beweisen. Sehr häufig stehen Aussagen gegen Aussagen, z. B. über das Fahren auf der richtigen oder auf der falschen Fahrwasserseite. Aussagen allein nützen nichts, wenn sie nicht durch objektive Merkmale gestützt werden, z.B. durch Eintragungen von Peilungen in die Seekarte oder durch die Eintragung einer Ankerpeilung in das Brückenbuch. Wer gegen den Gegner den Beweis des ersten Anscheins liefern kann (prima-facie-Beweis), ist im Vorteil. Typische prima-facie-Beweise sind Verstöße gegen die Seestraßenordnung (z.B. bei Nebel im Nahbereich die Maschine nicht gestoppt und/oder zur weiteren Fahrtverminderung kein Rückwärtsmanöver unternommen) oder das Rammen eines ordnungsmäßig bezeichneten und ordnungsmäßig liegenden Ankerliegers. Zum Gegenbeweis des ersten Anscheins müßte man z.B. beweisen, daß der Ankerlieger unvorschriftsmäßig gelegen hat oder unvorschriftsmäßig bezeichnet war oder keine oder unzureichende bzw. falsche Nebelsignale gegeben hat.

Die wirksamsten Beweismittel sind Eintragungen in die Seekarte (auf dem Revier Passierzeiten an Leuchtfeuern, Tonnen, Anlegebrücken usw.), Eintragungen in das Brückenbuch und in das Maschinenmanöverbuch, sofern kein Manöverdrucker vorhanden ist. Auf kleinen Fahrzeugen und auf Fischereifahrzeugen ist das Führen eines Maschinen-Manöverbuches im allgemeinen nicht üblich und beim Fischen auf dem Fangplatz auch kaum möglich. Es muß aber objektiv festgestellt werden, daß die Aufzeichnung eines Maschinenmanövers nicht länger als 5 Sekunden dauert. Jedem Schiffsführer muß daher geraten werden, bei Nebel immer und sonst in verkehrsreichen Gewässern − besonders auf dem Revier immer − die Maschinenmanöver aufzuzeichnen. Ein wichtiges Beweismittel ist nach einer Kollision auf dem Revier eine Ankerpeilung nach der Kollision, vorausgesetzt, daß man an sofortiges Ankern gedacht hat und das Ankerwerfen möglich war (in diesem Fall anliegenden Ankerkurs sowie Richtung und Länge der Kette notieren).

Die Tagebucheintragung nach einer Kollision und der darauf aufgebaute Verklarungsbericht (siehe 7) sollen klar und knapp gehalten werden, ebenso Aussagen vor der Wasserschutzpolizei, weil der Verklarungsbericht und Polizeiprotokolle unter Umständen dem Gegner zugänglich sind, z.B. über den Anwalt durch Akteneinsicht beim Seeamt, und weil der Gegner aus einem ausführlicheren Bericht ungerechtfertigt Nutzen ziehen könnte. Der Reeder muß aber sofort vollständig unterrichtet werden.

Nachstehend folgen die interessierenden Einzelheiten, die natürlich nicht für jeden Fall passen und daher nur zutreffendenfalls in den Kollisionsbericht aufgenommen werden können. Es wird aber ausdrücklich darauf hingewiesen, daß nur wirklich Beobachtetes aufzunehmen und daß jegliche Konstruktion zu vermeiden ist. Was man nicht selbst beobachtet hat, lasse man gegebenenfalls durch die anderen Beobachter getrennt niederschreiben. Ohnehin empfiehlt es sich, alsbald nach der Kollision formlose Protokolle mit dem Rudergänger, dem Ausguck usw. aufzunehmen, um deren Gedächtnis zu stützen; denn es hat sich schon oft gezeigt, daß Monate nach der Kollision der Rudergänger bei der Vernehmung den Kurs nicht mehr wußte und der Ausguck nicht angeben konnte, in welcher Seitenpeilung und mit welcher Lage der Gegner in Sicht gekommen war.

Wenn ein Lotse beteiligt gewesen ist, empfiehlt es sich, einen Bericht zusammen mit dem Lotsen aufzustellen, bevor er von Bord geht, und ihm eine Abschrift mitzugeben.

11.2   Einzelheiten zum Kollisionsbericht

Datum und Uhrzeit der Kollision.
Seegebiet.
Name des eigenen Schiffes, BRZ (BRT nach altem Meßbrief), Länge über alles, Breite, Tiefgang vorn und achtern.
Antriebsart und Maschinenleistung in kw (Ps$_e$).
Geschwindigkeiten bei den verschiedenen Fahrtstufen:
  GLV kn, Umdrehungen:
  LV   kn, Umdrehungen:
  HV   kn, Umdrehungen:
  VV   kn, Umdrehungen:
  (ggf. für Marschfahrt und Revierfahrt getrennt).
Typ des Kompasses: Kreiselkompaß,
                   Magnetkompaß (Ablenkungen und Mißweisungen mit angeben).
                   Kursschreiber (ggf. Diagramm beifügen).
Typ des oder der Radargeräte und Meßbereiche.
Name und Heimathafen des Kollisionsgegners.

Besetzung der Brücke und des Ausgucks.
Wind und allgemeine Wetterlage, Seegang und Dünung.
Etwaiger Strom nach Richtung und Geschwindigkeit, zutreffendenfalls Hoch- und Niedrigwasserzeiten.
Sichtweite.

Bei Nebel:
Eintritt des Nebels, des Schneetreibens usw. mit Entwicklung der Sichtweite, möglichst mit Uhrzeiten.
Sichtweite während der letzten 15 Minuten vor der Kollision; geschätzt oder mit Radar beim Insichtkommen von Objekten gemessen.
Art der eigenen Nebelsignale und Zeitabstände.
Wann wurde Radar eingeschaltet? Mit welchem Meßbereich? Wurde dieser gewechselt? Wie?
Wer hat das Radargerät beobachtet(ggf. welches von zweien)? Ununterbrochen oder fast ununterbrochen oder nur hin und wieder?
Stärke und Ausdehnung von Seegangstörungen auf dem Bildschirm.

Stets:
Letzte Positionsbestimmung vor der Kollision mit Uhrzeit; wie festgestellt?
Kurse danach bzw. während der letzten 15 Minuten vor der Kollision, möglichst mit Uhrzeiten oder nach Passieren von Seezeichen oder Landmarken (bei Magnetkompaß auch Ablenkung und Mißweisung).
Gelaufene Fahrtstufen während dieses Zeitraumes.
Entfernung und Seitenpeilung des Gegners, in welcher dieser zuerst gesichtet wurde, und geschätzter Kurs. Etwa in der Nähe befindliche, weitere Schiffe (Namen), deren Peilung, Abstand und geschätzter Kurs.

Bei Nebel:
Erste Radarseitenpeilung oder rw. Peilung und Entfernung des Gegners, möglichst mit Uhrzeit.
Entwicklung der Radarpeilung.
Spätere Radarpeilungen und Entfernungen, möglichst mit Uhrzeiten.

Stets:

Entwicklung der optischen Seitenpeilung; auf dem Revier möglichst mit Beziehung auf Landmarken.

Lage des Gegners, nachts Stellung der Positionslichter (am besten mit Skizze über die Stellung der Lichter zueinander).

Geschätzte Geschwindigkeit des Gegners.

Eigene Signale vor der Kollision.

Wahrgenommene Signale des Gegners; Reihenfolge der beiderseitigen Signale.

Bei Nebel:

Vom Gegner gehörtes Nebelsignal (Art beschreiben), möglichst mit Uhrzeit; wieviel Nebelsignale wurden gehört?

Eigene Reaktion auf das Nebelsignal; zutreffendenfalls eine Begründung, warum die Maschine nicht gestoppt und nicht auf Rückwärts gesetzt worden ist, um die Fahrt schneller zu vermindern.

Seitenpeilung, Entfernung und Lage des Gegners im Augenblick des Sichtens.

Stets:

Eigene Ruder- und Maschinenmanöver zur Abwendung der Kollision und Signale dabei.

Entfernung zum Gegner in diesem Augenblick.

Erkennbare Manöver des Gegners und erkennbare Signale.

Kollisionszeit (welche gesetzliche Zeit?).

Kollisionswinkel, hierzu eine maßstabsrichtige Skizze.

Lichtbilder, aus denen man auf den Kollisionswinkel schließen kann, möglichst auch von oben gesehen (möglichst auch vom Gegner).

Möglichst sofortige Positionsbestimmungen nach der Kollision (auf dem Revier sollte man sofort den Anker fallen lassen, falls die Umstände es zulassen; nach dem Eintörnen Ankerpeilung, hierzu Objekte angeben, Peilungen, anliegender Kurs dabei, Länge und Richtung der Kette, damit die Liegestelle des Ankers bestimmt werden kann). Positionsbestimmung durch Landradarstation.

Eigene Manöver nach der Kollision, erkennbare Manöver des Gegners nach der Kollision.

Beobachtetes Verhalten von Personen auf dem Gegner.

Kurze Beschreibung des Nachrichtenaustausches nach der Kollision (Feststellung von Namen, Heimathafen, Abgangs- und Bestimmungshafen).

Maßstabsgerechte Skizze über den Hergang der Kollision; in der Nähe von Land auf einer Pause von der Seekarte; Kurse und Uhrzeiten eintragen.

Vollständigen Auszug aus dem Brückenbuch und aus dem Maschinen-Manöverbuch oder den Ausdruck vom Manöverdrucker beifügen.

Diesen Bericht und die mit den Wachgängern aufgestellten Protokolle reiche man dem Reeder in mindestens dreifacher Ausfertigung ein, damit alle Interessenten Zweitschriften erhalten können. Es wird nochmals dringend darauf hingewiesen, daß der Reeder und dessen Versicherer sich unbedingt auf die Richtigkeit des Berichtes verlassen können müssen. Dem Gegner wird der Bericht nur zugänglich gemacht, wenn er selbst einen gleich ausführlichen Bericht zur Verfügung stellt oder entsprechende Fragen beantwortet. Vorher darf nichts nach außen dringen. Besonders vorsichtig verhalte man sich gegenüber Fremden oder gegenüber Vertretern und Besichtigern des Gegners. Entsprechend verhalte man sich auch gegenüber der Polizei und wecke deren Verständnis für eine gewisse Zurückhaltung unter Hinweis auf den Umstand, daß der Anwalt des Gegners vor dem Verfahren Akteneinsicht gewinnen kann.

vgl. HGB ## 11.3 Schadensersatz nach Zusammenstoß

§§ 734 ff. Das schuldige Schiff ist gegenüber dem anderen und dessen Ladung schadenersatz-pflichtig.

Das gleiche gilt gegenüber den verletzten Personen. Zu den Schäden gehören z. B.: Beschädigungen des Schiffes und der Ladung, Rettungskosten nach dem Zusammen-stoß, Schleppen zum Reparaturort, Verderb der Ladung. Umstauen oder Löschen der Ladung wegen der Reparatur oder wegen der Erhaltung der Ladung, Besichtigungsko-sten, Prozeßkosten, Besatzungskosten und nicht zuletzt Gewinnausfall wegen des Nut-zungsverlustes des Schiffes. Der Nutzungsverlust, der nach einer Kollision erheblich sein kann, wird dem Reeder von den eigenen Versicherern nicht ersetzt. Schon allein deshalb ist der Reeder an dem Ausgang eines Prozesses sehr interessiert. Das schuldi-ge Schiff braucht die Schäden an seiner Ladung nicht zu ersetzen (vgl. nautisches Ver-schulden, siehe 8.5).

Schon 1910 wurde in Brüssel von den interessierten Staaten das „Übereinkommen zur einheitlichen Feststellung von Regeln über den Zusammenstoß" getroffen und nach und nach in die Gesetzgebung der einzelnen Staaten aufgenommen. In Deutschland wurde es 1913 sinngemäß in das HGB eingearbeitet. Die USA traten dem Abkommen nicht bei (vgl. Both to Blame Collision Clause, siehe 8.7.2 (19)). Die gesetzlichen Bestim-mungen aus dem Abkommen lauten sinngemäß:

§§ 734—739 1. Ist ein Zusammenstoß durch Zufall oder durch höhere Gewalt (unvorhersehbar und unvermeidbar) entstanden (z. B. durch einen unverschuldeten Ruderversager) oder besteht Ungewißheit über seine Ursachen, wird nichts ersetzt.

2. Ist ein Zusammenstoß durch Verschulden **eines** Schiffes entstanden, muß dessen Reeder im Rahmen seiner etwaigen Haftungsbeschränkung die Schäden auf dem Gegner ersetzen.
Es ist gleichgültig, ob der Schiffsführer selbst oder z. B. der Rudersmann oder der Lotse die Kollision zu verantworten hat.

3. Ist der Zusammenstoß auf gemeinsames Verschulden der beteiligten Schiffe zu-rückzuführen, müssen die Reeder nach dem Verhältnis der Schuld ihrer Schiffe Er-satz leisten. Wenn ein solches Verhälnis nicht bestimmt werden kann, wird die Schuld 50:50 verteilt. Bei Personenschäden haftet aber jeder Reeder gesamtschuld-nerisch für die volle Summe. Es ist ihm überlassen, nach Inanspruchnahme Rück-griff bei dem anderen Reeder zu nehmen.

Anmerkung: Die USA haben sich mit einem Urteil des US-Supreme Court vom 19. 5. 1975 den Quotierungsgrundsätzen des Brüsseler Kollisionsabkommens von 1910 angeschlos-sen. Früher wurde in den USA bei beiderseitigem Verschulden ohne Rücksicht auf den wirklichen Schuldanteil stets 50:50 quotiert. Die geschädigte Ladung durfte sich zu 100% am Gegner schadlos halten, der wiederum 50% davon seinem Gegner, also dem Schiff je-ner Ladung, aufbürden durfte. Dadurch ergab sich, daß der Reeder 50% der Ladungsschä-den auf seinem Schiff tragen mußte. Er schützte sich dagegen durch die „Both to Blame Collision Clause" (siehe 8.7.2 (19)).

4. Die obenstehenden Vorschriften werden auch angewandt, wenn ein Schiff einem anderen durch ein Manöver oder dessen Unterlassung einen Schaden zufügt, ohne daß es zum Zusammenstoß gekommen ist.

Diese Fernschädigung liegt z. B. vor, wenn ein Schiff ein anderes in zu geringem Abstande und zu schnell überholt, so daß das andere Schiff unter dem Einfluß des Sogs auf Grund gerät oder ein drittes Schiff rammt.

Die Haftung des Reeders für Schäden aus Schiffszusammenstoß ist in allen Staaten mehr oder weniger beschränkt (vgl. Haftungsbeschränkung des Reeders, siehe 14). Daher hat der Gerichtsort unter Umständen eine große Bedeutung. Einstweilen gibt es nicht überall feste Regeln über die Zuständigkeit eines Gerichts (siehe Fußnote 1). Vielfach wird der Gerichtsort durch Drohung mit einem Arrest erzwungen (siehe 13.3.1)

12   Bergung und Hilfeleistung

12.1   Gesetzliche Bestimmungen

Fremde Hilfe bei einer Havarie ist in der Regel sehr kostspielig. Das Verhalten des Kapitäns ist sehr entscheidend. Um sich richtig verhalten zu können, müssen die Hauptpunkte der gesetzlichen Bestimmungen bekannt sein, die aus dem Brüsseler Übereinkommen über Hilfsleistung und Bergung von 1910 in das HGB eingearbeitet worden sind. Die am Rande genannten HGB-Paragraphen sollten studiert werden.

§ 740   **Seenot** ist eine der Seefahrt eigentümliche Gefahr, aus der sich ein Schiff ohne fremde Hilfe nicht befreien kann. Sie kann auch im Hafen eintreten; selbst ein gesunkenes Schiff befindet sich in „Seenot", wenn es nicht unwiederbringlich verloren ist. Andererseits kann ein Schiff manövrierbehindert sein, ohne sich schon in Seenot zu befinden. Das Annehmen eines Schleppers ist nicht immer ein Eingeständnis einer Seenot. Zum Beispiel befindet sich ein Schiff, das wegen zusammengebrochener Maschine unter der Küste ankert, erst dann in Seenot, wenn die Wetterverhältnisse eine Gefahr erwarten lassen. Andererseits kann ein Schlepper, den ein Schiff wegen einer Havarie nur zur Begleitung in den Hafen annimmt, unter Umständen Hilfslohn beanspruchen, wenn keine gegenteilige Vereinbarung getroffen worden ist.

§ 740   **Bergung** liegt vor, wenn ein Schiff oder Sachen von fremden Personen aus Seenot gerettet werden, nachdem die Besatzung die Verfügung darüber verloren hatte. Die Verfügungsgewalt dürfte aber noch bestehen, wenn dem Kapitän die Rückkehr auf das verlassene Schiff jederzeit möglich ist und wenn er dabei — z. B. durch Funkruf — seinen Besitzanspruch kundtut. Der Verlust der Verfügungsgewalt ist nicht mit dem Verlust des Eigentums zu verwechseln. Dieses geht erst durch ausdrücklichen Verzicht des Eigentümers verloren, z. B. durch Streichung eines Schiffes im Schiffsregister (nicht üblich).

§ 740   **Hilfeleistung** liegt vor, wenn ein Schiff oder die Sachen darauf durch die **Hilfe** dritter Personen aus Seenot gerettet werden, solange das Schiff noch unter der Verfügungsgewalt des Kapitäns oder der Besatzung steht.

Anspruch auf Berge- oder Hilfslohn besteht bei erfolgreicher Rettung auch dann, wenn kein entsprechender Vertrag zwischen den beteiligten Kapitänen vor der Rettung oder sonst zwischen den Reedern geschlossen worden ist. Der Anspruch besteht auch dann, wenn der Beistand zwischen Schiffen desselben Reeders stattgefunden hat oder wenn ein Schlepper während einer gewöhnlichen Schlepppreise außergewöhnliche Dienste geleistet hat. Der Anspruch ist gesetzlich begründet und hinsichtlich des Grundes international einheitlich geregelt.

Kein Anspruch auf Berge- oder Hilfeleistung besteht   vgl. HGB

1. bei Mißerfolg der geleisteten Dienste (no cure — no pay), es sei denn, daß das Ge-   § 741
   genteil ausdrücklich vereinbart worden ist (jedoch risikomindernd für den Berger),
2. wenn gegen ausdrückliches Verbot Beistand geleistet worden ist.   § 742

Der Lohn kann ganz oder teilweise versagt werden:
1. wenn der Berger die Seenot verschuldet hat,   § 748
2. wenn ein Vertrag unter Gefahr geschlossen worden ist und die Bedingungen unbil-   § 747
   lig sind,
3. bei Täuschung (z. B. über besondere Umstände).   § 747

12.2   Die Höhe des Berge- oder Hilfslohns

Die Höhe des Berge- oder Hilfslohns hängt nicht von starren Regeln ab. Folgende Umstände sind für die Höhe eines solchen Lohnes maßgebend:

1. Erzielter Erfolg, der nach Lage der Umstände vollständig sein muß, d. h., daß die   § 745
   ganz oder teilweise geretteten Gegenstände in Sicherheit gebracht sein müssen. Es
   kann auch Sukzessivrettung vorliegen, wobei während der gesamten Beistandsleistung ein Retter die Dienste des anderen fortsetzt oder beendet.
2. Anstrengungen und Verdienste der tätig gewesenen Personen, wobei körperliche
   Anstrengungen, Zähigkeit, Tag- und Nachtarbeit und Wetter berücksichtigt werden.
3. Die aus der Seenot drohende Gefahr.
4. Die Gefahr, die die rettenden Personen auf sich und ihre Fahrzeuge genommen haben, z. B. die Gefahr aus schlechtem Wetter, drohender Gundberührung, Strandung oder Zusammenstoß während des Beistandes, Trossenvertörnung in der
   Schraube usw.
5. Aufgewandte Zeit, jedoch muß eine kurze Beistandszeit nicht immer lohnmin-
   dernd sein, weil manchmal nur schnelles und energisches Handeln zum Erfolg
   führt.
6. Entstandene Kosten, Schäden und Beschädigungen, z. B. auch Nutzungsverlust
   oder Befriedigung fremder Gläubiger.
7. Wert des vom Retter in Gefahr gebrachten Materials.
8. Besondere Zweckbestimmung des rettenden Fahrzeuges, weil Bergungsfahrzeuge
   auf Station und wegen ihrer besonderen Einrichtungen kostspielig, aber für die Sicherheit der Schiffahrt notwendig sind.
9. Der Wert der geborgenen oder geretteten Gegenstände wird **erst in zweiter Linie** berücksichtigt, weil gleiche Anstrengungen und Verdienste bei einem wertvollen
   Schiff mit wertvoller Ladung nicht zu einem verhältnismäßigen und damit erheblich
   höheren Lohn führen sollen als bei einem weniger wertvollen Schiff und weil vor allem auch kleinere Objekte einen Anreiz bieten sollen.

Im Hinblick auf die Höhe des Lohns wird im allgemeinen ein Unterschied zwischen einer Bergung und einer Hilfeleistung kaum noch gemacht. Allerdings wird bei
einer Bergung die Gefahr auf beiden Seiten größer gewesen sein als bei einer Hilfeleistung und insofern auch zu einem höheren Lohn führen.

Beispiele: 10 000-tdw-Tanker, beladen, auf der Unterelbe im Nebel mit dem Achter-
schiff festgekommen. Ruhiges Wetter, keine erhebliche Gefahr. 2 Schlepper mit 2 000
bzw. 1 000 PS und 2 kleine Kopfschlepper tauen den Tanker in einer Stunde frei. Keine
erheblichen Anstrengungen. Gerettete Werte 2,75 Mill. DM. Hilfslohn 90 000 DM.

550-tdw-Kümo, beladen, auf den Klippen von Helgoland gestrandet. Ungünstiges Wetter, große Gefahr eines Totalverlustes. 2 Schlepper von 2000 PS bzw. 500 PS begeben sich in erhebliche Gefahr des Festkommens und tauen zunächst vergeblich. Nach Werfen von Decksladung Erfolg unter großen Schwierigkeiten. Große Schäden, gerettete Werte daher nur 85000 DM. Hilfslohn 45000 DM.

§ 749 **Die Verteilung des Berge- oder Hilfslohns** ist gesetzlich geregelt, aber nicht international einheitlich. In Deutschland werden dem Reeder zunächst die Kosten und Schäden ersetzt. Von dem Rest erhalten der Reeder eines Maschinenfahrzeugs zwei Drittel und der Kapitän und die übrige Besatzung je ein Sechstel. Der Kapitän muß das auf die Besatzung fallende Sechstel vor Beendigung der Reise auf die einzelnen Personen nach deren Leistung bruchteilmäßig verteilen und den Plan bekanntgeben (zu den Beteiligungsrechten der Bordvertretung siehe 1.2.3). Einspruch dagegen kann beim Seemannsamt eingelegt werden.

Diese Regelung gilt nicht für die Besatzung eines Bergungsschleppers. Deren Ansprüche werden tariflich geregelt.

12.3 Festsetzung von Berge- oder Hilfslohn

Nur selten gelingt schon dem Kapitän der Abschluß eines günstigen Vertrages über eine feste Summe. Für die Beurteilung größerer Fälle fehlt es ihm aber an Erfahrung, so daß ein Bergungskapitän ihm überlegen ist. Allerdings gestatten die meisten Bergungsreeder ihren Kapitänen nicht, auf eine Lohnsumme einzugehen. In den meisten Fällen einigen sich die beteiligten Reeder über die Höhe des Lohnes, wobei sich regelmäßig die Versicherer mit ihren großen Erfahrungen einschalten. Die deutschen Bergungsreeder schreiben in ihren Vertragsvordrucken den Versuch einer gütlichen Einigung ausdrücklich vor. Im übrigen sieht der deutsche Vertragsvordruck vor, daß das Deutsche Seeschiedsgericht zuständig sein soll. Vor einer Unterzeichnung wird der Kapitän versuchen, sich mit seinem Reeder zu besprechen, der in der Regel Verbindung zu seinen Versicherern aufnimmt.

Gelingt eine gütliche Einigung nicht, kommen für die Festsetzung eines Hilfslohnes insbesondere die folgenden Institutionen in Betracht:

12.3.1 Deutsches Seeschiedsgericht

Das deutsche Seeschiedsgericht ist ein privates Schiedsgericht mit dem Sitz in Hamburg[1]. Der Vorsitzende ist ein Richter, als Beisitzer fungieren meistens ein Reeder und ein Nautiker. Das Seeschiedsgericht kann auch außerhalb Hamburgs tagen. Es kann aber nur angerufen werden, wenn sich vor der Hilfeleistung die beteiligten Kapitäne oder sonst die Reeder darauf geeinigt haben. Es entscheidet nach dem HGB und fällt auf Wunsch der Parteien einen vollstreckbaren Schiedsspruch, wobei eine Berufung von vornherein ausgeschlossen ist. Meistens beantragen die Parteien aber ein Schiedsgutachten, damit sie nicht der unangenehmen Strenge eines Schiedsspruches unterworfen sind und später noch verhandeln können. Für das Verfahren vor dem Schiedsgericht nehmen die Parteien regelmäßig Anwälte in Anspruch. Diese reichen dem Vorsitzenden zur Vorbereitung der Verhandlung ihre Schriftsätze ein und geben der Gegenpartei davon abschriftlich Kenntnis. Der Vorsitzende entscheidet, welche Zeugen und Sachverständigen in der mündlichen Verhandlung gehört werden. Die Entscheidung —

---

1 Errichtet 1913 durch eine Schiedsgerichts-Ordnung aufgrund einer Errichtungsvereinbarung.

Schiedsspruch oder Schiedsgutachten — (oder ein vom Schiedsgericht vorgeschlagener und von den Parteien angenommener Vergleich) wird nach Beschluß des Vorsitzenden und der Beisitzer schriftlich ausgefertigt und begründet. Die Kosten dieses schnellen und verhältnismäßig billigen Verfahrens muß diejenige Partei tragen, deren Forderung oder Bewilligung eines Berge- oder Hilfslohnes unangemessen gewesen ist. Trifft dieses auf beide Parteien zu, werden die Kosten entsprechend verteilt.

12.3.2   Lloyd's Arbitration

Lloyd's Arbitration ist das von der Corporation of Lloyd's (siehe 6) entwickelte private Schiedsverfahren, das in den Fachkreisen überall bekannt und anerkannt ist. Die beteiligten Parteien können sich jederzeit auf das Anrufen von Lloyd's einigen, doch ist dieses auch den beteiligten Kapitänen möglich. In der Praxis wird jeder Kapitän, der nicht Schlepperkapitän ist, vor einer Unterzeichnung mit seinem Reeder Verbindung aufnehmen.

Der zu unterzeichnende Vertrag heißt **„Lloyd's Standard Form of Salvage Agreement, NO CURE — NO PAY".** Er beruht auf jahrzehntelangen Erfahrungen und kann bedenkenlos gezeichnet werden (Sollte eines der älteren Vertragsformulare vorgelegt werden, läßt man die unter Klausel 1 vorgesehene Garantiesumme und den unter Klausel 3 vorgesehenen Prozentsatz durch einen Strich offen und macht den Vertrag damit zu einem „open agreement", den man dann Lloyd's Open Form nennt — LOF).

Der gegenwärtig benutzte Vertrag heißt in der Abkürzung **„LOF 1980",** weil er festgesetzte Beträge und Prozentsätze überhaupt nicht vorsieht. Wichtige Bestimmungen daraus sind stichwortartig die folgenden, wobei die Ziffern den Klauselnummern entsprechen:

1.(a) Der Contractor (Schlepperreeder mit Schlepper) **bemüht sich** nach besten Kräften **Bergung oder Hilfeleistung** zu erbringen (to salve) und während der Dienste Ölaustritt zu verhindern. Die Dienste sind Bergung oder Hilfeleistung auf der Grundlage NO CURE — NO PAY. Ausnahme, wenn das Objekt ein ganz oder teilweise beladener Öltanker ist: Bleiben die Dienste ganz oder teilweise erfolglos oder ist der Contractor verhindert, seine Dienste zu beenden, so steht ihm eine Entschädigung zu in Höhe seiner Auslagen und einer Zulage bis zu 15% seiner Auslagen; dabei sollen die Auslagen „a fair rate" für die Schlepperbesatzung enthalten.

1.(c) sieht in einer offenen Rubrik (insoweit auch LOF) das Einsetzen der Währung für die beim Committee of Lloyd's zu hinterlegende Sicherheit sowie für den endgültigen Lohn vor. Wenn insoweit nichts vereinbart wird, gilt Pfund Sterling.

1 (d) Der Vertrag unterliegt englischem Recht.

4. betrifft Sicherheitsleistung (siehe 13.3.2 und 13.3.3).

5. Ohne schriftliche Einwilligung des Contractors darf geborgenes Eigentum nicht fortgebracht werden, solange die Sicherheit noch nicht geleistet ist.

Weitere Klauseln betreffen die Abwicklung des Verfahrens, Vorbedingungen für eine Berufung, das Berufungsverfahren selbst, Zahlungsbedingungen und „General Provisions". Aus diesen interessiert insbesondere:

16. Sollten die Dienste ohne Fahrlässigkeit oder mangelhafte Sorgfalt auf seiten des Conractor nur teilweise erfolgreich sein, so steht dem Contractor eine angemessene Entschädigung zu, die nach den Grundsätzen des Verfahrens festgesetzt wird.

17. Der Kapitän oder jede andere Person, die (gegenüber dem Contractor) den Vertrag unterzeichnet, tut dies als Agent für Schiff, Ladung, Fracht, Bunker und Vorräte und bindet damit die verschiedenen Eigentümer dieser Sachen (siehe 9.6).

21. Der Contractor darf gegenüber den genannten Eigentümern seine (etwaige) Haftung nach dem Haftungsbeschränkungsübereinkommen von 1976 beschränken (siehe 14.2).

Nach einem Bergungs- oder Hilfeleistungsfall ernennt jede Partei ihren Fachanwalt, den sogenannten Solicitor. Dieser bereitet für seinen Mandanten die Verhandlung vor, indem er unter anderem die Beweismittel wie Verklarungsbericht, Protokolle, Besichtigungsberichte, Werttaxen usw. beschafft. Der Schiedsrichter — meistens wird durch das Committee of Lloyd's nur einer bestimmt — ist in der Regel ein Queens's Counsel (vortragender Anwalt), manchmal auch ein Lordrichter des Admiralty Court (vgl. Admiralty Division). Er ordnet zu einem bestimmten Zeitpunkt den Austausch der Beweismittel und der Schriftsätze an. Dann beraumt er die Verhandlung an und läßt durch die vortragenden Anwälte der Parteien (Queen's Counsel) den Sachverhalt anhand der eingereichten Unterlagen darlegen. Zeugen werden nur selten vernommen. Der Arbitrator greift nur selten in die Verhandlung ein. Den Schiedsspruch (Original Award) erteilt er schriftlich bald nach der Verhandlung. Schiedsgutachten sind kaum üblich.

Gegen diesen Spruch kann innerhalb von 14 Tagen beim Commitee of Lloyd's Berufung eingelegt werden. Die Parteien, die durch dieselben Anwälte vertreten werden, dürfen dazu aber keine neuen Beweismittel vorbringen. Der Berufungsschiedsrichter (Appeal Arbitrator) läßt jede Partei sich zu den gegnerischen Schriftsätzen äußern und fällt dann den endgültigen Spruch (Appeal Award). Der festgesetzte Berge- oder Hilfslohn ist durch eine Sicherheit gedeckt, die der betroffene Reeder in Zusammenarbeit mit seinen Versicherern als Bardepot oder als Bankgarantie vor dem Verfahren beim Commitee of Lloyd's hinterlegen muß (siehe 13.3.2 und 13.3.3). Auch in Kollisionssachen kann Lloyd's Arbitration beantragt werden (kommt kaum vor).

12.3.3 Andere Schiedsgerichte

Andere private Schiedsgerichte kennt man im übrigen Ausland kaum, ausgenommen in der UdSSR (Moscow Arbitration Court — MAC). Es bleibt aber den Parteien unbenommen, zur Regelung einer Streitigkeit ein Schiedsgericht zu errichten, das dann nach ähnlichen Grundsätzen verfährt, wie es oben für das Deutsche Seeschiedsgericht beschrieben ist. Jede Partei ernennt dann einen Schiedsrichter ihres Vertrauens. Können die Schiedsrichter sich nicht einigen, entscheidet ein von ihnen gewählter Obmann. Es ist ratsam, die Schiedsrichter zu veranlassen, sich vor Beginn ihrer Beratungen auf einen Obmann zu einigen.

Die Einrichtung solcher Schiedsgerichte ist in der nationalen und in der internationalen Wirtschaft durchaus üblich. In der Seeschiffahrt wird z. B. in Frachtverträgen und in Neubauverträgen die schiedsgerichtliche Regelung von Streitigkeiten sehr häufig von vornherein vereinbart.

12.3.4 Zivilgerichte

Wenn es nach einer Hilfeleistung unter den Parteien zu keiner Einigung z. B. über die Zuständigkeit des Deutschen Seeschiedsgerichts kommt, kann nur der Rechtsweg über die ordentlichen Gerichte beschritten werden[2]. Bei einem Streitwert bis zu DM 5000,— ist das Amtsgericht zuständig, bei einem Streitwert darüber das Landgericht (Gerichtswesen, siehe 6).

12.4 Verhalten des Kapitäns bei einer Bergung oder Hilfeleistung

Der Einfachheit halber werden beide Fälle nachstehend als Bergung bezeichnet, die Parteien als Berger und Havarist und der Berge- oder Hilfslohn als Lohn.

Zunächst wird daran erinnert, daß es mit den heutigen Nachrichtenmitteln fast immer möglich ist, mit dem Reeder in Verbindung zu treten, sei es als Havarist oder als zufälliger Berger. Die zu treffenden Maßnahmen sollten sorgfältig beraten werden, selbstverständlich auch mit den nautischen und den technischen Offizieren.

---

2 Seit dem Inkrafttreten des Seerechtsänderungsgesetzes vom 21.6.1972 ist das Strandamt nicht mehr vorgeschaltete Instanz.

Bei der Abwicklung einer Bergung sind folgende Punkte von Bedeutung: vgl. HGB

1. Es besteht nur die Pflicht, bei der Rettung von Menschenleben Beistand zu leisten.
   Eine Pflicht zur Rettung von Sachwerten besteht nicht, doch sollte z. B. nach einem
   Zusammenstoß schon im Interesse einer Verhütung von weiteren Schäden stets
   versucht werden, auch dem gegnerischen Schiff selbst Beistand zu leisten.

2. Notzeichen SOS oder Dringlichkeitszeichen XXX nicht voreilig geben. Sie sind das   § 745
   Eingeständnis erheblicher Seenot und bedingen wegen der damit anerkannten Gefahr einen hohen Lohn.

3. Nachricht an den Reeder nur in offenem Text geben, möglichst sogar in englischer
   Sprache. Daraufhin finden sich meistens schon Bergungsfahrzeuge ohne Aufforderung ein oder nehmen zumindest Verbindung auf. Keine Bergungsschlepper anfor-
   dern, wenn gewöhnliche Schlepper genügen.

4. Möglichst das Eintreffen mehrerer Berger abwarten, um mit dem bestgeeigneten
   abschließen zu können.

5. Bis dahin weitgehende Vorbereitungen seemännischer Art treffen, um das Ret-
   tungswerk gemeinsam mit dem Berger beginnen zu können. Immer die eigene Besatzung und eigenes Material mit einsetzen und dies nachweisen. Das Risiko des   § 745
   Bergers und damit den Lohnanspruch mindern durch Sonderverträge mit Leichter-
   firmen und Stauereien.

6. Verfügungsgewalt über das eigene Fahrzeug möglichst lange aufrechterhalten.

7. Das Anlegen beim Havaristen zum Verhandeln begründet noch kein Recht auf Bergung. Nicht gewünschte, aber trotzdem begonnene Bergung untersagen. Dulden   § 742
   bedeutet Anerkennung.

8. Einen Vertrag möglichst auf Deutsches Seeschiedsgericht abschließen, sonst am
   besten Lloyd's Salvage (open) Agreement (LOF, siehe 12.3.2). Vertrag kann durch
   FT geschlossen werden oder vorläufig durch Zuruf, wobei Erheben des Armes
   Einverständnis bedeutet. Die schriftliche Bestätigung kann später nachgeholt wer-   § 527
   den. Mit diesen Verträgen erkennt man praktisch das Vorliegen einer Seenot an.

9. Bei etwaigen Verhandlungen:

   (a) Keine Tatsachen verschweigen, weil bei nachgewiesener Täuschung der Ver-   § 747
       trag geändert werden kann.

   (b) Auf Umfang der verbleibenden Seetüchtigkeit hinweisen, besonders auf die et-   § 745
       wa noch vorhandene Manövrierfähigkeit.

   (c) Seemännische Leitung erhält meistens der erfahrenere Bergungskapitän oder
       Bergungsinspektor. Jedoch Leistung des Bergers von vornherein festlegen,
       z. B. Abschleppen statt Einschleppen, Abdichten ohne Abschleppen usw.

   (d) Einspruchsrecht vorbehalten für den Fall, daß Berger zu großen Aufwand
       treibt.

   (e) Recht vorbehalten, gegebenenfalls weitere Hilfe anzunehmen (Leichter, Stauer,
       Schlepper beim Einlaufen).

   (f) Prüfen, ob Berger nur für bestehende Tide anzunehmen ist, und dann verein-
       baren, daß bei Mißerfolg der Kapitän sich weitere Handlungsfreiheit vorbe-
       hält.

   (g) Wenn Seenot abgestritten werden kann, dem eigenen Reeder für den Berger
       qualifizierten (höheren) Schlepplohn vorschlagen. Bergungsreeder gestatten
       ihren Kapitänen im allgemeinen nicht, einen Vertrag über eine feste Summe
       abzuschließen.

   (h) Eine unter Druck anerkannte feste Summe schließt die spätere Anfechtung   § 747
       nicht aus, selbst dann nicht, wenn der Verzicht auf gerichtliche Entscheidung
       ausdrücklich vereinbart worden ist.

vgl. HGB
§ 740 (i) Wenn kein Vertrag zustande kommt — z. B. auf das Deutsche Seeschiedsgericht — und der Berger mit Abfahrt droht, ihn darauf hinweisen, daß er nach
internationalen Rechtsgrundsätzen einen gesetzlichen Anspruch auf Hilfslohn
hat.

§ 745 10. Während der Bergung alle Einzelheiten kontrollieren und ins Tagebuch eintragen.
Insbesondere gilt dieses für die eigenen und fremden Anstrengungen aller Art.
Dazu dienen Lageskizzen, Fotos, Auflaufkurs, etwaiges Herumschlagen, Boden-
beschaffenheit, Abbringungskurs, außergewöhnliche Anstrengungen der eigenen
Maschine, etwaiger Strom, Wetteraussichten, Einsatz der eigenen Leute, Mate-
rialverbrauch, nicht verantwortbare Schäden am anderen Schiff.

11. Beim Einschleppen bedenken, daß der Schlepperreeder sich gemäß Schleppbe-
dingungen von Verantwortlichkeit für die Schleppreise freizeichnet (siehe 16).

12. Während des Schleppens für ununterbrochene Nachrichtenverbindung sorgen.
Gegebenenfalls Schleppsignale des Intern. Signalbuches (KF bis LJ), auch durch
Funk, verwenden.

13. Wenn vor dem Einlaufen weitere Schlepper erforderlich sind, diese nur unter ge-
wöhnlichem Schleppvertrag annehmen. Bestätigen lassen, daß solche Schlepp-
dienste nicht als Hilfeleistung zu werten sind. Unter Umständen qualifizierten
Schlepplohn zubilligen.

14. Tagebuch und Kapitänsbericht sollen nur Tatsachen enthalten und keine Zusätze
über Umfang der Gefahr sowie über Rechtfertigung der eigenen Maßnahmen.

15. Bei Bergung liegt fast immer Havariegrosse vor. Wegen weiterer Maßnahmen vgl.
Havarie (siehe 9.7).

Auf dem Berger ist außerdem zu beachten:

§ 636a 16. Abweichen vom Reisewege wegen Bergung ist nach den Frachtverträgen (Chartervertrag, Konnossement) in der Regel erlaubt. Dauer und Umfang des Abwei-
chens im Tagebuch nachweisen.

17. Im Streitfalle muß der Berger das Vorliegen einer Seenot beweisen. Beweismittel
nach Nr. 10 sammeln.

§ 740 18. Anspruch auf Lohn besteht auch dann, wenn kein Vertrag geschlossen worden ist.

19. Vertrag wegen Konkurrenz schnell schließen. Wegen Sicherstellung der Forderung möglichst nicht Abschleppen, sondern Einschleppen vereinbaren.

20. Nach dem Einlaufen Verklarung ablegen und Sicherheit verlangen (siehe 7 u.
13.3.), wenn der Reeder nicht selbst hierfür sorgen kann.

12.5 Berichterstattung nach einer Hilfeleistung

Nach einer Bergung oder Hilfeleistung müssen der Reeder und dessen Versicherer
vollständig und richtig über den Ablauf des Unternehmens unterrichtet werden, damit
ein gerechter Lohn ausgehandelt werden kann. Der Lohn kann nur dann in angemesse-
nen Grenzen bleiben und der Bericht nur dann vollständig und richtig werden, wenn
der Kapitän von den oben unter den Ziffern 1 bis 20 gegebenen Ratschlägen diejenigen befolgt, die auf seinen Havariefall zutreffen, und wenn er die verschiedenen Einzelheiten laufend notieren läßt.

Der Bericht soll enthalten:

Name des Kapitäns und gegebenenfalls des Lotsen;
Name des eigenen Schiffes, BRZ (BRT nach altem Meßbrief), Länge, Breite, Tiefgang
vorn und achtern, Antriebsart und Maschinenleistung in kW (PS$_{e)}$;
Bergungsposition so genau wie möglich, bei Angabe von Namen auch geographische
Breite und Länge;

Wind, allgemeine Wetterlage, Seegang und Dünung, Wettervorhersagen;
Strom nach Richtung und Geschwindigkeit, zutreffendenfalls auch Hoch- und Niedrig-
wasserzeiten;
Art der Havarie (Strandung, Maschinenschaden, Feuer usw.);
Uhrzeit und Entstehung oder Ursache der Havarie;
genaue Beschreibung von Umfang und Schwere der Havarie.

Bei Strandung: Maßstabsrichtige Skizze beifügen, möglichst als Pause von der Seekarte, Auflaufkurs, etwaiges Herumschlagen, späterer Abbringungskurs, Handlotungsergebnisse um das Schiff, Bodenbeschaffenheit, Leckagen, abgelesener Tiefgang nach
der Grundberührung (siehe oben Ziff. 5 und 10).

Bei Maschinenschaden: Möglichkeiten einer Reparatur oder Notreparatur mit eigenen Kräften und voraussichtliche Dauer der Reparatur; oder verbliebene Betriebsfä-
higkeit.

Bei Feuer: Eigene Maßnahmen zur Feuerbekämpfung und deren Wirkung, z. B. Einsatz von Feuerlöschmitteln; Schließen und Abdichten sämtlicher Türen, Schotte, Bullaugen, Luken, Oberlichter, Lüfter; Vorgehen mit Atemschutzgerät; Bekämpfung mit
Wasser; Ziehen der Schnellschlüsse zu den Treibstofftanks; Ausschalten gefährdeter
Stromleitungen und der Klimaanlage.

Anmerkung: Niemand erwartet von der Besatzung, daß sie zur Rettung von Sachwerten das
Leben aufs Spiel setzt oder daß sie in Seenot länger an Bord bleibt, als es sich verantworten
läßt. Wenn das Verlassen des Schiffes oder das Annehmen fremder Hilfe dem Kapitän notwendig erscheint, soll er andererseits aber auch nicht „zur Rechtfertigung" den Umfang der Gefahr
dramatischer darstellen, als er in Wirklichkeit gewesen ist. Es muß damit gerechnet werden,
daß dieses der Berger tut, besonders ein zufälliger Berger ohne Erfahrung.

Uhrzeit und Art von Hilferufen (siehe oben Ziff. 2 und 3);
Uhrzeit des Eintreffens des oder der Berger;
kurze Inhaltsangabe über die Vereinbarungen mit dem Berger (siehe oben Ziff 9
und 13);
Uhrzeit, zu der mit der Herstellung der Schleppverbindung oder mit der Verbindung
von Schiff zu Schiff oder überhaupt mit Hilfsmaßnahmen begonnen wurde;
Schwierigkeiten bei diesen Maßnahmen, Einsatz von eigenen und fremden Mitteln dabei, bei Schleppverbindung Skizze über die Kurse und Lage beifügen;
Umfang einer etwaigen Gefahr, in die der Berger sich begeben hat;

Anmerkung: Berger, besonders zufällige Berger, neigen gelegentlich zur Übertreibung ihrer
Leistungen, um einen überhöhten Hilfslohn zu bekommen. Daher muß dieser Punkt sehr ausführlich und gewissenhaft behandelt werden.

Uhrzeit, zu der die Schleppverbindung hergestellt war;
Entwicklung des Wetters während der Hilfeleistung; nach Möglichkeit Wettervorhersa-
gen beifügen;
Ort und Uhrzeit, wo die Hilfeleistung geendet hat; beim Einschleppen zurückgelegte
Seemeilen.

13 Schiffsgläubigerrechte, Verjährung und Sicherung von Forderungen

13.1 Schiffsgläubigerrechte und Rangordnung[1]

§ 761
§ 755   Bestimmte Forderungen an das Schiff haben als Schiffsgläubigerrechte Vorrang vor al-
§ 756   len anderen Forderungen — auch wenn diese älter sind — und begründen außerdem
ein gesetzliches Pfandrecht am Schiff und dessen Zubehör. Dies bedeutet, daß ein
Schiffsgläubigerrecht einschließlich Kosten für Zinsen und Rechtsverfolgung ohne weiteres durch einen Arrest gesichert und durch Zwangsversteigerung des Schiffes verfolgt
werden kann.

§ 754   Im einzelnen begründen folgende Forderungen die Rechte eines Schiffsgläubigers:

1. Heuerforderungen;
2. öffentliche Schiffs-, Schiffahrts- und Hafenabgaben sowie Lotsgelder;
3. Schadensersatzforderungen wegen der Tötung oder Verletzung von Menschen
oder
   wegen der Beschädigung von Sachen, sofern aus der Verwendung des Schiffes entstanden, ausgenommen jedoch Forderungen aus einem Vertrag wegen Verlustes
   oder Beschädigung von Sachen; (Ziffer 3 gilt nicht bei Ansprüchen im Zusammenhang mit radioaktiven Eigenschaften);
4. Bergungs- und Hilfeleistungskosten, Havariegrosse-Beiträge und Wrackbeseitigungskosten;
5. Sozialversicherungsbeiträge.

§ 762   Im allgemeinen begründet die Reihenfolge der Nummern zugleich die Rangordnung
der Schiffsgläubiger untereinander. Die Pfandrechte nach Nr. 4 haben jedoch Vorrang
vor allen anderen, deren Forderungen früher entstanden sind. Pfandrechte für Forde-
§ 763   rungen, die unter derselben Nummer stehen, sind untereinander gleichrangig ohne
Rücksicht auf den Zeitpunkt der Entstehung, nur gehen die Personenschäden den
Sachschäden vor.

§ 764   Im übrigen geht jedes Pfandrecht für eine später entstandene Forderung dem für eine früher entstandene Forderung vor.

Anmerkung: Die typischen Schiffsgläubigerrechte sind Forderungen von Hilfslohn und von
Kollisionsersatz aller Art.

---

1 Mit dem Seerechtsänderungsgesetz sind auch die HGB-Vorschriften über Schiffsgläubigerrechte geändert und gleichzeitig dem Internationalen Übereinkommen über Schiffsgläubigerrechte und Schiffshypotheken vom 24.5.1967 angepaßt worden.

13.2 Ausschluß und Verjährung

vgl. HGB

Das Pfandrecht eines Schiffsgläubigers erlischt nach einem Jahr ab Entstehung der §759 Forderung. Eine vertragliche Verlängerung ist ausgeschlossen, so daß ungerechtfertigte Benachteiligungen anderer Schiffsgläubiger vermieden werden. Das Pfandrecht muß daher innerhalb der Ausschlußfrist durch eine Beschlagnahme wahrgenommen und nötigenfalls bis zur Zwangsversteigerung aufrechterhalten werden.

Dagegen verjähren Forderungen, die ein Schiffsgläubigerrecht gewähren, ebenso wie andere Ansprüche nach bestimmten Verjährungsfristen.

Anmerkung: Nach Vollendung einer Verjährung ist der Verpflichtete berechtigt, die Leistung mit der Einrede der Verjährung zu verweigern (§ 222 BGB). Eine wirksame Leistung ist aber auch nach der Verjährung noch möglich, z. B. bei Aufrechnung von Ansprüchen, die vor der Verjährung entstanden sind (§ 390 BGB).

Weitere wichtige Verjährungen werden nachstehend aufgeführt.

1 Jahr ab Schluß des Eintrittsjahres:
Öffentliche Schiffs-, Schiffahrts- und Hafenabgaben; Lotsgelder;   §§ 901–903
Havariegrosse-Beiträge;
Forderungen gegen den Verfrachter aus Frachtverträgen (siehe 8.5), Rückgriffsforderungen der Reeder untereinander wegen gesamtschuldnerischer Haftung für Personenschäden nach Zusammenstoß (siehe 11.3).

2 Jahre ab Schluß des Eintrittsjahres:
Forderungen gegen den Verfrachter aus Verträgen über die Beförderung von Reisenden.

2 Jahre ab Schluß des Fälligkeitsjahres:
Forderungen des Kapitäns und der Schiffsbesatzung aus dem Dienstvertrag (§ 196 BGB);
Beitragsforderungen und -rückforderungen aus dem Sozialversicherungsverhältnis (§ 29 RVO). Vgl. aber § 80 MTV über Dreimonatsfrist.

2 Jahre ab Eintrittsdatum bzw. ab Beendigung der Leistung:
Schadensersatzforderungen aus dem Zusammenstoß von **Schiffen** einschließlich der sogenannten Fernschädigung (siehe 11.3);
Forderungen von Bergungs- und Hilfskosten einschließlich Lohn (siehe 12.1);
Forderungen von Wrackbeseitigungskosten.

3 Jahre ab Zeitpunkt, an dem der Berechtigte Kenntnis vom Schaden und von der Person des Ersatzpflichtigen erhalten hat:
Unerlaubte Handlung (§ 852 BGB). Der Geschäftsherr ist gemäß § 831 BGB für Schäden, die seine Leute anrichten, verantwortlich. Er ist aber frei, wenn er nachweist, daß er bei der Auswahl die erforderliche Sorgfalt angewendet hat.

vgl. HGB ## 13.3 Sicherung von Forderungen

13.3.1 Arrest [2]

Er soll dazu dienen, das Schiff wegen einer gerichtlichen Zwangsversteigerung festzuhalten, insbesondere aber, um das gesetzliche Pfandrecht eines Schiffsgläubigers zu sichern.

Zu einer Zwangsversteigerung kommt es allerdings nur selten, weil der Arrest vor allem wegen der hohen Tageskosten eines Schiffes und wegen des Nutzungsverlustes ein so wirksames Druckmittel ist, daß der schuldige Reeder schnellstens für Ablösung durch eine andere Sicherheit sorgt.

Der Arrestkläger beantragt wegen seiner Forderung beim zuständigen Ortsgericht — im Inland bei Amts- oder beim Landgericht — einen Sicherheitsarrest. Er muß dabei den Rechtsgrund seiner Forderung glaubhaft machen, nach einem Zusammenstoß z. B. durch Vorlegen des Tagebuches, der Verklarung oder etwaiger Zeugenaussagen in Form von eidesstattlichen Versicherungen. Er kann auch selbst eine eidesstattliche Erklärung abgeben. Ferner muß das inländische Vermögen des Schuldners als Sicherung der Forderung unzureichend sein; daher kommt im Inland ein Arrest gegen ein deutsches Schiff kaum vor.

Bei einem Schiffsgläubigerrecht ordnet das Gericht den Arrest dann sehr kurzfristig an. Es kann aber vom Arrestkläger eine Sicherheit durch Bardepot bei der Gerichtskasse oder auch durch Bankgarantie fordern. Das soll einen Schaden decken, den der Gegner etwa dadurch erleidet, daß der Arrest sich später als unberechtigt erweist.

Nach der Anordnung des Arrestes beauftragt der Gläubiger den Gerichtsvollzieher mit der Vollstreckung. Dieser übergibt dem Kapitän des betroffenen Schiffes den Arrestbefehl mit dem Auslaufverbot und legt als Wahrzeichen eine Kette oder ein Band mit Amtssiegel um den Mast oder auf der Brücke um das Ruderrad, womit das Schiff „an die Kette gelegt" ist. Gleichzeitig erhält die Hafenbehörde eine Mitteilung über das Auslaufverbot.

§ 482 Ein Schiff kann nicht mit Arrest belegt werden, wenn es auf der Reise ist und nicht in einem Hafen liegt. Wenn auch der Arrestantrag in der Regel Sache des Reeders ist, so kann in dringenden Fällen im Ausland auch der Kapitän dabei mitwirken, wenn z. B. nach einem Zusammenstoß das gegnerische Schiff im selben Hafen liegt. Der Kapitän darf dann keine Nachrichtenspesen scheuen, um sich mit seinem Reeder zu besprechen.

Der Arrest begründet in vielen Fällen zugleich den Gerichtsstand. In der Regel wird daher der Reeder auf einen Arrestantrag im weiter entfernten Ausland verzichten und nach Möglichkeit ein Schiff des Gegners bei erster Gelegenheit im Inland oder im nahegelegenen Ausland arretieren lassen.

Schon die Drohung mit einem Arrest ist meistens wirksam genug, um den Gegner eine andere ausreichende Sicherheit stellen zu lassen, z. B. ein Bardepot oder eine Bankgarantie.

---

2 1952 ist in Brüssel ein internationales Übereinkommen über den Arrest von Seeschiffen gezeichnet worden. Die Bundesrepublik ist dem Abkommen beigetreten. Zur Zeit gilt das Arrestabkommen für folgende Staaten untereinander: Ägypten, Algerien, Belgien, BR Deutschland, Costa Rica, Fidschi, Frankreich, Griechenland, Großbritannien, Heiliger Stuhl, Italien, Jugoslawien, Kamputschea, Kuba, Madagaskar, Nigeria, Niederlande, Paraguay, Polen, Portugal, Salomonen, Schweiz, Spanien, Syrien, Togo, Tonga und Zaire.

Das Arrestabkommen will einen Arrest bei einer sogenannten Seeforderung (maritime claim) ermöglichen. Hierzu gehören Forderungen, die sich im wesentlichen mit den deutschen Schiffsgläubigerrechten decken. Hinzu kommen jedoch Ansprüche aus Schiffbau,

Reparaturen, Eigentum, Hypotheken u.a. Wegen einer Seeforderung kann in jedem Vertragsstaat auch ein anderes als das betroffene Schiff desselben Reeders arretiert werden. Die Gerichte des Staates, in dem der Arrest verhängt worden ist, sind auch für den Rechtsstreit selbst zuständig: (a) wenn der Gläubiger dort seine Niederlassung hat, (b) wenn dort die Seeforderung entstanden ist, (c) wenn die Seeforderung während der durch den Arrest unterbrochene Reise entstanden ist, (d) nach Zusammenstoß, (e) nach Bergung oder Hilfeleistung.

13.3.2 Bardepot (Cash Deposit)

Bei Ansprüchen, die im Ausland gegen ein Schiff erhoben werden, wird zur Vermeidung eines Arrestes manchmal ein Bardepot verlangt. Hierbei läßt der Schuldner – meistens bei einer guten Bank – Bargeld oder Wertpapiere so hinterlegen, daß über sie weder von dem Hinterleger noch von dem Anspruchsteller allein verfügt werden kann. Es muß vielmehr Einigung darüber erzielt und der Hinterlegungsstelle bekanntgegeben werden, daß z.B. unter folgenden Voraussetzungen über das Depot verfügt werden kann: Nach einer gütlichen Einigung oder nach dem Spruch eines zu vereinbarenden Schiedsgerichts oder nach einem rechtskräftigen Urteil unter dem vereinbarten Gerichtsstand.

In Versicherungsfällen leisten oft die Versicherer die Sicherheit für den Versicherten (siehe 15.3.3, DTV 24).

Mit der technischen Abwicklung der Hinterlegung beauftragt man seine inländische Hausbank. Sie sorgt über ihre ausländische Korrespondenzbank für die Hinterlegung der eingezahlten Mittel.

Nach Kollisionsfällen wird man von dem Kollisionsgegner eine gleichartige Sicherheit verlangen.

Einfacher in der technischen Handhabung und billiger als das Bardepot ist die

13.3.3 Bankgarantie (Letter of Guarantee) (Beispiel)

Hierbei verpflichtet sich die inländische Hausbank gegenüber dem ausländischen Anspruchsteller, bis zu der geforderten oder ausgehandelten Höhe unwiderruflich zu zahlen, sobald die vereinbarten Voraussetzungen erfüllt sind (siehe unter Bardepot).

Meistens wünscht aber der ausländische Anspruchsteller eine Garantie von einer Bank in seinem Land. In diesem Falle beauftragt die inländische Hausbank ihre Korrespondenzbank in dem Land des Anspruchstellers, diesem das Garantieschreiben zu geben. In der Regel lassen die Versicherer für den Reeder die Bankgarantie stellen (siehe 15.3.3, DTV 24).

Die beteiligten Banken berechnen für die geleisteten Garantien Provisionen, auch können sie Sicherheiten verlangen, z.B. eine Rückbürgschaft der Versicherer.

Keine Kosten entstehen dagegen bei einer.

13.3.4 Briefgarantie (Letter of Indemnity; Letter of Undertaking)

Sie ist ein schriftliches Versprechen des Schuldners, wegen des genau umrissenen Anspruches bis zu der genannten Höhe zu haften (siehe Bardepot und Bankgarantie). Zum Austausch von Briefgarantien kommt es oft nach Kollisionsfällen, wenn die Reeder und/oder deren Versicherer einander bekannt sind. Die Briefgarantie wird dann vom Reeder ausgestellt und unterzeichnet und vom Führenden Versicherer (siehe 15.3.3, Ziffer 9.2) im Namen aller beteiligten Versicherer gegengezeichnet.

Auch der Revers (siehe 8.6) und der Havariegrosse-Verpflichtungsschein (General Average Bond, siehe 9.7) zählen zu den Briefgarantien.

Muster einer von englischen Anwälten entworfenen Briefgarantie nach einem Kollisionsfall:

To the Owners of the mv "Y"   Date: ....
c/o Messrs. ....

Dear Sirs,
re: mv "X" and mv "Y"
Collision near Dover,
.... January 19 ...

We, the undersigned, in consideration of your refraining from arresting or otherwise detaining the mv "X" anywhere in the world or any other property belonging to her Owners or Charterers in connection with any claim arising out of the above mentioned collision, or commencing proceedings anywhere, *hereby undertake* upon demand to pay to you or as you may direct any sum or sums including damages, interest and costs which may be found due to you from the Owners of the mv "X" by judgement of a Court or award of an Arbitrator in England or by agreement between the parties in consequence of the above mentioned collision: Provided that our liability shall not exceed the amount on which we are entitled to limit our liability in accordance with the provisions of English law.

Yours faithfully

....
Owners mv X

In consideration of aforesaid, we, the Underwriters of the mv X hereby, join in the above mentioned undertaking upon the same terms as are set out above.

Yours faithfully
For all Underwriters concerned

....
Leading Underwriter

Anmerkung: Wenn die Forderung klein ist, setzt man hinter "amount" statt der gesetzlichen Haftungsbeschränkung, die natürlich auch auf jedes andere Recht bezogen werden kann, die entsprechende niedrigere Summe ein.

14 Haftungsbeschränkung für Seeforderungen im In- und Ausland

14.1 Vorbemerkung

Die Haftungsbeschränkung in der Seeschiffahrt ist aus dem Gedanken entstanden, daß ein Schiff während der Reise dem Einfluß seines Reeders weitgehend entzogen war und daß es daher unbillig war, den Reeder z.B. für von der Besatzung angerichtete Schäden unbeschränkt haften zu lassen. In gewissem Umfang gilt das auch heute noch. Auch könnte der Bestand eines kleineren Reedereiunternehmens gefährdet sein, wenn eines seiner Schiffe einen großen Schaden, z.B. durch eine Kollision, angerichtet hat und dafür unbeschränkt gehaftet werden müßte.

In erster Linie aber macht die Haftungsbeschränkung das Risiko besser kalkulierbar. Dies gilt insbesondere für das Verhältnis zwischen dem Reeder und seinen Versicherern, ohne deren Versicherung der Betrieb eines Reedereiunternehmens undenkbar ist.

Bis zum Jahre 1973 galt in der BR Deutschland das sehr alte deutsche Haftungsrecht, nach welchem der Reeder in bestimmten Fällen nur mit dem (betroffenen) Schiff und verdienter Fracht haften mußte (also Haftung bei Schiffsverlust nur mit etwa verdienter Fracht). 1973 wurde das Haftungsbeschränkungsübereinkommen von 1957 durch Einarbeitung in das HGB in Kraft gesetzt, wonach nicht mehr die dingliche Haftung mit dem Schiff galt, sondern eine persönliche Haftung bis zu bestimmten Beträgen (siehe 14.3). Diese Beträge erwiesen sich mit fortschreitender Zeit als unzureichend. Deshalb wurde 1976 ein neues Übereinkommen auf einer von der IMCO (heute IMO, siehe 6) einberufenen Internationalen Konferenz unterzeichnet, das durch das Zweite Seerechtsänderungsgesetz vom 25.7.1986 ratifiziert worden ist (siehe 14.2).

Beide Übereinkommen sind aus dem englischen System der sogenannten Summenhaftung entstanden, einer persönlichen Haftung mit einem festgesetzten Betrag pro Haftungstonne.

Nachstehend folgen Inhaltsangaben aus beiden Übereinkommen sowie einige stichwortartige Angaben über die Systeme in einigen Nichtmitgliedstaaten. Dabei werden folgende, zum Teil selbstgewählte Begriffe und Abkürzungen verwendet:

Schiffseigentümer bedeutet den Eigentümer, den Reeder, den Charterer oder den Ausrüster (§ 510 HGB) eines Seeschiffes;

Berger bedeutet jede Person, die bei einer Bergung oder Hilfeleistung (siehe 12) Dienste leistet, ebenso bei der Wrackbeseitigung oder bei der Unschädlichmachung von Ladung oder anderen Gegenständen;

Personenschäden sind Schäden aus Tod oder Verletzung;

Sachschäden sind Schäden an Schiffen oder anderen Sachen wie Hafenanlagen, Wasserstraßen u.a., auch Schäden infolge Bergung oder Hilfeleistung, alle einschließlich Folgeschäden an weiteren Sachen oder Vermögen.

Art.   Artikel des IÜH 76
BRZ   Bruttoraumzahl[1]
NRZ   Nettoraumzahl[1]
IÜH 76   Haftungsbeschränkungsübereinkommen von 1976
IÜH 57   Haftungsbeschränkungsübereinkommen von 1957
IWF   Internationaler Währungsfonds
RE   Rechnungseinheit (gleich SZR)
SZR   Sonderziehungsrecht des IWF
T   Tonne

14.2 Zum Haftungsbeschränkungsübereinkommen 1976[2]

vgl. HGB
vgl. IÜH 76

Anders als beim Inkrafttreten des IÜH 57 ist das „Übereinkommen von 1976 über die Beschränkung der Haftung für Seeforderungen" (IÜH 76 — in Kraft seit 1.9.1987) nicht in das HGB eingearbeitet, sondern durch Änderung einiger HGB-Paragraphen als selbständiger Gesetzanhang getrennt veröffentlicht, dabei jedoch in einigen Punkten ergänzt bzw. modifiziert worden (z.b. betreffend Lotsen, Ölverschmutzungsschäden, Kosten für Wrackbeseitigung u.a.).

Das Abkommen gilt für die Mitgliedstaaten[3] untereinander, z.B. auch zwischen Schiffen anderer Mitgliedstaaten nach Kollision in inländischen Hoheitsgewässern oder wenn eine Partei ein inländisches Gericht anruft. Es muß aber damit gerechnet werden, daß z.B. USA-Gerichte nach den eigenen Gesetzesvorschriften selbst dann vorgehen (siehe 14.4), wenn beide Parteien zu Mitgliedstaaten des Abkommens gehören.

Wichtige Einzelheiten aus dem HGB und dem IÜH 76

Nachstehend kann nur eine verkürzte Inhaltsbeschreibung gegeben werden. Die Einzelbestimmungen sind kompliziert. Die Anwendung erfordert anwaltliche Beratung.

---

1 Die BRZ im Internationalen Schiffsmeßbrief (siehe 4.1) nach dem Internationalen Schiffsvermessungs-Übereinkommen von 1969 (in der BR Deutschland in Kraft seit 18.7.1982) hat mit dem alten Begriff BRT in den Meßbriefen alter, vorhandener Schiffe nichts gemein. Vereinfacht ausgedrückt, beruht die BRZ auf einer Vermessung des gesamten umbauten Schiffsraums in Kubikmeter (Freidecker und dementsprechend auch Wechselschiffe gibt es nach dem Übereinkommen von 1969 nicht mehr), multipliziert mit einem Faktor, der mit zunehmender Schiffsgröße steigt (0,22 bis 0,32). Die NRZ, die aber im Hinblick auf das IÜH 76 keine Bedeutung hat, wird nach einer komplizierteren Formel berechnet. Sie darf nicht kleiner sein als 0,3 BRZ. Grob ausgedrückt, umfaßt die NRZ die Gesamtheit der „verdienenden" Räume des Schiffs (siehe 4.1, Schiffsmeßbrief).
Der im IÜH 76 verwendete Ausdruck „Tonne" (T) darf nicht mit dem alten Begriff „Registertonne" in BRT und NRT verwechselt werden. Die RT gleich 100 cbf oder 2.83 m³ ist ein wirkliches Raummaß, die „Tonne" dagegen nicht. Die Anzahl der „T" ist die BRZ. Wenn für ein Schiff mit einem alten Meßbrief ein Antrag auf Haftungsbeschränkung gestellt wird, muß es nach dem Vermessungsübereinkommen von 1969 nachvermessen werden. (Insoweit Ausnahme gemäß „Gesetz zu dem Internationalen Schiffsvermessungs-Übereinkommen vom 23. Juni 1969" vom 22. Januar 1975; siehe auch Fußnote b zu 1.11.2).

2 Nach Unterlagen vom Deutschen Verein für Internationales Seerecht (siehe 6)

3 Mitgliedstaaten am 1.1.87: Bahamas, Benin, BR Deutschland, Dänemark, Finnland, Frankreich, Großbritannien, Japan, Jemen, Liberia, Norwegen, Polen, Schweden, Spanien.
Gezeichnet, aber bislang nicht ratifiziert haben: Ägypten, Algerien, Argentinien, Australien, Belgien, Brasilien, Bulgarien, Chile, DDR, Ghana, Indien, Iran, Irland, Italien, Jordanien, Jugoslawien, Kanada, Kuba, Mexico, Monaco, Niederlande, Neuseeland, Panama, Singapur, Sri Lanka, Schweiz, Thailand, Trinidad, u. Tobago, Tunesien, Türkei, UdSSR, Zypern.

Der Reeder ist für den Schaden verantwortlich, den eine Person der Schiffsbesatzung oder vgl. HGB
ein an Bord tätiger Lotse einem Dritten in Ausübung von Dienstverrichtungen schuldhaft vgl. IÜH 76
zufügt. Er haftet den Ladungsbeteiligten jedoch nur soweit, wie der Verfrachter ein Ver- § 485
schulden der Schiffsbesatzung zu vertreten hat (siehe 8.5).

§ 486 (3)

Der „Schiffseigentümer" kann seine Haftung für Seeforderungen (vertragliche und § 486
außervertragliche) beschränken. Dies gilt auch für Personen, für deren Verschulden Art. 1 (4)
der Schiffseigentümer haftet. (Sonderbeschränkung z.B. für Lotsen nach § 487 (c), für
Berger nach Art. 6 (4)).

Ein Versicherer kann sich wie sein Versicherter auf dessen Recht auf Haftungsbe- Art. 1 (6)
schränkung berufen. Das Geltendmachen des Rechts auf Haftungsbeschränkung be- Art. 1 (7)
deutet keine Anerkennung der Haftung. Das IÜH 76 gilt nicht für die Haftung nach § 486 (2)
dem Ölhaftungsübereinkommen von 1969 (siehe Band 2A, Kap. 3.5), das eine eigene § 486 (3)
spezielle Haftungsbeschränkung vorsieht; wenn es nicht anwendbar ist, kann die Haftung nach dem IÜH 76 beschränkt werden, indem ein zusätzlicher Haftungshöchstbetrag zur Verfügung gestellt wird.

Der Haftungsbeschränkung unterliegen auf Antrag folgende Seeforderungen: Art. 2 (1)
- Personen- und Sachschäden (siehe 14.1);
- Verspätungsschäden bei der Beförderung von Gütern sowie von Reisenden und deren Gepäck bei der Beförderung auf See;
- Ansprüche aus der Wrackbeseitigung;
- Ansprüche aus der Beseitigung der Ladung und anderer Sachen; (für die beiden § 487
  letztgenannten ist jeweils zusätzlich ein Sonderhöchstbetrag „für dasselbe Ereignis"
  zu bilden, der ausschließlich der Befriedigung der beiden letztgenannten Ansprüche
  dient.

Keine Haftungsbeschränkung im Sinne des IÜH 76 gibt es bei Ansprüchen aus Art. 3
- Bergung oder Hilfeleistung (siehe 12) oder aus Havariegrosse-Beiträgen (siehe 9),
- bei Ansprüchen nach international vereinbarten oder innerstaatlich festgelegten Regelungen nuklearer Schäden,
- bei Ansprüchen gegenüber dem Schiffseigentümer eines Reaktorschiffes (hier gilt
  aber § 25 Atomgesetz) und
- bei Ansprüchen von Bediensteten des Schiffseigentümers.

Keine Haftungsbeschränkungen gibt es insbesondere für einen Haftpflichtigen, wenn Art. 4
„nachgewiesen wird", daß die schadenstiftende Handlung oder Unterlassung von ihm
selbst vorsätzlich oder „leichtfertig in dem Bewußtsein begangen wurde, daß ein solcher Schaden mit Wahrscheinlichkeit eintreten werde" („bewußte Fahrlässigkeit").

Dies gilt auch gegenüber einer juristischen Person oder einer Personenhandelsgesell- § 487 d
schaft, z.B. wenn ein Vorstandsmitglied einer AG oder ein Geschäftsführer oder ein
vertretungsberechtigter Gesellschafter oder ein Korrespondentreeder die Handlung
oder Unterlassung begeht oder begehen läßt.

Aufrechnung Ansprüche von verschiedenen Parteien sind gegeneinander zunächst auf- Art. 5
zurechnen. Sodann ist auf den verbleibenden Anspruch das Übereinkommen anzuwenden.

Berechnung der Höchsthaftungsbeträge Art. 6

Grundlagen für die Berechnung sind die „Tonne" (T) und das Sonderziehungsrecht
(SZR) des Internationalen Währungsfonds als Rechnungseinheit (RE). Die Anzahl der Art. 8
„T" ist die BRZ (siehe 14.1, Fußnote 1). Die BRZ ergibt sich (zugleich als Anzahl
der T) aus dem Internationalen Schiffsmeßbrief 1969.

vgl. HGB   Das SZR ist der gewogene Durchschnitt aus 16 Währungen der bedeutendsten west-
vgl. IÜH 76 lichen Industrienationen. Es wird täglich vom IWF in Dollar berechnet und bekanntgegeben. Der entsprechende DM-Wert wird daraufhin von der Bundesbank ebenfalls
täglich veröffentlicht. Naturgemäß muß daher der berechnete Haftungshöchstbetrag
mehr oder weniger schwanken. (Nach Auskunft der Deutschen Bundesbank war in der
ersten Novemberhälfte 1986 1 SZR (oder 1 RE) gleich DM 2,4206, am 1.9.1987
DM 2,34271. Frühere Werte siehe Anmerkung zu 14.3 — Übereinkommen von
1957).

Art. 6 (1)   Die Höchsthaftungsbeträge sind:

für Personenschäden (siehe Vorbemerkung)

bis zu			500 T	333 000 RE;			
von	501	bis	3 000 T	333 000 RE	+	500 RE	je T;
von	3 001	bis	30 000 T	Ergebnis wie vor	+	333 RE	je T;
von	30 001	bis	70 000 T	Ergebnis wie vor	+	250 RE	je T;
über			70 000 T	Ergebnis wie vor	+	167 RE	je T;

für Sachschäden (siehe Vorbemerkung)

Bis zu			500 T	167 000 RE			

§ 487a abweichend jedoch

bis zu			250 T	83 500 RE;			
von	501	bis	30 000 T	167 000 RE	+	167 RE	je T;
von	30 001	bis	70 000 T	Ergebnis wie vor	+	125 RE	je T;
über			70 000 T	Ergebnis wie vor	+	83 RE	je T;

(Art. 6 (1) marks the "von 501 bis 30000 T" line.)

Um z. B. die gesamten RE für Personenschäden bei 80 000 T zu ermitteln, muß man
zuvor die RE-Summen für 3000, 30000 sowie 70000 T berechnen und addieren
(20 574 000 RE), so daß sich für 80 000 T insgesamt 22 244 000 RE ergeben.

Art. 6 (2)   Wenn ein für Personenschäden nach den vorstehenden Angaben berechneter Haftungshöchstbetrag zur Deckung dieser Schäden nicht ausreicht, nimmt der nicht ge-
deckte Teil gleichrangig an dem für Sachschäden sich ergebenden Haftungshöchstbetrag teil (bzw. an dem gebildeten Sachschäden-Fonds).

§ 487b   Ansprüche wegen Beschädigung von Hafenanlagen, Hafenbecken, Wasserstraßen
und Navigationshilfen haben Vorrang vor den übrigen Sachschäden (siehe Vorbemerkung).

§ 487c (1)   Ansprüche aus Personen- und/oder Sachschäden gegen einen an Bord tätigen Lotsen kann dieser auf die Rechengrundlage von 1000 T beschränken, falls die Bruttoraumzahl des gelotsten Schiffes 1000 T übersteigt.

§ 487 c (2)   Entsprechende Ansprüche von Reisenden nach Art. 7(1) kann der Lotse auf die Rechengrundlage von 12 Reisenden beschränken, wenn die Anzahl der Reisenden 12
Art. 6 (4)   übersteigt. Ein Berger (siehe Vormerkung), der nicht von einem Schiff aus oder ausschließlich auf dem havarierten Schiff arbeitet, kann seine Haftung auf die Rechengrundlage von 1 500 T beschränken.

Art. 7   Personen- und/oder Sachschäden von Reisenden „aus demselben Ereignis" (wofür
nach Art. 1 bis 6 zu haften ist,) sind gesondert auf 46 666 RE beschränkt, „multipliziert
mit der Anzahl der Reisenden, die das Schiff nach dem Schiffszeugnis befördern **darf**,
höchstens jedoch auf 25 Millionen RE" (siehe 2). Es ist ein Sonderfonds zu bilden.

Art. 9   Die Ansprüche aus Personen- sowie aus Sachschäden „gelten für die Gesamtheit der
Ansprüche aus demselben Ereignis" gegenüber allen natürlichen und juristischen Personen, die ihre Haftung beschränken dürfen.

Weitere Teile des Zweiten Seerechtsänderungsgesetzes betreffen das Seefrachtrecht
(siehe 8) und die Beförderung von Reisenden und deren Gepäck auf See (siehe 2).

Zur Verteilung des oder der Haftungsfonds   vgl. IÜH 76

Im Rahmen der Vertragsfreiheit steht es den Parteien aus Vertragsstaaten frei, auf ein offizielles Verteilungsverfahren beim zuständigen Gericht zu verzichten und sich stattdessen, z. B. nach einer Kollision, auf den Austausch von Briefgarantien oder Bankgarantien zu beschränken, in denen außer dem Gerichtsstand auch das Recht auf Haftungsbeschränkung niedergelegt ist (siehe 13.3 und 13.4). Wenn es nicht zu einer solchen Vereinbarung kommt, kann ein Haftpflichtiger bei dem zuständigen Gericht eines   Art. 11
Vertragsstaates seine Haftungsbeschränkung und ein Verteilungsverfahren beantragen und die vom Gericht festgesetzte Haftungshöchstsumme- oder summen in den oder die Haftungsfonds einzahlen oder eine entsprechende Sicherheit leisten (siehe 13.3). Damit ist zugleich der Gerichtsstand für die gesamte Abwicklung festgelegt.

Im Inland gilt insoweit die **Seerechtliche Verteilungsordnung** (Gesetz vom 25. 7. 1986). Sie unterscheidet für die Abwicklung vier Anspruchsklassen und daher ggf. vier verschiedene Fonds für:

A   —   Ansprüche aus Personen- und/oder Sachschäden;
B   —   Ansprüche von Reisenden;
C   —   Ansprüche aus der Beseitigung von Wracks und/oder Ladung;
D   —   Ansprüche nach dem Ölhaftungsübereinkommen.

Die weitere Abwicklung ist dem Konkursverfahren ähnlich.

14.3   Zum Haftungsbeschränkungsübereinkommen 1957

Dieses Übereinkommen ist von der BR Deutschland als früherem Mitgliedstaat mit der Ratifizierung des Übereinkommens von 1976 gekündigt worden. Die meisten derjenigen Staaten, die das Übereinkommen von 1976 zwar gezeichnet, aber noch nicht ratifiziert haben (siehe Fußnote 2), sind noch Mitglieder des Übereinkommens von 1957[4], das aber der Kostenentwicklung nicht mehr gerecht wird. Dem Übereinkommen von 1976 ist es als Vorläufer ähnlich, es enthält aber die nachstehenden, wesentlichen Unterschiede.

- Der haftende Raumgehalt sind nicht die Tonnen als BRZ, sondern die Haftungstonnen, die sich (nach dem alten Schiffsmeßbrief) aus dem Nettoraumgehalt des Schiffes zuzüglich des „Abzuges für die Treibkraft" ergeben, der jedoch nicht immer genau der Größe des Maschinenraums entspricht.
- Die RE ist (bzw. war) der sogenannte Poincaré-Franken, nämlich ein Goldfranken (Gfr) von 65,5 mgr 900er Gold.
- Pro Haftungstonne werden angesetzt:
  Für Personenschäden   3 100 Gfr,
  für Sachschäden   1 000 Gfr,
  für Personen- und Sachschäden 3 100 Gfr;   hiervon dienen 2 100 Gfr nur der Befriedigung von Personenschäden, außerdem haben diese einen gleichrangigen Anspruch zur Teilhabe an den für Sachschäden vorgesehenen 1 000 Gfr.
- Die Mindesthaftung beläuft sich auf einen Betrag für 300 Haftungstonnen.

---

4 Mitgliedstaaten am 1.12.1986: Ägypten, Algerien, Belgien, Fidschi, Ghana, Indien, Iran, Island, Israel, Kongo, Madagaskar, Monaco, Niederlande, Portugal, Schweiz, Syrien, Tonga.

Anmerkung: Nachdem die Goldbindung des Dollar aufgehoben und ein freier Goldmarkt entstanden war, konnte nicht mehr nach dem Poincaré-Franken gerechnet werden. Für die BR Deutschland wurde das Goldfrankenumrechnungs-Gesetz vom 9.6.1980 erlassen, wonach 15 Goldfranken gleich 1 SZR sind.

Wie die noch vorhandenen Mitgliedstaaten rechnen, muß von Fall zu Fall geklärt werden, z. B. wenn ein Schiff unter der deutschen Bundesflagge mit einem Schiff unter holländischer Flagge zusammengestoßen ist und Rotterdam der Gerichtsstand ist (die Niederlande haben das neue Abkommen bei Drucklegung noch nicht ratifiziert).

Nach Auskunft von der Deutschen Bundesbank belief sich der Wert des SZR im Dezember 1982 durchschnittlich auf DM 2,6460, im Dezember 1984 auf DM 3,0620, in der ersten Novemberhälfte 1986 auf DM 2,4206 und am 1.9.1987 auf DM 2,34271.

14.4 Zur Haftungsbeschränkung in einigen Nichtmitgliedstaaten

In den nachstehend genannten Staaten gelten unterschiedliche Arten der Haftungsbeschränkung. Bis auf die USA haben alle genannten das Haftungsbeschränkungsübereinkommen von 1976 gezeichnet. Da unbekannt ist, ob sie es noch oder wann sie es ratifizieren werden, sind die verschiedenen Arten nachstehend stichwortartig beschrieben.

Griechenland[5]. Die Haftung kann durch Abandon von Schiff und Fracht beschränkt werden. Nur der Abandon des Schiffes kann durch Zahlung von 30% des Schiffwertes bei Reisebeginn ersetzt werden. Eine gleich hohe Summe gilt zum ausschließlichen Ersatz von Personenschäden, für die im übrigen ein gleichberechtigter Anspruch an den für Sachschäden vorgesehenen Beträgen besteht.

Italien. Der Reeder haftet für Ansprüche, die im wesentlichen nach deutschem Recht Schiffsgläubigerrechte begründen, auf Antrag nur mit Schiff und Bruttofracht. Als Wert des Schiffes gilt der Wert im Augenblick der Antragstellung bzw. am Ende der Reise, jedoch nicht unter $^1/_5$ und nicht über $^2/_5$ des Schiffswertes bei Reisebeginn.

Panama. Die gesetzlichen Bestimmungen sind dürftig. Artikel 1078 des Handelsgesetzbuches lautet: „Jedes Schiff wird als eine Einheit mit begrenzter Verantwortlichkeit angesehen. Ein von Versicherern geleisteter Ersatz wird als zum Schiff gehörig angesehen". Nach einer Auskunft vom Finanz- und Schatzministerium von Panama bedeutet die Vorschrift, daß das Schiff jeweils mit dem Zeitwert zuzüglich einer etwaigen Versicherungsleistung (z. B. für eine Kollisionsreparatur) haften muß.

Türkei. Der Reeder haftet mit Schiff und Fracht. Wenn er das Schiff zu einer neuen Reise aussendet, haftet er persönlich bis zu dem Wert, den Schiff und Fracht bei diesem Reisebeginn hatten. Dies entspricht dem früheren deutschen Haftungsrecht vor dem 6.4.1973.

UdSSR. Haftungsbeschränkung auf den Wert von Schiff und Fracht, jedoch höchstens auf 75 Rubel pro BRT. (Der Rubelkurs wird nirgends amtlich notiert. Der Kurs ist ein reiner Rechenkurs. Am 1.12.1986 war der Mittelkurs 1 Rubel = DM 2,965. Statt dessen kann der Reeder sein Schiff zur Verfügung stellen (abandonnieren). Die Haftungsbeschränkung gilt im wesentlichen bei denjenigen Ansprüchen, die nach deutschem Recht ein Schiffsgläubigerrecht begründen (siehe 13.1).

---

5 Sotiropoulos: Überseestudien „Die Beschränkung der Reederhaftung". Berlin: de Gruyter, 1962.

USA. Der Reeder haftet in Fällen, die im wesentlichen den deutschen Schiffsgläubiger-rechten vergleichbar sind (siehe 13.1), mit seinem ganzen Vermögen bis zur Höhe des Wertes von Schiff und Fracht. (Daher kann jederzeit ein beliebiges Schiff des Reeders die dingliche Sicherheit sein.) Der Reeder kann sich durch Aufgabe des Schiffes und der Fracht an den Schiffsgläubiger von seiner Haftung befreien. Bei Personenschäden haftet der Reeder außerdem bis zu US-Dollar 60 pro Haftungstonne (wie nach dem Abkommen von 1957 zu berechnen), soweit die Werte von Schiff und Fracht nicht aus-reichen. Dieser Betrag ist nur für die Deckung von Personenschäden bestimmt. Das Gesetz bestimmt ausdrücklich, daß diese Vorschriften auch auf ausländische Schiffe anzuwenden sind.

15 Seeversicherung

15.1 Allgemeines

Das HGB enthält in §§ 778 ff. umfangreiche Bestimmungen über die Seeversicherung. Auch auf diesem Gebiet hat man aber schon sehr frühzeitig von dem Recht auf Vertragsfreiheit Gebrauch gemacht und die 1919 fertiggestellten ADS[1] in der deutschen Seeversicherung zur Vertragsgrundlage gemacht. Da sie mit der Modernisierung der Handelsflotte teilweise schnell veralteten, wurden sie für die Erfordernisse der Praxis durch Zusatzklauseln des Deutschen Transport-Versicherungs-Verbandes e. V. (DTV-Kaskoklauseln) ergänzt. Ferner entstanden im Laufe der Jahre sogenannte Maklerklauseln als Besondere Bedingungen, die zwar marktüblich wurden, aber wegen ihrer uneinheitlichen Abfassung sowohl dem Reeder als auch dem Versicherer die Übersicht erschwerten. Daher wurden in den letzten Jahren von den Versicherern in Zusammenarbeit mit den Reedern und den Versicherungsmaklern neue „DTV-Kaskoklauseln 1978" ausgearbeitet, die an die Stelle der alten DTV-Kaskoklauseln und auch weitgehend an die Stelle der verschiedenen Maklerklauseln treten. Mit dem Inkrafttreten bleiben die ADS in Kraft, jedoch nur so weit, wie die DTV-Kaskoklauseln 1978 nicht etwas anderes bestimmen.

Die ADS und DTV-Klauseln 1978 werden nur in ihrem wesentlichen Inhalt wiedergegeben.

15.2 Begriffe

Versicherung ist ein Geschäft zum Schutz gegen unvorhergesehene Verluste.

Versicherer übernehmen das Risiko gegen eine bestimte, feste Prämie. An der Versicherung eines Seeschiffes oder gar einer ganzen Reedereiflotte sind 50 bis 100 ver-

---

1 Die Allgemeinen Deutschen Seeversicherungsbedingungen (ADS) von 1919 sind in gemeinsamer Arbeit der Hamburger und Bremer Seeversicherer in Anlehnung an das HGB entstanden, das in §§ 778 ff. umfangreiche Bestimmungen über die Seeversicherung enthält. Einen antiken Vorläufer der heutigen Seeversicherung mit den Grundgedanken der Havariegrosse und Naturalentschädigungen findet man im Rhodischen Recht. Im Mittelalter ausgeprägtes Seeversicherungswesen in der Lombardei. Im 14. Jahrhundert von Genua Seeversicherung nach Brügge eingeführt, dort von Hanse übernommen, die z. B. im Londoner Stahlhof bis zu dessen Schließung 1597 durch die Engländer Versicherungsmonopol hatte. 1681 unter Ludwig XIV. „Ordonnance de Marine" mit vorbildlicher Regelung der Seeversicherung. Engländer bauten Seeversicherung weiter aus (vgl. z. B. Corporation of Lloyd's, siehe 6).
Sonstige Versicherungszweige sind erst aus der Seeversicherung entstanden.

schiedene Gesellschaften beteiligt, auch ausländische. Auswärtige Gesellschaften sind vgl. ADS
in Hamburg und Bremen durch einen oder mehrere bevollmächtigte Agenten vertreten.

Diese nennt man **Assekuradeure.** Ein Assekuradeur vertritt in der Regel mehrere inländische und ausländische Gesellschaften. Er ist der Spezialist in der Seeversicherung, er schließt die Geschäfte ab und zeichnet die Police in Vollmacht. Unter den Gesellschaften gibt es die sogenannten Platzgesellschaften, die in Hamburg oder Bremen ihren Sitz haben und häufig die Führung einer Police übernehmen.

Versicherungsnehmer schließt mit den Versicherern die Versicherung zugunsten des **Versicherten** ab. In der Kaskoversicherung ist der Reeder meistens Versicherungsnehmer und Versicherter zugleich. In der Güterversicherung läßt in der Regel der Ablader die Stückgüter für den Befrachter versichern. Bei Übergabe der Konnossemente mit der Versicherungspolice wird der Empfänger zum Versicherten („für Rechnung, wen es angeht"). Massenladungen und einkommende Güter läßt meistens der Befrachter bzw. der Importeur selbst versichern.

Versicherungswert ist der tatsächliche Wert des versicherten Gegenstandes. In der §6 Kaskoversicherung richtet er sich auch nach dem Konjunkturwert des Schiffes, so daß er durchaus nicht immer allein dem technischen Wert des Schiffes entspricht. Der Versicherungswert eines Schiffes kann durch Sachverständige der Vesicherer ermittelt werden (Taxe oder Werttaxe). In der Regel wird er vereinbart (z. B. gleich dem Neu- §7 baupreis) und ist damit für beide Parteien verbindlich.

Versicherungssumme ist die bei Verlust des versicherten Gegenstandes zu zahlende Summe. Sie braucht nicht mit dem Versicherungswert übereinzustimmen, aber dann werden Teilschäden nicht voll ersetzt, sondern nur im Verhältnis der beiden zueinander. Diese **Unterversicherung** geht der Reeder manchmal ein, indem er ein Selbstrisiko §8 trägt, z. B.: „5 Mill. DM taxiert, 4 Mill. DM versichert". Falls die Versicherungssumme den Versicherungswert übersteigt, liegt **Überversicherung** vor, und die Versicherung ist §9 nur für den übersteigenden Betrag rechtsunwirksam. Überversicherung ist daher Verschwendung von Prämie; sie kommt praktisch nicht vor, weil in der Seeversicherung jeder Versicherungswert — meistens durch Vereinbarung — „taxiert" wird und hierdurch absolute Verbindlichkeit erhält. Ebenso sinnlos wie die Überversicherung ist die **Doppelversicherung.** Sie kommt gelegentlich unbeabsichtigt vor, wenn z. B. das Risiko der §10 Güterversicherung während des Transportes von dem einen auf einen anderen Versicherer übergeht.

Prämie ist die Vergütung an die Versicherer für die Übernahme des Risikos. In der Re- §16 gel ist sie eine Jahresprämie. Sie kann niedrig sein, wenn gewisse Gefahren nicht mitversichert werden oder wenn eine Police besonders gut verlaufen ist, und höher, wenn besonders große Gefahren versichert werden sollen oder wenn eine Police besonders schlecht verlaufen ist.
Wenn die Jahresprämie bis zu einem bestimmten Umfang für Schäden verbraucht ist, kann die Prämie für das nächste Jahr erhöht werden. **Schlußschein** oder **Slip** tritt bei der Kaskoversicherung gewöhnlich vor die Police. Der Versicherungsmakler handelt im Auftrage des Reeders mit den Assekuradeuren die Bedingungen aus und legt diese in kurzer Form im Schlußschein nieder. Sodann bezeichnet er in diesem die einzelnen Assekuradeure und die von diesen vertretenen Gesellschaften mit dem jeweiligen Hundertsatz des übernommenen Risikos. Auch wird in ihm der Führende Versicherer genannt (in der Regel eine Platzgesellschaft), dessen Maßnahmen und Entscheidungen sich die übrigen Gesellschaften anschließen.

Police ist die Urkunde über den Abschluß einer Versicherung zu den genannten Bedingungen. Zur Wirksamkeit eines Vertrages genügt schon eine beiderseitige Willenserklärung, die sogar mündlich abgegeben werden kann.

In der Regel folgt die Police dem Schlußschein. In der Police unterzeichnen die Platzgesellschaften und jeder Assekuradeur für die vertretenen Gesellschaften, worauf sie dem Reeder vom Makler übergeben wird.

Verein Hamburger Assecuradeure (seit 1779) und der **Verein Bremer Seeversicherer** (seit 1818) sind Vereinigungen der in Hamburg und Bremen ansässigen bzw. vertretenen Seeversicherer. In Hamburg sind die Assekuradeure Mitglieder des Vereins, in Bremen dagegen die Gesellschaften (auch ausländische), von denen aber die auswärtigen ihre Rechte im Verein nur durch einen ortsansässigen Assekuradeur ausüben lassen können.

Der VHA und der VBS unterhalten je ein Havariebüro für die Feststellung und Taxierung von Kaskoschäden sowie für die weitere Abwicklung der Schäden. Darüber hinaus kann der VBS als die bevollmächtigte Schadensbearbeitungs- und -abrechnungsstelle aller in Bremen vertretenen in- und ausländischen Gesellschaften (weit über 100) angesehen werden.

An in- und ausländischen Plätzen von Bedeutung befinden sich Vertreter der beiden Vereine. Man nennt sie Havariekommissare. Sie sind in allen Angelegenheiten der Havarie erfahren und stehen dem Kapitän mit Rat und Tat zur Seite. Eine Vertreterliste befindet sich an Bord.

Bei jedem Unfall — auch nach einem geringfügigen — soll der Kapitän den nächsten Havariekommissar sofort benachrichtigen. Dieser unterrichtet den zuständigen Verein und bespricht mit diesem die erforderlichen Maßnahmen. Ferner bestellt er — falls erforderlich — einen Experten zur Feststellung der Schäden, gegebenenfalls auch zur Feststellung etwaiger gegnerischer Schäden (Havarie, siehe 9.7). Die Havariekommissare an größeren Plätzen stehen auch bei den weiteren Verhandlungen mit einem etwaigen Gegner und bei der Durchführung von Prozessen zur Verfügung.

Da die Mitgliedsgesellschaften der Vereine in ihren Transportversicherungsabteilungen auch Warenversicherung betreiben, werden die Havariekommissare der Vereine auch in den Warenpolicen genannt, damit sie bei Ladungsschäden vom Empfänger benachrichtigt werden und im Interesse der Warenversicherer bei der Feststellung und weiteren Abwicklung tätig werden können.

15.3 Seekaskoversicherung

15.3.1 Wichtiges aus der Police

Der Kapitän sollte einen Auszug aus der Police an Bord haben und auch die Offiziere damit vertraut machen.

Oberster Grundsatz muß sein: Stets so handeln, als ob nichts versichert wäre. Die nächste Jahresprämie kann nämlich erhöht werden, wenn die Prämie des laufenden Jahres bis zu einem bestimmten Umfang durch Schäden aufgezehrt ist. Außerdem zieht jede Schadensreparatur einen Nutzungsverlust nach sich, der nur selten versichert ist.

Jeder Schaden, auch z. B. ein kleiner Beulenschaden, ist sofort dem Reeder zu melden, damit dieser bedingungsgemäß die Versicherer benachrichtigen kann.

Die meisten Kaskoversicherungen sind Zeitversicherungen, die in der Regel auf 1 Jahr geschlossen werden, doch gibt es auch Reiseversicherungen, z. B. für Überführungen.

Police. Unter ihr sind meistens folgende Einzelinteressen für sich mit je einem beson- vgl. ADS
deren Versicherungswert und mit je einer besonderen Prämie versichert:

(1) Kasko, Maschinen bzw. Motoren, Kajüten und sämtliches Zubehör

Anmerkung: In der Praxis bezeichnet man als Kaskoversicherung die Versicherung des Ganzen. Gleichzeitig versteht man aber bei der obenerwähnten Unterteilung unter dem Kasko (Hülle) nur den Rumpf mit allen Aufbauten, Ladegeschirr, Booten usw.

Zu den Maschinen bzw. Motoren gehören außer den Hauptmaschinen alle Hilfsmaschinen, § 65
Wellenleitung, Propeller, Decksmaschinen, Ruderleitung und Rudermaschine, Pumpen, E-Anlage, Kühlmaschinen, Funkstation (vgl. DTV 20.1).

Solange § 34 ADS noch nicht durch die DTV-Kaskoklauseln 1978 aufgehoben war (vgl. DTV 21), hatte die Trennung in Kasko, Maschine usw. noch dadurch besondere Bedeutung, daß für jedes von ihnen eine separate Versicherungssumme vereinbart wurde. In einem Schadensfalle nur am Kasko oder nur an der Maschine blieb dadurch die Franchise klein.

Unter Zubehör versteht man alle Gebrauchsgegenstände, die nicht fest mit dem Schiff verbunden sind, z.B. Werkzeuge, Ersatzteile, tragbare Lampen, Feuerlöscher, Persenninge, Deckstühle usw.

(2) Nebeninteressen vgl. DTV 6
(a) Interesse und Ausrüstung
(b) Fracht

Anmerkung: Im Falle eines Totalverlustes erleidet der Versicherungsnehmer einen Schaden, der über den Wert des Schiffes hinausgeht. Diesen Schaden oder das Interesse, das Schiff nicht zu verlieren, sondern mit ihm Erwerb zu betreiben, kann der Versicherungsnehmer „auf Interesse im Totalverlustfalle" versichern lassen, außerdem kann er die Fracht zusätzlich versichern lassen. Insgesamt können bis zu 15% von der Kaskotaxe des Schiffes auf „Interesse" oder „Interesse und Ausrüstung" (auch „Behaltene Fahrt und Ausrüstung" genannt) und bis zu 20% auf Fracht versichert werden.

Eine Interessesumme wird nur nach Totalverlust des Schiffes fällig. Die Fracht ist dagegen § 120
wie das Kasko versichert. Die Fracht wird daher nur ersetzt, soweit sie durch einen Versiche- § 105
rungsfall verlorengeht. Allerdings wird in den DTV-Kaskoklauseln 1978 bestimmt, daß als auf Interesse versichert gilt, was auf Fracht und Ausrüstung nicht im Risiko ist. Nach Totalverlust des Schiffes sind daher außer der Kasko-Versicherungssumme beide Nebeninteressen-Versicherungssummen fällig.

Die Versicherung der Fracht hat auch wegen des Frachtbeitrages zur Havariegrosse Bedeutung.

Unter Ausrüstung ist nur die zum Verbrauch bestimmte Ausrüstung zu verstehen, z. B. Brennstoff, Schmieröle, Proviant und Farben. DTV 4.2 bestimmt, daß die Ausrüstung (außer gegen Totalverlust) nur gegen Feuer und Explosion versichert ist.

Oft werden noch folgende Risiken mit in die Kaskopolice genommen:

(3) Mannschaftseffekten

Anmerkung: Nach dem Manteltarifvertrag muß der Reeder die Habe der Besatzung bis zu bestimmten Beträgen versichern lassen, und zwar gegen Totalverlust, Teilverlust oder Beschädigung im Falle einer Strandung im Sinne von § 114 ADS (Grundberührung, Kentern, Sinken, Scheitern, Zusammenstoß, Brand, Explosion), außerdem auch gegen Einbruchdiebstahl.

(4) Assekuranzprämie

Anmerkung: Die Prämie wird gewöhnlich vierteljährlich vorausbezahlt. Nach einem Totalverlust ist die volle Jahresprämie fällig. Um diesem Risiko zu entgehen und um nach dem Totalverlust die Versicherungssumme ungekürzt zu erhalten, lassen manche Reeder die Prämie gegen dieses Risiko besonders versichern.

15.3.2 Aus den ADS

An den Anfang muß § 13 ADS gestellt werden: § 13
Alle Beteiligten haben Treu und Glauben im höchsten Maß zu betätigen.

vgl. ADS   Anmerkung: Diesem Grundsatz muß auch der Kapitän folgen, wenn er über einen eingetretenen Schaden berichtet. Der Bericht muß wahr und vollständig sein. Jedermann weiß, daß Unfälle und Schäden sich nie ganz vermeiden lassen werden, besonders nicht in der Seefahrt mit ihren überall lauernden Gefahren. Aus diesem Grunde läßt ja der Reeder das Schiff versichern. Die Versicherer haben Verständnis für einen Unfall, wenn offen und ohne Beschönigung berichtet wird und soweit nicht grobe Verantwortungslosigkeit mitgewirkt hat. Es kommt dann nach stillschweigender Übereinkunft auch nicht vor, daß die Verantwortlichen durch die Versicherer persönlich haftbar gehalten werden.

Nach den ADS sind folgende Hauptgruppen von Risiken unter einer Kaskopolice gedeckt:

Eigenschäden, Havariegrosse-Beiträge, Aufopferungen, Aufwendungen und Kollisionsersatz

§ 28   **(1) Eigenschäden.** Gedeckt sind alle Gefahren, insbesondere Eindringen von Seewasser, Eis, Diebstahl, Seeraub, Plünderung oder andere Gewalttätigkeiten. Der Versicherer haftet jedoch nicht für einen Schaden durch Verzögerung der Reise.

Anmerkung: Es handelt sich um eine sogenannte Allgefahrendeckung. Dies bedeutet aber nicht ohne weiteres, daß auch alle Schäden zu ersetzen sind. Das Wort „insbesondere" deutet auf die Unvollständigkeit der Aufzählung hin.

§ 33   Außerdem sind auch solche Schäden gedeckt, die durch Verschulden der Schiffsbesatzung entstanden sind.
Auch die sogenannten Schwerwetterschäden sind gedeckt, obwohl sie nicht besonders genannt sind.

Anmerkung: Es entstehen nicht selten Beulen im vorderen Schiffsboden und/oder schwere Schäden am Überwasserschiff, wenn nicht bedacht wird, daß die Bewegungsenergie oder die Wucht des Aufschlagens auf die See oder beim Gegenandampfen sich mit dem Quadrat der Geschwindigkeit ändert. Eine Reduzierung der Geschwindigkeit von 10 kn auf 5 kn in schwerem Wetter bedeutet eine Verminderung der Bewegungsenergie auf ein Viertel.

§29   **(2) Havariegrosse-Beiträge** sind ebenfalls gedeckt. Maßgeblich ist die Dispache.
§30
Anmerkung: Vgl. auch DTV 35.1 bis 35.5. Bei einer Havariegrosse kann unter Umständen der beeidigte Besichtiger den Schiffswert als Beitragswert höher als den Versicherungswert (Taxe der Versicherer) taxieren. In diesem Falle würden die Versicherer den Havariegrosse-Beitrag nur im Verhältnis der beiden Werte zueinander ersetzen. Hiervor schützt eine besondere Marktklausel, nach welcher der sogenannte Exzedent von der Interessenversicherung in einem bestimmten Verhältnis getragen wird (siehe 15.5 B).
Da unter einer Police auch die Fracht (für sich) versichert ist, ersetzen die Versicherer auch den auf die Fracht entfallenden Havariegrosse-Beitrag.

§31   **(3) Aufopferung** des versicherten Gegenstandes ist gedeckt.

Anmerkung: Praktische Bedeutung hat dies nur bei einem Unfall, der nicht eine Havariegrosse nach sich zieht, z. B. auf einem aufgelaufenen Ballastschiff, dem man beim Abbringen absichtlich Maschinenschäden zufügt.

§§ 32, 41   **(4) Aufwendungen** zur Abwendung oder Minderung des Schadens oder gemäß besonderer Weisung des Versicherers sind gedeckt, und zwar auch bei Erfolglosigkeit.
§ 37   Der Ersatz ist nicht auf die Versicherungssumme beschränkt.

Anmerkung: Eine typische Aufwendung ist die Miete eines Tankleichters, um z. B. von einem gestrandeten Ballastschiff Brennstoff zu leichtern. Auf beladenen Schiffen fallen viele Aufwendungen unter Havariegrosse.

§ 41   Der Versicherungsnehmer (Reeder) ist zur Schadensminderung verpflichtet.

(5) Kollisionsersatz als Schadenersatz an den Gegner ist nach Zusammenstoß von   vgl. ADS
Schiffen gedeckt.   § 78

Anmerkung: (Vgl. Zusammenstoß, siehe 11.3). Nach § 78 ADS wäre der Kollisionsersatz an
einem gerammten Bagger nicht gedeckt, weil kein Zusammenstoß von Schiffen stattgefunden
hat.
Man hat deshalb schon frühzeitig die Kollisionsklausel der DTV-Kaskoklauseln eingeführt,
die sich auch auf Kollisionen mit schwimmenden Gegenständen bezieht. Als auch das für die
Praxis nicht ausreichte, entstanden im Laufe der Jahre unterschiedliche Zusatzklauseln. Der
gesamte Kollisionsersatz wird nunmehr durch die neuen DTV-Kaskoklauseln 1978 geregelt
(siehe 15.3.3, DTV 34).

Befreiung von der Haftung (Abandon der Versicherer). Die Versicherer haben das
Recht, sich binnen 5 Werktagen, nachdem sie von einem Versicherungsfall **und dessen**   § 38
unmittelbaren Folgen Kenntnis erhalten haben, durch Zahlung der Versicherungssumme von allen weiteren Verbindlichkeiten zu befreien. Aufwendungen, für die bereits
Verpflichtungen entstanden sind, müssen sie aber ersetzen. Die Versicherer erwerben
durch ihren Abandon kein Recht an den versicherten Gegenständen.

Totalverlust. Bei Totalverlust müssen die Versicherer auf Verlangen die Versicherungs-   § 71
summen auf Kasko und Nebeninteressen, soweit gedeckt, auszahlen.
Anders als § 71 ADS bestimmt DTV 32, daß die Rechte an den versicherten Gegenständen nur dann auf die Versicherer übergehen, wenn sie es verlangen (siehe aber DTV 25).

Seetüchtigkeit   § 58

Anmerkung: Nach den recht strengen Vorschriften in § 58 ADS muß der Versicherungsnehmer für die absolute Seetüchtigkeit des Schiffes bei jedem Auslaufen einstehen. Absatz 2 bestimmt, daß im Zweifel ein Schaden als durch Seeuntüchtigkeit entstanden gilt, wenn bei einem
Verlust oder einer Beschädigung des Schiffes ein äußeres Ereignis nicht mitgewirkt hat. Dies
bedeutet eine Umkehr der Beweislast zu Lasten des Versicherungsnehmers.
Die Bestimmungen sind im Laufe der Jahre durch Maklerklauseln zu Lasten des Versicherers abgewandelt worden.
Die DTV-Kaskoklauseln 1978 setzen an die Stelle von § 58 ADS eine neue Regelung, die
dem Versicherungsnehmer auch Schutz gegen Schäden aus Seeuntüchtigkeit gewährt, sofern er
diese nicht selbst zu vertreten hat (vgl. DTV 23).

Teilschäden (Partschäden). Je ein Sachverständiger der Versicherer und des Versiche-   § 74
rungsnehmers sollen den Teilschaden feststellen und taxieren. Für das Gutachten und
die Schadenstaxe ist eine bestimmte Form vorgeschrieben:
1.   Bezeichnung der Sachverständigen und der hinzugezogenen Beteiligten.
2.   Bezeichnung der Personen, die solche Sachverständigen ernannt haben.
3.   Ort und Zeit der Besichtigung.
4.   Bezeichnung der Schäden mit Ursache und Zeit des Eintritts.
5.   Schätzung der Kosten zur Beseitigung jedes einzelnen Schadens.

Anmerkung: Vgl. ausführliche Beschreibung der Besichtigung der Schiffsschäden (siehe 9.7).
In dem Besichtigungsbericht muß gegebenenfalls ein Vorbehalt wegen solcher Schäden gemacht werden, die noch nicht erkennbar sind. Falls der Teilschaden noch nicht oder noch nicht
vollständig repariert werden soll, beschränkt sich das Gutachten auf die Feststellung des Um-
fanges der Schäden. Die spezifizierte Schadenstaxe wird dann im Hafen der endgültigen Reparatur aufgemacht. Vgl. Ratschläge in Stichworten (siehe 9.8).

Die **Ausbesserung** muß unverzüglich durchgeführt werden. Die Ersatzpflicht der Ver-   § 75
sicherer richtet sich ausschließlich nach der Schadenstaxe oder nach den Reparaturkosten, wenn diese niedriger sind.

vgl. ADS   Anmerkung: Die Versicherer haften insbesondere nicht für Schäden, die daraus entstehen, daß nicht sofort repariert wird, weil man z. B. die Reise schnell fortsetzen will (Folgeschäden). Auch der Reeder kann die sofortige Raparatur verlangen. Manchmal will er aber die unterbrochene Reise schnell fortsetzen, also keine „endgültige Reparatur" machen lassen. Dann wird zunächst nur so repariert, daß das Schiff wieder seetüchtig wird. Wenn zu diesem Zwecke das Schiff z. B. mit Zementkästen abgedichtet wird oder wenn in den aufgeworfenen Doppelboden Versteifungen eingesetzt werden, handelt es sich um eine **Notreparatur.** Soweit nicht besonders vereinbart, wird eine solche Notreparatur von den Versicherern nicht ersetzt, weil sie nicht der Ausbesserung dient. Unter Umständen werden die Kosten dafür in Havariegrosse vergütet (vgl. YAR 14). Solche Notreparatur soll daher möglichst klein gehalten werden. Dagegen sollen möglichst viele Arbeiten schon der endgültigen Reparatur dienen, also eine **vorläufige Reparatur** sein. Über Art und Umfang von Teilreparaturen wird zwischen dem Reeder und den Versicherern gelegentlich verhandelt.

§ 77   **Reparaturunwürdigkeit** liegt vor, wenn die geschätzten Ausbesserungskosten höher sind als der Versicherungswert.

§ 77   **Reparaturunfähigkeit** liegt vor, wenn die Reparatur aus technischen Gründen überhaupt nicht möglich ist, weil z. B. die Schäden zu schwer sind oder keine Werft am Platze ist oder das Schiff nicht in eine Werft gebracht werden kann. In solchen Fällen kann das Schiff öffentlich versteigert werden.

15.3.3 Aus den DTV-Kaskoklauseln 1978 (nach Ausgabe 11/1982)

vgl. DTV 78   Es wird nochmals darauf hingewiesen, daß die DTV-Kaskoklauseln 1978 den ADS vorgehen.

An dieser Stelle kann nur das Wichtigste kurz wiedergegeben und erläutert werden.

7   **Fahrtgrenzen** (Fahrtgebiet I oder II, je nach Vereinbarung)

7.1   **I. Europäische Fahrten**
Versichert sind Fahrten zwischen allen europäischen Plätzen und allen Plätzen am Mittelmeer und Schwarzen Meer, im übrigen nur bis 70° N, ausschließlich Grönland, jedoch einschließlich direkter Fahrten von und nach Kirkenes und Murmansk; ebenfalls einschließlich Fahrten nach und von dem Weißen Meer, wenn Honningsvaag auf der Hinreise nicht vor dem 10. Mai passiert und die Rückreise nicht nach dem 31. Oktober angetreten wird.

Südliche Begrenzung an der afrikanischen Atlantikküste bei Casablanca (einschließlich).

Westliche Begrenzung Island (einschließlich), jedoch ausschließlich Kanarische Inseln und Azoren.

7.2   **II. Europäische und außereuropäische Fahrten**[2]
Versichert sind Fahrten nach und von allen Plätzen. Ausgeschlossen sind jedoch Fahrten

1. nördlich 70° N — mit Ausnahme direkter Fahrten nach und von Kirkenes und Murmansk, und Fahrten nach und von dem Weißen Meer, wenn Honningsvaag vor dem 10. Mai passiert und die Rückreise nach dem 31. Oktober angetreten wird;
2. von und nach Grönland;
3. südlich 50° S — mit Ausnahme von Fahrten nach und von Plätzen in Argentinien, Chile und den Falklandinseln;

---

2 Wegen weiterer Einzelheiten siehe Originaltext.

4. an der Atlantikküste Nordamerikas nördlich 52°10' N soweit westlich 50° W [2];   vgl. DTv 78
   an der Pazifikküste nördlich 54°30' N oder westlich 130°50' W;
   in den Großen Seen oder auf dem St.-Lorenz-Seeweg westlich von Montreal;
   nach und von dem Bering-Meer;
5. Ostasien nach und von dem Bering-Meer nördlich 46° N und Sibirien mit Ausnahme von Wladiwostok und Nakhodka;
6. mit indischer Kohle als Ladung;
7. nach und von dem Bering-Meer [2]

Führung — Mitversicherung. Die vom Führenden Versicherer mit dem Versiche- 9.2 rungsnehmer getroffenen Vereinbarungen sind für die Mitversicherer verbindlich (ausgenommen Taxenerhöhungen). Gleiches gilt für die Schadensregulierung und die Re- 9.5 greßführung, außerdem auch für die Prozeßführung.

Gefahränderung. Der Versicherungsnehmer darf gegen eine Zuschlagprämie die Ge- 11 fahr ändern oder die Änderung durch einen Dritten gestatten, muß dieses aber unverzüglich dem Versicherer anzeigen. Unterläßt er es vorsätzlich, ist der Versicherer frei.

Als Gefahränderung wird insbesondere angesehen: 11.5
- Docken oder Slippen mit Ladung;
- nicht übliches Schleppen oder Geschlepptwerden außerhalb von Seenot;
- Überschreiten der vereinbarten Fahrtgrenzen;
- Umschlag auf hoher See zwischen Seeschiffen;
- Regreßverzicht in Zeitchartverträgen;
- Einsatz bei militärischen Manövern.

Gefährliche Ladung [3]. An die Stelle von § 60 ADS tritt folgende Regelung: Für Schä- 14 den aus der Verladung gefährlicher Güter, die nach den deutschen Vorschriften über 14.1 die Beförderung gefährlicher Güter [3] in der jeweils gültigen Fassung von der Beförderung ausgeschlossen sind, leistet der Versicherer keinen Ersatz. Für Schäden aus der Verladung zugelassener Güter leistet der Versicherer nur Ersatz, wenn der Versicherungsnehmer nachweist, daß er die deutschen Vorschriften beachtet und alles getan hat, um deren Einhaltung durch die Schiffsführung sicherzustellen oder daß er die Verladung weder kannte noch kennen mußte.

Findet die Verladung in einem ausländischen Hafen statt, so gelten nach Wahl die 14.2 entsprechenden ausländischen oder die deutschen Vorschriften.

Ziff. 14.1 und 14.2. gelten auch bei lose verschifftem Massengut im Hinblick auf die 14.3 Vorschriften, Richtlinien und Empfehlungen von Behörden und Klassifikationsgesellschaften.

Gewalthandlungen. Die Versicherung gegen die Gefahren von politischen Gewalt- 15 handlungen, Arbeitsunruhen, Aufruhr, sonstigen bürgerlichen Unruhen und der Piraterie kann jederzeit einzeln oder insgesamt mit einer Frist von 14 Tagen gekündigt werden.

Kriegsgefahr [4]. Ausgeschlossen sind Gefahren des Krieges, Bürgerkrieges oder kriegs- 16 ähnlicher Ereignisse und solche, die sich unabhängig vom Kriegszustand aus der feind- 16.1 lichen Verwendung von Kriegswerkzeugen sowie aus dem Vorhandensein von Kriegswerkzeugen als Folge einer dieser Gefahren ergeben.

---

3 Maßgeblich ist die Verordnung über die Beförderung gefährlicher Güter mit Seeschiffen vom 27.6.1986 (GGVSEE).
4 Wörtliche Wiedergabe.

vgl. DTV 78
16.2 In Abänderung von § 35 Abs. 2 ADS bleibt die Verpflichtung der Versicherer zur Leistung bestehen, wenn ein Schiff infolge einer Gefahr gemäß Klausel 16.1 die Reise nicht antritt oder nicht fortsetzt oder einen Nothafen anläuft.

17   **Beschlagnahme und Enteignung.** Ausgeschlossen sind die Gefahren der Beschlagnahme oder der sonstigen Entziehung durch Verfügung von hoher Hand. Dies gilt nicht für einen Schaden aus gerichtlicher Verfügung oder Vollstreckung, wenn der zugrunde liegende Anspruch den Versicherern zur Last fällt (z. B. Kollisionsersatz).

18   **Behördliche Maßnahmen bei Gewässerverschmutzung**[5]. Verursachen Maßnahmen einer staatlichen Behörde, die sie in Ausübung hoheitlicher Gewalt trifft, um eine drohende Gewässerverschmutzung zu verhüten oder eine bereits eingetretene zu vermindern, unmittelbar Schäden am Schiff, so leistet der Versicherer auch Ersatz; das setzt voraus, daß das Ereignis, welches die drohende oder eingetretene Gewässerverschmutzung ausgelöst hat, die Folge einer versicherten Gefahr ist und die Maßnahme der staatlichen Behörde nicht durch Verschulden des Versicherungsnehmers bei der Verhütung drohender oder der Verminderung eingetretener Gewässerverschmutzung verursacht worden ist.

Anmerkung: Die Klausel ist der englischen Pollution Hazard Clause nachgebildet, die seinerzeit nach dem TORREY-CANYON-Fall eingeführt wurde, nachdem englische Flugzeuge versucht hatten, zur Verhütung der Ölverschmutzung den aufgelaufenen Tanker durch Bombenabwurf in Brand zu setzen.

19   **Kernenergie-Klausel**[4]. Für durch radioaktive Stoffe verursachte Ersatz-an-Dritte-
19.1 Schäden leistet der Versicherer keinen Ersatz. Er leistet ferner keinen Ersatz, wenn bei
19.2 der Beförderung radioaktiver Stoffe gegen die deutschen Vorschriften oder die Bestimmungen und Richtlinien der Klassifikationsgesellschaft verstoßen wurde und der Schaden auf diesem Verstoß beruht. Die Leistungsfreiheit des Versicherers tritt nicht ein, wenn der Versicherungsnehmer nachweist, daß er die genannten Vorschriften, Bestimmungen und Richtlinien beachtet sowie das Erforderliche getan hat, um ihre Einhaltung bei der Beförderung sicherzustellen, oder daß er die Beförderung weder kannte noch kennen mußte.
      Werden die radioaktiven Stoffe in einem ausländischen Hafen verladen, für den Vorschriften für die Beförderung solcher Stoffe bestehen, so sind nach Wahl des Versicherungsnehmers entweder diese oder die deutschen Vorschriften maßgebend.
19.3 Der Versicherer leistet insoweit nicht Ersatz, als der Versicherungsnehmer Ersatz von einem Dritten erlangt oder erlangen würde, wenn diese Versicherung nicht abgeschlossen wäre.

20   **Maschinelle Einrichtungen.** Maschinelle Einrichtungen sind:
20.1 Hauptantriebsanlage einschließlich Welle und Propeller, Hilfsaggregate, Pumpen, Kühlanlagen und Decksmaschinen. Nicht dazu gerechnet werden Rohrleitungen mit Armaturen, elektrische Kabel sowie Vorrats- und Betriebstanks mit zugehörigen Ein-
20.2 richtungen. An die Stelle von § 65 ADS tritt folgende Regelung:
      Der Versicherer leistet Ersatz für Schäden an den maschinellen Einrichtungen, die entstanden sind **als Folge**
      – einer versicherten Gefahr,
      – eines verborgenen Mangels, der auf einem Material- oder Fertigungsfehler beruht,

---

4 Wörtliche Wiedergabe.
5 Siehe Band 2 A, Kap. 3.3, Bekämpfung von Meeresverschmutzungen

vgl. DTV 78

– eines Konstruktionsfehlers oder -mangels,
– eines Wellenbruchs.

Schäden aus einer groben Vernachlässigung über einen längeren Zeitraum sind ausgeschlossen.

Anmerkung: Der Ausdruck „als Folge" läßt sich an folgenden Beispielen erläutern:
Wenn ein Kurbelwellenbruch nachweislich auf einen Montagefehler der Besatzung bei der Überholung zurückzuführen ist, handelt es sich um Verschulden der Besatzung und damit um eine versicherte Gefahr nach § 33 (3) ADS. Die gesamten Reparaturkosten und die Neubeschaffung der Welle fallen unter die Leistungspflicht der Versicherer, weil der gesamte Schaden eine Folge der versicherten Gefahr ist.
Bricht die Kurbelwelle, ohne daß eine versicherte Gefahr, z. B. als äußeres Ereignis wie eine Strandung, mitgewirkt hat, so fallen nur die Folgeschäden den Versicherern zur Last, z. B. die beim Bruch der Welle entstandenen Lagerschäden oder Schäden an der Grundplatte sowie anteilig die Demontage- und Remontagekosten, nicht aber die Kosten für die Kurbelwelle selbst.
Stellt sich aber z. B. heraus, daß der Kurbelwellenbruch auf eine dauernde Vernachlässigung des Schmierölsystems zurückzuführen ist, so handelt es sich in Anbetracht der Bedeutung des Schmierölsystems um eine grobe Vernachlässigung über einen längeren Zeitraum, welche die Versicherer von der Leistungspflicht befreit.

Selbstbehalt bei Maschinenschäden durch Bedienungsfehler: 20.3

Von jedem versicherten Teilschaden (Partschaden) an den maschinellen Einrichtungen, der teilweise oder allein durch Bedienungsfehler der Schiffsbesatzung verursacht worden ist, trägt der Versicherungsnehmer nach Berücksichtigung der vereinbarten Franchise (DTV 21) 10% selbst, höchstens 1% der Kaskotaxe, jedoch begrenzt auf DM 100000,– (Einzelfahrer ebenfalls 10%, mindestens aber DM 7500,–, höchstens DM 100000,–).

Abzugsfranchise   21

Anmerkung: Bei der Franchise gemäß dem außer Kraft gesetzten § 34 ADS handelt es sich um eine sogenannte Erreicht- oder Integralfranchise. Franchise (Freiteil) 3% bedeutet, daß ein versicherter Schaden 3% der Kaskotaxe erreichen muß, um die Versicherer haftpflichtig zu machen, dann allerdings für den gesamten Schaden. Bis in die siebziger Jahre ist die Franchise in der Praxis in der Regel auf 1% vereinbart worden, oft auch noch unter der sogenannten Teilungsklausel mit besonderen Versicherungswerten bzw. -summen für Kasko, Maschine und Kajüte.
Ab 1972 gibt es die DTV-Abzugsfranchiseklausel, die nahezu unverändert in die DTV-Kaskoklauseln 1978 übernommen worden ist. Unter einer Abzugsfranchise versteht man denjenigen Teil eines Schadens, den der Versicherungsnehmer immer selbst tragen muß.
Der Betrag der Abzugsfranchise kann nicht ermäßigt, wohl aber durch Vereinbarung erhöht werden. Von dieser Möglichkeit machen manche Reeder Gebrauch, um unter Prämienersparung ein gewisses Risiko selbst zu tragen.
Außer den beiden obenerwähnten Franchisen gibt es noch die sogenannte Aggregatfranchise. Ist diese z. B. auf DM 300000,– vereinbart, so treten die Versicherer erst ein, wenn und soweit alle Schäden innerhalb der Reedereiflotte während des Versicherungsjahres nach Berücksichtigung der einzelnen Abzugsfranchisen DM 300000,– übersteigen.

An die Stelle von § 34 ADS tritt folgende Regelung: 21.1
Die Abzugsfranchise wird auf jedes Schadensereignis angewendet, bei Schwerwetterschäden und Eisschäden jedoch nur einmal auf alle Schäden, die während der Reise zwischen zwei aufeinanderfolgenden Häfen eingetreten sind.
Die Höhe der Abzugsfranchise richtet sich nach dem Alter der Schiffe. Ab 1.1.1987 gelten folgende Beträge:

Alter bis zu 15 Jahren 2‰ der Taxe, mindestens DM 5000,–
höchstens DM 30000,–

vgl. DTV 78 Alter über   15 Jahren 4‰ der Taxe, mindestens DM 10000,—
höchstens   DM 40000,—

21.3 Die Abzugsfranchise wird nicht angewendet
— bei Totalverlust, konstruktivem Totalverlust o. ä,
— auf Havariegrosse-Beiträge,
— auf Aufopferungen und Aufwendungen,
— auf Ersatzleistungen an Dritte.

21.4 Abzüge gemäß Eisklauseln werden zusätzlich vorgenommen.

Schiffe mit den Eisklassen E, E+, E 1, E 2, E 3, E 4, ausgenommen Fischereimotorschiffe und Fischdampfer[5]. Die Bestimmungen gelten für Reisen und Aufenthalt nach, von oder in den Gebieten nördlich der Linie Stockholm/Dagerort und östlich der Linie Dagerort/Ventspil sowie für Reisen und Aufenthalt nach, von oder in sämtlichen Kanälen, Flüssen und Binnenseen Schwedens.

Die Selbstbeteiligung des Versicherungsnehmers beträgt für Schiffe mit:

Eisklasse E. 20% von der verbleibenden Summe des Eisschadens nach Abzug der in der Police vereinbarten Abzugsfranchise, maximal jedoch DM 75000,—.

Eisklasse E+, E 1. 15% von der verbleibenden Summe des Eisschadens nach Abzug der in der Police vereinbarten Abzugsfranchise, maximal jedoch DM 50000,—.

Eisklasse E 2. 12,5% von der verbleibenden Summe des Eisschadens nach Abzug der in der Police vereinbarten Abzugsfranchise, maximal jedoch DM 35000,—.

Eisklasse E 3. 10% von der verbleibenden Summe des Eisschadens nach Abzug der in der Police vereinbarten Abzugsfranchise, maximal jedoch DM 25000,—.

Eisklasse E 4 und höher. Für Schiffe mit Eisklasse E 4 und einer höheren Eisklasse gilt keine Selbstbeteiligung des Versicherungsnehmers bei Eisschäden über die bereits in der Police vereinbarte Abzugsfranchise hinaus.

23 **Seetüchtigkeit**[4]. an die Stelle von § 58 ADS tritt folgende Regelung:

23.1   Der Versicherer leistet keinen Ersatz für einen Schaden, der dadurch verursacht ist, daß das Schiff nicht seetüchtig, insbesondere nicht gehörig ausgerüstet, bemannt oder beladen oder ohne die zum Ausweis von Schiff, Besatzung und Ladung erforderlichen Papiere oder ohne die höchste Klasse einer anerkannten Klassifikationsgesellschaft und den Fahrterlaubnisschein der See-Berufsgenossenschaft oder — bei ausländischer Flagge — der zuständigen Behörde in See gesandt wurde.

23.2   Dies gilt nicht, wenn der Versicherungsnehmer die Seeuntüchtigkeit nicht zu vertreten hat.

Anmerkung: Der Ausdruck „in See gesandt" bedeutet, daß die genannten Bedingungen während der gesamten Reise bei jedem Auslaufen erfüllt sein müssen.

Unter Seetüchtigkeit ist zu verstehen, daß das Schiff die gewöhnlichen Gefahren der See, mit denen im Verlaufe einer Reise gerechnet werden muß, überstehen kann. Zur seetüchtigen Beladung gehören z. B. die Herstellung ausreichender Stabilität einschließlich seetüchtiger Stauung der Ladung sowie die Beachtung der Längsfestigkeit und des Freibords. Ein gültiges Klassenzeugnis oder ein Fahrterlaubnisschein beweisen nicht unbedingt die Seetüchtigkeit des Schiffes. Dagegen würde deren Ungültigkeit als ausreichendes Anzeichen für die Seeuntüchtigkeit angesehen werden können.

Beispiel: Ein in der kleinen Küstenfahrt eingesetztes und entsprechend mit Patentinhabern besetztes Schiff mit dem Klassenzeichen „k" wird vom Reeder auf eine Mittelmeerreise ge-

---

4 Wörtliche Wiedergabe.
5 Nach DTV-Eisklauseln.

sandt. Er zeigt die Gefahränderung den Versicherern an (vgl. DTV 11.2) und bezahlt eine Prä- vgl. DTV 78
mienzulage, unterläßt aber die ordnungsgemäße Besetzung mit Patentinhabern und die Beschaffung des für die Mittlere Fahrt gültigen Fahrterlaubnisscheins der SeeBG. Erleidet das
Schiff während der Reise einen Schaden und ist dafür die unzureichende Besetzung mit Patentinhabern ursächlich, so ist der Versicherer wegen Seeuntüchtigkeit frei. Die Prämienzulage
wegen der Gefahränderung hat darauf keinen Einfluß, weil die Besetzung des Schiffes allein
Sache des Reeders ist und von den Versicherern nicht überwacht werden kann. In der Praxis
würden allerdings die Versicherer auf die Notwendigkeit der ordnungsgemäßen Besetzung hingewiesen haben, wenn ihnen die Absicht der Gefahränderung rechtzeitig mitgeteilt worden wäre.

Unter der Hypotheken-Klausel B, die für beliehene Schiffe obligatorisch ist, müssen die Versicherer gegenüber der beleihenden Bank grundsätzlich auf den Einwand der Seeuntüchtigkeit
verzichten.

Sicherheitsleistung. Zur Abwendung eines drohenden Arrestes übernehmen die Ver- 24
sicherer die geforderte Garantie oder die Hinterlegung eines Bardepots, sofern die
Drohung auf einem versicherten Schaden beruht.

Schadensnachweis. Wenn der Schadensfall durch ein deutsches Seeamt oder durch ei- 25
ne entsprechende ausländische Behörde untersucht wird, können die Versicherer vor
der Zahlung die Vorlage der rechtskräftigen Entscheidung verlangen. Nach Totalverlust oder Verschollenheit ist die Vorlage Bedingung (siehe 15.3.2 (5), Totalverlust).

Abnutzung[4]. An die Stelle von § 59 ADS tritt folgende Regelung: 27

1. Der Versicherer leistet keinen Ersatz für einen Schaden, der durch Abnutzung im
   gewöhnlichen Gebrauch, Alter, Fäulnis, Rost, Korrosion, Wurmfraß oder Kavita-
   tion entstanden ist.
2. Kann der Schaden teils auf eine oder mehrere der in Absatz 1 genannten Ursachen,
   teils auf eine versicherte Gefahr zurückgeführt werden, so leistet der Versicherer anteilig insoweit Ersatz, als die versicherte Gefahr mitursächlich gewesen ist.

Das gilt nicht, wenn eine versicherte Gefahr die nächste Ursache eines Schadens gewesen ist.

Anmerkung: Die nächste Ursache wird von den Juristen als causa proxima bezeichnet. Sie ist
die wirksamste Ursache, sie muß daher keineswegs die zeitlich nächste sein.

Beispiel: Infolge eines von der Besatzung verschuldeten Ölmangels treten Lagerschäden
und leichte Rißschäden an der Kurbelwelle ein. Die Lager müssen erneuert werden, aber die
Hauptkosten entstehen durch die Demontage und Remontage der Maschine zwecks Heraus-
nahme und Beschleifen der Welle. Es stellt sich heraus, daß die Welle auch Abnutzungsschäden aufweist. Causa proxima ist das Verschulden der Besatzung als versicherte Gefahr. Eine
Teilung der Kosten kommt in diesem Falle nicht in Betracht, obwohl der Reeder im Hinblick
auf die Abnutzungsschäden von dem Beschleifen der Welle profitiert. (Siehe zu diesem Beispiel Vernachlässigungsschäden in der Anmerkung zu DTV 20.2).

Anstrich des Unterwasserschiffes. Die schadensbedingten Anstrichkosten werden er- 29
setzt. Im übrigen werden die Kosten für Schrapen und Giftanstrich im Verhältnis des
Alters des letzten Anstrichs zur Restlebensdauer ersetzt.

Tenderung 30

Anmerkung: Nach § 75 ADS ist der Versicherungsnehmer verpflichtet, vor einem Repara-
turauftrag für einen Versicherungsschaden Reparaturangebote einzuholen und diese den Versicherern vorzulegen. In der Praxis stellen bei größeren Schäden die Experten des Reeders mit

---

4 Wörtliche Wiedergabe.

vgl. DTV 78 Unterstützung des oder der Experten der Versicherer die Schäden bzw. die Reparatureinzel-
heiten in einer sogenannten Spezifikation zusammen und geben diese mit allgemeinen Bedingungen an die in Betracht kommenden Werften zur Ausarbeitung und Abgabe der Reparaturangebote. Die Angebote werden zu einem vorher festgesetzten Zeitpunkt geöffnet, in der Regel im Beisein von Werftvertretern. Dieses Verfahren wird gelegentlich unrichtig als Tendern
bezeichnet. Tatsächlich handelt es sich lediglich um eine Ausschreibung. Unter Tenderung ist
folgendes zu verstehen:

30.1   Nach der Vorlage von Reparaturangeboten durch den Versicherungsnehmer kann
der Versicherer verlangen, daß weitere Reparaturangebote eingeholt werden (Tenderung). Er kann auch verlangen, daß das Schiff an einen anderen Ort gebracht wird,
auch kann er einen Reparaturort oder eine Reparaturwerft ablehnen.

30.2   Für die Zeit, die nur durch eine solche Tenderung verlorengeht, zahlt der Versiche-
30.3   rer eine Entschädigung. Diese beträgt pro Tag 1/365 von 30% der Versicherungs-
30.4   summe, jedoch abzüglich solcher Beträge, die für dieselbe Zeit in Havariegrosse oder
nach der Ballastschiffklausel oder als Aufwendungen für Hin- und Rückfahrt nach einem anderen Reparaturort (§ 75 Abs. 4 ADS) vergütet werden.

30.5   Verfährt der Versicherungsnehmer nicht nach dem Verlangen gemäß DTV 30.1, so
vermindert sich die Ersatzleistung des Versicherers um 15% des festgestellten und
nach der Police zu ersetzenden Schadens.

30.6   Wird trotz Tenderung das vom Versicherer gebilligte Angebot nicht angenommen, so
beschränkt sich die Ersatzleistung des Versicherers auf dieses Angebot zuzüglich der
ersparten Kosten.

Anmerkung: Es ist selbstverständlich, daß das niedrigste Angebot auch dann die Ersatzleistung der Versicherer bestimmt, wenn nicht getendert, sondern die Reparatur lediglich ausgeschrieben worden ist, vorausgesetzt natürlich, daß die Werft mit dem niedrigsten Angebot
technisch zur Ausführung der Reparatur in der Lage ist. Unterschiede in der Reparaturzeit beeinflussen die Wünsche des Reeders, können aber von den Versicherern, die außer dem Tendern keinen Zeitverlust zu ersetzen haben, nur berücksichtigt werden, wenn die Werft mit dem
niedrigsten Reparaturangebot eine außergewöhnlich lange Reparaturzeit fordert.

Beispiel: Das Schiff liegt in X, wo auch die Reparatur ausgeschrieben wird. Eine Werft in Y
bietet niedriger an als eine Werft in X, verlangt jedoch eine um 10 Tage längere Reparaturzeit,
was nicht als unzumutbar angesehen werden kann. Trotz des höheren Preises in X läßt der
Reeder entgegen dem Verlangen des Versicherers in X reparieren. Der Versicherer leistet nur
Ersatz in Höhe des niedrigeren Angebotes aus Y zuzüglich der ersparten Kosten der Hinfahrt
und der Rückfahrt.

32   **Rechtsübergang.** In Abweichung von §§ 71 bis 73 ADS haben die Versicherer das
Recht zu wählen, ob die Rechte an den versicherten Gegenständen auf sie übergehen
sollen. Machen sie hiervon bis zur Anerkennung des Schadens keinen Gebrauch, so
gehen die Rechte nicht über.

33   **Reparatur und Entschädigung ohne Reparatur.** Grundsätzlich setzt eine Ersatzleistung die Durchführung der Reparatur voraus. Wird aber dem Schiff nach einer Beschädigung von der Klassifikationsgesellschaft die Seefähigkeit bescheinigt, so kann die
Reparatur zurückgestellt werden, sofern der Schaden unverzüglich festgestellt wird
(vgl. auch Notreparatur). Für einen Mehraufwand infolge verspäteter Reparatur leisten
die Versicherer keinen Ersatz.

Anmerkung: Ein Mehraufwand kann sich aus inflatorischen Preiserhöhungen ergeben. Es
sei an dieser Stelle auch auf die sogenannten Folgeschäden hingewiesen, die als Mehraufwand
ebenfalls nicht von den Versicherern ersetzt werden.

Beispiel: Bei einem Schraubenaufschlag werden zwei Schraubenflügel mäßig verbogen. Der vgl. DTV 78 Reeder will keinen Zeitverlust hinnehmen, sondern das Schiff bis zu den nächsten Klassearbeiten in einigen Wochen in Fahrt behalten. Beim späteren Eindocken stellt sich heraus, daß die Schwanzwellenlagerung und die Stevenrohrabdichtung inolge der Vibration Schäden erlitten haben. Diese Folgeschäden fallen den Versicherern nicht zur Last (vgl auch § 75 ADS).

Ersatz an Dritte[4]. An die Stelle von § 78 ADS tritt folgende Regelung: 34

Der Versicherer leistet Ersatz für Schäden, die der Versicherungsnehmer dadurch   34.1 erleidet, daß er aufgrund von gesetzlichen Bestimmungen die einem Dritten verursach-   34.1.1 ten Schäden zu ersetzen hat, die bei der Bewegung des Schiffes oder bei unmittelbar damit im Zusammenhang stehenden navigatorischen Maßnahmen entstanden sind.

Bei Schleppung des versicherten Schiffes leistet der Versicherer gemäß Klausel   34.1.2 34.1.3 auch Ersatz für Schäden, wenn sich die Haftung des Versicherungsnehmers aus den Bedingungen des Schleppvertrages ergibt, sofern die darin getroffenen Haftungsvereinbarungen ortsüblich sind und sofern die nautische Einheit des Schleppzuges bei Entstehung des Schadens bestand.

Der Versicherer leistet gemäß Klausel 34.1.1 auch Ersatz für Schäden an Werfteigen-   34.1.3 tum, wenn sich die Haftung des Versicherungsnehmers aus den Bedingungen des Dock- und Reparaturvertrages ergibt, sofern die darin getroffenen Haftungsvereinbarungen ortsüblich sind.

Für Schäden, die durch Auslaufen von Ladung oder Bunkervorrat verursacht wor-   34.1.4 den sind, leistet der Versicherer nur Ersatz, wenn diese als nächste Folge (siehe causa proxima, Anmerkung zu Klausel 27) eines Zusammenstoßes des versicherten Schiffes mit einem anderen Schiff an diesem oder den darauf befindlichen Sachen eingetreten sind.

Der Versicherer leistet keinen Ersatz für: 34.1.5

– Tod oder Verletzung von Personen (siehe aber 15.5),
– Verlust oder Beschädigung von Sachen, die sich an Bord des versicherten Schiffes befinden,
– Ausgleichsverpflichtungen des Versicherungsnehmers gegenüber einem Kollisionsgegner wegen eines Schadens an der Ladung an Bord des versicherten Schiffes aufgrund des „Both-to-blame"-Prinzips.[6]

In Änderung von § 37 ADS leistet der Versicherer für die Haftung des Versicherungs-   34.1.6 nehmers Dritten gegenüber bis zur Höhe der Versicherungssumme separat Ersatz.

Bei Mithaftung der Fracht werden Schäden im Verhältnis des Schiffswertes zu der   34.1.7 Summe aus Schiffswert und haftender Fracht ersetzt.

Als Schiffswert gilt die Kaskotaxe. Ist eine Teilhaftungsklausel vereinbart, so wird diese entsprechend angewendet.

Für die Ersatzleistung des Versicherers in Fällen von Bergung, Hilfeleistung und Er-   34.2 satzansprüchen Dritter werden Schiffe und Gegenstände im Eigentum des Versicherungsnehmers wie fremdes Eigentum behandelt.

Anmerkung: Die separate Haftung nochmals bis zur Höhe der Versicherungssumme nach 34.1.6 hat sich aus den Erfordernissen der Praxis ergeben, wo sie seit langer Zeit üblich ist. Die Gesamthaftung bis zur Höhe der Versicherungssumme nach § 37 ADS reichte in schweren Kollisionsfällen mit hohen Eigenschäden bei gleichzeitig fälligem hohen Kollisionsersatz nicht aus. Die hieraus entwickelten Maklerklauseln werden durch Ziffer 34.1.6 überflüssig, deren praktische Anwendung sich unter den Bedingungen des Haftungsabkommens 1976 ergeben kann, wenn z.B. das versicherte Schiff eine Kollision verschuldet und dabei selbst verlorengeht und dessen Reeder außerdem gegenüber dem Gegner persönlich haften muß (siehe 14).

---

4 Wörtliche Wiedergabe.
6 Zu 34.1.5: Über „Both-to-blame"-Prinzip siehe 8.7.2 Nr. 19 gegenüber Kap. 11.3.

vgl. DTV 78 Die Bedingungen der Ziffer 34.1.1 haben sich ebenfalls aus den Erfordernissen der Praxis und den im Laufe der Jahre entstandenen Maklerklauseln, die damit ebenfalls überflüssig werden, entwickelt.

Zu Ziffer 34.1.2: Es handelt sich weitgehend um eine vertraglich vereinbarte Haftung zwischen dem Versicherungsnehmer und einem Dritten, nämlich dem Schleppereigner, der in keinem Vertragsverhältnis zu den Versicherern steht. Die Regelung solcher nur auf vertraglicher Haftung beruhenden Schäden ist sonst im allgemeinen Sache der P.&I.-Clubs.

Zu Ziffer 34.1.3: Eine Haftpflicht des Versicherungsnehmers kann z.B. entstehen, wenn das versicherte Schiff in der Werft durch Werftpersonal verholt wird und dabei Werfteigentum beschädigt, etwa ein Dock. Die überall in der Welt ziemlich einheitlichen Dock- und Reparaturbedingungen der Werften unterstellen das so handelnde Werftpersonal dem Auftraggeber.

35   **Havariegrosse.** Wenn die Dispachierung nach den YAR vereinbart ist, gelten im Zwei-
35.1 fel die YAR 1974.

35.2   § 62 ADS (wonach ein Havariegrosse-Beitrag des Schiffes wegen geworfener Decksladung nicht ersetzt wird) gilt nicht, wenn die Decksverladung handelsüblich war.

35.3   Wenn das Schiff ohne Ladung fährt oder ausschließlich Güter des Reeders verladen sind, gelten die Policenbestimmungen und die YAR 1974 sinngemäß.

35.4   Wenn der Wert des Schiffes am Ende der Reise höher ist als die Versicherungssumme, leistet der Versicherer nur anteilig Ersatz.

35.5   § 63 ADS (wonach Aufopferungen während einer nicht angemeldeten Ballastreise nicht ersetzt werden) gilt nicht.

15.4 Güterversicherung

Die Güterversicherung wird in der Praxis Warentransportversicherung, in der Seeschiffahrt auch Seewarenversicherung genannt. In ihr gelten die gleichen Grundsätze wie in der Seekasko-Versicherung.

vgl. ADS/G 73 Die ADS sind seinerzeit auch für die Güterversicherung geschaffen worden. Ihr erster Abschnitt bis einschließlich § 57 gilt gleichermaßen für die Seekasko- und für die Güterversicherung. Im Zweiten Abschnitt behandeln die „Besonderen Bestimmungen über die Versicherung einzelner Gegenstände" die Güterversicherung in §§ 80 bis 99. Nachdem diese Bestimmungen mit der Weiterentwicklung des Seehandels bei zunehmender Vielfalt der Güter und der Beförderungsarten sich als unzureichend erwiesen hatten und immer mehr Spezialklauseln entstanden waren, wurde nach langjähriger Vorarbeit der Versicherer ein Gemeinschaftswerk mit den interessierten Wirtschaftskreisen unter der Bezeichnung „ADS Güterversicherung 1973" (G 73) geschaffen und unter Aufhebung von §§ 80 bis 99 in Kraft gesetzt, 1984 sind sie geändert worden. Die einzelnen Bestimmungen sind dekadisch bezeichnet.

Die Bestimmungen des Dritten Abschnittes der ADS tragen die Überschrift „Besondere Vereinbarungen (Klauseln)". Sie gelten sowohl für die Kasko- als auch für die Güterversicherung, jedoch immer nur insoweit, wie sie ausdrücklich in die Police eingesetzt sind.

Natürlich bleibt es den Parteien freigestellt, bei besonderen Transporten oder Transportarten Zusatzklauseln zu vereinbaren.

Besondere Bestimmungen für die Güterversicherung (ADS Güterversicherung 1973 in der Fassung 1984)

Anmerkung: Der erste Abschnitt der ADS bleibt in Kraft, soweit anwendbar. Die Grunddeckung unter einer Güterpolice ist daher die gleiche wie unter einer Kaskopolice. Die „Besonderen Bestimmungen für die Güterversicherung" werden nachstehend nur inhaltlich wiedergegeben, soweit sie für die Bordpraxis von Interesse sind.

Umfang der Versicherung

vgl. ADS/G 73

Der Versicherer trägt alle Gefahren, denen die Güter während der Dauer der Versicherung ausgesetzt sind[4].

1
1.1.1

Anmerkung: „alle Gefahren" bedeutet nicht, daß auch alle Schäden ohne weiteres gedeckt sind.

Ausgeschlossen sind die Gefahren aus Krieg oder kriegsähnlichen Ereignissen, aus Streik, Kernenergie, Beschlagnahme, Zahlungsunfähigkeit des Reeders.

1.1.2

Es gibt zwei Deckungsarten:

Volle Deckung (falls nichts anderes vereinbart). Der Versicherer leistet ohne Franchise Ersatz für Verlust oder Beschädigung der Güter als Folge einer versicherten Gefahr[4].

1.2

Strandungsfalldeckung (falls vereinbart). Hierzu gehören die Strandung selbst, ferner Kollision, Eisgefahr, Unfall eines anderen Transportmittels, Brand, Naturkatastrophen, Überbordwerfen oder Überbordgehen durch schweres Wetter, Aufopferung, Zwischenlagern im Nothafen, Totalverlust ganzer Kolli, ausgenommen infolge strafbarer Handlungen, wohl aber infolge Beschädigung durch Unfall beim Be- und Entladen des Transportmittels.

Für Decksladungsgüter gilt nur die Strandungsfalldeckung. In geschlossenen Containern gelten sie wie im Raum versichert.

1.3.1

Für bei Beginn der Reise schon vorhandene Schäden gibt es bei weiterem Verlust nur Ersatz, wenn die anfängliche Beschädigung ohne Einfluß auf den neuen Schaden war.

1.3.3

Nicht ersatzpflichtige Schäden sind solche aus Verzögerung der Reise, innerem Verderb, normaler Luftfeuchtigkeit. Verpackungsmangel sowie aus mittelbaren Schäden aller Art.

1.4

Versicherte Aufwendungen und Kosten

1.5

Ersetzt werden Havariegrosse-Beiträge (siehe 9), Kosten der Umladung, Lagerung, Mehrkosten der Weiterbeförderung, Aufwendungen zur Abwendung oder Minderung eines Schadens, Kosten der Schadenfeststellung.

Gefahränderung, (vgl. 15.3.3)

2

Der Versicherungsnehmer darf die Gefahr ändern und die Änderung durch einen Dritten gestatten[4]. Er muß die Gefahränderung dem Versicherer anzeigen. Als eine Gefahränderung gilt insbesondere erhebliche Reiseverzögerung oder Abweichen vom Reisewege oder Änderung des Bestimmungshafens oder Verladung an Deck (siehe aber Klausel 1.3.1).

2.1
2.2
2.3

Bei Nichtanzeige wegen grober Fahrlässigkeit ist der Versicherer frei.

2.4

Diesem gebührt bei Gefahränderung eine Zuschlagprämie.

2.5

Änderung der Beförderung

4

Werden die Güter mit einem anderen als dem vereinbarten Tranportmittel befördert, so ist der Versicherer frei. Dies gilt nicht, wenn die Beförderung wegen eines versicherten Ereignisses oder ohne Zustimmung des Versicherungsnehmers geändert oder die Reise aufgegeben wird.

---

4 Wörtliche Wiedergabe.

vgl. ADS/G 73
5
Dauer der Versicherung (von Haus zu Haus)

5.1 Die Versicherung beginnt, sobald die Güter am Absendeort zur Beförderung auf der versicherten Reise von der Stelle entfernt werden, an der sie bisher aufbewahrt wurden[4].

5.2 Die Versicherung endet, je nachdem, welcher Fall zuerst eintritt,

5.2.1 sobald die Güter an die Ablieferungsstelle gebracht sind;

5.2.2 sobald sie nach dem Ausladen im Bestimmungshafen an einen nicht vereinbarten Ablieferungsort weiterbefördert werden;

5.2.3 sobald vom Versicherungsnehmer veranlaßte Zwischenlagerungen insgesamt 30 Tage überschreiten;

5.2.4 mit dem Ablauf von 60 Tagen nach dem Ausladen im Bestimmungshafen;

5.2.5 mit dem Gefahrübergang, wenn die Güter wegen eines versicherten Ereignisses verkauft werden.

6 **Versicherungswert**

Der Versicherungswert ist der gemeine Handelswert oder der gemeine Wert am Absendeort zuzüglich Versicherungskosten und endgültig bezahlter Fracht.

Anmerkung: vgl. 15.2 über Versicherungswert und Versicherungssumme.

7 **Ersatzleistung**

Anmerkung: Es handelt sich um so umfangreiche Bestimmungen, daß sie an dieser Stelle nicht erörtert werden können. Die Bordpraxis betreffen sie nicht.

8 **Bestimmungen für den Schadensfall**

8.1.1 Der Versicherungsnehmer hat im Schadensfall den in der Police bestimmten Havariekommissar unverzüglich zuzuziehen, die Anweisungen des Versicherers zu befolgen

8.1.2 und das Havarie-Zertifikat dem Versicherer einzureichen. Bei Nachweis wichtiger Gründe kann auch der nächste Lloyd's Agent zugezogen werden.

Anmerkung: Vgl. auch 9.7 über Maßnahmen bei Schäden an Schiff und/oder Ladung. Die übrigen Bestimmungen unter Klausel 8 werden an dieser Stelle nicht behandelt. Wenn der Schadensfall im Bereich des Schiffes eingetreten ist, muß mit Ersatzansprüchen gegen das Schiff gerechnet werden. Es ist daher ratsam, für das Schiff einen eigenen Experten für die gemeinsame Besichtigung und Schadensfeststellung zuzuziehen, obwohl derselbe Havariekommissar in Kaskofällen im Auftrag der Kaskoversicherer auch für das Schiff tätig wird. (siehe 9.2 über VHA und VBS).

Wenn erhebliche Ladungsschäden eingetreten sind, ganz gleich, ob allein oder zusammen mit Schiffsschäden, ist auch der Kapitän verpflichtet, „für das Beste der Ladung zu sorgen" (§ 535 HGB). Er sollte dann die einschlägigen gesetzlichen Bestimmungen studieren und prüfen, was aus den empfohlenen „Maßnahmen bei Schäden an Schiff und/oder Ladung" in Betracht kommt (siehe 9.6 und 9.7).

Policen und Generalpolicen

Ob der Exporteur oder der Importeur die Güter versichern läßt, hängt von den Verkaufsbedingungen ab (vgl. z.B. cif und fob, siehe 8.1).

Exporteure und Importeure schließen in der Regel **laufende Policen** als Jahresverträge ab. Solche Policen nennt man auch **Generalpolicen**. Auch Spediteure, die im Abladegeschäft insbesondere für ihre auswärtigen Kunden — in deren Namen und für deren

---

4 Wörtliche Wiedergabe.

Rechnung, nach bestimmten Konferenzbedingungen auch im eigenen Namen — Ladungen buchen lassen und so die Frachtverträge schließen (siehe 8.3), gehen vielfach einen Jahresvertrag als laufende Police ein. Das bietet ihnen den Vorteil einer reibungslosen Abwicklung der eigentlichen Warenversicherung selbst. Ohne laufende Police müßte nämlich schon vor der Versendung der Versicherungsvertrag unter einer Einzelpolice (Güterpolice) geschlossen werden. Unter einer laufenden Police dagegen werden die Güter in der Regel erst nach der Abladung mit dem Versicherungswert (eingeschlossen: Kosten, endgültig bezahlte Fracht und meistens 10 bis 20% imaginärer Gewinn) zur Versicherung angemeldet. Unter einer laufenden Police kann eine Ladung, die z.B. aus dem Binnenlande gekommen ist, selbst dann noch zur Versicherung angemeldet werden, wenn das Schiff bereits ausgelaufen und ein Unfall bekannt geworden ist (Versehensklausel), sofern nicht die Sorgfalt eines ordentlichen Kaufmanns außer acht gelassen worden war.

Nach der Anmeldung oder Einzeldeklaration unter der laufenden Police wird als Warendokument ein Zertifikat ausgestellt (oder auch eine Einzelpolice, wenn z.B. die Akkreditivbedingungen das verlangen). Diese gleichrangigen Dokumente werden in der Regel — ebenso wie das Konnossement — in 2- bis 3facher Ausfertigung ausgestellt, und zwar immer unter der Klausel „Für Rechnung, wen es angeht". Bei den (überwiegenden) Inhaberpolicen ist der jeweilige Inhaber der Police der Berechtigte. Orderpolicen müssen dagegen vor der Weitergabe wie Konnossemente indossiert werden (siehe 8.6). Selbstverständlich reist die Police mit dem Konnossement.

Ebenso wie in der Kaskoversicherung sind die Warenprämien je nach Gefahr sehr verschieden. Sie werden von Fall zu Fall je nach Warengattung und Fahrtgebiet ausgehandelt.

Die laufende Police — auch die Einzelpolice — deckt in der Regel das Risiko aller Transporte zu Wasser und zu Lande einschließlich sogenannter Vor- und Nachreisen mit beliebigen Transportmitteln vom Absender bis zum Empfänger. Gewöhnlich werden alle Gefahren der Beschädigung und des Verlustes durch unvorhergesehene, von außen einwirkende Ursachen versichert (**Allgefahrendeckung**). Je nach Güterart und Bedarf können Güterpolicen aber durchaus abweichende Bedingungen enthalten.

Institute Cargo Clauses (ICC) Die deutschen Versicherer bieten die Seewarenversicherung im allgemeinen zu den oben beschriebenen Bedingungen an. Im internationalen Verkehr wird aber gelegentlich auch die Anwendung der ICC verlangt (Neufassung seit 1.1.1982). Es gibt sie hauptsächlich als

ICC-(A) mit der sogenannten Allgefahrendeckung,

ICC-(B) mit einer etwas eingeschränkten Deckung, worin aber die Hauptgefahren eingeschlossen sind, und

ICC-(C) mit einer stark eingeschränkten Deckung, die etwa der deutschen Strandungsfalldeckung entspricht.

In der dem Ablader oder dem Empfänger ausgehändigten Einzelpolice (Güterpolice) bzw. im Zertifikat ist der Vertreter der Versicherer genannt, den der Empfänger bei einem Schaden an der Ware sofort benachrichtigen muß. Der örtliche Vertreter ist oft mit dem örtlichen Havariekommissar des VHA oder des VBS (siehe 15.2 und 9.7) identisch. Mit ihm oder dem von ihm bestellten Ladungsbesichtiger bekommt der Kapitän nach einem Ladungsschaden zu tun.

Wenn z.B. nach einem Unfall, für dessen Folgen die Güterversicherer haften, die Reise aufgegeben oder länger unterbrochen wird und die Güter vorzeitig gelöscht und mit einem anderen Schiff oder mit einem anderen Transportmittel weiterbefördert werden müssen, ist diese Änderung des Risikos ebenfalls gedeckt. In diesen Fällen ersetzen die Güterversicherer auch die Kosten der Umladung oder Einlagerung sowie et-

waige Mehrkosten der Weiterbeförderung (vgl. aber hierzu Anmerkung zu YAR 10b
und c, Sorge für die Ladung, siehe 9.4, und Non Separation Agreement, siehe 9.7,
Ziff. 17).

Unter den ADS oder auf dem deutschen Versicherungsmarkt überhaupt kann der
Reeder sich nicht gegen seine Haftpflicht für Ladungsschäden aus kommerziellem Ver-
schulden versichern lassen. Andererseits gehen solche Schadenersatzansprüche des
Ladungsbeteiligten auf die Güterversicherer über, und diese gehen dann gegen den
Reeder bzw. gegen den Verfrachter vor. Eine Versicherung gegen solche Haftpflichtri-
siken wird dem Reeder in den sogenannten P&I-Clubs geboten.

15.5   Protecting and Indemnity Clubs (P&I) (PANDI)

Unter der sogenannten Running Down Clause muß von jeher der unter englischen Bedingungen versicherte Reeder von jedem Kollisionsersatz stets ein Viertel selbst tragen. Um dieses
Risiko gemeinsam zu decken, schlossen einige englische Reeder sich um die Mitte des 19. Jahrhunderts zusammen zu einem Versicherungsverhältnis auf Gegenseitigkeit. Hieraus entwickelten sich die heutigen P&I-Clubs (Telexabk.: pandi) in England und Norwegen.

Die P&I-Club-Versicherung nimmt ständig an Bedeutung zu. Sie umfaßt im wesentlichen
verschiedene Haftungen des Reeders im Zusammenhang mit dem Betrieb des Schiffes, soweit
sie nicht durch die Kaskoversicherung gedeckt sind. Sie sind nach wie vor auf das Prinzip der
Gegenseitigkeitsversicherung abgestellt. Von der Welthandelstonnage sind mehr als 80%
durch P&I-Clubs versichert, auch Zeitcharterer gegen die ihnen drohenden Risiken.

Der Katalog der Haftungsrisiken hat sich im Laufe der Zeit der Rechtsentwicklung angepaßt. Es handelt sich um Risiken, die unter der gewöhnlichen Kaskoversicherung nicht versichert sind und auch sonst überhaupt nicht oder nicht in ausreichendem Maße gedeckt werden
können. Den Clubs gehören Reeder aller Nationen an, auch viele deutsche Reeder, obwohl
diese auf dem deutschen Versicherungsmarkt eine umfangreichere Kaskodeckung erhalten als
unter englischen Bedingungen.

Das Direktorium eines Clubs setzt sich aus einigen gewählten Mitgliedsreedern zusammen.
Der Mitgliedsreeder tritt mit der zu versichernden Tonnage bei. Der größte der Clubs umfaßt
eine Mitgliedstonnage von 80 Millionen BRT.

Außer bei einer Zeitcharterversicherung werden keine festen Prämien erhoben, sondern
Beiträge eingefordert, deren Höhe sich nach dem Risiko bemißt, z.B. Größe und Alter der
Schiffe, Fahrtgebiete, Einsatz als Linienfrachter, Containerfrachter, Massengutfrachter, Öltanker, Chemikalientanker, insbesondere aber nach dem individuellen Schadensverlauf (Scha-
densrecord). Die Clubs veranschlagen den sogenannten „estimated final call", d.h. den geschätzten Gesamtaufwand für das Versicherungsjahr, und fordern hiervon 80–90% im Laufe
des Jahres ein. Nach weiteren zwei Jahren wird das Versicherungsjahr geschlossen. Wenn erforderlich, wird die Restforderung im Rahmen der vorher geschätzten „final calls" eingezogen.
Die Clubs behalten sich außerdem die Einforderung von Nachschüssen vor, doch mußte hierauf seit etwa 1980 zumeist nicht zurückgegriffen werden.

Durch einen umfassenden und komplizierten Rückversicherungsschutz, der teils durch Zu-
sammenschluß mehrerer Clubs in einem Rückversicherungspool der London Group erreicht
wird – auch durch Rückversicherungpolicen der Group auf dem Londoner Versicherungsmarkt –, besteht eine Rückversicherung für den Einzelfall bis zu 1 Milliarde US-Dollar: Sollte
der Aufwand für einen Einzelfall darüberhinaus gehen, fiele er auf die Mitglieder der London
Group zurück; es müßten dann Nachschüsse gefordert werden, soweit nicht anderweitig durch
Gestellung von „catastrophe funds" o.ä. Vorsorge getroffen ist. Ölverschmutzungsschäden sind
auf US-Dollar 300 Mio je Einzelfall begrenzt (siehe Band 2A, Kap. 3 und 2B, 14.2).

Die P&I-Clubs verfügen an allen Plätzen von Bedeutung über erfahrene Vertreter
und Rechtsberater, die mit den Ortsbräuchen und mit dem Landesrecht vertraut sind
und die Untersuchung und Abwicklung von Schadensfällen betreiben. Diese Vertreter

sind vom Kapitän in P&I-Fällen zu benachrichtigen. Auch sonst stehen die Vertreter jederzeit mit Rat und Tat zur Seite.

Die P&I-Clubs versichern im wesentlichen folgende Risiken:

A. Haftung für Personenschaden
1. wegen Verschuldens des Reeders bzw. der Schiffsbesatzung
   (a) an Bord des versicherten Schiffes (z.B. an Fahrgast, Besucher, Lotsen, Stauereiarbeiter);
   (b) auf einem anderen als dem versicherten Schiff (z.B. nach Kollision);
2. wegen einer gesetzlichen Verpflichtung des Reeders unabhängig von Verschulden (z.B. nach dem Seemannsgesetz)
   (a) zur Krankenfürsorge im Ausland;
   (b) zur Heimschaffung des Kranken oder Genesenen;
   (c) u.U. zur Entsendung von Ersatzleuten;

B. Haftung des Reeders für Schäden aus dem nautischen Betrieb des Schiffes, nämlich
1. für $1/4$ der Kollisionshaftpflicht, soweit nach englischen Bedingungen, nach der Running Down Clause (RDC), nicht durch die Kaskoversicherung gedeckt;
2. für die Haftung aus Kollisionen mit festen oder schwimmenden Gegenständen, soweit nicht durch die Kaskoversicherung gedeckt (dieses Risiko ist unter deutschen Kaskopolicen regelmäßig abgedeckt, vgl. DTV 5.1);
3. für die Haftung aus Schäden an anderen Schiffen durch nautisches Verschulden ohne gegenseitige Berührung, soweit nicht durch die Kaskoversicherung gedeckt (unter deutschen Kaskopolicen regelmäßig abgedeckt, siehe 15.3.3, DTV 5.1);
4. für die Haftung aus Ölverschmutzung (siehe Band 2A, Kap. 3.5);
5. für die Haftung aus Schleppverträgen, soweit nicht durch die Kaskoversicherung gedeckt;
6. für die Haftung aus anderen Verträgen (z.B. Mietvertrag für Schwimmkran);
7. für die Haftung aus öffentlich-rechtlicher Verpflichtung, das Wrack des versicherten Schiffes zu beseitigen;
8. für die Übernahme des Kollisions-Excedenten für den Fall, daß der Haftpflichtschutz aus der Kaskopolice nicht ausreicht.

Anmerkung: Unter den ADS und den DTV-Kaskoklauseln (siehe 15.3.3, DTV 34) leisten die Kaskoversicherer Ersatz an Dritte separat bis zur Höhe der Versicherungssumme. Es könnte sein, daß der Haftungswert des Schiffes im Streitfalle höher angesetzt wird als der Versicherungswert. Nur für den überschießenden Teil der Haftung tritt die Excedenten-Versicherung in Kraft (kommt selten vor).

C. Haftung des Reeders aus dem Beförderungsvertrag
1. für Beschädigung der Ladung des versicherten Schiffes (z.B. aus kommerziellem Verschulden, siehe 8.5, insoweit gibt es auf dem deutschen Versicherungsmarkt keinen Versicherungsschutz);
2. für Nichtauslieferung von Ladung, die mit dem versicherten Schiff befördert worden ist oder befördert werden sollte;
3. für die Kosten bei der Verteidigung gegen Ansprüche wegen Beschädigung oder Nichtauslieferung der Ladung;
4. für den Havariegrosse-Beitrag der Ladung, soweit er aus rechtlichen Gründen nicht eingezogen werden kann.

Die Clubdeckung wird für die jeweilige Haftung des Reeders gewährt. Wenn dieser die Haftungsbeschränkung geltend machen kann, beschränkt sich die Clubdeckung entsprechend. Wenn aber der Reeder sich aus bestimmten Gründen nicht auf die Haftungsbeschränkung berufen kann, geht auch die Deckung in unbeschränkter Höhe über die Haftungsbeschränkung hinaus.

15.6 Weitere Versicherungen

Defence Clubs sind einigen P&I-Clubs angeschlossen. Sie betreiben Rechtsschutzversicherung auf Gegenseitigkeit. Sie übernehmen die Kosten für Rechtsverfolgung und Rechtsverteidigung bei allen Rechtsstreitigkeiten, die sich aus dem Betrieb der Schifffahrt ergeben, selbst dann, wenn die gegen den Reeder gerichtete Forderung nicht unter ein von einem P&I-Club versichertes Risiko fällt (z.B. Auseinandersetzungen wegen des Chartervertrages).

Streikclubs auf Gegenseitigkeit gewähren Versicherungsschutz gegen den Ausfall durch Streik bis zur Höhe der Tageskosten.

Maschinenversicherung gegen das Risiko von Maschinenschäden außerhalb von Kaskoversicherungsfällen (Betriebsschäden) gibt es auch auf dem deutschen Versicherungsmarkt.

Verdienstausfallversicherung gibt es auch auf dem deutschen Versicherungsmarkt. Sie kommt allerdings nur selten vor. Diese Versicherung deckt den versicherten Verdienstausfall nach einem Unfall bis zur Wiederherstellung des Schiffes, regelmäßig jedoch auf einen bestimmten Zeitraum begrenzt, z. B. auf 90 Tage.

Grundsatz bei allen Versicherungsfällen: Stets so handeln, als ob nichts versichert wäre. Den Versicherer als Geschäftspartner ansehen. Die Prämien richten sich weitgehend nach dem Schadensverlauf. Immer daran denken, daß der Reeder den Verdienstausfall während einer Reparatur in der Regel selbst tragen muß.

16 Schleppbedingungen

In seemännischer Betrachtung unterscheidet man vom eigentlichen Schleppen von
Schiffen oder anderen Gegenständen über eine mehr oder weniger lange Strecke
das Bugsieren als Schlepperhilfe in einem engen Gewässer und
das Assistieren als Manövrierhilfe, z.B. im Hafen.

16.1 Allgemeine Schleppbedingungen

Da es über die Tätigkeit von Schleppern keine gesetzlichen Bestimmungen gibt, gelten
im Rahmen der Vertragsfreiheit die von den Schlepperreedern gestellten Schleppbe-
dingungen, die sich international ziemlich einheitlich entwickelt haben. Deutsche Bedingungen sehen u.a. vor:

1. Der Ausdruck „geschleppt" umfaßt den Zeitraum vom Beginn der Manöver zur
   Aufnahme der Tätigkeit des Schleppers bis zum Erreichen eines sicheren Abstan-
   des nach Beendigung der Tätigkeit am geschleppten Gegenstand.
2. Der Führer des geschleppten Gegenstandes gilt in jedem Fall als der Führer des
   Schleppzuges, auch wenn der geschleppte Gegenstand manövrierunfähig ist. Kapitän und Besatzung des Schleppers sowie von der Schlepper-Reederei gestellte Leute
   auf dem geschleppten Gegenstand gelten als dem Befehl und der Kontrolle des Auftraggebers unterstellt.

Für Schäden und Verluste der Schlepper-Reederei im Zusammenhang mit dem Auftrag haftet
der Auftraggeber, sofern er sich nicht auf Vorsatz oder grobe Fahrlässigkeit auf seiten der
Schlepper-Reederei berufen kann, im einzelnen:

3. Für Schäden am Schlepper haftet der Auftraggeber, ebenfalls für dadurch beding-
   ten Zeitausfall mit gestaffelten Beträgen. 1986 pro Tag für Schlepper

   bis zu 1000 PS DM 2000,—   (PS ist als Einheit für den amtlichen und ge-
   bis zu 1500 PS DM 2500,—   schäftlichen Verkehr nicht mehr zugelassen.
   über 1500 PS DM 3000,—   1 PS ≈ 0,735 kW.)
4. Alle Schäden auf seiten des Auftraggebers trägt dieser selbst.
5. Für Schäden Dritter, die durch den Schlepper oder durch den geschleppten Gegenstand entstehen, haftet der Auftraggeber.
6. Die Schlepper-Reederei haftet nicht dafür, daß die Schleppreise nicht angetreten
   werden kann oder sich verzögert.
8. Der Schlepplohn schließt besondere Leistungen, z.B. durch Hilfeleistung in Notla-
   gen, nicht ein.
9. Der Schleppvertrag darf unterbrochen werden, um anderen Schiffen Hilfe zu leisten
   (siehe Anmerkung unter 16.2).

16.2 „Towcon" International Ocean Towage Agreement (Lump Sum) „Towhire" International Ocean Towage Agreement (Daily Hire)

Die „BIMCO" (The Baltic and International Maritime Council) hat – hauptsächlich für Überseeverschleppungen – einheitliche Bedingungen entwickelt und in den beiden obengenannten Vertragsformularen in englischer Sprache niedergelegt. Bei Überseeverschleppungen wird allgemein „Towcon" vereinbart.

Ein Vertragsformular besteht aus 2 Seiten mit ca. 40 Rubriken zum Ausfüllen mit den Daten vom Schlepperreeder und vom Auftraggeber über Einzelheiten zum Schlepper bzw. zum geschleppten Gegenstand, Schlepplohn, Zahlungsbedingungen usw. Weitere $2^1/_2$ Seiten enthalten in ca. 490 numerierten Zeilen die Bedingungen über Extrakosten, Sicherheiten, Seetüchtigkeit des geschleppten Gegenstandes, Hilfeleistung, Abweichung vom Reisewege, insbesondere über die Haftung des Auftraggebers für „alle möglichen" Schäden, Verluste und Kosten auf seiten des Schlepperreeders usw. Im Grundsätzlichen ähneln die Bedingungen jenen, die stichwortartig unter 16.1 beschrieben sind.

Anmerkung: Bei Verschleppungen aller Art arbeitet der Auftraggeber eng mit seinen Versicherern zusammen. Das Schleppobjekt – sei es ein manövrierunfähiges Fahrzeug, ein Dock o.a. – wird in jeder nur denkbaren Weise für die Verschleppung hergerichtet; aber auch der oder die Schlepper werden auf ihre Eignungen durch Experten immer dann inspiziert, wenn ein zu geringer Bekanntheitsgrad es erfordert.

17 Werftbedingungen (Dock- und Reparaturbedingungen)

Bei Umbauten und Wartungs- sowie Reparaturarbeiten am Schiff werden von der Werft regelmäßig die vorgedruckten Dock- und Reparaturbedingungen dem Angebot und/oder der Auftragsbestätigung angehängt. Sie sind überall in der Schiffbauwelt üblich und ziemlich einheitlich. Gleichwohl sollte die Schiffsleitung sich mit ihnen vertraut machen, wenn das Schiff zur Werft gebracht werden soll. Folgende Punkte aus den Bedingungen sind von besonderer Bedeutung:

1. Das Schiff ist zur vereinbarten Zeit vor das Dock zu liefern und von dort wieder abzuholen.
2. Wenn die Werft Verholmannschaften stellt, geschieht das für Rechnung auf Gefahr des Schiffes.
3. Die Werft übernimmt keine Haftung für Schäden, die Schiff und/oder Ladung beim Docken oder durch die Reparaturarbeiten erleiden (z. B. Feuer durch Schweißarbeiten)
4. Für Bewachung und Versicherung während der Werftliegezeit hat das Schiff selbst zu sorgen (für gewöhnlich ist das Dockrisiko in der Kaskopolice enthalten).
5. Die Werftpreise sind so berechnet, daß das Altmaterial der Werft verbleibt.
6. Alle Lieferungen und Leistungen gelten als erfüllt, sobald das Schiff aus dem Dock oder sonst abgenommen ist.

Schadensersatzansprüche jeglicher Art sind stark eingeschränkt bzw. ausgeschlossen. (Auf den Feuerschutz, auf die Kontrolle von Außenhautöffnungen und auf genügende Stabilität beim Ausdocken ist besonderer Wert zu legen, da das Schiff für die Seetüchtigkeit selbst verantwortlich bleibt).

Etwa seit 1985 haben einige Werften ihre Dock- und Reparaturbedingungen dem Gesetz zur Regelung des Rechts der Allgemeinen Geschäftsbedingungen (AGB-Gesetz) von 1976 angepaßt. Die Änderungen sind recht umfangreich, berühren aber das Grundsätzliche kaum. Folgendes ist für die Schiffsleitung von Interesse:

– Über den Umfang und die Zweckmäßigkeit einer Reparatur entscheidet allein der Kunde. Die Werft ist nur Berater.
– Der Kapitän und andere Repräsentanten des Kunden handeln als dessen bevollmächtigte Vertreter.
– Das Schiff ist zur vereinbarten Zeit ohne Schlagseite vor das Dock oder vor den Slip oder an den Pierplatz zu bringen und von dort wieder abzuholen. Etwaige Verholmanöver werden in alleiniger Verantwortung des Kunden ausgeführt, auch dann, wenn Schlepper und Verholmannschaften von der Werft oder durch deren Vermittlung gestellt werden.
– Der Kunde haftet für alle Schäden, die der Werft oder deren Mitarbeitern oder Dritten durch Personen entstehen, die sich im Auftrag des Kunden oder mit dessen Billigung auf dem Werftgelände befinden.
– Schadensersatzansprüche wegen verspäteter Lieferung/Leistung durch die Werft sind ausgeschlossen, es sei denn, sie beruhen auf grobem Verschulden der Werft.
– Der Kunde hat das Schiff unbeladen so zu übergeben, daß mit den Arbeiten sofort begonnen werden kann.

— Der Kunde hat die Lieferung/Leistung nach Aufforderung unverzüglich abzunehmen.
— Die Gefahr geht in allen Fällen mit der Übergabe, spätestens mit dem Verlassen der Werft auf den Kunden über.
— Mängelrügen müssen unverzüglich nach der Entdeckung vom Kunden angezeigt werden. Die Werft leistet nur so weit Gewähr, daß sie nachbessert oder Ersatzteile ab Werft nachliefert. Eine Herabsetzung der Vergütung (**Minderung**) oder Rückgängigmachen des Vertrages (**Wandlung**) ist ausgeschlossen. Die Nachbesserungszeit geht zu Lasten des Kunden.
— **Haftung.** Soweit nicht etwas anderes vereinbart ist, sind Schadenersatzansprüche jeglicher Art ausgeschlossen, auch für Schäden, die das Schiff nebst Ladung aus Anlaß oder bei Gelegenheit der Dockung/Slippung oder Reparatur erleidet oder anrichtet, sofern auf seiten der Werft nicht grobes Verschulden vorliegt.
— Der Kunde ist für die Bewachung des Schiffes und der Ladung, insbesondere für alle Sicherheitswachen und für die Einhaltung der einschlägigen Bestimmungen verantwortlich, auch für von der Werft gestellte Sicherheits- und Feuerschutzwachen, ferner für alle zur Schadensverhütung erforderlichen Maßnahmen, z.B. für Frostschutzmaßnahmen im Winter.
— Die Werft haftet nicht für Folgen aus mangelnder Stabilität oder Seetüchtigkeit. Der Kunde muß auf entsprechende Risiken schriftlich hinweisen.
— Der Kunde muß für eine bestehende Kaskoversicherung des Schiffes während der Werftarbeiten sorgen und sie um die Deckung für Baurisiken einschließlich Probefahrten erweitern.

18 Geschäftliche Angelegenheiten

18.1 Kaufmännisches Verhalten des Kapitäns

Der Kapitän ist an Bord der Stellvertreter des Reeders. Er hat an Bord die Anordnungsbefugnis auch gegenüber solchen Personen, die rechtlich nicht zur Schiffsbesatzung gehören (z.B. Lotsen und Stauer), in gewisser Beziehung auch gegenüber Fahrgästen. Soweit der Kapitän nicht vom Reeder besondere Anweisungen oder Vollmachten erhalten hat, ergeben sich seine Rechte und Pflichten hinsichtlich seines kaufmännischen Verhaltens aus dem HGB, § 511 ff. (siehe Havarie, 9.6).

Während Abschlüsse von Frachtverträgen durch den Kapitän eines großen Schiffes selten vorkommen, ergeben sich im Verlaufe einer Reise doch viele Geschäfte anderer Art, z.B. Einkauf von Brennstoff, Proviant und Wasser, Aufträge über Reparaturen usw. Nicht bei allen Geschäften ist es möglich oder lohnend, die Konkurrenz unter den Lieferanten auszunutzen, doch sollte grundsätzlich folgendes beachtet werden:

1. Schriftliches Angebot fordern mit verbindlicher Preisangabe und Lieferzeit.
2. Auftrag nur schriftlich erteilen und dabei auf das Angebot Bezug nehmen. Abschrift behalten.
3. Bei mündlichen Aufträgen schriftliche Auftragsbestätigung verlangen mit verbindlicher Preisangabe und Lieferzeit.
4. Rechnungen doppelt verlangen (Endbeträge auch in Buchstaben) oder Abschriften anfertigen.
5. Lieferungen genau prüfen und nur bestätigen, wenn sie zu Lasten des Reeders gehen, andernfalls nur für den Schuldner zeichnen (z.B. für den Zeitbefrachter).

Weiter ist allgemein zu beachten:

6. Bei Unklarheiten keine Nachrichtengebühren scheuen.
7. Abgegebene Funksprüche, Telegramme, Ferngespräche schriftlich bestätigen, gegebenenfalls erläutern.
8. Wichtige mündliche Abmachungen – auch solche mit dem Reeder – schriftlich bestätigen.
9. Von jedem ausgehenden Schreiben Abschrift behalten.
10. Über wichtige Feststellungen, die nicht ins Schiffstagebuch gehören, Aktennotiz anfertigen.
11. Schriftstücke in einer fremden Sprache, die man nicht vollständig beherrscht, nur unter Vorbehalt zeichnen („with reservation as to…"). Nicht verständliche Schriftstücke überhaupt nicht zeichnen oder durch Vertrauensperson übersetzen lassen.

Besondere Ereignisse bedingen besondere Maßnahmen des Kapitäns. Sie sind so vielseitig, daß auf die Ausführungen in den einzelnen Abschnitten verwiesen werden muß. Das Inhaltsverzeichnis zu Beginn und das Stichwortverzeichnis am Ende des Buches ermöglichen das leichte Auffinden von Einzelheiten.

Schriftliche Arbeiten. Von den nautischen Offizieren sind im allgemeinen folgende schriftlichen Arbeiten zu erledigen: Schiffstagebuch und Nebentagebücher — Reiseübersicht — Kapitänsbericht — Verklarungsbericht — Ladebericht — Löschbericht — Beschädigungslisten und dgl. — Lukenaufstellungen — Tallybücher — Differenzmanifeste aufgrund des Vergleichs der Manifeste mit den Konnossementen und dem Ladebuch — Parcelaufstellung — Zollisten — Temperaturbeobachtungen für Ladung — Listen für Schiffsbesichtiger — Inventarbuch — Wasserabrechnung — Unfallanzeigen — und Meldungen über Berufskrankheiten — Geburts- und Sterbeanzeigen — Effektenaufnahme — Boots- und Sicherheitsrolle — Aufstellung über nautische Ausrüstung — Berichtigung der nautischen Bücher und Seekarten — Kassenabrechnung — Reise- und Hafenverbrauchsabrechnung — Proviantverwaltung und -abrechnung — Heuerabrechnung mit Vorschußlisten, Ziehscheinlisten und Nachweis über Warenentnahmen und Porti — Überstundenabrechnung — Ausfüllen der Seefahrtbücher bei der Abmusterung — Krankenkassen-Mitgliedsbescheinigungen für Angehörige der Besatzung.

18.2 Wichtiges aus dem Bankgeschäft

Die Banken ermöglichen überhaupt erst den geregelten Ablauf der Wirtschaft. Sie gewähren den erforderlichen Kredit und regeln den Zahlungsverkehr, der möglichst bargeldlos abgewickelt werden soll.

Der Wechsel ist eine wichtige Kreditart. Er ist zugleich ein Wertpapier und eine Urkunde. Er unterliegt dem Wechselgesetz, das zur Rechtskraft des Wechsels folgende Erfordernisse anordnet:

1. Bezeichnung als Wechsel im Text der Urkunde;
2. Unbedingte Zahlungsanweisung auf eine bestimmte Summe;
3. Name dessen, der zahlen soll (Bezogener, Trassat);
4. Angabe der Verfallzeit oder Tag des Verfalls. Die Laufzeit beträgt meistens 90 Tage;
5. Angabe des Zahlungsortes;
6. Name dessen, an den oder an dessen Order gezahlt werden soll (Remittent). Er ist meistens mit dem Aussteller identisch;
7. Tag und Ort der Ausstellung;
8. Unterschrift des Ausstellers (Trassant).

Fehlt eines dieser Erfordernisse, kann der Inhaber keine Rechte aus dem Wechsel herleiten. Wenn alle Erfordernisse erfüllt sind, kann der Schuldner keine Einrede halten, weil ein weiterer Nachweis der Rechtmäßigkeit der Forderung nicht erforderlich ist.

Der Wechsel wird aber erst dadurch gültig, daß der Schuldner (der Bezogene) ihn „akzeptiert", indem er an den linken Rand der Vorderseite des Wechsels quer seine Unterschrift setzt („quergeschrieben"). Durch diese Unterschrift ist der gezogene Wechsel zum Akzept geworden. Erst jetzt kann bei Nichtzahlung der Schuld gegen den Schuldner vorgegangen werden. Das Wechselrecht wird streng gehandhabt, so daß eine Wechselklage schnell erledigt wird. Der Kapitän darf auf den persönlichen Kredit des Reeders kein Wechselakzept leisten.

In der Praxis füllt der Bezogene als Schuldner den Wechsel aus, „schreibt ihn quer", versieht ihn auf der Rückseite mit Stempelmarken (1,5‰), entwertet diese mit dem Datum der Ausstellung und übersendet den Wechsel dem Gläubiger. Dieser vollzieht als Aussteller die Unterschrift und verwertet das so entstandene Akzept als Zahlungsmittel, indem er es indossiert und weitergibt.

Diskontieren nennt man die Hereinnahme eines Wechsels als Zahlungsmittel. Da es sich um einen Kredit handelt, berechnet man dafür Zinsen (Diskont), darüber hinaus Provision und Spesen.

Indossament nennt man die Übertragung der Rechte auf den Rechtsnachfolger (Indossatar). Der Inhaber (Indossant) setzt auf die Rückseite des Wechsels unter die Stempelmarken seine Unterschrift und leistet damit ein Blankoindossament. Er kann auch z. B. schreiben: „Für mich an die Order der Firma ...“ und darunter seine Unterschrift setzen. Dann hat er ein Namensindossament oder Vollindossament geleistet. Das Datum ist auch hierbei nicht erforderlich. Der letzte Inhaber reicht den Wechsel meistens seiner Bank zum Einzug ein. Die Reihe der Indossatare kann beliebig lang sein. Der Wechsel wird dadurch nur wertvoller, weil jeder Inhaber bei Nichtzahlung des Bezogenen auf seinen oder einen anderen Vordermann zurückgreifen kann.

Vorlegen zum Einzug muß am Verfalltage oder an einem der beiden folgenden Werktage geschehen, und zwar entweder beim Bezogenen selbst (selten) oder bei der Bank, die für den Bezogenen von dessen Konto zahlen soll.

Wechselprotest wird erhoben, wenn ein Wechsel nicht eingelöst wird. Der Protest muß durch einen Postbeamten (bis DM 1000.—), durch einen Gerichtsbeamten oder durch einen Notar formgerecht eingelegt und notiert werden. Nur dann kann auf jeden Indossanten zurückgegriffen werden. Andernfalls haftet nur noch der Bezogene. Der Aussteller muß über den Protest unterrichtet werden. Das Protestformular wird dem Wechsel angeheftet.

Prolongation kann dem Bezogenen gewährt werden, wenn er vorübergehend zahlungsunfähig ist. Der Aussteller läßt dabei unter Anrechnung der gesamten Wechselkosten (Diskont, Provision, Spesen) einen neuen Wechsel akzeptieren und löst den fälligen Wechsel selbst ein.

Zahlungsverkehr mit Wechseln erfordert einige Erfahrung. Kapitäne von kleineren Reedereien oder als Schiffseigner werden gelegentlich in die Lage kommen, bei Einziehung der Frachten Wechsel annehmen zu müssen. Der Kapitän muß sich — besonders beim Aufenthalt im Ausland — bei der als Zahlstelle angegebenen Bank oder sonst bei einer größeren Bank erkundigen, ob der angebotene Wechsel „diskontfähig“ ist.

Bargeldloser Zahlungsverkehr wird wegen der Senkung des Bargeldumlaufs überall angestrebt. Während er im Ausland überwiegend durch Schecks abgewickelt wird, bedient man sich in Deutschland auch der Verfügung über ein Girokonto durch Überweisung. Man übergibt dabei der Bank auf besonderem Vordruck einen Überweisungsauftrag mit Unterschrift des Girokontoinhabers. Die Bank belastet das Girokonto mit dem Gegenwert und schreibt diesen dem Begünstigten auf dessen Girokonto gut. Selbstverständlich kann man auch Bargeld auf ein Girokonto einzahlen.

Der Scheck ist ein bargeldloses Zahlungsmittel, das nach dem Scheckgesetz an eine bestimmte Form gebunden ist, um als Urkunde mit Rechtskraft zu gelten. Der Scheck ist eine Anweisung an die eigene Bank, aus dem eigenen Guthaben eine bestimmte Summe zu zahlen. Folgende Erfordernisse müssen erfüllt sein:
1. Bezeichnung als Scheck im Text der Urkunde;
2. unbedingte Anweisung, aus dem eigenen Guthaben eine bestimmte Summe zu zahlen;
3. Name des Bezogenen (Bank, die zahlen soll);
4. Angabe des Zahlungsortes;
5. Tag und Ort der Ausstellung;
6. Unterschrift des Ausstellers.

Der Scheck wird an eine bestimmte Person „oder Überbringer“ zahlbar gestellt. Wenn der Zusatz „oder Überbringer“ fehlt, löst die Bank den Scheck nicht ein oder erklärt in ihren Bedingungen, daß die Streichung des Zusatzes als nicht geschehen betrachtet wird.

Wenn man quer oder schräg über das Scheckformular schreibt „Nur zur Verrechnung“, wird die Bank den Scheckbetrag nur auf dem Konto der genannten Person gutschreiben.

Gebräuchliche Abkürzungen[1]

A.B.S	American Bureau of Shipping
ACV	Air Cushion Vehicle
AFL	American Federation of Labor
AG	Arbeitsgemeinschaft
AGB	Allgemeine Geschäftsbedingungen
AGB-Gesetz	Gesetz zur Regelung des Rechts der Allgemeinen Geschäftsbedingungen (1976)
AGS	Ausbildungsgemeinschaft für die deutsche Seeschiffahrt
AMVER	Automated Mutual Assistance Vessel Rescue System
BBS	Berufsbildungsstätte für die Seeschiffahrt
BGH	Bundesgerichtshof
BIMCO	The Baltic and International Maritime Council
B/L	Bill of Lading
Bs/L	Bills of Lading
BLG	Bremer Lagerhaus Gesellschaft
BMV	Bundesverkehrsministerium
BRT	Bruttoregistertonne
BRZ	Bruttoraumzahl
BV	Bureau Veritas
C & F	Cost and Freight
CIF	Cost, Insurance and Freight
CIFCI	Cost, Insurance, Freight, Commission and Interest
CMI	Comité Maritime International
COGSA	Carriage of Goods by Sea Act (USA)
COMBIDOC	Combined Transport Document
COMECON	Council for Mutual Economic Assistance
Condock	Container/Dock-Carrier
COW	Crude Oil Washing
C/P	Charter Party
CRISTAL	Contract Regarding Interior Supplement of Tanker Liability for Oil Pollution
CTO	Combined Transport Operator
CTL	Compromised Total Loss
DAG	Deutsche Angestellten-Gewerkschaft
DEBEG	Deutsche Betriebsgesellschaft für drahtlose Telegraphie mbH
DGzRS	Deutsche Gesellschaft zur Rettung Schiffbrüchiger
DHI	Deutsches Hydrographisches Institut
DIHT	Deutscher Industrie- und Handelstag
DIN	Deutsche Industrie-Norm

---

1 Im Text vorkommende Abkürzungen stehen auch im Sachverzeichnis.

DNV	Deutscher Nautischer Verein von 1868
DNV	Det Norske Veritas
DT	Deep Tank
DTV	Deutscher Transport-Versicherungs-Verband e.V.
dtw	dead-weight-tons
EPIRB	Emergency Position Indicating Radio Beacon
ERA	Einheitliche Richtlinien für Dokumentenakkreditive
ETA	Expected Time of Arrival
ETD	Expected Time of Departure
ETS	Expected Time of Sailing
FAK	Freight all Kinds
f.b.	Freight Bill
FBL	Full Barge Load
FCL	Full Container Load
FD	Floating Dock
FEU	Fourty Foot Equivalent Unit
FIB	Free into Barge
fib	Free into Bunkers oder Free into Barge
fio	Free in and out
fios	Free in and out stowed
Flash	Floating Lash
Fli/Flo	Float in/Float out
fob	Free on board
FOC	Flag of Convenience
GATT	General Agreement on Tariffs and Trade
GFC	Gas Free Certificate
GG	Grundgesetz der Bundesrepublik Deutschland
GL	Germanischer Lloyd
GRT	Gross Register Tonnage
GTS	Gas Turbine Ship
HF	High Frequency
HFO	Heavy Fuel Oil
HP	Horse Power
HSVA	Hamburgische Schiffbau-Versuchsanstalt
HTV	Heuervertrag für die deutsche Schiffahrt
ICC	International Chamber of Commerce
ICS	International Chamber of Shipping
IHO	International Hydrographic Organization
ILA	International Longshoremen's Association
ILO	International Labour Organization
ILU	Institute of London Underwriters
IMCO	Inter-Governmental Maritime Consultative Organization (seit 1982 IMO)
IMDG	International Maritime Dangerous Goods (Code)
IMF	International Monetary Fund (siehe auch IWF)
IMO	International Maritime Organization (bis 1982 IMCO)
INCOTERMS	International Commercial Terms
INCO	International Commercial Terms
INMARSAT	International Maritime Satellite Organization
IOPCF	International Oil Pollution Compensation Fund
IÜH	Internationales Haftungsbeschränkungs-Übereinkommen
ISO	International Standardization Organization
IUMI	International Union of Marine Insurance
IWF	Internationaler Währungsfond (siehe auch IMF)

LASH	Lighter aboard Ship
LCL	Less than Container Load
LG	Landgericht
LNG	Liquefied Natural Gas
LOF	Lloyd's Open Form
LPG	Liquefied Petrol Gas
LR, LRS	Lloyd's Register of Shipping
MARISAT	Maritime Satellite System
MARPOL	Maritime Pollution Convention
MERSAR	Merchant Shipping Search and Rescue Manual
MF	Medium Frequency
MFO	Marine Fuel Oil
MHF	Medium High Frequency
MR	Mate's receipt
M & R	Maintenance and Repair
MS	Motorschiff
MT	Motortanker
MTD	Multimodal Transport Document
MTO	Multi Modal Transport Operator
MTV	Manteltarifvertrag für die deutsche Seeschiffahrt
MV	Motor Vessel
MY	Motor Yacht
NAOK	Nordamerika Ostküste
NAWK	Nordamerika Westküste
NOR	Notice of Readiness
NRT	Nettoregistertonne
NV	Norske Veritas
NVO	Non Vessel Operator
NWO	Nordwest Oelleitung GmbH
OBO	Ore Bulk Oil-Carrier
OECD	Organization of Economic Co-operation and Development
OLG	Oberlandesgericht
O/O	Ore/Oil
OPEC	Oil Producing and Exporting Countries
	(auch:) Organization of Petroleum Exporting Countries
ÖTV	Gewerkschaft Öffentliche Dienste, Transport und Verkehr
PANDI	Protecting & Indemnity (siehe P & I)
PCC	Pure Car Carrier
PCZ	Panama Canal Zone
P & I	Protecting and Indemnity
PS_e	Pferdestärke (effektiv)
PS_i	Pferdestärke (indiziert)
PSW	Pferdestärke (Welle)
RADAR	Radio Detecting and Ranging
RE	Rechnungseinheit
RGW	Rat für gegenseitige Wirtschaftshilfe (s. COMECON)
Ro/Ro	Roll-on/Roll-off
RT	Radio Telegram
RVO	Reichsversicherungsordnung
SAR	Search and Rescue
SBG	See-Berufsgenossenschaft (richtig: SeeBG)
SchBesV	Schiffsbesetzungsverordnung
SchSV	Schiffssicherheitsverordnung (in der Praxis auch SSV)
SDR	Special Drawing Right (im IMF, siehe auch SZR)

SeeBG	See-Berufsgenossenschaft
Seabea	Typbez. für Barge Carrier der Lykes Lines
SGB	siehe SeeBG
SHD	Seehydrographischer Dienst der DDR
SHP	Shaft Horse Power
SOLAS	Safety of Life at Sea Convention
SS	Stream Ship
SSV	siehe SchSV
SV	Sailing Vessel
SZR	Sonderziehungsrecht (im IWF, siehe auch SDR)
TOVALOP	Tanker Owners Voluntary Agreement concerning Liability of Oil Pollution
TBL	Trough Bill of Lading
tdw	tons deadweight
tdwat	tons deadweight all told
TEU	Twenty Foot Equivalent Unit
TMS	Tankmotorschiff
TS	Turbinenschiff
TSG	Tanker Safety Guide
TSR	Trans-Sibirian-Railway
TSS	Turbine Steam Ship
UK	United Kingdom
ULCC	Ultra Large Crude Carrier
UN	United Nations
UNCITRAL	United Nations Commission on International Trade Law
UNCTAD	United Conference on Trade and Development
UNO	s. UN
USCG	United States Coast Guard
USSR	Union of Soviet Socialist Republics
UVV	Unfallverhütungsvorschriften
VDK	Verband Deutscher Küstenschiffseigner
VDR	Verband Deutscher Reeder
VEB	Volkseigener Betrieb (der DDR)
VHF/UHF	Very High Frequency/Ultrahigh Frequency
VLBC	Very Large Bulkcarrier
VLCC	Very Large Crude Carrier
VLF	Very low Frequency
WHO	World Health Organization
WPS	Wellen-PS
WSA	Wasser- und Schiffahrtsamt
WSD	Wasser- und Schiffahrtsdirektion
WSV	Wasser- und Schiffahrtsverwaltung
XC/P	Cross Charterparty

Sachverzeichnis (Band 2 B)

Um den Gebrauch zu erleichtern, sind manche im Text verwendete Ausdrücke nachstehend auch als andere Begriffe aufgeführt, z. B. Aufhebung, Annullierung und Cancelling. Bei mehreren Seitenangaben sollte in deren Reihenfolge nachgesehen werden.

Printed in Poland
by Amazon Fulfillment
Poland Sp. z o.o., Wrocław

30959718R00141